### 지은이 그레이스 린지

미국 피츠버그 대학교에서 신경과학을 전공한 뒤 독일 프라이부르크 소재 번슈타인 계산 신경과학 연구소 연구원을 지냈으며, 미국 컬럼비아 대학교 이론 신경과학 연구소에서 뇌의 감각처리 과정에 대한 수학적 모델 연구로 박사학위를 받았다. 현재는 영국 유니버시티 칼리지 런던에서 계산 신경과학을 연구하고 있다. 2016년에는 계산 신경과학 부문 구글 박사 펠로십을 받았으며, 현재 다양한 국제 학술회의에서 강연을 이어가고 있다.

### 옮긴이 고현석

《경향신문》,《서울신문》에서 과학, 국제, 사회 분야의 기사를 썼다. 지금은 수학, 자연과학, 우주과학, 인지과학 분야의 책들을 우리말로 옮기고 있다. 연세대학교 생화학과를 졸업했으며 《느끼고 아는 존재》,《보이스》,《측정의 과학》,《세상을 이해하는 아름다운 수학 공식》,《의자의 배신》,《제국주의와 전염병》,《과학이 만드는 민주주의》,《코스모스 오디세이》,《페미니즘 인공지능》,《인지 도구》,《신호에서 상징으로》등을 번역했다.

**마음의 모델**

MODELS OF THE MIND
by GRACE LINDSAY
Copyright © 2021 by BLOOMSBURY PUBLISHING PLC
All rights reserved.
This Korean edition was published by Hyungju Press in 2024
by arrangement with BLOOMSBURY PUBLISHING PLC through
ERIC YANG agency, Seoul.

이 책은 ERIC YANG agency를 통한 저작권자와의 독점계약으로
형주출판사에서 출간되었습니다. 저작권법에 의해 한국 내에서
보호를 받는 저작물이므로 무단전재와 복제를 금합니다.

## 마음의 모델

**글쓴이** 그레이스 린지
**옮긴이** 고현석

**1판 1쇄 인쇄** 2024. 4. 25.
**1판 1쇄 발행** 2024. 5. 10.

**펴낸곳** 형주 | **펴낸이** 주명진
**표지·편집 디자인** 예온

**신고번호** 제 333-2022-000002호 | **신고일자** 2022. 1. 3.
**주소** 부산광역시 해운대구 마린시티 2로 38 2동 2710호
**전화** 051-513-7534 | **팩스** 051-582-7533

© Hyungju Press, 2024

ISBN 979-11-977647-9-0  03470

# 마음의 모델
## MODELS OF THE MIND

물리학, 공학 그리고 수학을 통해 본 우리의 뇌

그레이스 린지 지음 | 고현석 옮김

아버지께 이 책을 바칩니다.

# 차례

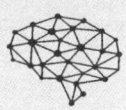

들어가는 말

| | | |
|---|---|---|
| 1 | 공 모양의 소 | 9 |
| 2 | 뉴런은 어떻게 스파이크를 생성하는가 | 23 |
| 3 | 계산 방법의 학습 | 61 |
| 4 | 기억의 생성과 유지 | 99 |
| 5 | 흥분과 억제 | 139 |
| 6 | 시각의 단계 | 179 |
| 7 | 신경 암호의 해독 | 217 |
| 8 | 낮은 차원에서의 움직임 | 253 |
| 9 | 구조에서 기능으로 | 289 |
| 10 | 합리적인 의사결정 | 323 |
| 11 | 보상은 어떻게 행동을 유도하는가 | 357 |
| 12 | 뇌에 대한 대통일이론 | 393 |

| | |
|---|---|
| 수식 설명 | 420 |
| 감사의 말 | 434 |
| 참고문헌 | 437 |
| 찾아보기 | 454 |

# 1

# 공 모양의 소

수학이 우리에게 알려주는 것들

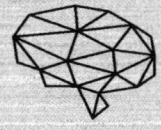

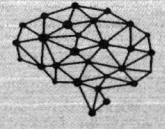

방사형으로 팽팽하게 거미줄을 치는 여덟혹먼지거미Cyclosa octotuberculata는 한국, 일본, 대만 등에 분포한다. 검은색, 흰색, 갈색의 반점으로 위장하고 있는 손톱 크기 정도의 이 거미 종은 매우 솜씨가 좋은 포식자다. 여덟혹먼지거미는 자신이 정교하게 만든 거미줄 한가운데 앉아 먹잇감이 일으키는 진동이 감지될 때까지 기다리다 진동이 느껴지자마자 진동 신호가 발생한 쪽으로 빠르게 이동해 먹잇감을 먹어치운다.

먹잇감은 거미줄 위 특정한 위치에서 더 잘 발견되기도 한다. 똑똑한 포식자들은 이런 규칙성을 감지해 활용하는 법을 알고 있다. 예를 들어, 조류 중 일부는 이전에 먹잇감이 어디에 가장 많았는지 기억해내 나중에 그 위치에 다시 가기도 한다. 여덟혹먼지거미도 이와 똑같지는 않지만 비슷한 행동을 한다. 여덟혹먼지거미는 먹잇감이 많았던 위치를 기억하는 것이 아니라(즉 그 위치를 머릿속에 기억해 그 기억이 미래의 행동에 영향을 미치게 하는 것이 아니라)실제로 그 위치 정보를 이용해 거미줄을 짠다. 여덟혹먼지거미는 이전에 먹잇감이 감지됐던 거미줄의 특정한 부분을 다리로 당겨 더 팽팽하게 만든다. 이렇게 팽팽해진 줄들은 진동에 더 민감하기 때문에 미래의 먹잇감이 그 위치에 나타났을 때 여덟혹먼지거미는 더 쉽게 먹잇감을 감지할 수 있다.

여덟혹먼지거미는 이런 방식으로 거미줄을 수정함으로써 주변 환경 인식에 드는 노력을 부분적으로 줄인다. 여덟혹먼지거미는 현재 자신이 가지고 있는 지식과 기억을 간단하지만 의미 있는 물리적 형태로 만듦으로써 자신의 미래 행동에 도움을 줄 수 있는 흔적을 남기는 것이다. 여덟혹먼지거미는 거미줄과의 이러한 상호작용을 통해 거미줄이 없을 때보다 더 똑똑해진다고 할 수 있다. 이렇게 지능이 환경을 활용하는 과정을 "확장된 인지extended cognition" 과정이라고 말한다.

수학은 확장된 인지의 한 형태다.

과학자, 수학자 또는 공학자가 수식을 전개하는 과정은 정신능력mental capacity을 확장하는 과정이다. 이들은 복잡한 관계에 대한 자신의 지식을 종이 위의 기호로 간단하게 표현한다. 기호를 사용함으로써 이들은 미래에 자신 또는 다른 사람이 기호 표현 당시의 자신이 했던 생각을 알 수 있도록 흔적을 남긴다. 인지과학자들은 거미 같은 작은 동물들이 확장된 인지에 의존한다고 생각한다. 이런 동물들의 뇌는 환경에서 번성하는 데 필요한 복잡한 정신적 과제들을 모두 수행하기에는 너무 작기 때문이다. 사실 이 점에서는 인간도 이런 동물들과 다르지 않다. 수학 같은 도구가 없다면 인간이 세상에서 효율적으로 생각하고 행동하는 능력은 상당히 제한된다.

수학은 문자 언어와 비슷한 방식으로 우리를 더 나은 존재로 만든다. 하지만 수학은 우리가 일상적으로 사용하는 언어보다 더 큰 역할을 한다. 수학은 실질적인 일을 할 수 있는 언어이기 때문이다. 수학의 메커니즘, 즉 기호를 재배열하고 대체하고 확장하는 법칙은 자의적이지 않다. 사고 과정을 종이나 기계에 옮기는 과정이 매우 체계적이기 때문이다. 20세기의 걸출한 수학자 알프레드 화이트헤드Alfred Whitehead가 수학에 대해 했던 말이 있다(그에 대해서는 제3장에서 다룰 예정이다). 그 말을 쉽게 풀면 이렇다. "수학의 궁극적인 목표는 지적인 사고를 할 필요가 없게 만드는 것이다."

수학의 이런 유용한 속성들에 기초해 과학, 특히 물리학은 철저하게 양적인 측면을 중심으로 하는 학문으로 발달했다. 지난 수백 년 동안 이뤄진 물리학의 발달은 수학의 힘에 의해 가능해진 것이다. 물리학자들은 수학이 자연계를 효과적으로 설명할 수 있는 유일한 언어이며, 수식을 특정한 방식으로 표현하면 정보를 깔끔하게 압축해 그림처럼 만들 수 있다는 것도 잘 알고 있다. 이렇게 만들어진 그림은 천 마디 말과 같은 효과가 있다. 또한 물리학자들은 수학이 과학자들의 정직성을 유지시킨다는 것도 잘 알고 있다. 수학 수식으로 의사소통을 하면 가정과 사실이 명확하게 구분이 되며 모호함이 사라지기 때문이다. 이런 식으로 수학 수식은 사고의 명확성과 일관성을 구현한다. 버트런드 러셀Bertrand Russell(제3장에서 화이트헤드와 함께 다룰 것이다)은 이렇게 썼다. "모든 것은 어느 정도 모호하기 마련이다. 명확하게 만들려는 시도가 이뤄지기 전까지는."

양적인 개념을 중시하는 과학자들은 수학이 구체적인 동시에 보편적일 수 있기 때문에 아름답다고 생각한다. 예를 들어, 버킹엄궁

전 안에 걸려 있는 괘종시계 추의 움직임을 정확하게 기술하는 수식은 전 세계 라디오방송국에서 사용하는 전기회로의 메커니즘도 정밀하게 묘사할 수 있다. 기본적인 메커니즘이 비슷한 것들은 동일한 수식으로 기술할 수 있다는 뜻이다. 수식은 전혀 다르게 보이는 것들을 하나로 묶는 보이지 않는 끈 역할을 한다. 따라서 수학은 한 분야에서의 진전이 그 분야와 전혀 다른 분야에서의 진전에 놀라울 정도로 큰 영향을 미치게 만드는 수단이 된다.

뇌에 대한 연구를 비롯한 생물학 연구는 다른 분야에 비해 수학을 늦게 받아들였다. 선의에서 비롯됐든 악의에서 비롯됐든 과거의 생물학자들 중 일부는 수학에 대해 비판적인 관점을 가졌다. 이들은 광범위하게 사용하기에는 수학이 너무 복잡하거나 너무 단순하다고 생각했다.

지금도 생물학자들 중 일부는 수학이 너무 복잡하다고 여긴다. 추상적인 수학적 개념들보다는 실험을 통한 실증적 연구에 익숙한 이들은 긴 수식들이 무의미한 낙서에 불과하다고 생각하기 때문이다. 기호가 가진 기능을 중시하지 않는 이들은 기호를 사용하지 않고 연구를 진행하는 것을 선호한다. 생물학자 유리 라제브니크Yuri Lazebnik는 2002년 논문에서 생물학 분야에서 수학을 더 많이 사용해야 한다며 이렇게 썼다. "생물학 분야에서는 더 많은 실험을 진행해 충분하게 열심히 연구한다면 미적분 계산을 해야 풀 수 있는 문제를 산술 수준에서 풀 수 있다는 주장이 여러 가지 방식으로 이뤄진다."

생물학자 중 일부는 엄청나게 복잡한 생물 현상들을 모두 설명하기에는 아직 수학이 너무 단순하다는 생각을 하기도 한다. 물리학자들은 수학적 방법이 어처구니없어 보일 정도로 단순할 수 있다는 생각이 담긴 다음과 같은 농담을 하곤 한다. 어떻게 하면 자신이 아끼는 암소가 젖을 많이 생산하게 만들 수 있을지 고민하던 농부는 온갖 방법을 시도한 끝에 결국 집 근처 대학의 물리학 교수를 찾아가 도움을 청한다. 교수는 농부의 문제에 대해 자세히 듣고 난 뒤 연구실로 가서 생각을 시작한다. 생각을 마친 교수는 농부에게 돌아와 이렇게 말한다. "해결방법을 찾았습니다. 먼저 진공 상태에서 공 모양의 소가 있다고 가정해 봅시다…."

문제에 대한 수학적 분석을 하려면 먼저 문제를 단순화해야 한다. 따라서 실제 세계의 문제를 수학 문제로 변환하는 과정에서 구체적인 생물학적 사실 중 일부는 어쩔 수 없이 누락될 수밖에 없다. 수학을 이용하는 사람들이 구체적인 사실에 신경을 쓰지 않는다는 비난을 받는 이유가 바로 여기에 있다. 산티아고 라몬 이 카할 Santiago Ramón y Cajal(현대 신경과학의 아버지로 불리는 스페인의 과학자. 제9장에서 자세히 다룰 것이다)은 1897년에 발표한 책 『과학자를 꿈꾸는 젊은이에게 Advice for a Young Investigator』의 '의지의 병 Diseases of the Will'이라는 제목의 장에서 현실을 회피하는 이론가에 대해 쓰고 있다. 카할은 이 '의지의 병'의 증상이 "뛰어난 설명 능력, 창의적이고 끊임없는 상상력, 실험실 및 구체적인 과학 연구결과와 중요해 보이지 않는 데이터에 대한 혐오"라고 말한다. 또한 카할은 이론가들이 구체적인 사실보다 아름다움을 선호하는 현상에 대해 개탄한다. 생물학자들이 연구하는 생명체들은 구체적인 특징들과 미묘한 예외들이 넘쳐난다. 하지만 단순함과 우아함을 추구하며 모든 현상을 처리 가능한 형태로 만들고자 하는 수학자들은 이 모든 것들을 뭉뚱그려 수식으로 표현한다.

과도한 단순화와 아름다움에 대한 집착은 수학을 실제 세계에 적용할 때 반드시 피해야 하는 함정이다. 하지만 생물학의 다양성과 복잡성이야말로 생물학 연구에 수학이 필요하게 만든다.

간단한 생물학 문제 하나를 예로 들어보자. 어떤 숲에 토끼와 여우, 이 두 종류의 동물만 산다고 가정해 보자. 여우는 토끼를 잡아먹고, 토끼는 풀을 먹는다. 이 숲에 특정한 수의 여우와 특정한 수의 토끼가 산다면 시간이 흘렀을 때 여우의 수와 토끼의 수는 어떻게 변할까?

아마도 여우는 토끼를 맹렬하게 먹어치워 결국 토끼가 한 마리도 남지 않을 수 있다. 그럴 경우 토끼가 모두 없어지면서 먹이가 없어진 여우도 모두 굶어죽을 것이고, 결국 숲은 텅 빌 것이다. 하지만 여우가 그렇게까지 게걸스럽지 않아서 토끼가 모두 사라지지 않고 조금 남아있을 수도 있다. 이 상황에서 여우들은 얼마 남지 않은 토끼를 찾아내기 위해 노력하겠지만 여우의 전체 개체 수는 급격하게 줄어들 것이다. 이렇게 되면 여우는 거의 사라지고 토끼의 수가 늘어날 것이고, 이렇게 토끼가 많아지면 여우가 다시 많아질 것이다.

직관만으로는 이 숲의 여우와 토끼가 결국 얼마나 많이 남을지 상상하는 데 제약이 있을 수밖에 없다. 이 상황은 매우 간단해 보이지만 말로 완전히 설명하기는 불가능한 상황이다. 상황에 대한 정확한 예측을 하기 위해서는 이 상황을 구성하는 변수들과 그 변수들 사이의 관계를 정확하게 정의해야 한다. 수학을 이용해야 한다는 뜻이다.

실제로, 이 문제를 푸는 데 도움이 되는 수학적 모델이 있다. 1920년대에 제시된 포식자와 피식자의 상호작용에 관한 로트카-볼테라 Lotka-Volterra 모델이다. 로트카-볼테라 모델은 피식자와 포식자의 숫자로 피식자 증가를 나타내는 수식과 포식자와 피식자의 숫자로 포식자 증가를 나타내는 수식, 이렇게 수식 두 개로 구성된다. 동적 시스템 dynamical system 이론(천체들의 상호작용을 기술하기 위해 만들어진 수학적 도구)에 기초해 이 수식들을 풀면 여우 또는 토끼가 결국 모두 사라질지, 개체 수가 줄어들고 늘어나기를 영원히 반복할지 알아낼 수 있다. 이런 식으로 수학은 우리가 생물학을 더 쉽게 이해할 수 있게 만든다. 수학이 없다면 우리는 타고난 인지 능력에 의해 제약을 받을 수밖에 없다. 라제브니크는 "형식적인 분석도구 없이 (복잡한) 시스템을 이해하려면 천재여야 한다. 천재는 생물학 분야뿐만 아니라 모든 분야에서 매우 드물다."라고 말했다.

생물학 문제를 변수와 수식으로 변환하려면 창의성, 전문성, 그리고 분별력이 필요하다. 과학자들은 구체적인 세부 사항들로 가득 찬 현실 세계를 꿰뚫어보고, 그 현실 세계의 기초가 되는 기본 구조를 찾아내야 한다. 또한 과학자들이 만드는 모델의 모든 구성요소는 적절하고 정확하게 정의돼야 한다. 하지만 기본 구조를 발견해 수식을 작성하는 지난한 과정이 끝나면 확실한 결과를 얻을 수 있다. 수학적 모델은 생물학적 시스템이 어떻게 작동하는지에 대한 이론을 다른 사람들이 이해할 수 있도록 정확하게 설명할 수 있게 해주는 수단 중의 하나다. 이 이론의 유효성이 검증된다면 이 이론의 기초가 되는 수학적 모델은 미래에 이뤄질 실험들의 결과를 예측하고 과거 실험들의 결과를 통합하는 데에도 사용될 수 있다. 또한 이 수식들을 컴퓨터에 입력하면 수학적 모델은 '가상 실험실'의 역할을 할 수 있다. 수학적 모델은 다양한 변수들을 입력했을 때 어떤 결과가 나올지 쉽고 빠르게 예측할 수 있게 해주기 때문에 물리적인 세계에서는 아직 가능하지 않은 '실험'을 진행할 수 있는 실험실의 역할을 할 수 있다는 뜻이다. 수학적 모델은 이렇게 디지털 방식으로 시나리오와 가설을 검증함으로써 특정한 시스템의 어떤 부분들이 그 시스템의 기능에 중요한지 또는 중요하지 않은지 과학자들이 판단할 수 있게 해준다.

수학이 개입되지 않은 단순한 이야기만으로 이런 통합적인 연구를 수행하는 것은 거의 불가능하다. 저명한 이론 신경과학자이자 이 주제와 관련해 가장 널리 읽히는 책 중 한 권의 공동저자[*]인 래리 애벗Larry Abbot은 2008년 논문에서 이렇게 썼다.

"수식은 모델이 정확하고 완전하며 자기 일관성을 갖도록 만들고, 모델이 정확하게 어떤 의미를 갖는지 파악할 수 있게 해준다. 오래된 신경과학 논문들의 결론 부분에서는 말로는 그럴듯하게 설명되지만 수학적으로 표현하면 일관성이 없고 실제로 적용이 불가능한 모델들이 제시되곤 했다. 모델은 수학적으로 표현되어야 자기 일관성을 가진다. 어떤

---

[*] 다른 공동저자는 제11장에서 다룰 피터 다얀(Peter Dayan)이다.

모델이 자기 일관성을 가진다고 해서 반드시 진실을 나타내는 것은 아니지만, 자기 일관성을 갖지 못하는 모델은 언제나 거짓을 나타낸다."

약 1억 개의 뉴런으로 구성된 (인간의) 뇌는 수학 없이 이해하기에는 너무 복잡한 생물학적 대상의 적절한 사례이다. 뇌를 구성하는 뉴런 하나하나가 복잡한 화학반응과 전기반응을 일으키면서 주변 그리고 멀리 떨어져 있는 뉴런들과 복잡한 상호작용을 하기 때문이다. 뇌는 인지와 의식을 담당하며 우리의 느낌, 생각, 행동, 정체성을 지배한다. 또한 계획을 세우고, 기억을 저장하고, 열정을 감지하고, 선택을 하고, 말을 인식하고, 인공지능에 대한 영감을 제공하는 것도 뇌이며, 정신질환의 원인도 뇌에 존재한다. 하나의 세포 집합체로 구성된 뇌가 몸과 세계와 상호작용하면서 이 모든 일을 어떻게 해내는지 이해하려면 다양한 수준에서의 수학적 모델링이 필요하다.

일부 생물학자들은 지금도 수학적 모델을 수용하기 주저하지만 수학적 모델은 신경과학의 역사 곳곳에 숨겨져 있다. 과거에 수학적 모델은 모험심이 강한 물리학자들이나 비주류 수학자들의 영역으로 인식되었다. 하지만 오늘날 수학적 모델에 기초한 '이론' 신경과학과 '계산' 신경과학 분야는 관련 논문들이 학회지 및 학회와 교과서에서 활발하게 인용되고, 안정적인 연구비 투자를 받을 정도로 확실하게 자리를 잡았다. 수학적 사고방식은 뇌 연구 전반에 영향을 미치고 있다. 애벗은 "과거에 생물학은 수학에서 도망친 학생들의 피난처였지만, 지금은 생명과학을 공부하는 학생들 대부분이 기초 수학과 프로그래밍에 대한 확실한 지식을 가지고 있으며, 이런 지식을 가지고 있다는 사실에 최소한 죄책감을 느끼지 않는다."*고 했다.

하지만 수학적 모델에 대한 생물학자들의 두려움을 완전히 무시해서는 안 된다. 통계학자 조지 박스George Box가 "모든 모델은 잘못된 모델이다."라는 문장으로 시작하는 유명한 말이 있다. 맞는 말이다. 모든 모델은 세부사항들을 어느 정도 무시하고 정확성보다 단순함을 선호하기 때문이다. 또한 모든 모델은 규명하고자 하는 과정을 편향적인 시각으로 본 결과이기 때문이기도 하다. 모든 모델이 잘못된 것은 모든 시가 잘못된 것과 비슷하다. 모든 모델과 모든 시는 있는 그대로의 진실을 완벽하게 드러내지는 않지만 핵심을 잡아내기 때문이다. 박스의 "모든 모델은 잘못된 모델이다."라는 문장 다음에 이어지는 문장은 "하지만 어떤 모델들은 유용하다."이다. 앞에서 언급한 농담에서 암소가 공 모양이 아니라고 농부가 물리학자에서 말했다면 물리학자는 "그게 중요합니까?" 라고 말하거나 좀 더 구체적으로 "그걸 신경 써야 합니까?"라고 말했을 것이다. 세부사항을 위한 세부사항은 미덕이 아니다. 실제 도시 크기만한 지도는 아무 쓸모가 없다. 수학적 모델링의 절묘함은 어떤 세부사항이 중

---

*이런 죄책감은 이전에도 존재했었다. 확실히 성공한 생물학자라고 할 수 있는 찰스 다윈(Charles Darwin)은 1887년에 쓴 자서전에서 이렇게 말했다. "나는 수학의 위대한 법칙 중 일부라도 이해할 수 있을 정도로 수학을 공부하지 않은 것이 매우 후회된다. 수학의 법칙들을 이해할 수 있는 능력을 타고난 사람은 또 하나의 감각을 가진 사람인 것 같다."

요한지 판단하고 중요하지 않은 세부사항은 무시하는 기술에 있다.

이 책은 물리학, 공학, 통계학, 컴퓨터과학에서 차용한 수학적 사고가 뇌 연구에 미치는 영향을 다루는 책이다. 신경과학 분야의 다양한 주제들을 각각 다루게 될 이 책의 각 장들은 생물학과 수학 그리고 그 두 학문의 상호작용에 대해 다룰 것이다. 이 책은 수학에 대한 전문적인 지식이 없어도 읽을 수 있다. 수학 수식들이 담고 있는 생각들을 중심으로 설명이 이뤄질 것이기 때문이다.* 또한 이 책에서는 뇌에 대한 특정한 이론도 제시되지 않을 것이며 다양한 문제들을 풀기 위한 다양한 모델들에 대한 이해하기 쉬운 설명이 제공될 것이다.

이 책의 장들은 낮은 수준에서 높은 수준으로 올라가는 형태로 배치됐다. 즉, 이 책은 단일 세포에 대한 물리학적 설명에서 시작해 행동에 대한 수학적 설명으로 마무리될 것이다. 또한 각 장에서 다루는 이야기들은 수학과 생물학의 통합 그리고 이런 통합을 이루기 위해 노력한 과학자들에 관한 것이기도 하다. 이 과학자들은 실험이 모델에 영향을 미칠 수도 있고 모델이 실험에 영향을 미칠 수도 있다는 것을, 또한 모델이 종이 한 면에 적을 수 있는 소수의 수식들로 구성될 수도 있고, 슈퍼컴퓨터에서 실행시켜야 하는 수없이 많은 수의 코드 라인들로 구성될 수 있다는 것을 보여준 사람들이기도 하다. 따라서 이 책은 뇌에 관한 다양한 수학적 모델들을 설

---

\* 하지만 수학을 좋아하는 사람들을 위해 각 장에서 다룬 주요 수식 중 일부를 책의 끝부분에서 자세히 설명할 것이다.

명하는 태피스트리와도 같다. 이 책에서 다루는 주제와 모델은 다양하지만 몇몇 공통적인 주제들은 이 책 전체에 걸쳐 계속 다시 설명될 것이다.

물론, 이 책에서 다루는 모든 것이 다 잘못된 것일 수도 있다. 이 책에서 다루는 것들은 모두 과학이며, 세상에 대한 우리의 이해는 끊임없이 진화하고 있기 때문이다. 또한 이 책에서 다루는 것들은 모두 역사이며, 이야기를 하는 방법은 한 가지밖에 없는 것이 아니기 때문이다. 가장 중요한 것은 이 책에서 다루는 모든 것이 수학이기 때문에 잘못된 것일 수 있다는 점이다. 마음에 관한 수학적 모델은 뇌를 완벽하게 복제한 모델이 아니며, 그런 완벽한 수학적 모델을 만들 필요도 없다. 하지만 우리가 알고 있는 우주에서 가장 복잡한 대상에 대한 연구에서 수학적 모델은 유용할 뿐만 아니라 가장 핵심적인 역할을 한다. 뇌는 언어만으로는 결코 이해될 수 없는 존재이기 때문이다.

# 2

# 뉴런은 어떻게
# 스파이크를 생성하는가

### 누출 축적 및 발화(LIF) 모델과
### 호지킨-헉슬리 모델

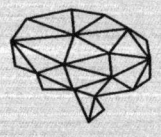

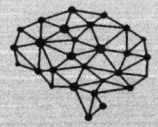

"신경물질의 작용법칙은 전기의 작용법칙과 완전히 다르다. 따라서 신경 안에서 전류가 흐른다는 표현은 신경의 작용을 빛이나 자석의 작용에 비유하는 것만큼 상징적인 표현이다." 요하네스 뮐러 Johannes Müller가 1840년에 낸 600여 쪽의 책 『인체 생리학 편람』에서 내린 결론이다.

뮐러의 이 책은 당시 새롭게 등장해 아직 확립이 되지 않았던 생리학이라는 학문을 폭넓게 다뤘으며 상당히 널리 읽혔다. 또한 (『생리학의 기본』이라는 제목으로 출간과 거의 동시에 영어로 번역되면서) 이 책은 교수이자 과학자로서의 뮐러의 명성을 강화한 책이기도 하다.

뮐러는 1833년부터 사망할 때까지 25년 동안 베를린 훔볼트 대학 교수로 있었다. 뮐러는 생물학 전반에 대한 폭넓은 관심을 보였으며, 지적 관심이 매우 강했던 학자였다. 뮐러는 생기론vitalism 신봉자였는데, 생기론이란 생명이 물리적·화학적 상호작용을 초월하는 활력Lebenskraft에 의존한다는 생각이며 뮐러의 생리학 이론 곳곳에서 드러난다. 뮐러는 자신이 쓴 책을 통해 신경 활동은 전혀 전기적이지 않으며 궁극적으로 "가늠이 불가능하다"라고 주장했다. 신경 활동의 본질은 "생리학적 사실들에 의해 규명이 불가능하다"라는 주장이다.

하지만 뮐러의 이 생각은 틀린 생각이었다. 20세기에 들어서서, 신경 활동은 전하를 띤 입자들의 움직임으로 환원하여 완벽하게 설명할 수 있다는 것이 증명됐다. 신경 암호는 실제로 전기라는 잉크로 쓰이며, 신경물질의 작용법칙은 완벽하게 가늠이 가능하였다.

신경계가 "생체전기bio-electricity"에 의해 움직인다는 사실이 확인되자 생기론에 기초한 뮐러의 신경 이론은 무너질 수밖에 없었다. 하지만 그보다 더 중요한 것은 이 사실의 확인으로 또 다른 가능성 하나가 열렸다는 것이다. 당시에 빠르게 발전하고 있던 전기학과 생리학 사이의 연결고리가 생기면서, 전기학의 도구들이 생리학 문제들을 푸는 데 사용되기 시작했다. 구체적으로 말하면, 전선, 배터리, 회로의 특성을 알아내기 위한 수많은 실험에서 사용된 수식들이 신경계를 설명하는 언어가 됐다. 전기학과 생리학은 기호를 공유하게 됐으며, 이 두 학문의 관계는 뮐러가 주장한 "상징적인" 관계를 크게 넘어서는 수준으로 확대됐다. 신경계를 제대로 연구하려면 전기학과의 공동작업이 필수적이었다. 19세기에 심어진 이런 협력의 씨앗은 20세기와 21세기에 들어와 꽃을 피우게 된다.

18세기 후반의 교양 있는 유럽 상류층 인사의 집에는 신기한 과학도구들이 많았다. 그중 특히 눈에 띄는 과학도구는 라이덴병

Leyden jar이었다. 라이덴병은 이를 발명한 이들 중 한 명의 고향인 네덜란드 라이덴의 이름을 딴 것으로, 겉으로 보기에는 다른 유리병들과 별로 다르지 않다. 하지만 라이덴병은 잼이나 피클이 아니라 전하charge를 저장하는 병이다. 18세기 중반에 발명된 라이덴병은 전기 연구에 획기적인 전환점을 제공했는데, 병 안에서 실제로 발생하는 번개를 활용하여 과학자들과 일반인들이 처음으로 전기를 통제하고 전송할 수 있게 해줬다. 여기서 발생한 전기에 감전된 사람들 중에는 코피가 나거나 의식을 잃는 사람들도 있었다.

라이덴병이 만든 전기는 매우 강력했지만 병 자체는 매우 간단한 형태를 띤다(그림 1 참조). 라이덴병의 바닥 안쪽과 바깥쪽은 금속박막이 씌워져 두 금속박막 사이에 유리가 끼워진 구조다. 이 상태에서 병의 입구로 집어넣은 체인이나 막대기를 통해 안쪽 바닥의 금속박막은 전하를 띤 입자들로 가득 차게 된다. 서로 반대되는 전하를 띤 입자들은 서로를 끌어당긴다. 따라서 병 안으로 들어가는 입자들이 양전하를 띨 경우 음전하를 띤 입자들이 병 바깥쪽 바닥의 금속박막에 축적되기 시작한다. 하지만 이때 양전하를 띤 입자들과 음전하를 띤 입자들은 서로 접촉할 수가 없다. 유리가 두 금속박막 사이를 막고 있기 때문이다. 담장을 사이에 두고 분리된 개 두 마리처럼 이 입자들은 각각 유리를 사이에 두고 가까워지려 하지만 결코 서로에게 닿을 수는 없는 상태가 된다.

라이덴병처럼 전하를 저장하는 장치를 지금은 "축전기capacitor"라는 이름으로 부른다. 유리안과 밖에 있는 전하의 차이는 전압voltage(전위차)으로 불리는 위치에너지 차이를 만든다. 이 전압은 시

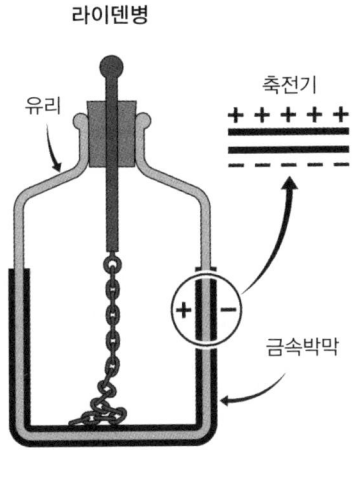

그림 1

간이 지나면서 병 안에 전하가 점점 더 쌓이면서 증가한다. 이 상태에서 유리가 사라진다면(또는 이 유리병 안팎의 입자들이 서로 접촉할 수 있는 통로가 마련된다면) 이 유리병 안팎의 입자들이 서로를 향해 움직이면서 이 위치에너지는 운동에너지로 전환될 것이다. 축전기의 전압이 높아질수록 전하의 움직임, 즉 전류는 더 강해질 것이다. 축전기를 다루는 과학자들이나 일반인들이 쇼크를 받는 일이 많은 것은 바로 이 전압 때문이다. 병의 안쪽과 바깥쪽을 손으로 동시에 접촉하는 순간 전하를 띤 입자들이 몸을 통로로 삼아 이동하면서 쇼크를 일으키는 것이다.

루이지 갈바니Luigi Galvani는 1737년에 태어난 이탈리아 과학자다. 평생 독실한 기독교 신앙을 지켰던 갈바니는 볼로냐대학에서 처음

제2장 뉴런은 어떻게 스파이크를 생성하는가 ❖ 27

에는 신학을 공부하다 나중에 의학으로 전공을 바꿨다. 의학을 공부하면서 갈바니는 수술 기법과 해부학을 배우기도 했지만 당시에 유행하던 전기에 대해도 관심을 가졌다. 갈바니는 자신의 집 안에 실험실을 만들어 아내 루치아(갈바니를 가르치는 교수의 딸이었다)와 함께 연구를 했다. 이 실험실에는 생물학 연구와 전기 연구를 위한 메스, 현미경, 정전기 발생장치 등이 갖춰져 있었다. 당연히 라이덴병도 이 실험실에 있었다. 갈바니는 그 이전과 이후의 생물학 연구자들처럼 개구리를 집중적으로 이용해 의학 연구를 했다. 개구리의 다리근육은 사망 후에 잘라내도 계속 작동하기 때문에 동물의 근육 작동방식을 연구하기에 매우 좋은 소재다.

갈바니의 이름이 과학 교과서에 실리게 만든 것은 그의 실험실에서 이뤄진 다양한 연구(그리고 아마도 혼란)의 결과였다. 전해지는 이야기에 따르면, 연구실에서 누군가가(아마 루치아였을 것이다) 금속 메스를 죽은 개구리 다리에 댔을 때 마침 전기장치에서 스파크가 발생해 메스가 전하를 띠게 됐고, 그 순간 개구리의 다리 근육이 수축했다. 그때부터 갈바니는 이 현상을 집중적으로 연구하기로 마음을 먹었다. 1791년에 발표한 책에서 갈바니는 "동물 전기"에 대한 추가적인 연구를 진행하기 위해 기울인 다양한 노력에 대해 언급했다. 이 책에서 갈바니는 다양한 유형의 금속이 개구리의 다리 근육을 어느 정도 수축시키는지 알아보기 위한 실험, 뇌우가 칠 때 개구리의 신경에 철선을 연결해 진행한 실험 등에 관해 자세히 언급했다. 그는 번개가 칠 때마다 개구리 다리가 수축하는 현상을 관찰하기도 했다.

생명체가 전기를 이용할지도 모른다는 생각은 갈바니 이전에도 많은 사람들이 했던 생각이다. 12세기의 무슬림 철학자 이븐 루시드Ibn Rushd는 전기를 발생시키는 물고기들이 물속에서 어부들을 마비시키는 능력이 천연자석이 철을 끌어당기는 힘과 같은 종류의 힘에서 나온다고 생각함으로써 그 후의 다양한 과학적 발견의 초석을 놓았다. 또한 갈바니의 발견이 이뤄지기 몇 년 전에도 의사들은 난청이나 마비 등 다양한 증상을 치료하기 위해 전류를 이용하는 방법에 대해 연구하고 있었다. 하지만 생체전기에 대한 연구가 추측과 추정 수준을 크게 뛰어넘게 된 것은 전적으로 갈바니의 다양한 실험들 덕분이다. 동물의 움직임이 동물 안에 있는 전기의 움직임의 결과라는 것을 보여주는 증거를 수집한 갈바니는 전기가 동물에 내재된 힘이며, 혈액처럼 동물의 몸 전체에 흐르는 일종의 유체fluid라는 결론을 내렸다.

갈바니의 이 연구결과가 알려지면서 아마추어 과학연구가 유행하던 당시의 수많은 사람들이 그의 실험을 따라 하기 시작했다. 사람들은 라이덴병과 접촉한 개구리 근육이 갈바니의 실험에서처럼 수축과 경련을 하는 것을 관찰하며 신기해했다. 갈바니의 실험과 생물체가 전기에 의해 움직인다는 그의 생각은 매우 광범위한 영향을 미쳤다. 영국 작가 메리 셸리Mary Shelley의 소설 『프랑켄슈타인』도 갈바니의 연구결과에서 영감을 얻은 것으로 알려진다.

하지만 당시 갈바니의 동료 학자들 중 일부는 그의 생각을 받아들이지 않았다. 건강한 과학적 회의주의scientific skepticism(실증적 연구와 재현성을 바탕으로 증거가 불충분한 주장의 진실성에 대해 과학적 방법으로 검증 또는 반증하려는 과학적 태도)에 따른 것이었다. 이탈리아 과학자 알레산드로 볼타Alessandro Volta("전압voltage"이라는 용어는 볼타의 이름을 딴 것이다)는 전기가 동물의 근육을 수축시킬 수 있다는 것은 인정했다. 하지만 그는 동물이 모든 상황에서 전기를 이용해 움직인다고 보지는 않았다. 볼타는 갈바니의 실험이 동물이 스스로 전기를 만들어낸다는 증거는 전혀 제시하지 못한다고 주장했다. 실제로 그는 서로 다른 두 금속이 맞닿으면 감지가 거의 불가능할 정도로 약한 전기가 많이 발생하기 때문에 금속을 이용하는 모든 동물 전기 실험 결과는 외부적으로 생성되는 전기에 의해 오염될 수 있다는 사실을 발견했다. 볼타는 1800년에 발표한 글에서 이렇게 썼다. "나는 갈바니가 발견했다고 주장하는 동물 전기가 실제로는 서로 다른 금속들의 상호 접촉에 의해 발생한 외부 전기라는 것을 밝혀야 했다."*

갈바니에게는 불행히도 볼타는 갈바니보다 젊었고 대중 토론을 통해 자신의 분야에서 두각을 나타내고자 했다. 볼타는 갈바니에게 상당히 강력한 적수였다. 갈바니의 생각은 여러 가지 면에서 옳았지만 수십 년 동안 볼타에게 가려져 대중의 주목을 받지 못했다.

뮐러의 책은 볼타가 세상을 떠난 뒤 거의 10년이 지난 후에 출간됐지만, 뮐러는 동물 전기의 존재를 부정한다는 점에서 볼타의 생각을 거의 그대로 받았다고 할 수 있다. 그는 전기가 신경전달을 일으킨다고 생각하지 않았고, 관련 증거가 쏟아지고 있는 상황에서

---

* 서로 다른 금속들의 접촉으로 전기가 발생한다는 것을 증명하는 과정에서 볼타는 배터리를 발명했다.

도 생각을 바꾸지 않았다. 뮐러가 이렇게 자신의 생각을 고집한 것은 생기론 신봉자였다는 사실 외에도 인위적인 개입보다는 관찰을 중시했다는 사실에도 기인한 것으로 보인다. 그는 외부에서 가해지는 전기에 대한 동물의 반응 사례가 아무리 많이 쌓인다고 해도 동물이 스스로 전기를 만들어낸다는 것을 보여주는 단 한 번의 직접 관찰과 같을 수는 없다고 생각했다. 뮐러는 본Bonn 대학 취임강연에서 이렇게 말했다. "관찰은 단순하고, 끈기 있고, 부지런하고, 정직하고, 선입견 없이 이뤄지지만, 실험은 인위적이고, 조급하고, 바쁘고, 지엽적이고, 격정적이고, 불안정하게 이뤄진다." 하지만 당시에는 동물 전기 관찰이 불가능했다. 신경에 의해 전달되는 미세한 전기신호를 자연적인 상태에서 잡아낼 수 있는 도구가 없었기 때문이다.

하지만 상황은 1847년 뮐러의 제자 에밀 뒤 부아레몽Emil du Bois-Reymond이 매우 정교한 검류계galvanometer**를 만들어내면서 바뀌기 시작했다. 검류계는 자기장과의 상호작용을 이용해 전류를 측정하는 장치다. 뒤 부아레몽은 이탈리아의 물리학자 카를로 마테우치Carlo Matteuci가 근육을 대상으로 한 실험을 재현하려고 했다. 마테우치의 실험은 근육을 수축시킨 후 검류계를 이용해 그 근육에서 발생하는 전류의 미세한 세기 변화를 측정한 실험이었다. 하지만 신경에서 더 미세한 전기신호를 잡아내려면 자기장이 더 강력해야 했다. 뒤 부레아몽은 외부 전기의 방해를 받지 않도록 확실하게 절연

---

** 갈바니의 이름을 땄다.

을 시켜야 했고, 약 2킬로미터에 이르는 전선을 손으로 감아 (마테우치가 만든 코일보다 8배 긴) 코일을 제작함으로써 실험에 적합할 정도의 강력한 자기장을 만들어냈다. 뒤 부레아몽의 노력은 헛되지 않았다. 뒤 부레아몽은 [전기 자극과 스트리크닌strychnine(극소량이 약품으로 이용되는 독성 물질) 자극 등을 이용해] 다양한 방식으로 신경을 자극하면서 자신이 만든 검류계로 신경 반응을 측정했다. 자극을 가할 때마다 검류계의 바늘이 크게 움직였다. 신경계에서 움직이는 전기가 실제로 관찰된 것이었다.

뒤 부레아몽은 사람들에게 자신의 연구결과를 알리고 싶어 하는 과학자였다. 뒤 부레아몽은 동료 과학자들의 무미건조한 연구결과 발표 스타일을 좋아하지 않았다. 뒤 부레아몽은 자신의 생체 전기 연구 결과를 널리 알리기 위해 소금물이 담긴 병에 자신의 팔을 집어넣고 팔목을 구부리면서 검류계의 바늘이 움직이는 것을 사람들에게 보여주는 행사를 여러 차례 진행하기도 했다. 이런 노력으로 당시의 사람들에게 널리 인정을 받으면서 과학계의 유명인사가 된 그는 이렇게 말하기도 했다. "대중에게 과학을 널리 알리는 사람은 가장 뛰어난 연구를 한 사람들이 대중의 기억에서 사라진 뒤에도 기념비적인 존재로 오랫동안 살아남는다."

다행히도 뒤 부레아몽은 과학을 널리 알리는 사람인 동시에 뛰어난 과학 연구를 수행한 사람이기도 했다. 특히 그가 자신의 제자 율리우스 베른슈타인Julius Bernstein과 공동으로 수행한 후속연구들은 신경 전기 이론을 확실하게 정립하는 데 결정적인 역할을 했다. 뒤 부레아몽의 처음 실험은 활성화된 신경 내에서 일어나는 전류 변화를 보여주는 데 그쳤지만, 베른슈타인은 정교하게 실험을 계획해 전기 신호들의 세기를 증폭시키고 그 신호들을 더 촘촘한 시간대별로 기록함으로써 그동안 포착하기 어려웠던 신경 신호를 확실하게 관찰해 냈다.

베른슈타인은 먼저 신경을 분리해 자신이 만든 장치 위에 놓은 다음 신경의 한쪽 끝에 전기자극을 가하면서 장치에서 약간 떨어진 곳에서 전기 활동을 관찰했다. 1000분의 1초의 3분의 1에 이를 정도로 매우 짧은 시간 단위로 신경의 전기 활동을 측정하면서 베른슈타인은 자극을 받을 때마다 신경 전류가 큰 폭으로 변화한다는 것을 관찰했다. 기록이 이뤄지는 위치와 자극이 가해지는 위치 사이의 거리가 멀어지면 기록이 순간적으로 중지되기도 했다. 전류가 신경을 따라 이동해 검류계에 도착하는 데 시간이 걸렸기 때문이다. 하지만 기록 위치로 이동하면 전류는 빠르게 줄어들다 서서히 정상 수치를 회복했다.

베른슈타인의 이 실험결과는 1868년 《유럽 생리학 저널》 창간호에 발표되었으며, 이는 현재 "활동전위action potential"라는 명칭으로 불리는 것에 대한 최초의 기록으로 알려진다. 활동전위는 세포가 가지는 특유한 전기적 특성의 변화 패턴을 나타내는 용어다. 뉴런은 활동전위를 가진다. 그리고 근육을 구성하는 세포나 심장을 구성하는 세포 같은 흥분성 세포도 활동전위를 가진다.

전류는 마치 파도처럼 세포막을 통과한다. 이 과정에서 세포가 자신의 한쪽 끝에서 다른 쪽 끝으로 신호를 전달하는 데 도움을 주는 것이 활동전위다. 예를 들어, 활동전위는 심장 세포 수축 조절에 도움을 준다. 또한 활동전위는 한 세포와 다른 세포의 소통 수단이 되기도 한다. 뉴런에서는 활동전위가 뉴런의 세포체에서 길게 뻗어 나온 가지, 즉 축삭axon을 타고 이동하면서 신경전달물질을 배출하게 만든다. 화학물질인 이 신경전달물질은 다른 세포에 닿으면서 그 세포에서 다시 활동전위를 발생시킨다. 개구리 신경의 경우, 다리를 타고 이동하는 활동전위가 다리 근육에서 신경전달물질이 방출되도록 만든다. 개구리 다리를 떨리게 만드는 것은 다리 근육에서 발생한 활동전위다.

베른슈타인의 연구는 그 이후에 지속적으로 이뤄진 활동전위 연구의 초석이 됐다. 오늘날 신경계의 핵심 소통단위로 인식되고 있는 활동전위는 현대 신경과학의 기초라고 할 수 있다. 뇌와 몸을 연결하고, 뇌에 있는 모든 뉴런들을 연결하는 것이 바로 이렇게 순간적으로 일어나는 이 전기적 활동이기 때문이다.

신경 내에서 발생하는 전류 변화를 관찰한 뒤 부레아몽은 이렇게 썼다. "물리학자들과 생리학자들이 100년 동안 이루고 싶어 했던 꿈, 즉 신경물질이 전기라는 것을 입증하는 일을 내가 해낸 것 같다." 신경물질 작용법칙이 활동전위에서 확인된 것이다. 뒤 부레아몽은 "수학-물리학적 방법"으로 생물학을 연구한 사람이다. 하지만 그는 물리학적인 문제는 풀었지만 수학적인 문제는 제대로 풀지 못했다. 제대로 된 과학이 되려면 수량화가 이뤄져야 한다는 생각이 과학자들 사이에서 점점 강해지면서 신경물질 작용법칙을 물리적 속성으로 표현하는 과제는 미결로 남았다. 신경물질의 속성이 수식으로 기술되기 시작한 것은 그로부터 약 100년이 지나서였다.

❖ ◆ ❖

　요하네스 뮐러와는 대조적으로, 게오르크 옴$^{Georg\ Ohm}$은 연구결과를 책으로 발표했을 때 실직하게 되었다.
　옴은 1789년 자물쇠 수리공의 아들로 태어났다. 옴은 고향인 독일 에를랑겐에서 잠깐 대학을 다닌 후 몇 년 동안 여러 도시를 돌아다니며 수학과 물리학을 가르쳤다. 그러다 결국 학자가 되기로 결심한 옴은 주로 전기 관련 실험들을 하기 시작했다. 그 실험들 중 하나에서 옴은 여러 가지 금속으로 만든 전선을 다양한 크기로 자른 다음 전선의 양 끝에 전압을 걸고 양 끝 사이에서 흐르는 전류의 양을 측정했다. 이 실험을 통해 옴은 전선의 길이와 전선 안에서 흐르는 전류의 양 사이의 수학적 관계를 도출해 냈다. 전선이 길수록 전류의 양은 적어진다는 것이었다.
　1827년에 옴은 이 수학적 관계를 나타내는 수식과 다른 여러 가지 전기 관련 수식들을 정리해 『갈바니 회로에 대한 수학적 고찰』이라는 제목의 책으로 출판했다. 당시의 전기학은 최근의 전기학과는 달리 별로 수학적인 학문이 아니었고, 옴의 동료학자들은 전기학을 수학적인 학문으로 만들려는 옴의 시도를 달갑게 생각하지 않았다. 그 중 한 명은 옴이 쓴 책에 대해 이렇게 말하기까지 했다. "경건한 관점으로 세상을 보는 사람이라면 치료 불가능한 망상의 결과인 이 책, 자연의 존엄성을 깎아내리는 것이 유일한 목적인 이 책을 읽지 말아야 할 것이다." 옴은 이 책이 널리 알려져 유명해지면 승진을 할 수 있을 것이라고 기대하여 휴직까지 해가면서 이 책을 썼지만 막상 책이 참담하게 실패하자 결국 직장을 그만둘 수밖에 없었다.

하지만 옴이 옳았다. 전선을 통과하는 전류는 전선의 전압을 전선의 저항으로 나눈 값이라는 그의 이론은 현재 세계 공통적으로 물리학도 초년생에게 필수로 가르치는 전기공학의 기본 법칙으로 자리를 잡고 있으며, '옴의 법칙'이라는 이름으로 불린다. 저항의 표준 단위도 "옴"이다. 옴은 사는 동안에는 연구업적을 거의 인정을 받지 못하다 결국 세상을 떠나기 직전에 어느 정도 인정을 받게 됐다. 옴은 63세가 돼서야 뮌헨 대학 실험물리학 교수로 임용됐고, 그로부터 2년 뒤 세상을 떠났다.

이름에서 알 수 있듯이 저항은 방해의 정도, 즉 물질이 전류의 흐름을 얼마나 방해하는지 나타낸다. 대부분의 물질은 저항을 갖지만, 옴이 지적한 바와 같이 물질의 저항 정도는 물질의 물리적 특성에 의해 결정된다. 긴 전선은 저항이 높고, 두꺼운 전선은 저항이 낮다. 모래시계의 목이 가늘수록 모래의 흐름이 느려지는 것처럼 전선은 저항이 높을수록 전하를 띤 입자, 즉 하전 입자의 흐름을 더 많이 방해한다.

루이 라피크Louis Lapicque는 옴의 법칙을 잘 알고 있던 과학자였다. 1866년 프랑스에서 태어난 라피크는 파리 의과대학에서 박사학위를 받았는데, 당시는 활동전위가 최초로 관찰된 직후였다. 라피크의 박사학위 논문은 간 기능과 철분 대사에 관한 것이었다. 그는 과학자였지만 역사, 정치, 항해 등 다양한 분야에 관심을 가졌다. 실제로 라피크는 보트를 몰고 영국해협을 건너 학회에 참석하기도 했다.

라피크가 신경 충동nerve impulse에 대한 연구를 시작한 것은 20세기 초반이었다. 그때부터 라피크는 수십 년 동안 (처음에는 제자였지만 나중에는 그의 아내이자 동료가 된) 마르셀 드 에레디아Marcelle de Heredia와 함께 신경에서의 시간 개념을 중점적으로 연구했다. 이들이 제일 처음 가졌던 의문 중 하나는 신경 활성화에 걸리는 시간에 관한 것이었다. 전압을 가하면 신경이 반응을 보이며, 이 반응은 활동전위를 직접 관찰하거나 근육의 경련을 관찰함으로써 확인할 수 있다는 사실은 당시에도 잘 알려져 있었다.* 또한 당시에는 가해지는 전압의 양이 중요하다는 사실, 즉 가해지는 전압이 높으면 반응이 빨리 일어나고, 전압이 낮으면 반응이 느리게 일어난다는 사실도 잘 알려져 있었다. 라피크와 에레디아가 알아내고자 한 것은 자극을 가한 시점과 그 자극에 의해 신경에 반응이 일어나는 시점 사이의 정확한 수학적 관계였다.

이 의문 자체는 별로 중요하지 않은 것처럼 보일 수도 있다. 하지만 여기서 중요한 것은 의문 자체가 아니라 의문에 대한 라피크의 접근방법이다. 생리학을 제대로 연구하려면 신경섬유를 자극하고 신경섬유의 활동을 기록하는 전기장치를 설계하는 데 필요한 공학적인 지식도 갖춰야 했는데 라피크는 축전기, 저항, 전압, 옴의 법칙을 비롯해 전기에 관한 많은 것을 잘 알고 있었다. 이 지식을 이용해 라피크는 자신이 가졌던 의문을 푸는 과정에서 신경에 대한 수

---

* 전류를 직접 주입하는 것보다 전압을 가하는 것이 전하의 흐름을 통제할 수 있는 더 쉬운 방법이었다

학적 개념을 확립했으며, 이를 바탕으로 그 후에도 수없이 많은 의문들의 해답을 찾아냈다.

세포를 둘러싸고 있는 막(세포막)에 대한 연구는 라피크가 신경 연구를 하기 수십 년 전부터 이뤄지고 있었다. 당시는 다양한 생체 분자들로 구성된 세포막이 염소 이온, 나트륨 이온, 칼륨 이온처럼 양전하 또는 음전하를 띤 특정한 입자의 통과를 방해하는 일종의 벽 역할을 한다는 것이 점점 확실해지고 있던 시점이었다. 따라서 과학자들은 전하를 띤 입자들이 라이덴병의 안과 밖에 쌓이듯이 이 이온들도 세포의 안과 밖에 쌓일 것이라고 생각했다. 라피크는 1907년 논문에서 이렇게 말했다. "이런 이론을 최대한으로 단순화한다면 이미 존재하는 수식을 금속전극의 분극화polarization 현상을 기술하기 위해 적용할 수 있을 것이다."

이 생각에 기초해 라피크는 "등가회로equivalent circuit"라는 개념을 신경에 적용했다(그림 2 참조). 신경의 각 부분들이 전기회로의 각 부분들처럼 기능한다고 가정한 것이었다. 그는 세포막이 축전기와 동일한 방식으로 전하를 저장하기 때문에 서로의 역할을 대응시켰지만 완벽하게 같을 수는 없었다. 세포막은 모든 전하를 세포막 안과 밖으로 완벽히 분리하기보다는 어느 정도의 전류가 막을 통과해 세포의 안과 밖을 넘나드는 것으로 보였다. 이러한 현상을 반영하기 위해 라피크는 저항기(전류의 통과를 허용하는 어느 정도의 저항이 있는 전선)와 축전기가 병렬로 연결되는 형태로 회로를 수정했다. 이렇게 회로를 구성하면 전류가 회로에 주입될 때 전하의 일부는 축전기로 들어가고 다른 일부는 저항기를 통과하게 된다. 세포의 안과 밖의 전하 차이를 만드는 것은 구멍 난 양동이에 물을 붓는 것과 비슷한데, 물을 부으면 대부분은 양동이 안에 남아 있고 일부만 새나가기 때문이다.

  세포와 회로의 이런 유사성에 기초해 라피크는 수식을 작성할 수 있었다. 이 수식은 세포막에 가해지는 전압의 양과 전압을 가하는 시간에 따라 세포막의 전압이 어느 정도 변화하는지 설명한다. 이를 이용해 라피크는 언제 신경이 반응할지 계산해 낼 수 있었다.

  실험 데이터가 이 수식을 만족시키는지 테스트하기 위해 라피크는 개구리 다리를 이용한 실험을 진행했다. 그는 개구리의 신경에

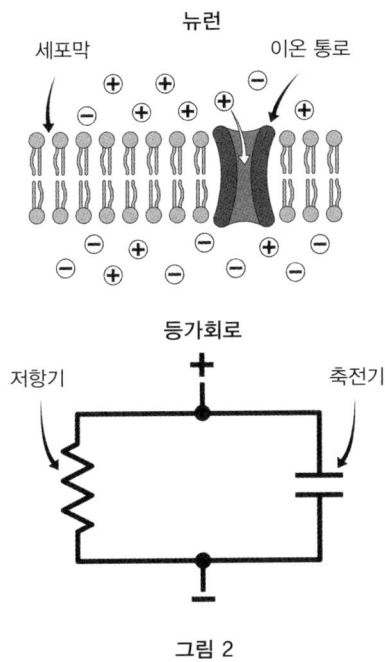

그림 2

제2장 뉴런은 어떻게 스파이크를 생성하는가 ❖ 39

다양한 세기의 전압을 가하면서 반응이 나타날 때까지 걸린 시간을 기록했다. 개구리의 신경이 반응하는 것은 신경 막에 걸린 전압이 특정한 역치threshold에 도달했기 때문이라고 생각한 라피크는 가해지는 전압의 양을 계속 바꾸면서 그때마다 자신이 만든 모델이 역치에 도달하는 데 어느 정도 시간이 걸리는지 계산했다. 모델을 이용해 예측한 시간과 실제 실험 결과는 상당 부분 일치했다. 신경이 반응하도록 만들려면 특정한 양의 전압을 얼마나 오래 가해야 하는지 예측할 수 있게 된 것이었다.

이와 비슷한 수식을 만들어낸 사람은 그전에도 있었다. 조르주 바이스Georges Weiss라는 과학자가 전압과 시간 사이의 이런 관계를 예측할 수 있는 수식을 만들어낸 적이 있다. 이 수식도 상당히 잘 만들어진 수식이었다. 전압이 오랫동안 가해졌다는 부분이 라피크의 수식과 약간 달랐을 뿐이다. 하지만 범죄현장에서 사소해 보이는 단서 하나가 사건 전체에 대한 예측을 완전히 변화시킬 수 있듯이, 이렇게 작은 부분에서의 두 수식의 차이는 신경에 대해 전혀 다른 예측을 하게 만들었다.

라피크의 수식과는 달리 바이스의 수식은 세포의 작용방식에 대한 관찰을 기초로 하지도 않았으며, 등가회로를 염두에 두고 만들어진 것도 아니었다. 바이스의 수식은 모델이 아니라 데이터를 설명하기 위한 수식이었다. 설명을 위한 수식은 사건을 만화로 그린 것과 비슷하다. 현상을 묘사하지만 깊이가 없다는 뜻이다. 반면, 모델은 재현reenactment이다. 따라서 신경 충동에 대한 수학적 모델은 신경을 구성하는 부분들과 동일한 방식으로 움직이는 부분들로 구성되어야 한다. 이 수학적 모델을 구성하는 변수들은 하나하나가 모두 실제로 존재하는 물리적 실체에 대응해야 하며, 이 변수들 간의 상호작용도 실제 세계에서의 상호작용과 동일해야 한다. 라피크의 등가회로 모델이 바로 이런 모델이다. 수식을 구성하는 모든 항term이 해석 가능하다는 뜻이다.

신경 연구에 사용되는 전기장치들과 신경의 유사성을 관찰한 사람들은 라피크 이전에도 있었다. 라피크는 특히 발터 네른스트Walther Nernst의 연구에 크게 의존했다. 네른스트는 활동전위의 기초가 이온들을 분리하는 세포막의 능력이라고 생각한 사람이다. 뒤부레아몽의 제자 루디마르 헤르만Ludimar Hermann은 축전기와 저항기 개념을 신경에 적용한 사람이었다. 갈바니도 신경이 라이덴병과 유사하게 작용한다는 생각을 했다. 하지만 라피크는 등가회로 모델로 정확한 예측을 함으로써 신경이 정교한 전기장치라는 이론을 진일보시킨 사람이었다. 그는 이렇게 썼다. "오늘 내가 해낸 물리적 해석은 (신경의) 흥분에 관해 이미 알려진 중요한 사실들에 정확한 의미를 부여한다. 실제에 한 발 더 가깝게 접근할 수 있게 만든 해석이라고 할 수 있다."

라피크와 동시대에 살았던 신경과학자들 대부분은 장비의 제약 때문에 신경 전체의 활동을 모두 기록할 수밖에 없었다. 신경은 여러 개의 축삭들이 다발 형태를 이루고 있다. 축삭은 뉴런이 다른 뉴런들에게 신호를 보내는 통로로 사용하는 섬유조직이다. 수많은 축삭들의 반응을 동시에 기록하면 그 축삭들에 의해 발생하는 전류의 변화들을 쉽게 잡아낼 수는 있지만, 각각의 전류 변화가 어떤 형태를 띠는지 관찰하는 것은 어렵다. 하지만 전극을 하나의 뉴런에 삽입하면 그 뉴런의 세포막이 띠는 전압을 직접적으로 관찰할 수 있다. 이렇게 개별적으로 뉴런을 관찰할 수 있는 기술이 20세기 초반에 개발되면서 활동전위를 훨씬 더 확실하게 관찰할 수 있는 길이 열리게 됐다.

1920년대에 에드거 에이드리언Edgar Adrian에 의해 활동전위의 핵심적인 특성 중 하나가 발견됐다. 뉴런의 활동전위 방출 여부가 실무율에 의해 결정된다는 것이었다.* 다시 말하면, 뉴런은 활동전위를 방출하는 경우와 방출하지 않는 경우의 오직 두 가지 경우의 수밖에 가지지 않는다는 뜻이다. 더 구체적으로 말하면, 뉴런은 일정한 수준 이상의 입력을 받으면 세포막 전압이 변화하며, 이 경우 전압 변화는 입력의 크기와 상관없이 항상 같다는 뜻이다. 축구에서 공이 얼마나 세게 골네트를 흔드는지는 중요하지 않다. 골대 안으로 공이 들어가기만 하면 공의 세기와 상관없이 언제나 1점이다. 뉴런의 활동전위도 이와 비슷한 개념이다. 뉴런을 아무리 강하게 자극해도 뉴런의 활동전위는 더 커지지 않는다. 강하게 뉴런을 자극하면 정확하게 동일한 활동전위가 더 많이 방출될 뿐이다. 신경계는 질보다 양을 중시한다고 할 수 있다.

뉴런의 실무율 특성은 신경이 반응을 나타내려면 세포막 전압이 특정한 역치에 도달해야 하며 그 역치를 넘어서도 정확하게 같은

---

* 에이드리언의 이 발견이 뉴런의 정보 표현 방식 규명에 미친 영향에 대해서는 제7장에서 자세히 다룰 것이다.

반응이 일어난다는 라피크의 생각에 정확하게 들어맞는다.

1960년대에 이르러 실무율은 라피크의 수식과 결합돼 "누출 통합·발화 뉴런leaky integrate-and-fire(LIF) neuron" 모델이라는 이름의 수학적 모델로 재탄생했다. 여기서 "누출"은 저항기가 전류의 일부를 누출한다는 뜻이고, "통합"은 축전기가 누출되지 않은 나머지 전류를 모두 모아 전하 형태로 저장한다는 뜻이며, "발화"는 축전기 전압이 역치에 도달하면 뉴런이 "발화"한다는, 즉 활동전위를 방출한다는 뜻이다. "발화"가 일어난 후에 전압은 기준선으로 재설정되며, 뉴런에 다시 이전 이상의 입력이 이뤄질 때만 역치에 도달하게 된다.

이 모델은 매우 간단하지만 실제 뉴런이 발화하는 방식의 특징들을 그대로 재현해 낼 수 있다. 예를 들어, 입력이 충분히 강하게 지속적으로 이뤄지면 이 모델 뉴런은 작은 시간 간격을 두고 반복적으로 활동전위를 방출하지만, 입력이 약하면 단 한 번도 활동전위를 방출하지 않고 무한정 기존 상태에 머문다.

이 모델 뉴런은 다른 모델 뉴런과 연결할 수도 있으며, 그렇게 연결된 모델 중 하나의 발화가 다른 모델의 발화를 일으키게 만들 수도 있다. 이런 연결이 가능해짐에 따라 연구자들은 개별적인 뉴런이 하는 행동뿐만 아니라 뉴런들의 네트워크 전체가 하는 행동을 복제하고, 분석하고, 이해할 수 있게 됐다.

이 모델은 처음 만들어졌을 때부터 지금까지 뇌질환을 비롯한 뇌의 수많은 측면들을 이해하는 데 사용돼 왔다. 파킨슨병은 기저핵 basal ganglia 뉴런의 발화에 영향을 미치는 질환이다. 뇌의 깊숙한 곳에 자리 잡고 있는 기저핵은 라틴어로 명명된 영역들로 구성돼 있다. 기저핵의 한 부분인 선조체striatum로의 입력이 파킨슨병에 의해 교란되면 기저핵의 나머지 부분들의 균형이 깨진다. 선조체에 변화가 생기면 (기저핵의 또 다른 부분인) 시상하핵subthalamic nucleus에서 발화가 더 많이 일어나기 시작하고, 그렇게 되면 (기저핵의 한 부분인) 외측 담창구globus pallidus external의 뉴런들이 발화한다. 이 과정에서 이 뉴런들의 과도한 발화를 억제하는 기능을 가진 시상하핵이 지나치게 활성화되면서 외측 담창구 자체가 기능을 잃게 된다. 이렇게 복잡한 연결 관계가 형성됨에 따라 뉴런들은 발화를 많게 하다 적게 하기를 반복하게 된다. 파킨슨병 환자들에게서 나타나는 떨림, 운동기능 둔화, 경직 등의 움직임 문제는 이 리듬과 관련된 것으로 보인다.

2011년에 프라이부르크 대학의 연구원들은 LIF 모델 뉴런 3000개로 구성되는 이 뇌 영역 모델을 컴퓨터로 만들어냈다. 이 모델에서 선조체를 나타내는 세포들을 교란한 결과, 파킨슨병 환자들의 시상하핵에서 관찰되는 문제 패턴과 똑같은 현상이 생성됐다. 이 모델은 파킨슨병의 징후를 그대로 드러냈기 때문에 파킨슨병 치료에도 사용될 수 있었다. 예를 들어, 시상하핵에 입력 펄스를 주입한 결과, 이런 문제 패턴이 사라지면서 정상적인 활동이 복원됐다. 하지만 이 입력 펄스의 주입 속도는 정교하게 조정해야 했다. 주입 속도가 너무 늦으면 문제 패턴이 더 악화됐기 때문이다. 파킨슨병 환자의 시상하핵을 전기 펄스로 자극하는 뇌 심부 자극deep brain stimulation은 떨림 증상을 완화한다고 알려져 있다. 이 방법을 사용하는 의사들은 펄스 주입 속도가 1초당 약 100회 정도는 되어야 한다는 것을 잘 알고 있다. 이 모델은 펄스 주입 속도가 왜 높아야 하는지에 대한 단서를 제공한다고 할 수 있다. 전기 자극을 주입해 뉴런 발화 문제를 어느 정도 해결할 수 있었던 것은 서로 연결된 회로들의 집합 형태로 뇌를 모델링했기 때문이었다.

라피크가 처음에 관심을 가졌던 것은 신경 발화의 시점이었다. 그는 전기회로의 구성요소들을 적절하게 조합함으로써 활동전위의 방출 시점을 정확하게 알아냈을 뿐만 아니라 전기회로 모델을 기초로 그 이상의 연구결과를 얻을 수 있었다. 또한 라피크의 전기회로 모델은 수천 개의 세포들을 서로 연결해 엄청나게 큰 네트워크를 구축할 수 있도록 굳건한 기초를 제공하기도 했다. 지금도 세계 곳곳에 있는 컴퓨터들은 이 모조 뉴런들을 이용해 실제 뉴런이 건강한 사람과 환자에게서 어떻게 다르게 통합되고 발화하는지 시뮬레이션하면서 수식을 만들어내고 있다.

1939년 여름 앨런 호지킨<sup>Alan Hodgkin</sup>은 잉글랜드 남쪽 해안에서 작은 낚싯배를 타고 바다로 나갔다. 목표는 오징어를 몇 마리 잡는 것이었지만 결국 그는 배에서 내내 멀미에 시달리다 빈손으로 돌아왔다.

당시 케임브리지 대학 연구원이던 호지킨은 오징어의 거대 축삭의 전기적 특성 연구를 위한 새로운 프로젝트를 시작하기 위해 플리머스의 해양생물학협회에 막 도착한 상태였다. 특히 호지킨은 활동전위가 어떤 과정에 의해 위아래로 요동치는 형태(보통 "스파이크 spike"*로 부름)를 가지는지 밝혀내려고 했다. 몇 주 후 호지킨은 자신처럼 신참인 앤드류 헉슬리Andrew Huxley라는 학생의 도움을 받게 됐는데, 이 두 사람은 바다의 어느 쪽으로 언제 나가야 실험대상인 오징어를 잡을 수 있을지 운 좋게도 겨우 알아내 배에 타게 되었다.

헉슬리는 호지킨의 제자이긴 했지만, 그 둘의 나이 차는 4살밖에 나지 않았다. 호지킨은 예리한 눈매, 무표정한 얼굴, 머리 양옆으로 깔끔하게 빗어 넘긴 머리가 특징인 영국신사였고, 헉슬리는 볼이 통통하고 눈썹이 짙은 소년 같은 대학생이었다. 호지킨과 헉슬리의 전공은 각각 생물학과 물리학이었지만, 둘 다 서로의 전공 분야에도 재능이 있었다.

호지킨의 전공은 생물학이었지만, 대학 생활 마지막 학기에 동물학 교수로부터 최대한 수학과 물리학을 많이 공부해두라는 조언을 듣고 그 두 학문에 열중하게 됐다. 호지킨은 미분방정식 교과서를 몇 시간씩 들여다보면서 공부하는 것을 즐기곤 했다. 헉슬리는 처음에는 역학과 공학을 공부했지만, 생리학 강의 내용 중에 재미있는 논쟁적인 주제가 많다는 이야기를 친구에게 들은 뒤 생물학 쪽으로 공부 방향을 돌리게 됐다. 헉슬리는 할아버지의 영향을 받아 생물학에 끌렸는지도 모른다. 그의 할아버지는 다윈의 진화론을 강력하게 지지해 "다윈의 불독"이라는 별명으로 불린 생물학자 토머스 헨리 헉슬리Thomas Henry Huxley였는데, 평소에 생리학에 대해 "살아

---

\* 뉴런의 발화는 스파이크, 활성화, 활동전위 등 다양한 용어로 지칭된다.

있는 기계들을 연구하는 기계공학"이라고 말하곤 했다.

  라피크의 모델은 세포의 발화 시점을 예측하긴 했지만, 활동전위가 정확하게 무엇인지는 설명하지 못했다. 호지킨이 오징어를 잡기 위해 배를 타고 나갔던 때는 활동전위를 최초로 관찰한 율리우스 베른슈타인이 뉴런이 활동전위를 방출할 때 어떤 일이 발생하는지에 대한 이론을 이미 제시한 상태였다. 베른슈타인은 뉴런이 활동전위를 방출하는 전기적 사건이 일어날 때 세포막이 일시적으로 분해된다고 생각했다. 세포막이 일시적으로 분해되면서 다양한 종류의 이온들이 세포막을 통과하게 되고, 그로 인해 분해 전에 존재하던 세포막 안팎의 전하 차이가 없어지는 과정에서 베른슈타인 자신이 검류계로 측정해 낸 전류와 같은 소량의 전류가 발생한다는 이론이었다.

  하지만 호지킨은 게를 대상으로 실험을 진행한 뒤 베른슈타인의 이론이 틀릴 수도 있다는 생각을 하게 됐다. 그는 게를 대상으로 진행한 실험을 오징어를 대상으로 다시 진행하고자 했다. 오징어의 표면을 가로지르는 거대한 축삭은 활동전위 측정이 더 쉬웠기 때문이다.** 호지킨과 헉슬리는 이 거대 축삭에 전극을 삽입해 활동전위가 방출되는 동안 발생하는 전압 변화를 측정했다(그림 3 참조). 이들이 관찰한 것은 확실한 "오버슈트overshoot" 현상이었다. 즉, 전하가 모두 빠져나간 축전기의 전압이 0으로 내려가듯이 0으로 내려

---

  ** 호지킨과 헉슬리가 연구했던 "오징어의 거대 축삭"은 평균 크기의 오징어에 있는(매직펜의 둥근 촉 정도로 두꺼운) 매우 큰 축삭이다. 이 축삭은 신경과학을 처음 공부하는 학생들이 상상하곤 하는 거대한 오징어의 축삭이 아니다.

가지 않고 전압이 역전됐다는 뜻이다. 뉴런은 일반적으로 세포 안쪽보다 바깥쪽에 양전하가 더 많지만, 활동전위가 최대치에 머무는 동안에는 이 패턴이 역전돼 세포 바깥쪽보다 안쪽에 양전하가 더 많아진다. 호지킨은 더 많은 이온이 세포막을 통과하는 것만으로는 이런 패턴이 발생하지 않았을 것이며, 뭔가 다른 요인이 작용했을 것이라고 생각했다.

하지만 불행히도 호지킨과 헉슬리가 이런 발견을 한 직후 이들의 연구는 중단됐다. 히틀러가 폴란드를 침공함에 따라 이 두 사람은 전쟁 수행을 위한 인력으로 징집돼 실험실을 떠나야 했기 때문이다. 활동전위의 미스터리를 푸는 일을 미룰 수밖에 없었다.

8년 후 호지킨과 헉슬리가 플리머스로 돌아왔을 때 실험실은 정비가 필요한 상태였다. 실험실 건물은 폭격을 받았고 실험 장비들은 다른 과학자들이 모두 가져가버렸기 때문이었다. 하지만 호지킨과 헉슬리는 전쟁 기간 동안 업무를 수행하면서 양의 변화를 다루는 능력이 모두 향상되어 있었다. 전쟁 기간 동안 헉슬리는 영국 해군 포병사단에서 데이터 분석을, 그리고 호지킨은 공군에서 레이더 시스템을 개발하면서 신경 충동의 물리적 메커니즘을 다시 연구할 수 있기를 손꼽아 기다렸었다.

그 후로 여러 해 동안 호지킨과 헉슬리는 (동료 생리학자인 버나드 카츠Bernard Katz의 도움을 받으면서) 이온을 이용한 연구를 계속했다. 이들은 뉴런의 환경에서 특정한 종류의 이온을 제거해 활동전위의 어떤 부분이 어떤 하전 입자에 의해 결정되는지 알아냈다. 나트륨이 적게 섞인 용액에 있는 뉴런은 오버슈트 현상을 적게 나타냈고, 칼륨 이 많이 섞인 용액에 있는 뉴런은 언더슈트undershoot 현상을 나타내지 않았다. 언더슈트란 세포의 내부가 정상 상태보다 음전하를 많이 띨 때 세포막에 걸리는 전압이 기준선 아래로 내려가는 현상이다. 호지킨과 헉슬리는 세포막 전압을 직접 통제할 수 있는 기법을 실험하기도 했다. 이 기법으로 전하의 균형 상태에 변화를 주면 세포 안에서 밖으로의 이온 흐름, 밖에서 안으로의 이온 흐름이 크게 달라졌다. 세포막 안팎의 전하 차이를 없애면 세포 밖에 있던 나트륨 이온들이 갑자기 세포 안으로 들어가기 시작했으며, 이 상태 세포를 어느 정도 유지시키면 세포 안쪽에 있던 칼륨 이온들이 세포 밖으로 빠져나가기 시작했다.

이런 실험들의 결과로 모델이 만들어졌다. 더 구체적으로 말하면, 호지킨과 헉슬리는 수많은 실험을 통해 힘들게 축적한 신경세

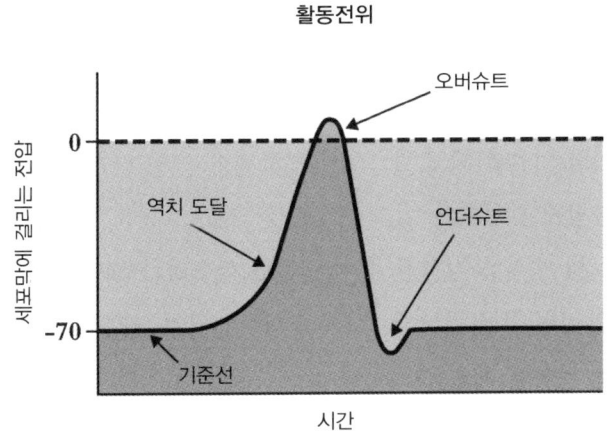

**그림 3**

포막에 대한 지식을 등가회로 형태로 압축하고 그 등가회로를 설명할 수 있는 수식들을 만들어 냈다. 하지만 이 등가회로는 라피크의 등가회로보다 복잡했다. 이들의 등가회로는 활동전위의 발생 시점뿐만 아니라 활동전위 자체를 완벽하게 설명하기 위한 회로였기 때문에 변수가 훨씬 더 많았다. 하지만 가장 큰 차이점은 저항 부분에 있었다.

라피크는 등가회로에서 저항기 한 개를 축전기와 병렬로 연결했지만, 호지킨과 헉슬리는 이 회로에 저항기를 두 개 더 추가했다. 하나는 나트륨 이온의 흐름을 제어하고, 다른 하나는 칼륨 이온의 흐름을 제어하기 위한 것이었다. 이들은 각각의 저항기가 서로 다른 유형의 이온들을 각각 선택적으로 통과시킬 수 있을 것이라고 봤다. 게다가, 이 모델에서 이 저항기들의 저항 강도, 즉 이온의 흐름을 막을 수 있는 능력은 고정된 매개변수가 아니라 축전기 전압의 상태에 따라 변동했다. 세포막에 걸린 전압이 변화하면서 세포가 이온통로를 열거나 닫음으로써 세포막은 마치 클럽 문지기와 같은 역할을 한다. 세포막은 안과 밖에 각각의 입자들이 얼마나 많은지 평가해 어떤 이온을 세포 안으로 들여보낼지, 어떤 이온을 세포 밖으로 방출할지 결정한다.

이 회로의 수식을 작성한 후 호지킨과 헉슬리는 모델의 축전기에 전압을 걸면 실제 세포막에서처럼 활동전위가 발생하는지 확인하기 위해 전압을 계속 변화시키면서 관찰했다. 하지만 이때 문제가 발생했다. 케임브리지는 (계산 속도를 크게 높일 수 있는) 최초의 디지털 컴퓨터가 만들어진 곳 중의 하나였지만, 정작 케임브리지에서는 컴퓨터를 사용할 수 없었기 때문이었다. 결국 헉슬리는 손으로 숫자 다이얼을 돌려 사용하는 브런스비가$^{Brunsviga}$ 대형 금속 계산기를 이용할 수밖에 없었다. 며칠을 계속 같은 자리에 앉아 특정 시점에서의 전압 수치를 입력하면서 1만분의 1초 단위로 축전기 전압 변화를 계산하던 헉슬리는 이 작업이 긴장감이 넘치는 흥미로운 작업이라고 생각하게 됐다. 후에 그는 당시의 작업에 대해 노벨상 수상 강연에서 이렇게 말했다. "정말 흥미진진한 작업이었습니다. '세포막이 스파이크를 일으킬까? 아니면 역치에 도달하지 못하고 진동을 일으키다 잠잠해질까?' 같은 생각을 하면서 마음을 졸이곤 했습니다. 예측이 빗나간 경우도 아주 많았습니다. 그렇게 손으로 계산을 하면서 얻은 중요한 교훈은 직관으로는 그 정도로 복잡한 시스템을 다룰 수 없다는 것이었습니다."

계산이 완료되자 호지킨과 헉슬리는 인공 활동전위들을 만들어낼 수 있었다. 실제 뉴런의 스파이크와 거의 같은 활동을 보이는 인공 스파이크를 만들어 낸 것이었다.

전류를 주입하자 호지킨과 헉슬리가 만든 모델 세포는 전압과 저항 사이의 복잡한 관계를 드러내기 시작했다. 우선, 이 모델 세포에서는 입력이 세포의 자연 상태에 대항해 싸우기 시작했다. 음전하가 주로 분포하는 세포 내부에 양전하가 쌓이기 시작한 것이었다. 세포막 전압이 처음에 이렇게 크게 교란되면서, 즉 전압이 역치에 도달하면서, 나트륨 채널이 열려 양전하를 띤 나트륨 이온들이 세포 안으로 대량으로 들어가기 시작했다. 그 결과로 양성 피드백$^{positive\ feedback}$ 루프가 생성됐다. 즉, 나트륨 이온들이 세포 내부로 유입되면서 더 많은 양전하를 띠게 되고 세포 내부의 전압에 변화가 생겨 나트륨 이온에 대한 저항성이 더 낮아지게 된다. 그러면 곧 세포막 안과 밖의 전하 차이가 사라지면서 세포 내부가 세포 외부와 같은 정도로, 그리고 결국 세포 외부보다 더 많은 양전하를 띠게 되는 "오버슈트overshoot" 현상이 나타난다. 또한 이 현상이 일어나면서 칼륨 통로가 열려 양전하를 띤 칼륨 이온들이 세포 밖으로 나가기 시작했다. 나트륨 통로와 칼륨 통로는 마치 술집 출입문처럼 열리고 닫히며 이온들이 이 통로들을 통해 세포 안팎을 들락거린다. 하지만 오버슈트 상황에서는 칼륨 이온이 나트륨 이온보다 빠르게 움직이며 이런 움직임은 전압의 변화 방향을 역전시킨다. 칼륨 이온들의 탈출로 세포 내부가 다시 음전하를 더 많이 띠게 되면서 나트륨 통로가 닫힌다. 그러면 세포막 안과 밖의 전하 차이가 다시 생기고 전압이 원래의 값에 가까워지면서 양전하는 여전히 열려있는 칼륨 통로를 통해 세포 밖으로 새나가는 "언더슈트" 현상이 발생한다. 그러다 결국 칼륨 통로가 닫히면서 전압이 회복되고 세포는 정상 상태로 복귀해 다음 발화를 할 수 있는 상태가 된다. 이 모든 사건은 100분의 1초의 반도 안 되는 시간에 일어난다.

호지킨은 "처음에 우리는 여러 형태의 전기자극에 대한 신경의 복잡하고 다양한 반응을 간단한 결론으로 설명하기는 어려울 수 있다고 생각했기 때문에" 이런 수학적 모델을 만들었다고 말했고 이를 통해 결국 신경 반응을 설명해냈다고 할 수 있다. 뉴런은 마치 저글링을 하는 사람처럼, 간단한 부분들을 간단한 방식으로 조합해 놀라울 정도로 복잡한 메커니즘을 만들어낸다. 호지킨-헉슬리 모델은 활동전위가 뇌에서 초당 10억 번 발생하는 섬세하게 조절된 폭발이라는 것을 확실하게 보여준다.

호지킨과 헉슬리는 1952년 《생리학 저널》에 이런 실험과 계산이 포함된 자신들의 연구를 발표했다. 11년 후 이들은 신경 세포막의 주변부 및 중심부의 흥분과 억제와 관련된 이온 메커니즘에 관한 발견으로 노벨 생리의학상을 공동수상했다. 호지킨과 헉슬리의 연구는 신경 충동을 이온과 전기 측면에서 설명할 수 있을지에 대한 일부 생물학자들의 의구심을 완전히 잠재운 연구였다.

"신경세포의 세포체와 수상돌기는 정보의 수신과 통합에 특화돼 있습니다. 정보는 다른 신경세포들에서 자극 형태로 발화돼 그 신경세포들의 축삭을 따라 전달됩니다." 호지킨, 헉슬리와 공동으로 노벨생리의학상을 수상한 호주의 신경생리학자 존 에클스<sup>John Eccles</sup>는 이렇게 평범한 문장으로 노벨상 수상 강연을 시작했다. 이 강연은 한 세포가 다른 세포로 정보를 보낼 때 발생하는 이온 흐름의 복잡성에 대한 설명으로 이어졌다.

이 강연에서 에클스는 수상돌기에 대해서는 설명하지 않았다. 수상돌기는 뉴런의 세포체에서 뻗어 나온 나뭇가지 모양의 짧은 돌기다. 수상돌기는 나무의 뿌리처럼 여러 갈래로 갈라지면서 늘어나고 다시 여러 갈래로 갈라지면서 세포체 주변의 넓은 영역을 감싼다. 신경세포는 수상돌기를 주변의 다른 신경세포들로 뻗어 그 신경세포들로부터 입력을 받는다.

　수상돌기와 복잡한 관계를 가졌던 에클스가 연구한 뉴런 중 하나는 수상돌기의 구조가 매우 정교한 고양이 척수 내 뉴런이었다. 이 뉴런의 수상돌기는 세포체보다 20배 정도의 폭으로 여러 방향으로 뻗쳐 있다. 하지만 에클스는 이 뉴런의 수상돌기가 거대한 뿌리 모양을 띤다는 사실은 별로 중요하지 않다고 생각했지만, 세포체 바로 옆에 있는 수상돌기들은 용도가 있을지도 모른다고 봤다. 그는 이 수상돌기들이 다른 뉴런들에서 나온 축삭들과 접촉하면 그 축삭들이 가진 정보가 이 수상돌기들을 통해 세포체로 즉시 전달돼 활동전위를 발생시키는 데 기여할 수 있다고 생각했다. 에클스는 세포체에서 멀리 떨어진 수상돌기들은 세포체와의 거리가 멀기 때문에 신호를 세포체에 전달하지 못해서 별로 하는 일이 없다고 봤다. 대신 그는 신경세포가 이 수상돌기들을 이용해 하전 입자들을 흡수하거나 방출해 전체적인 화학적 균형을 유지한다고 봤다. 에클스는 수상돌기들이 기껏해야 불꽃을 짧은 길이에서 유지하는 심지 역할을 하거나 이온들을 빨아들이는 빨대 정도의 역할밖에는 하지 못한다고 생각했다.

　수상돌기에 대한 에클스의 생각은 그의 제자인 윌프리드 롤Wilfrid Rall의 생각과 충돌했다. 롤은 1943년에 예일 대학 물리학과를 졸업했지만 맨해튼 프로젝트Manhattan Project(제2차 세계 대전 도중 미국이 주도하고, 영국, 캐나다가 참여한 핵무기 개발 계획)에 참여한 뒤부터 생물학에 관심을 가지게 됐다. 1949년에 롤은 뉴질랜드로 이주해 에클스와 함께 신경 자극의 효과에 대한 연구를 시작했다.

물리학을 전공한 롤은 생물 세포처럼 복잡한 시스템을 이해하기 위해 수학적 분석과 시뮬레이션에 의존했으며 호지킨과 헉슬리의 연구에서 영감을 얻기도 했다. 롤은 자신이 석사 학위 과정을 밟고 있던 시카고 대학에 호지킨이 방문했을 때 그의 연구에 대한 이야기를 들었다. 호지킨이 만든 수학적 모델을 살펴보면서 롤은 수상돌기가 에클스가 생각하는 것보다 더 많은 역할을 할 수도 있다는 생각을 하게 됐고, 뉴질랜드에서 연구를 마친 후에 그는 수상돌기의 역할을 규명하기 위해 많은 시간을 투자했다. 롤의 이런 노력은 수학적 모델이 생물학적 발견을 이끌 수 있다는 것을 증명하고자 하는 노력이기도 했다.

세포를 일종의 전기회로로 보게 된 롤은 얇은 수상돌기를 보이는 모습 그대로 일종의 케이블로 보기 시작했다. 수상돌기에 대한 이 "케이블 이론cable theory"은 수상돌기의 각 부분들을 매우 두께가 얇은 전선으로 취급하고 옴의 법칙을 적용하여 롤은 수상돌기들의 부분들을 결합하면서 어떻게 수상돌기의 제일 끝 쪽에서 일어나는 전기적 활동이 세포체에 전달되고, 반대로 세포체에서 일어나는 전기적 활동이 수상돌기의 제일 끝 쪽까지 전달되는지 연구했다.

하지만 수학적 모델에 더 많은 항이 추가될수록 더 많은 숫자를 입력해야 했다. 당시 롤은 미국 메릴랜드 주 베세스다에 위치한 국립보건원NIH에서 연구를 수행하고 있었는데, 그곳에서는 대규모 시뮬레이션을 수행할 수 있는 컴퓨터가 없었다. 롤이 수상돌기의 역할을 규명하기 위해 만든 수학적 모델에 숫자를 입력하는 일은 맡은 NIH의 프로그래머 마조리 바이스Marjory Weiss는 이 작업을 수행하기 위해 펀치 카드기 가득 담긴 상자를 들고 워싱턴 D.C.까지 가야만 했다. 롤은 바이스가 작업을 마친 후 다음 날 NIH로 돌아올 때까지 결과를 알 수가 없었다.

(에클스의 생각에 반대했던) 롤은 정교한 수학적 계산을 통해 수상돌기를 가진 세포체가 수상돌기를 가지지 않은 세포체에 비해 매우 다양한 전기적 특성을 가진다는 것을 확실하게 증명했다. 1957년에 발표된 롤의 간단한 수학적 계산 결과를 두고 그 후로 몇 년 동안 롤과 에클스 사이에서 책과 강연 형태로 계속 반박과 재반박이 이뤄졌다.* 롤과 에클스는 자신들이 가진 실험적 증거와 계산 결과를 제시하면서 서로를 반박했다. 하지만 시간이 지나면서 에클스의 생각은 서서히 바뀌기 시작했다. 1966년에 결국 에클스는 수상돌기가 뉴런 메커니즘에서 중요한 역할을 한다는 것을 공개적으로 인정했다. 롤의 생각이 옳았다.

케이블 이론은 에클스의 실수를 드러내는 것 이상의 역할을 했다. 이 이론으로 롤은 실험 기법으로 수상돌기의 수많은 역할들을 밝혀내기 전에 수식으로 그 기능들을 찾아낼 수 있게 해주었기 때문이다. 롤이 밝혀낸 수상돌기의 중요한 역할 중 하나는 순서를 감지하는 역할이었다. 롤은 시뮬레이션을 통해 수상돌기가 입력을 받아들이는 순서가 세포의 반응에 중요한 영향을 미친다는 것을 알아냈다. 입력이 수상돌기의 말단에 처음 도착하면 점점 더 많은 입

---

*롤에 따르면 에클스는 롤의 이 계산 결과가 출판되는 것도 방해했다. 롤은 1958년에 쓴 글에서 이렇게 말했다. "부정적인 심판이 내 원고를 편집자들이 거절하도록 설득했다. 이 심판이 에클스라는 사실은 반려된 원고의 여백에 쓰인 수많은 주들을 보면 확실히 알 수 있다."

력들이 세포체에 가까워지면서 발화가 일어날 수 있지만, 이 패턴은 반대 순서로 나타나지는 않는다. 세포체에 들어온 입력이 세포체로부터 멀리 떨어진 수상돌기에 도착하는 데에는 시간이 더 많이 걸리기 때문이다. 따라서 수상돌기 말단에서 입력들이 시작된다는 것은 그 입력들이 세포체에 모두 동시에 도착한다는 뜻이다. 이런 동시 도착은 세포막의 전압을 크게 변화시키고 스파이크를 발생시킬 수도 있다. 하지만 이와는 반대로, 도착하는 시간이 서로 다른 입력들도 있다. 이렇게 되면 전압은 어중간한 정도로만 교란된다. 달리는 사람들이 모두 서로 다른 시점과 다른 위치에서 출발한다면 이 사람들을 모두 동시에 결승선에 도착하게 만드는 방법은 결승선에서 멀리 떨어진 위치에서 출발하는 사람들을 먼저 출발하게 만든 것밖에는 없다.

1964년에 롤이 한 예측이 바로 이런 예측이었고 이는 2010년에 실제 뉴런을 이용한 실험을 통해 검증됐다. 롤의 이 가설을 검증하기 위해 유니버시티 칼리지 런던의 연구자들은 쥐의 뇌에서 추출한 뉴런을 접시에 올려놓고 수상돌기의 특정 부분으로의 신경전달물질 분비를 정교하게 조절했다(이 특정 부분은 길이가 적혈구의 폭에 해당하는 약 5마이크론)이었다. 신경전달물질이 수상돌기의 말단에서 중심부로 이동하자 뉴런은 80%의 빈도로 발화했지만 그 반대방향으로 신경전달물질을 이동시켰을 때는 발화 확률이 원래의 50%밖에 되지 않았다.

이 연구는 생명체의 아주 작은 부분에도 목적이 있다는 것을 보여준다. 수상돌기를 구성하는 부분들은 피아노의 건반들처럼 작동한다. 피아노를 연주할 때는 같은 음들을 사용하지만 연주하는 방식에 따라 다양한 효과를 낸다. 뉴런이 새로운 활동을 계속 보일 수 있는 것은 이런 원리에 의한 것이다. 구체적으로 설명하면, 수상돌기는 뉴런이 순서를 인식할 수 있게 만든다는 뜻이다. 입력이 수상돌기를 어떤 방향으로 통과하는지에 따라 전혀 다른 반응들이 일어난다. 예를 들어, 망막 뉴런이 이런 "방향 선택성direction selectivity"을 가진다. 방향 선택성은 시야 안에 있는 사물들이 어떤 방향으로 움직이는지에 따라 망막 뉴런이 신호를 보낼 수 있게 만든다.

대다수의 과학수업 시간에 학생들에게 작은 전기회로 제작용 키트가 주어진다. 학생들은 다양한 저항을 가진 전선들을 이용해 축전기와 배터리를 연결해 전기회로를 만들어 전구에 불이 들어오게 하거나 바람개비를 회전시킬 것이다. 신경과학자들이 하는 일도 이와 비슷하다. 전기회로가 아니라 뉴런 모델을 만들 뿐이다. 신경과학자들이 만들어낸 뉴런 모델은 거의 대부분 전기회로의 구성부품을 이용해 전기회로를 만들 듯이 만들어낸 것이다. 롤은 이 전기회로 키트에 부품을 더 추가한 사람이다.

표준 뉴런 모델이 전기공학이라는 벽돌로 지어진 작은 집이라면 2015년 "블루 브레인 프로젝트Blue Brain Project"에 의해 구축된 모델은 거대한 도시 전체라고 할 수 있다. 12개 기관의 과학자 82명이 협력해 만든 이 모델의 목적은 큰 모래 알갱이 정도의 크기인 쥐 뇌의 일부 영역을 똑같이 재현하는 것이었다. 이 과학자들은 이전의 연구들을 종합한 뒤 몇 년 동안 실험을 통해 이 영역에 있는 뉴런들의 이온통로, 축삭의 길이, 수상돌기의 형태를 확인하고, 이 뉴런들이 얼마나 서로 가깝게 뭉치는지, 얼마나 자주 연결되는지도 알아냈다. 이 작업을 통해 이들은 뉴런이 가질 수 있는 표준 형태 55개, 나타낼 수 있는 전기반응 특성 11개를 발견했고, 뉴런들이 상호작용하는 수많은 방식들을 찾아냈다.

이 과학자들은 이 데이터를 이용해 3만여 개의 정교한 모델 뉴런이 3600만 가지의 연결을 만들어내는 시뮬레이션 모델을 구축했다. 이 시뮬레이션 모델의 완성을 위해서 수십억 개의 수식을 처리할 수 있도록 특별히 제작된 슈퍼컴퓨터가 동원됐다. 하지만 이렇게 복잡한 모델도 기본적으로는 라피크, 호지킨, 헉슬리, 롤이 찾아낸 기본 원리들에 의해 만들어진 것이다. 블루 브레인 프로젝트의 수석 연구원 이단 세게프Idan Segev는 이 모델에 대해 이렇게 요약했다. "이 모델은 우리가 밝혀내고자 하는 실제 생물체의 신경 네트워크를 모방하는 네트워크로, 호지킨-헉슬리 모델을 기초로 뉴런들의 활성화 방식을 시뮬레이션함으로써 모델 뉴런들이 전기적 활동을 하도록 만든 모델이다."

이 연구진들은 프로젝트의 결과를 설명하는 논문을 통해 이 모델이 실제 생물학적 네트워크의 여러 가지 특징들을 나타냈다고 밝혔다. 이 모델은 실제 생물학적 네트워크처럼 시간에 따라 발화 패턴이 달라지고 세포의 종류에 따라 다양한 반응을 나타냈으며, 진동 패턴을 보이기도 했다. 또한 이 모델은 과거의 실험결과들을 재현하는 수준을 넘어 빠르고 쉽게 연구자들이 새로운 실험을 시도할 수 있도록 만들었다. 이 모델을 이용한 컴퓨터 시뮬레이션을 통해 이 뇌 영역을 연구할 수 있게 됨에 따라 생물학적 현상의 재현이 프로그램 코드를 몇 줄 쓰는 것과 비슷한 수준의 간단한 작업으로 변했기 때문이다. 이러한 접근방법을 이용하는 신경과학 분야를 "인 실리코$^{in\ silico}$"(컴퓨터 시뮬레이션과 같은 가상환경에서의) 신경과학이라고 부른다.

이런 시뮬레이션이 정확한 예측을 하려면 시뮬레이션의 기초를 이루는 모델이 실제 생물체와 상당히 비슷해야 한다. 라피크는 우리에게 전기회로 수식을 뉴런의 대역으로 사용하면 뇌의 모델을 구축할 수 있다는 것을 알려줬다. 신경을 전기장치로 보게 만든 것도 라피크였다. 그의 이런 생각은 다른 수많은 과학자들, 특히 물리학과 생리학을 모두 연구하는 과학자들에게 영향을 미쳤고, 그들로 인해 라피크의 생각은 더 큰 설득력을 얻게 됐다. 뮐러의 직관과는 달리 신경계는 전기의 흐름에 의해 활성화되며, 신경계에 대한 연구는 전기 연구에 의해 확실한 동력을 얻었다.

# 3

# 계산 방법의 학습

맥컬럭-피츠, 퍼셉트론과 인공신경망

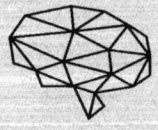

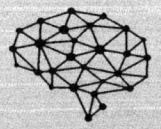

케임브리지 대학의 수학자 버트런드 러셀은 모든 수학의 근원이 되는 철학적 뿌리를 규명한다는 원대한 목표를 가지고 20세기 초반의 10년을 보냈다. 그의 스승 알프레드 화이트헤드 Alfred Whitehead와 공동으로 착수한 이 야심찬 프로젝트의 결과로 『수학 원리』라는 원고가 완성됐지만 당시 케임브리지 대학 출판부는 이 원고의 출판을 시기와 비용 등의 여러 가지 이유를 들어 거절했다. 결국 러셀과 화이트헤드는 조금씩 돈을 모아 이 책을 출판했고, 이 책이 출판되고 나서도 40년 동안 인세를 한 푼도 받지 못했다.

하지만 이 엄청난 책을 완성하는 데 이런 경제적인 문제는 빙산의 일각에 불과했다. 러셀을 가장 힘들게 한 것은 이 책이 다룬 학술적 내용이었다. 자서전에서 그는 책을 쓰는 동안 빈 종이를 쳐다보면서 며칠을 보내기도 했고, 저녁에는 달리는 기차 앞으로 뛰어들고 싶은 충동에 시달리기도 했다고 말할 정도였다. 또한 러셀은 이 책을 쓰는 동안 결혼생활을 끝내야 했고 화이트헤드와의 관계 때문에 정신적 스트레스를 받기도 했다. 러셀에 따르면 당시 화이트헤드도 결혼생활이 흔들리고 있었고 정신적으로도 어려움을 겪고 있었다. 이 책을 쓰면서 러셀은 육체적으로도 매우 힘들어했다. 복잡한 수학적 아이디어를 전달하는 데 필요한 정교한 기호들과 싸움하느라 하루에 12시간을 책상에 앉아 있어야 했기 때문이다. 게다가 그렇게 힘들여 완성한 원고는 출판사에 두 손으로 들고 갈 수 없을 정도로 양이 많았다. 하지만 러셀과 화이트헤드는 결국 원고를 완성했고 책으로 출판해 냈다. 복잡한 수학의 원리를 쉽게 풀어내는 데 이 책이 도움이 되길 바라는 마음에서였다.

『수학 원리』의 핵심은 수학의 모든 것이 논리로 환원될 수 있다는 주장이다. 러셀과 화이트헤드는 몇 가지 기본적인 진술statement, 즉 "표현expression"을 조합함으로써 모든 수학적 형식, 수학적 주장, 수학적 발견이 가능하다고 생각했다. 이들은 이런 표현이 실제 세계에 대한 관찰에서 비롯된 표현이 아니라 보편적인 표현이라고 봤다. 예를 들어, X가 참이면 "X 또는 Y가 참이다."라는 진술도 참이다. 이런 표현들은 명제proposition로 구성된다. 명제는 참일 수도 있고 거짓일 수도 있는 기본적인 논리 단위이며, X나 Y 같은 문자로 표시된다. 명제들은 "그리고and", "또는or", "아니다not" 같은 "불 연산자Boolean operator"에 의해 결합된다.\* 에 의해 결합된다.

『수학 원리』제1권에서 러셀과 화이트헤드는 이런 추상적인 표현들을 20개 정도 제시한다. 이렇게 얼마 되지 않는 수의 표현들을 가지고 이들은 수학의 원리에 대한 이론을 구축했다. 이들은

---

\* 영국의 수학자 조지 불(George Boole)의 이름을 딴 용어다. 러셀과 화이트헤드는 불의 아이디어를 차용했지만 1913년에 처음 사용된 "불 연산자"라는 용어는 사용하지 않았다.

"1+1=2"라는 것을 증명하기 위해 수십 쪽에 걸쳐 다양한 기호들을 사용하기도 했다.

러셀과 화이트헤드가 간단한 논리법칙들로 수학의 장엄함을 완벽하게 표현할 수 있다는 것을 증명한 것은 엄청난 철학적 영향을 미쳤다.* 또한 이들의 증명은 30여 년 뒤 다른 두 사람에 의해 이뤄지는 발견이 엄청난 영향을 미칠 수 있게 만들기도 했다. 이 발견은 뉴런의 해부학적 특성과 생리학적 특성이 논리법칙을 따른다는 것을 보여주어, 뇌와 지능에 대한 연구에 혁명을 일으킨 발견이기도 하다.

미국 디트로이트에서 태어난 월터 피츠Walter Pitts는 12세밖에 안 됐을 때 버트런드 러셀에 의해 케임브리지에 대학원으로 들어오라는 권유를 받았다. 동네 불량배들을 피해 도서관으로 숨어들었다 우연히 『수학 원리』를 읽게 된 이 소년은 이 책에서 오류로 생각되는 부분을 발견해 러셀에게 편지를 보냈는데 러셀이 피츠의 나이를 모르고 대학원에서 자신과 같이 연구를 하자는 제안을 한 것이었다. 이 소년은 러셀의 제안을 받아들이지 않았다. 하지만 그로부터 몇 년 뒤 피츠는 시카고 대학을 방문한 러셀의 강의를 듣게 됐다. 아

---

* 적어도 당시에는 그렇게 생각됐다. 이 증명으로 논리의 힘이 입증됐기 때문이다. 더 자세한 이야기는 나중에 할 것이다.

버지의 학대를 피해 도망쳐 온 피츠는 집으로 돌아가지 않고, 시카고에 남아 노숙 생활을 하기 시작했다.

운이 좋게도 피츠는 시카고 대학에서 또 다른 세계적인 논리학자 루돌프 카르나프Rudolf Carnap를 비판의 대상으로 삼을 수 있었다. 이번에도 피츠는 카르나프가 발표한 지 얼마 되지 않은 책 『언어의 논리적 통사구조The Logical Syntax of Language』의 내용 오류를 지적하는 편지를 그의 연구실로 보냈다. 편지를 보낸 피츠는 카르나프의 반응에 별로 신경을 쓰지 않았지만, 편지 내용에 놀란 카르나프는 이 "논리를 이해하는 신문팔이 소년"을 수소문해 찾아냈다. 이번에는 피츠와 그가 비판했던 철학자와 함께 연구를 할 수 있게 됐다. 피츠는 정식으로 대학원에 등록하지는 않았지만 사실상 카르나프의 연구실에서 대학원생 역할을 했고 생물학의 수학적 측면에 관심이 있는 학자들과 교류했다.

워런 맥컬럭Warren McCulloch의 철학적인 관심은 전통적인 주제들에 관한 것이었다. 미국 뉴저지 주에서 태어난 그는 예일 대학교에서 심리학과 함께 철학을 공부하면서 위대한 사상가들의 책을 읽었다. 특히 칸트와 (러셀에게 지대한 영향을 미친) 라이프니츠에 매료됐고, 25세에는 『수학 원리』를 읽었다. 하지만 맥컬럭은 수염을 길게 기르고 늘 심각한 얼굴을 하고 다녔음에도 불구하고 철학자가 아닌 생리학자였다. 그는 맨해튼에 있는 의과대학에 다녔고, 벨뷰 병원과 록랜드 주립 병원 정신과 시설에서 신경과 인턴을 하면서 뇌의 복잡한 구조에 대해 연구했으며, 1941년에는 시카고의 일리노이 대학교 정신과학과 기초연구소 소장으로 부임했다.

맥컬럭과 피츠가 정확하게 어떻게 만나게 됐는지에 대해서는 여러 가지 설이 있다. 맥컬럭이 연구자들을 대상으로 한 강의를 피츠가 들었을 때 그 둘이 처음 만나게 됐다는 이야기도 있고, 카르나프가 피츠를 맥컬럭에게 소개해줬다는 이야기도 있다. 제롬 레트빈 Jerome Lettvin은 자신이 피츠를 맥컬럭에게 소개해줬고, 라이프니츠에 대한 관심이 지대했던 세 사람이 자연스럽게 가까워졌다고 주장했다. 사실이야 어찌되었든, 1942년 당시 43살이던 맥컬럭과 그의 아내는 18살이던 피츠를 집으로 데려가 같이 살았고, 맥컬럭과 피츠는 저녁마다 위스키를 마시면서 논리에 관한 토론을 벌였다.

20세기 초반의 과학자들에게 "마음"과 "몸" 사이의 벽은 매우 견고했다. 당시 과학자들은 마음은 몸 안에 있지만 형태를 알 수 없는 존재이며, 뇌를 포함한 몸은 물리적인 존재라고 생각했다. 이 벽의 양쪽에 있는 연구자들은 독립적으로 자신의 분야에서 문제를 풀기 위해 열심히 노력했다. 생물학자들은 제2장에서 살펴보았듯이 뉴런의 물리적인 메커니즘을 규명하기 위해 피펫(실험실에서 소량의 액체를 재거나 옮길 때 쓰는 작은 관)과 전극, 화학물질을 이용해 신경 스파이크를 일으키는 원인과 발생하는 방식을 연구했고, 정신과 의사들은 프로이트의 정신분석 기법을 이용해 마음의 메커니즘을 규명하기 위해 노력했다. 이 두 분야의 학자들은 서로의 연구 분야에 거의 관심이 없었다. 목표도, 사용하는 언어도 서로 달랐다. 당시 정신과 의사들 대부분은 뉴런이 마음을 어떻게 구성하는지에 대해서는 알고 싶어 하지도 않았고, 알 수도 없다고 생각했다.

하지만 맥컬럭은 의사였음에도 불구하고 뉴런과 마음에 대한 의문을 가졌던 과학자들과 계속 교류하면서 계속 그 의문을 풀기 위해 노력했다. 결국 그는 생리학 실험을 진행하던 중에 아이디어를 하나 떠올렸다. 맥컬럭은 자신이 지대한 관심을 가지고 있었던 철학에서 중시되는 논리와 계산 개념을 당시에 막 떠오르고 있었던 신경과학에 적용할 수 있다는 생각을 하게 된 것이었다. 맥컬럭은 뇌를 단지 단백질과 화학물질로 이뤄진 덩어리로 보지 않고 논리법칙을 따르는 계산 장치로 봄으로써 신경활동 측면에서 사고를 이해할 수 있도록 새로운 길을 연 사람이었다.

하지만 맥컬럭은 분석적인 사고 능력이 매우 뛰어난 사람은 아니었다. 그를 아는 사람들 중에는 그가 세부사항들을 일일이 분석해 내기에는 너무 낭만적인 사람이었다고 말하는 사람들도 있었다. 실제로 맥컬럭은 이런 아이디어를 떠올린 후 수년 동안 사람들과 이 아이디어에 대해 대화를 나눴지만(그는 벨뷰 병원에서 인턴 생활을 할 때도 "뇌의 작동방식을 설명하는 수식을 만들어내기 위해 노력하다 동료들로부터 비난을 받은 적이 있었다), 실제로 자신의 아이디어를 구현할 수 있는 구체적인 기술적 방법은 생각해내지 못했다. 하지만 피츠는 분석 능력이 뛰어난 사람이었다. 피츠는 맥컬럭과 이야기를 나누면서 그의 아이디어를 어떻게 구체적으로 수식으로 구현할 수 있을지 금세 알아차렸다. 만난 지 얼마 지나지 않아 맥컬럭과 피츠는 컴퓨터과학 분야에 가장 큰 영향력을 미친 논문 중 하나를 발표했다.

1943년에 발표된 이 논문의 제목은 〈신경활동에 내재된 아이디어의 논리적 계산〉이다. 이 논문은 수많은 수식들로 구성돼 있으며, 참고문헌이 3개밖에 안 되는(그 중 하나가 『수학 원리』다) 17쪽 분량의 짧은 논문이다. 이 논문에 실린 유일한 그림은 맥컬럭의 딸이 그린 간단한 신경회로* 그림이었다.

이 논문은 뉴런에 대한 발표 당시의 연구결과들, 즉 뉴런은 세포체와 축삭으로 구성되며, 한 뉴런의 축삭이 다른 뉴런의 세포체와 만나는 방식으로 두 뉴런 사이의 연결이 구축되며, 뉴런이 발화하기 위해서는 특정한 양의 입력이 있어야 하며, 세포는 스파이크를 발화하거나 아예 발화하지 않는 두 가지 행동밖에 보이지 않으며, 반쯤 발화하거나 여러 상태를 동시에 나타내는 중간 지점의 발화가 일어나는 경우는 없으며, 억제성 뉴런inhibitory neuron과 같은 특정 뉴런으로부터의 입력은 세포의 발화를 방해할 수 있다는 내용들을 검토하는 것으로 시작한다.

맥컬럭과 피츠는 뉴런의 이런 생물학적인 활동 방식이 불Boole 연산 방식과 어떻게 일치하는지 설명했다. 이 설명의 핵심은 (발화를 할 때든 그렇지 않을 때든) 모든 뉴런의 활동 상태가 명제의 진릿값truth value, 즉 참 또는 거짓의 값을 가진다는 것이다. 실제로 맥컬럭과 피츠는 이 논문에서 "적절한 자극에 의한 모든 뉴런의 반응 방식은 명제가 진릿값을 나타내는 방식과 실제로 동일하다."고 주장했다.

"적절한 자극에 의한"이라는 표현은 실제 뉴런에 대한 이들의 생각을 드러낸다. 시각피질visual cortex에 있는 어떤 뉴런의 활동이 "현재의 시각자극이 오리처럼 보인다."라는 진술을 나타낸다고 가정

---

* 이 논문에서 "회로"라는 용어는 제2장에서 언급한 회로와는 다른 의미로 사용됐다. 이 논문에서 말하는 "회로"는 전기회로라는 의미 외에도 신경과학자들이 특정 방식으로 연결된 뉴런들을 가리킬 때 사용하는 "회로"의 의미도 가진다.

해보자. 이 뉴런이 발화한다면 이 진술은 참이고, 발화하지 않는다면 거짓이다. 이번에는 청각피질auditory cortex에 있는 어떤 뉴런이 "현재의 청각자극이 오리처럼 꽥꽥댄다."라는 진술을 나타낸다고 가정해보자. 이 뉴런이 발화한다면 이 진술은 참이고, 발화하지 않는다면 거짓이다.

이제 뉴런 사이의 연결 관계에 불 연산 방식을 적용해보자. 예를 들어, 이 두 뉴런이 또 다른 뉴런에 입력을 제공한다면 우리는 "어떤 것이 오리처럼 보이고 (and) 오리처럼 꽥꽥댄다면 그것은 오리다."라는 규칙을 세울 수 있다. 우리는 이 또 다른 뉴런이 두 입력 뉴런 모두가 발화할 때만 발화하도록 만들기만 하면 된다. 즉, "오리처럼 보인다."라는 진술과 "오리처럼 꽥꽥댄다."라는 진술이 모두 참이면 세 번째 뉴런에 의해 결론("그것은 오리다.")이 표현될 수 있다는 뜻이다.

이 상황은 "and" 불 연산 방식을 적용하는 데 필요한 가장 간단한 회로를 나타낸다. 맥컬럭과 피츠는 이 논문에서 다른 다양한 불 연산 방식들을 적용하는 방법도 제시했다. 예를 들어, "or" 불 연산 방식을 적용하는 방법은 "and" 불 연산 방식을 적용하는 방법과 매우 비슷하지만, 뉴런들의 연결 강도는 하나의 뉴런에 의한 입력만으로도 출력 뉴런을 발화시킬 수 있을 정도로 강해야 한다. 이 경우 "그것은 오리다."라는 진술을 나타내는 뉴런이 발화하려면 "오리처럼 보인다."라는 진술을 나타내는 뉴런 또는(or) "오리처럼 꽥꽥댄다."라는 진술을 나타내는 뉴런이 발화하거나 이 두 뉴런이 모두 발화해야 한다. 맥컬럭과 피츠는 여러 개의 불 연산이 합쳐지는 경우에 대해서도 설명했다. 예를 들어, 뉴런이 "X이지만 Y가 아니다."라는 진술을 나타내게 만들려면, X를 나타내는 뉴런이 출력 뉴런에 강하게 연결돼 그 뉴런을 발화시킬 수 있어야 하고, Y를 나타내는 뉴런은 그 출력 뉴런의 발화를 억제할 수 있어야 한다. 이렇게 되면 X를 나타내는 뉴런이 발화하고 Y를 나타내는 뉴런은 발화하지 않을 때만 출력 뉴런이 발화한다(그림 4 참조).

실제 뉴런 네트워크의 활동을 보여주기 위해 만들어진 이 회로들은 후에 "인공 신경망"이라는 이름으로 불리게 된다.

맥컬럭은 예리한 통찰력으로 뉴런들의 상호작용에서 논리를 발견했다. 생리학자였던 그는 뉴런이 자신이 그린 간단한 그림들이나 수식들로 설명하기에는 너무 복잡하다는 사실도 잘 알고 있었다. 뉴런에는 세포막, 이온통로, 복잡하게 갈라지는 수상돌기가 있기 때문이다. 하지만 맥컬럭과 피츠는 이런 복잡한 요소들을 모두 고려해 자신들의 이론을 구축할 필요가 없었다. 인상파 화가들이 꼭 필요한 만큼만 붓질을 해 그림을 그리듯이 맥컬럭은 자신이 하고 싶은 이야기를 하는 데 꼭 필요한 신경활동 요소들만을 의도적으로 부각했다. 그렇게 함으로써 맥컬럭은 예술적으로 모델을 구축했다. 그는 어떤 사실들을 전면에 내세워야 하는지 주관적이면서 창의적으로 판단했다고 할 수 있다.

맥컬럭과 피츠의 이 급진적인 이론, 즉 뉴런이 논리적 계산을 수행하고 있다는 이론은 계산 법칙을 이용해 마음-몸 문제를 마음-몸 연결의 문제로 바꾸기 위한 최초의 시도였다. 이 시도가 이뤄지면서 뉴런 네트워크는 강력한 형식 논리 시스템의 지배를 받는 시

발화하기 위해 두 가지 입력이 필요한 뉴런 Z는
다음과 같은 형태를 띨 것이다.

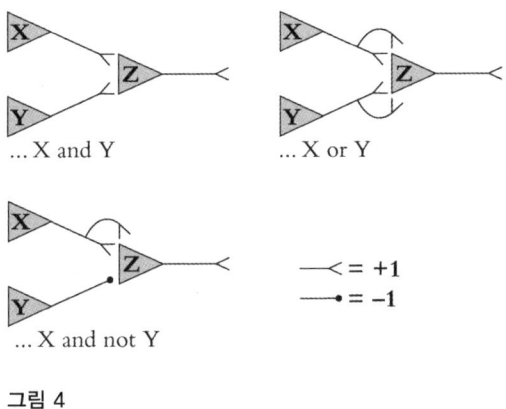

그림 4

스템으로 생각되기 시작했다. 뉴런 네트워크는 연쇄적으로 쓰러지는 도미노에서처럼 특정한 진릿값이 (예를 들어, 감각기관을 통해) 신경세포에 입력되면 연속적인 상호작용이 일어나 다양하고 새로운 진술들의 진릿값이 도출되는 시스템으로 생각되기 시작한 것이었다. 이는 뉴런들이 감각입력을 해석해 결론을 내리고, 계산을 통해 계획을 세우는 등의 다양한 활동을 끊임없이 할 수 있다는 뜻이었다.

맥컬럭과 피츠는 이 이론을 통해 인간의 사고에 대한 연구를 발전시켰고, 그와 동시에 인간의 사고를 황제의 지위에서 축출했다. 현실 세계에서 다룰 수 있는 대상이라는 생각이 퍼지면서 인간의 "마음"이 가지고 있다고 생각되던 위대한 능력은 뉴런들의 발화 결과로 간주되게 됐다. 당시 레트빈은 뇌에 대해 이렇게 말했다. "뇌는 엄청난 기적을 일으키지만 결국 기계에 불과하다." 맥컬럭의 제자 마이클 아비브Michael Arbib는 여기서 한 발 더 나아가 맥컬럭과 피츠의 이론이 "심신 이원론mind-body dualism"을 종식시켰다고까지 말하기도 했다.

러셀은 자신이 20년 동안 집필한 『수학 원리』가 논리학자와 철학자에게 영향을 거의 미치지 못했다는 사실에 애석해한 것으로 알려진다. 게다가 수학의 기초를 다룬 『수학 원리』는 정작 수학자들 연구에도 별 영향을 미치지 못했다. 맥컬럭과 피츠의 연구도 당시 신경과학자들에게는 별로 영향을 미치지 못했다. 뉴런의 물리적 특성을 규명하기 위해 연구를 진행하던 당시의 생물학자, 생리학자, 해부학자 중에서 이들의 이론을 중요하게 생각한 사람들은 거의 없었는데, 맥컬럭과 피츠의 이론이 구체적인 실험과 연결되지 않는다고 생각했기 때문이었을 것이다. 하지만 또 다른 이유는 이들의 논문에서 사용된 복잡한 기호들과 난해한 논문 서술 방식에도 있었을 것이다. 이 논문이 발표되고 3년이 지나 발표된 신경전도nerve conduction에 관한 한 논문에서 저자들은 맥컬럭과 피츠의 논문이 "일반인들은 읽을 수 없는 논문"이라며 이 논문이 효용성을 가지려면 "생리학자들이 수학에 정통하든지 수학자들이 최소한 더 쉬운 말로 결론을 내려야 한다."라고 말하기도 했다. 마음과 몸 사이의 벽은 무너졌을지 모르지만, 생물학자와 수학자 사이의 벽은 여전히 견고했다.

뉴런들이 수행하는 논리적 계산에 관심을 가졌던 사람들, 즉 논리적 계산을 이해할 수 있었던 사람들은 따로 있었다. 제2차 세계대전이 끝난 뒤 메이시 재단Macy Foundation이라는 자선단체의 후원으로 생물학자와 공학자들이 수차례 모여 학술회의를 진행한 적이 있었다. 참가자들 대부분은 생물학 연구결과를 이용해 뇌와 비슷한 기계를 만들고자 하는 사람들이었다. 이 회의들을 주관한 사람이 바로 맥컬럭이었다. "사이버네틱스(인공두뇌학)의 아버지"라고 불리는 노버트 위너Norbert Wiener와 맥컬럭-피츠 모델에 영감을 받아 현대 컴퓨터의 구조를 만들어낸 존 폰 노이만John von Neumann도 이 회의들에 참가했다. 레트빈은 그로부터 40년이 지난 후에 이렇게 말했다. "신경학자들과 신경생물학자들은 모두 맥컬럭-피츠 모델과 이 모델이 던진 메시지를 무시했다. 하지만 이 모델로부터 영감을 받은 사람들은 이 모델이 제시한 새로운 연구 분야의 열정적인 수호자가 됐다. 현재의 인공지능 연구 분야가 바로 그것이다."

"지난 주 해군은 전자컴퓨터의 모체가 될 퍼셉트론Perceptron이라는 장치의 초기모델을 시연했다. 1년 정도 후에 제작이 완성되면 '인간에 의한 훈련 또는 조절에 의하지 않고도 주변의 사물들을 지각하고, 인식하고, 식별할 수 있는' 최초의 무생물 메커니즘이 될 것으로 기대된다." "뉴욕 주 버펄로 소재 코넬 항공연구소의 프랭크 로젠블랫Frank Rosenblatt 박사가 자신이 설계한 퍼셉트론을 직접 시연했다. 로젠블랫 박사는 이 기계가 인간의 뇌처럼 생각할 수 있는 최초의 전자장치가 될 것이라고 말했다. 그는 퍼셉트론이 인간처럼 처음에는 실수를 하겠지만 '계속 경험을 쌓으면서 점점 똑똑해질 것'이라고 말했다."

앞의 내용은 "전자 '두뇌'가 스스로를 가르치다.(Electronic 'brain' teaches itself.)"라는 제목의 1958년 7월 13일자 〈뉴욕타임스〉 기사를 발췌한 것이다. 이 기사 반대편 면에는 흡연이 암을 일으킬 수 있는지에 대해 진행중이던 토론에 관한 독자 의견이 실려 있었다. 당시 30세였던 퍼셉트론 프로젝트의 책임자 로젠블랫은 자신의 전공 분야인 실험심리학을 기초로 최첨단 기술을 구현하기 위해 퍼셉트론을 만들었다고 알려진다.

로젠블랫이 만든 퍼셉트론은 엔지니어들보다 키가 크고, 넓이는 그의 2배 정도나 되는 컴퓨터였고, 양쪽 끝에 다양한 조절 패널들과 판독 장치readout mechanism가 부착돼 있었다. 로젠블랫은 이 장치를 완성하기 위해 "전문적인 능력을 가진 사람 3명"과 관련 기술자들이 18개월 동안 동원되어야 한다고 요청했으며 예상 비용은 10만 달러(현재 가치로는 87만 달러)나 드는 프로젝트였다. "퍼셉트론"이라는 이름은 로젠블랫이 붙인 것으로, "유사성을 인식하고 광학적, 전기적, 음향적 정보 패턴을 식별할 수 있는 장치"라는 뜻이다. 1958년에 만들어진 퍼셉트론은 기술적인 관점에서 볼 때 "포토퍼셉트론photoperceptron"의 일종이었는데, 이 기계의 한 쪽 끝의 삼각대에 장착된 카메라의 출력을 입력으로 사용했기 때문이다.

퍼셉트론은 맥컬럭과 피츠의 논문에서 제시된 모델과 똑같은 종류의 인공신경망이었다. 퍼셉트론은 실제 뉴런의 활동과 뉴런들의 연결방식을 간단하게 재현한 일종의 복제 네트워크였지만 종이 위에 쓰인 수식들의 집합이 아니라 물리적으로 구현된 실체였다. 실제로 20×20 격자 구조로 만든 빛 센서 400개가 카메라에서 반짝이는 형태로 퍼셉트론에 입력을 제공했다. 이 센서들에서 나오는 출력은 전선을 통해 무작위로 "연합 유닛association unit"에 연결된다. 연합 유닛은 입력을 받아들여 뉴런처럼 "on" 또는 "off" 중 하나를 결과로 표시하는 작은 전기회로다. 이 연합 유닛의 출력은 "반응 유닛response unit"에 입력이 된다. 반응 유닛은 그 자체가 "on" 또는 "off" 중 한 상태를 표시할 수 있다. 반응 유닛의 숫자는 하나의 이미지가 속할 수 있는 상호배타적 범주의 수와 동일하다. 예를 들어, 해군이 퍼셉트론을 이용해 어떤 이미지가 제트기인지 아닌지 판단하려면 반응 유닛이 두 개가 필요하다. 반응 유닛 하나는 제트라는 것을 나타내고, 다른 하나는 제트기가 아니라는 것을 나타내야 하기 때문이다. 퍼셉트론 한쪽 끝에 부착된 카메라 앞에는 전구들이 부착돼 있는데, 이 전구들은 어떤 반응 유닛이 반응을 보이는지, 즉 입력이 어떤 범주에 속하는지 조작자가 알 수 있도록 하기 위한 것이었다.

이런 방식으로 구성된 인공신경망은 스위치, 배선반, 가스관이 수없이 많이 부착된 매우 큰 구조일 수밖에 없었다. 이와 똑같은 기능을 가진 실제 뉴런 네트워크가 있다면 소금 알갱이보다도 작을 것이다. 하지만 당시에는 규모가 크더라도 물리적으로 네트워크를 만들어내는 것이 중요했다. 이런 네트워크를 만들 수 있게 됐다는 것은 뉴런들의 계산 방식에 대한 이론을 실제 데이터를 이용해 실제 세계에서 시험할 수 있게 됐다는 뜻이었다. 맥컬럭과 피츠의 연구는 이론적인 토대를 제공했지만 그 이론을 현실에서 구현한 것은 퍼셉트론이었다.

퍼셉트론과 맥컬럭-피츠 모델의 또 다른 중요한 차이점은 로젠블랫이 〈뉴욕타임스〉에 말했듯이 퍼셉트론이 학습한다는 사실에 있었다. 맥컬럭과 피츠는 뉴런들이 어떤 방식으로 연결되는지에 대해서는 논문에서 전혀 언급하지 않았다. 이 논문에서 뉴런들 사이의 연결방식은 뉴런 네트워크가 수행해야 하는 논리적 기능에 의해서만 정의됐기 때문이다. 하지만 퍼셉트론이 학습을 하기 위해서는 네트워크의 연결방식을 수정해야 했다.* 실제로 퍼셉트론은 제대로 된 반응을 보일 수 있을 때까지 네트워크의 연결 강도를 변화시키는 방법으로 모든 기능을 구현했다.

퍼셉트론의 학습은 "지도supervised" 학습의 일종으로 입력과 출력으로 구성되는 한 쌍의 데이터를 퍼셉트론에 제공함으로써, (예를 들어, 제트기가 있는 사진과 그렇지 않은 사진 여러 장) 퍼셉트론이 스스로 판단을 할 수 있게 만드는 학습이었다. 이 학습은 연합 유닛과 판독 장치 사이의 연결 강도, 즉 "가중치weight"를 변화시키는 방법으로 이뤄졌다.

좀 더 자세하게 살펴보자. 어떤 이미지가 네트워크에 제공되면 네트워크는 입력 층, 연합 층, 판독 층에 있는 유닛들을 차례로 활성화한다. 네트워크의 판단을 나타내는 것은 판독 층의 유닛들이다. 네트워크가 분류를 잘못하면 다음의 규칙들에 따라 가중치가 변화한다.

1. 판독 유닛이 "on" 상태가 되어야 할 때 "off" 상태를 보이면, "on" 상

---

* 학습과 기억이 연결방식의 변화에 따라 어떻게 달라지는지는 다음 장에서 다룬다.

태를 나타내는 연합 유닛에서 판독 유닛으로의 연결이 강화된다.

2. 판독 유닛이 "off" 상태가 되어야 할 때 "on" 상태를 보이면, "on" 상태를 나타내는 연합 유닛에서 판독 유닛으로의 연결이 약화된다.

이 규칙들을 따라 네트워크는 이미지와 그 이미지가 속하는 범주를 정확하게 연결하기 시작한다. 학습을 통해 이 연결 작업을 잘 할 수 있게 된다면 네트워크는 오류를 범하지 않게 될 것이고 가중치는 더 이상 변하지 않게 된다.

이 학습 능력은 여러 측면에서 퍼셉트론의 가장 주목할 만한 능력이었고 무한대의 가능성을 열 수 있는 개념적 열쇠였다. 컴퓨터에 문제를 해결하는 방법을 정확하게 알려줄 필요 없이 문제가 해결된 몇 가지 사례만 보여주면 되기 때문이다. 이 능력은 컴퓨터과학에 혁명을 일으킬 수 있는 능력이었고, 로젠블랫도 그렇게 말하는 것을 주저하지 않았다. 로젠블랫은 〈뉴욕타임스〉에 퍼셉트론이 "사람들을 식별해 각각의 이름을 부를 수 있게 되고, 한 언어로 쓰인 문서나 연설을 다른 언어로 바로 번역할 수 있게 될 것"이라고 말하기도 했다. 또한 그는 "조립라인에서 스스로를 복제할 수 있고 스스로의 존재를 '의식'할 수 있는 퍼셉트론의 제작이 가능할 것"이라고도 말했다. 하지만 로젠블랫의 이런 공개적이고도 대담한 발언을 마음에 들어 하지 않는 사람들도 있었다. 하지만 컴퓨터가 거의 모든 문제를 빠르게 해결할 수 있는 방법을 학습할 수 있게 될 것이라는 로젠블랫의 예측 자체는 결국 사실로 판명되고 있다.

하지만 네트워크가 이런 학습능력을 가지기 위해서는 대가를 치러야 했다. 시스템이 스스로 연결 강도를 결정하게 만들면 불 연산의 개념을 사실상 포기해야 한다. 네트워크는 맥컬럭과 피츠가 "and" 불 연산, "or" 불 연산 등에 필요하다고 생각한 연결방식을 학습할 수는 있지만, 시스템을 불 연산의 측면에서 이해할 필요도 없게 된다. 게다가, 퍼셉트론의 연합 유닛은 "on" 상태 또는 "off"상태만을 나타내도록 설계됐지만 학습규칙은 연합 유닛이 반드시 그 두 상태만을 나타나게 만들지는 않는다. 실제로 이 인공 뉴런들의 활동 수준을 양수 중의 어떤 숫자로 표현한다고 해도 학습규칙은 동일하게 적용된다.* 따라서 시스템은 더 유연해질 수 있지만 이진법적인 "on"-"off" 반응을 시스템이 보이지 않는다면 이 유닛들의 활동을 명제의 이진법적인 진릿값에 대응시키기가 어려워진다. 맥컬럭과 피츠의 네트워크가 가진 깔끔하고 분명한 논리적 속성과 비교할 때 퍼셉트론은 해석이 불가능한 무질서 그 자체였다. 하지만 퍼셉트론은 제대로 작동했다. 퍼셉트론은 능력을 얻기 위해 해석 가능성을 포기한 예라고 할 수 있다.

　퍼셉트론 그리고 퍼셉트론과 관련된 학습방식은 당시 떠오르는 분야였던 인공지능 분야에서 인기 있는 연구대상이 됐다. 특정한 물리적 실체(퍼셉트론 장치)에서 추상적인 수학적 개념(퍼셉트론 알고리즘)으로의 전환이 이뤄지면서 입력 층과 연합 층은 사라졌다. 시스템에 들어오는 데이터를 나타내는 입력 유닛은 판독 유닛에 직접

---

*이는 뉴런이 스파이크를 방출하는지 그렇지 않은지를 나타내는 상황이 아니라 스파이크 방출의 속도를 나타내는 상황이다. 이런 유형의 인공 뉴런은 학습과정을 조금만 조정해도 사용할 수 있다.

연결됐고, 학습을 통해 이 연결은 네트워크가 더 과제를 잘 수행할 수 있도록 변화했다. 이렇게 단순화된 형태의 퍼셉트론이 무엇을 어떻게 학습할 수 있는지에 대해서 다양한 각도에서 연구가 이뤄지기도 했다. 연구자들은 펜과 종이를 이용해 퍼셉트론의 작동방식을 수학적으로 연구하기도 했고, 실제로 자신만의 퍼셉트론 기계를 만들어 연구를 하기도 했다. 그러다 결국 디지털 컴퓨터가 등장하자 연구자들은 컴퓨터 시뮬레이션 기법을 이용하게 됐다.

퍼셉트론은 인간처럼 학습하는 기계를 만들 수 있다는 희망을 불러일으켰고, 인공지능 개발이 멀지 않다는 전망을 하게 만들었다. 또한 퍼셉트론은 인간의 지능을 이해하는 새로운 방법을 제공했으며, 인공신경망이 엄격한 논리법칙을 따르지 않고도 계산을 수행할 수 있다는 것을 보여주기도 했다. 퍼셉트론이 명제나 연산자를 사용하지 않고도 사물을 지각할 수 있다면 뇌 안에 있는 모든 뉴런과 그 뉴런들의 연결방식이 불 논리의 측면에서도 확실한 역할을 하지 않는다고 생각할 수 있다. 이 생각은 뇌가 퍼셉트론처럼 엉성한 방식으로 작동할 수 있다는 생각을 가능하게 한다. 다시 말해서, 네트워크의 기능은 뉴런들 전체에 분산돼 있으며, 그 기능은 그 뉴런들의 연결에 의해 나타날 수 있다는 생각이다. 뇌에 대한 이런 새로운 관점은 "연결주의connectionism"라는 말로 불리게 됐다.

맥컬럭과 피츠의 연구는 중요한 징검다리 역할을 했다. 이들의 연구는 뉴런 네트워크가 어떻게 생각을 할 수 있는지 보여주는 최초의 연구였으며, 신경과학을 순수한 생물학 연구에서 컴퓨터과학의 영역으로 옮긴 연구였다. 이러한 사실로 인해 이들의 논문은 주장의 진실성보다 역사에서 차지하는 위치가 중요해졌다. 맥컬럭과 피츠의 이 논문에 지적인 기초를 제공한 『수학 원리』도 비슷한 운명을 겪었다고 할 수 있다. 1931년, 독일의 수학자 쿠르트 괴델Kurt Gödel은 '『수학 원리』와 〈관련체계들의 형식적으로 결정 불가능한 명제들에 관하여〉'라는 제목의 논문을 발표했다. 이 논문은 『수학 원리』의 목표, 즉 모든 수학을 간단한 전제들로 설명한다는 목표를 이룰 수 없는 이유를 설명하면서 시작한다. 러셀과 화이트헤드는 그들이 해냈다고 생각한 『수학 원리』의 목표를 이루는 데 실패했다.* "불완전성 정리incompleteness theorem"라는 이름으로 알려지게 된 괴델의 발견은 수학과 철학에 혁명적인 영향을 미쳤으며 부분적으로는 러셀과 화이트헤드의 실패한 시도에 기초했다고 할 수 있다.

　러셀과 맥컬럭은 자신들이 한 연구의 결함을 기꺼이 인정한 사람들이었다. 하지만 심성이 예민했던 피츠는 그렇지 못했다. 뇌가 아름다운 논리법칙을 따르지 않는다는 사실을 알게 된 피츠는 너무나 괴로워했다.** 정신적으로 어려움을 계속 겪고 있던 피츠는 자신의 멘토였던 맥컬럭과 관계가 끝나면서 술과 마약에 빠져들었고, 기괴한 행동을 하거나 섬망 증상을 보이기도 했다. 결국 피츠는 자신이 연구한 내용을 모두 불태운 뒤 잠적했고, 1969년에 간질환으로 사망했다. 같은 해에 맥컬럭도 세상을 떠났다. 맥컬럭은 70세, 피

---

*『수학 원리』의 결함은 출판과 동시에 발견됐다. 사실 이 책에서 말하는 일부 기본적인 "전제들"은 실제로 기본적인 전제들이 아니었으며 정당화하기도 힘든 전제들이었다.
** 피츠는 개구리 뇌에 대한 연구를 하다 이 사실을 더 확실하게 깨닫게 됐다. 자세한 내용은 제6장에서 다룬다.

츠는 46세였다.

소뇌는 숲이다. 척수가 두개골로 들어가는 곳 근처에서 깔끔하게 접힌 뇌의 이 부분은 다양한 종류의 뉴런들로 가득 차 있다. 마치 다양한 종류의 나무들이 혼란스러워 보이지만 조화를 이루며 살고 있는 숲과 비슷하다(그림 5 참조). 소뇌 영역에서 푸르키녜 세포Purkinje cell라는 것이 있는데 가지가 많아 쉽게 눈에 띈다. 푸르키녜 세포의 세포체에서 위로 뻗어 나온 수많은 수상돌기들은 마치 외계인 수천 명이 두 손을 들고 하늘을 향해 기도를 하는 것 같은 모습이다. 소뇌에는 과립세포granule cell라는 작은 세포들도 많이 분포한다. 과립세

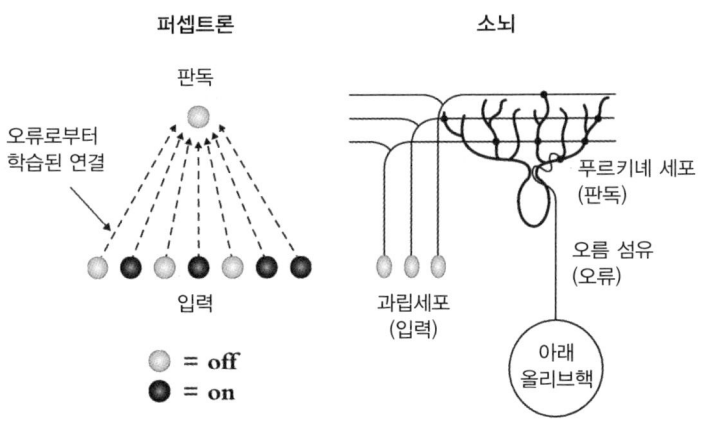

**그림 5**

포의 세포체 크기는 푸르키녜 세포의 세포체 크기의 반도 안 되지만, 푸르키녜 세포의 세포체보다 멀리까지 영향력을 미친다. 과립세포의 축삭은 처음에는 푸르키녜 세포의 수상돌기들과 평행을 이루며 위쪽으로 자라다가 오른쪽으로 90도 꺾여져 푸르키녜 세포의 가지들 사이로 들어간다. 마치 나무 꼭대기를 통과하는 송전선의 모습과 비슷하다. 이렇게 과립세포와 푸르키녜 세포가 만나면 푸르키녜 세포 각각은 수십 만 개의 과립세포들로부터 입력을 받게 된다. 오름 섬유climbing fibers는 푸르키녜 세포에 닿는 긴 축삭으로 뇌의 다른 영역인 아래올리브핵inferior olive에 위치한 세포들에서 뻗어 나온다. 아래올리브핵으로부터 뻗어 나온 오름 섬유들은 푸르키녜 세포의 맨 밑쪽까지 뻗어 올라가 그 세포체들(수상돌기들)을 마치 담쟁이덩굴처럼 감싸면서 연결을 형성한다. 과립세포와는 달리 오름 섬유는 한 개의 오름 섬유가 한 개의 푸르키녜 세포만을 감싼다. 따라서 이러한 구조로 볼 때 소뇌 영역 전체에서 가장 핵심적인 역할을 하는 것은 푸르키녜 세포라고 할 수 있다. 푸르키녜 세포는 수많은 과립세포들이 위에서 누르고 있고 작지만 정교한 오름 섬유들이 아래쪽에서 접촉하는 모양을 띠고 있다.

이렇게 복잡하고 유기적인 방식으로 소뇌의 회로들은 생물체와는 어울릴 것 같지 않은 정밀한 구성을 갖는다. 미국 항공우주국 NASA에서 일하면서 전기공학 박사과정을 밟던 제임스 앨버스James Albus는 이런 생물학적 회로에서 퍼셉트론의 원리가 적용되고 있다는 것을 발견했다.

소뇌는 운동 조절에 중요한 역할을 한다. 소뇌는 균형, 조정, 반사 등을 돕는다. 소뇌의 능력 중에서 가장 널리 연구된 것 중 하나는 눈 깜빡임 조절이다. 이 조절은 일상생활에서 흔히 일어나는 훈련된 반사작용이다. 예를 들어, 엄마나 룸메이트가 우리를 일어나게 만들기 위해 아침에 커튼을 연다면 우리는 본능적으로 햇빛에 반응하여 눈을 감을 것이다. 이런 일이 며칠 계속 된다면 커튼을 여는 소리만으로도 우리는 햇빛이 들어올 것이라고 예상해 눈을 감게 될 것이다.

이 과정은 토끼를 대상으로 실험실에서도 연구됐다. 이 실험에서는 토끼의 눈에 빛을 비추는 대신에(반응에 피할 정도로) 가볍게 공기를 쏘는 방식으로 이뤄졌다. 실험자들은 이런 식으로 토끼에게 공기를 쏘기 전에 짧은 "삐" 소리를 들려줬고, 이 과정이 몇 번 반복되자 토끼는 결국 공기를 쏘기 전에 들리는 소리를 듣자마자 눈을 감는 행동을 학습하게 됐다. 이 토끼는 새로운 소리(예를 들어, 박수를 치는 소리)와 공기 쏘기를 연결했을 때는 눈을 감지 않았다. 그렇다면 눈을 깜빡이는 조건반사 행동은 단순한 분류 행동이라고 생각할 수 있다. 토끼는 자신에게 들리는 소리가 실험자가 공기를 쏘는 행동을 하기 전에 나는 소리인지(이 경우 토끼는 눈을 감는다), 중립적인 소리인지(이 경우 토끼는 눈을 계속 뜨고 있다) 결정해야 하기 때문이다. 소뇌를 교란시키면 토끼는 이런 과제를 학습할 수 없다.

푸르키녜 세포는 눈을 감게 만드는 힘을 가지고 있다. 구체적으로 말하면, 푸르키녜 세포들이 이 영역에서 연결됨으로써 평소에는 높게 유지되던 이 세포들의 발화 속도가 떨어져 눈이 감기게 되는 것이다. 앨버스는 이 해부학적인 구조에 기초해 푸르키녜 세포가 판독 장치 역할을 한다고 봤다. 즉, 푸르키네 세포는 분류 행동의 결과를 나타낸다고 본 것이다.

퍼셉트론의 학습은 지도$^{\text{supervision}}$를 통해 이뤄진다. 퍼셉트론이 언제 오류를 범했는지 퍼셉트론의 입력 부분이 알려면 입력과 라벨이 필요하기 때문이다. 앨버스는 푸르키네 세포로의 연결이 두 가지 유형으로 이뤄져 두 가지 기능을 갖는다고 봤다. 과립세포는 감각신호의 종류에 따라 다르게 행동한다. 구체적으로 말하면, 들려지는 소리의 종류에 따라 다른 과립세포가 발화한다는 뜻이다. 오름 섬유는 공기가 쏘아지고 있다는 것을 소뇌에 알린다. 즉, 오름 섬유는 공기가 쏘아져 괴롭다고 느껴질 때 발화한다. 중요한 것은 오름 섬유가 오류를 전달한다는 사실이다. 오름 섬유는 토끼가 눈을 감아야 할 때 눈을 감지 않는 실수를 했다는 것을 알린다.

이 오류를 방지하기 위해서는 과립세포에서 푸르키네 세포로의 연결이 변경되어야 한다. 구체적으로 앨버스는 오름 섬유들이 활성화하기 전에 활성화한(즉, 오류가 발생하기 전의) 과립세포들과 푸르키네 세포들과의 연결이 약화될 것이라고 예측했다. 그렇게 되어야 다음에 이 과립세포들이 발화할 때, 즉 같은 소리를 토끼가 들었을 때, 과립세포들이 푸르키네 세포들에게서 발화를 일으키지 않을 것이기 때문이었다. 또한 이렇게 푸르키네 세포의 발화 속도가 줄어야 토끼의 눈이 감기게 될 것이기 때문이었다. 앨버스는 연결 강도를 이렇게 변화시키면서 토끼는 과거의 실수로부터 학습을 하게 되고 미래에 눈에 공기를 쏘이게 되는 것을 피할 수 있게 된다고 생각했다.

푸르키녜 세포는 과립세포라는 장관들의 조언을 받는 대통령처럼 행동한다. 푸르키녜 세포는 처음에는 과립세포들의 조언을 모두 받아들인다. 하지만 과립세포 중 일부가 잘못된 조언을 하는 것이 확실해지면, 즉 그 과립세포들에 의한 입력의 결과로 오름 섬유가 부정적인 소식을 전하면 푸르키녜 세포에 대한 그 과립세포들의 영향력은 줄어들 것이고, 푸르키녜 세포는 미래에는 더 나은 행동을 하게 될 것이다. 이 과정은 퍼셉트론이 규칙을 학습하는 과정과 정확하게 일치한다.

1971년에 앨버스는 퍼셉트론과 소뇌 사이의 대응관계를 제시하면서 과립세포와 푸르키녜 세포 상의 연결 관계가 변화할 것이라고 예측했지만 말 그대로 예측에 불과했다.* 소뇌에서 이런 종류의 학습이 일어나는 것을 직접 관찰한 사람이 아무도 없었기 때문이다. 하지만 1980년대 중반이 되자 관련 증거들이 속출하기 시작했다. 과립세포와 푸르키녜 세포 사이의 연결 강도가 오류가 발생한 뒤 실제로 높아진다는 것이 실험을 통해 관찰되기 시작했다. 또한 이 과정의 분자 수준 메커니즘도 규명되기 시작했다. 현재 우리는 과립세포에 의한 입력이 푸르키녜 세포의 세포막 안에 있는 수용체를 반응하게 만들고, 이 입력이 특정한 시점에 어떤 과립세포에 의해 일어나는지도 잘 알고 있다. 오름 섬유에 의한 입력이 나중에(토끼에게 공기를 쏘는 동안) 이뤄지면 칼슘 이온들이 푸르키녜 세포 안으로

---

* 이 대응관계 이론은 앨버스와 모델과 비슷한 소뇌 학습 모델을 제시한 데이비드 마(David Marr)와 마사오 이토(Masao Ito)의 이름을 딴 "마-앨버스-이토(Marr-Albus-Ito)" 운동 학습 이론으로도 부른다.

밀려들어간다. 푸르키녜 세포 안에 칼슘 이온이 많아지면 푸르키녜 세포와 과립세포 간의 연결 강도가 낮아진다. 취약 X 증후군Fragile X syndrome(지적장애를 일으키는 유전질환의 일종) 환자들은 과립세포와 푸르키녜 세포의 연결을 조절하는 단백질이 없기 때문에 눈을 깜빡이는 것 같은 조건반사 행동을 학습하기가 힘들다.

퍼셉트론은 학습이 신경 네트워크 안에서 이뤄지는 방식을 분명하게 보여줌으로써 신경과학자들의 뇌 연구에 확실한 단서를 제공했다. 또한 그 과정에서 퍼셉트론은 서로 다른 규모의 영역을 다루는 다양한 과학들을 연결시켰다. 예를 들어, 퍼셉트론은 뉴런의 세포막을 통과하는 칼슘 이온처럼 매우 작은 물리적 실체들이 컴퓨터 과학의 관점에서 훨씬 더 큰 의미를 갖게 만들었다.

퍼셉트론은 1969년에 갑자기 인기를 모두 잃었다. 아이러니하게도 퍼셉트론이 이렇게 인기를 잃게 만든 것은 바로 퍼셉트론이라는 이름이었다.

1969년은 매사추세츠공과대학MIT 수학과 교수 마빈 민스키Marvin Minsky와 시모어 패퍼트Seymour Papert 가 『퍼셉트론Perceptron』이라는 제목의 책을 발표한 해다. 〈계산 기하학 서론〉이라는 부제가 붙은 이 책은 앞표지에 간단하고 추상적인 형태가 그려져 있는 책이다. 민스키와 패퍼트가 이 책을 쓴 목적은 로젠블랫이 발명한 퍼셉트론의 의의를 살펴보고 더 깊게 퍼셉트론에 대해 탐구하기 위해서였다.

민스키와 패퍼트는 퍼셉트론의 학습방식에 대한 자신들의 생각이 비슷하다는 것을 학회 발표를 통해 알게 된 사람들이었다.

패퍼트는 남아프리카공화국 출신으로, 볼이 통통하고 수염을 기른 수학자로 수학 박사 학위를 2개나 가지고 있던 사람이었다. 패퍼트는 컴퓨터로 교육을 어떻게 변화시킬 수 있는지에 특히 관심이 많았다. 민스키는 패퍼트보다 몇 달 먼저 뉴욕에서 태어났다. 날카로운 이목구비에 큰 안경을 쓰고 다녔던 민스키는 로젠블랫과 함께 브롱스 과학고등학교에 다녔고, 맥컬럭과 피츠의 지도를 받은 사람이기도 했다.

민스키와 패퍼트는 사고를 형식화고자 하는 욕망이 매우 강했다는 점에서 맥컬럭과 피츠와 비슷했다. 이들은 계산을 제대로 이해하려면 수학에 기초해야 한다고 생각했으며 퍼셉트론의 경험적 성공(퍼셉트론이 어떤 컴퓨팅을 수행할 수 있었든, 어떤 범주를 학습할 수 있었든)은 퍼셉트론이 왜 그리고 어떻게 작동하는지 수학적으로 이해하지 못한다면 의미가 거의 없다고 생각했다.

당시는 퍼셉트론이 인공지능 관련 업계로부터 엄청난 관심과 투자를 받고 있을 때였다. 하지만 퍼셉트론이 받았던 관심은 민스키와 패퍼트가 원했던 수학적 정밀성에 관한 관심이 아니었다. 이 두 사람은 책을 통해 퍼셉트론 연구에 대한 정밀성을 높이려 했고, 나중에 패퍼트가 인정했듯이, 퍼셉트론에 대한 경외에 가까운 생각을 무너뜨리고 싶은 생각도 어느 정도 있었다.*

『퍼셉트론』은 대부분 퍼셉트론과 관련된 증명, 정리, 수식 유도로 이뤄진 책으로, 퍼셉트론이 무엇인지, 퍼셉트론이 무엇을 어떻게 할 수 있는지 다루고 있다. 하지만 당시 관련 학계에서는 퍼셉트론의 작동방식을 정교하게 탐구한 이 200쪽 남짓의 책을 퍼셉트론의 한계를 주로 다룬 책으로 인식했다. 민스키와 패퍼트가 이 책에서 퍼셉트론은 특정한 형태의 간단한 계산을 수행하지 못한다는 결론을 내렸기 때문이었다.

입력이 "on" 또는 "off"의 두 가지밖에 될 수 없는 퍼셉트론에 대해 생각해보자. 우리는 퍼셉트론이 이 두 가지 입력이 동일한지 보고하기를 원한다. 즉, 이 퍼셉트론은 두 입력이 모두 "on"이거나 두 입력이 모두 "off"라면 "yes"라는 반응을 보여야 한다(즉, 판독 유닛이 "on"을 나타내야 한다). 하지만 입력 하나가 "on"이고, 나머지 하나가 "off"라면 판독 유닛은 "off"를 나타낼 것이다. 빨래더미에서 골라낸 양말 한 켤레처럼 퍼셉트론은 짝이 맞을 때만 반응을 나타낼 것이다.

하나의 입력만 "on"일 때 판독 유닛이 발화하지 않게 만들려면 각각의 입력에 적용되는 가중치가 충분히 낮아야 한다. 예를 들어, 이 가중치가 판독 유닛이 "on"을 나타내는 데 필요한 가중치의 양의 반이라면, 판독 유닛은 두 입력이 모두 "on"일 때만 발화하고 입력 중 하나만 "on"일 때는 발화하지 않을 것이다. 이 설정에서 판독 유닛은 가능한 4가지의 입력 조건 중 3가지 조건에 대해 올바르게 반응하게 된다. 하지만 두 입력이 모두 "off"라면 판독 유닛은 "off"

---

* 패퍼트는 당시에 퍼셉트론에 열광하는 사람들에게 느낀 감정을 "적대감(hostility)"과 "짜증(annoyance)"이라는 말로 표현했다.

를 나타낼 것이다. 잘못된 분류가 이뤄지는 것이다.

퍼셉트론에서는 연결 강도를 아무리 정교하게 조절해도 퍼셉트론에 의한 분류를 100% 정확하게 만들 수는 없다. 퍼셉트론의 한계가 바로 이것이다. 이 한계 때문에 아무리 좋은 뇌 모델 또는 인공지능도 어떤 두 사물이 같은지 같지 않은지 판단하는 간단한 문제를 풀 수 없게 된다.

1971년에 소뇌에 관한 논문을 발표한 앨버스도 퍼셉트론의 이런 한계에 대해 잘 알고 있었다. 하지만 앨버스는 이런 한계에도 불구하고 퍼셉트론이 눈을 깜빡이는 조건반사를 설명할 수 있는 모델이 되기에 충분하다고 생각했다. 하지만 로젠블랫이 예측했던 인간의 뇌 전체를 모델로 만드는 일은 퍼셉트론으로는 불가능했다.

『퍼셉트론』으로 인해 연구자들은 퍼셉트론의 한계를 명확하게 인식하게 됐다. 이 책이 나오기 전까지 연구자들은 퍼셉트론의 한계가 있다고 해도 그 한계가 드러나려면 많은 시간이 지나야 할 것이라고 생각하면서 퍼셉트론이 할 수 있는 것들에 대해서만 희망을 가지고 연구를 하고 있었다. 하지만 이 책에 의해 퍼셉트론의 한계가 극명하게 부각되면서 연구자들은 그 한계가 생각보다 더 빠르게 나타났다는 것을 부인할 수 없게 됐다. 사실, 민스키와 패퍼트는 처음부터 퍼셉트론의 이런 한계를 부각하기 위해 이 책을 쓴 것이었다. 하지만 퍼셉트론에 대한 무지가 종식되면서 퍼셉트론에 대한 열광도 함께 종식됐다. 패퍼트는 "이해되는 것은 죽음처럼 가혹한 운명일 수 있다."라고 말했다.

『퍼셉트론』의 출판 이후의 시기는 연결주의의 "암흑시대"로 알려져 있다. 로젠블랫의 초기 연구를 기초로 한 연구 프로그램들에 대한 연구비 지원이 엄청나게 줄어들었기 때문이다. 인공지능을 구축하기 위한 신경망 접근법은 완전히 폐기됐다. 신경망과 관련된 지나치게 낙관적인 전망, 희망 그리고 열광이 모두 사라졌다. 로젠블랫은 이 책이 출판된 지 2년 뒤에 보트 사고를 당해 비극적인 죽음을 맞았고, 그가 구축하려고 했던 분야는 그 후로 10년이 지나도록 정체 상태에 머물렀다.

하지만 퍼셉트론에 대한 열광이 지나쳤고 무지에 기원했던 것처럼 퍼셉트론에 대한 공격도 그랬다. 퍼셉트론의 한계에 대한 민스키와 패퍼트의 지적, 즉 퍼셉트론이 수행할 수 없는 것들이 많다는 지적은 옳았다. 하지만 퍼셉트론은 민스키와 패퍼트가 연구했던 형태를 계속 유지할 필요가 없었다. 예를 들어, 같은 것인지 아닌지 판단하는 문제는 입력 유닛과 판독 유닛 사이에 뉴런 층을 하나 더 삽입하면 쉽게 풀 수 있는 문제였다. 이 추가된 뉴런 층은 두 입력 모두가 "on"일 때 발화하게 만드는 가중치가 적용된 뉴런 하나와 두 입력 모두가 "off"일 때 발화하게 만드는 가중치가 적용된 뉴런 하나로 만들 수 있다. 이렇게 만들면 이 중간 뉴런들로부터 입력을 받는 판독 뉴런은 중간 뉴런 중 하나만 활성화돼도 활성을 나타낼 수 있다.

"다층 퍼셉트론multi-layer perceptron"으로 불린 이 새로운 신경망은 연결주의를 다시 살려낼 수 있는 잠재력을 가지고 있었다.* 하지만 연결주의가 완전히 부활하기 위해서는 풀어야 할 문제가 하나 있었다. 학습의 문제였다. 퍼셉트론의 초기 알고리즘은 입력 뉴런과 판독 뉴런의 연결을 설정하는 방법을 제공했다. 즉, 이 초기 알고리즘의 학습규칙은 이러한 2층 네트워크를 위해 설계된 것이었다. 따라서 새로운 종류의 신경망이 3개 이상의 층을 가진다면 그 모든 층 사이의 연결은 어떻게 조절할 수 있을지가 문제로 떠올랐다(그림 6 참조). 퍼셉트론 학습 규칙은 간단하고, 적용이 쉽고, 소뇌의 신경회로 메커니즘과 유사하다는 장점이 있었지만 이 문제에 대한 답을 주지는 못했다. 다층 퍼셉트론이 더 복잡한 문제들을 풀 수 있다는 것을 아는 것만으로는 연결주의의 원대한 꿈을 실현할 수 없었다. 다층 퍼셉트론은 더 복잡한 문제들을 푸는 방법을 학습할 수 있어야 했다.

❖ ❖ ❖

연결주의의 부활은 1986년에 발표된 한 논문에 의해 시작됐다. 그해 10월 9일 캘리포니아주립대학 샌디에이고 캠퍼스의 데이비드 러멜하트<sup>David Rumelhart</sup>와 로널드 윌리엄스<sup>Ronald Williams</sup>, 카네기멜런대학의 제프리 힌튼<sup>Geoffrey Hinton</sup>이 〈네이처〉에 "역전파 오류에 의한 학습 표현"이라는 제목으로 발표한 다층 인공신경망의 훈련방법에 관한 논문이었다. 이 논문에서 제시된 "역전파backpropagation" 학

---

*사실 이 신경망은 엄밀한 의미에서 "새로운" 신경망은 아니었다. 민스키와 패퍼트가 『퍼셉트론』에서 이미 이런 신경망 형태를 언급했기 때문이다. 하지만 과학에게는 불운하게도 민스키와 패퍼트는 이런 신경망 장치가 잠재력을 가진다고 보지 않았기 때문에 더 깊게 이 장치에 대해 연구하지 않았다.

습 알고리즘은 당시 인공신경망 연구자들에 의해 널리 사용되기 시작했고, 현재에도 인공신경망을 훈련시켜 다양한 과제들을 수행하게 만드는 가장 중요한 방법으로 계속 이용되고 있다.

초기 퍼셉트론의 학습규칙은 두 개의 층에만 적용됐기 때문에 잘못된 부분을 수정하기 쉬웠다. 판독 뉴런이 "on" 상태여야 할 때 "off" 상태를 나타내면 입력 층과 판독 뉴런의 연결을 강화하기만 하면 됐기 때문에 연결과 판독 유닛과의 관계가 분명했다. 하지만 역전파 알고리즘은 더 해결하기 힘든 문제를 안고 있었다. 입력 유닛과 판독 유닛 사이에 층이 여러 개 있는 네트워크에서는 연결과 판독 유닛과의 관계가 초기 퍼셉트론에서처럼 분명하지 않기 때문이다. 초기 퍼셉트론은 대통령 한 명과 장관 여러 명이 있는 형태였다면 다층 퍼셉트론은 대통령 한 명과 장관 여러 명 그리고 그 장관

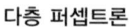

다층 퍼셉트론

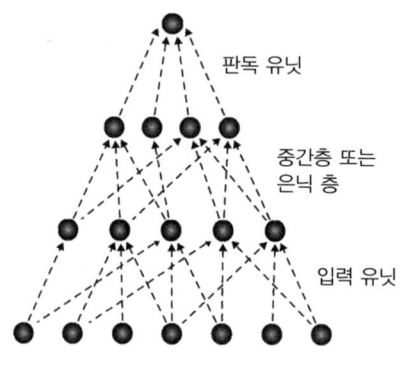

그림 6

들을 위해 일하는 직원들이 있는 형태라고 할 수 있다. 장관이 직원에 대해 가지고 있는 신뢰의 양, 즉 직원과 장관 사이의 연결 강도가 중요해지고, 결국에는 이 연결 강도가 대통령에게도 영향을 미치는 형태인 것이다. 하지만 이 경우 직원이 대통령에게 미치는 영향은 직접 관찰이 힘들고, 대통령이 뭔가 잘못 됐다고 느낄 때도 수정을 하기가 힘들어진다.

이 상황에서 해야 할 일은 네트워크 내의 모든 연결이 판독 층에 미치는 영향을 정확하게 계산해내는 방법을 찾아내는 것이었다. 이런 방법을 제공할 수 있는 것이 바로 수학이다. 입력층, 중간층, 판독층으로 구성되는 인공신경망이 있다고 생각해보자. 입력층에서 중간층으로의 연결은 판독층에 어떤 방식으로 영향을 미칠까? 우리는 중간층의 활동이 입력 뉴런 그리고 입력 뉴런과 중간층의 연결에 가중치를 적용한 결과라는 것을 알고 있다. 따라서 우리는 이 지식에 기초해 가중치가 중간층의 활동에 어떻게 영향을 미치는지에 대한 수식을 쉽게 작성할 수 있다. 또한 우리는 판독 뉴런들도 같은 법칙을 따른다는 것, 즉 판독 뉴런들의 활동은 중간 뉴런들의 활동 그리고 중간 뉴런들과 판독 뉴런들의 연결에 가중치를 적용한 결과라는 것을 알고 있다. 따라서 이런 가중치들이 판독 뉴런들에게 어떻게 영향을 미치는지에 대한 수식도 쉽게 작성할 수 있다. 이제 남은 일은 이 두 수식을 함께 묶는 방법을 찾는 것이다. 이 두 수식을 연결함으로써 우리는 입력층과 중간층의 연결이 판독층에 어떻게 영향을 미치는지 직접적으로 말해주는 수식을 만들어낼 수 있다.

도미노 게임을 할 때 하나의 도미노 줄이 다른 도미노 줄에 연결되려면 하나의 도미노 줄에 있는 마지막 타일에 표시된 숫자와 다른 도미노 줄의 첫 번째 타일에 표시된 숫자가 같아야 한다. 수식들을 연결할 때도 마찬가지다. 두 수식을 연결하는 공통적인 항의 역할을 하는 것은 중간층의 활동이다. 중간층의 활동은 판독층의 활동을 결정하며, 입력층과 중간층의 연결에 의해 결정되기 때문이다. 중간층의 활동을 매개로 수식들을 연결하면 입력층과 중간층의 연결이 판독층에 미치는 영향을 바로 계산해 낼 수 있다. 또한 이렇게 수식들을 연결하면 판독층이 나타내는 결과가 잘못 됐을 경우 입력층과 중간층의 연결을 어떻게 수정해야 하는지도 쉽게 알 수 있다. 미적분학에서는 "연쇄법칙chain rule"이라는 말로 설명하는 이 관계의 연결이 바로 역전파 알고리즘의 핵심이다.

200여 년 전에 이 연쇄법칙을 발견한 사람은 박식했던 철학자 라이프니츠였고, 그는 맥컬럭과 피츠의 우상이었다. 다층 신경망 훈련에 이 유용한 법칙이 적용된 것은 놀랄만한 일이 아니었다. 사실, 역전파 알고리즘은 1986년 이전에도 각각 다른 사람에 의해 적어도 3번은 발명되었던 것으로 보인다. 하지만 역전파 알고리즘이 엄청난 파장을 일으키게 된 것은 1986년에 발표된 논문에 의해서다. 그 첫번째 이유는 이 논문의 내용 자체에 있다. 이 논문은 신경망이 이런 방식으로 훈련될 수 있다는 것을 보여주었을 뿐만 아니라, 가계도에서 볼 수 있는 관계들을 이해하는 것과 같은 인지과제들을 수행하는 네트워크의 작동방식도 분석했다. 두 번째 이유는 1980년대에 들어서 컴퓨터의 계산 능력이 비약적으로 발달했다는 사실에서도 찾을 수 있다. 컴퓨터의 계산 능력 확장은 연구자들이 다층 신경망을 훈련시키는 과정에서 매우 중요한 역할을 했다. 마지막으로, 이 논문이 발표된 1986년에 이 논문의 저자 중 한 사람인 러멜하트는 역전파 알고리즘에 대한 내용이 포함된 연결주의 관점의 책을 발표했다. 카네기멜런대학의 교수 제임스 맥클러랜드James McClelland와 같이 쓴 이 책은 1990년대 중반까지 4만부 정도 팔렸다. 『병렬분산 처리』라는 제목의 이 책은 1980년대 후반에서 1990년대 초반까지의 인공신경망 연구 전반에 지대한 영향을 미쳤다.

인공신경망 연구는 새천년에 진입한 이후 10년 동안 이전보다 훨씬 더 극적인 발전을 이루게 된다. 인터넷 시대에 축적된 수많은 데이터는 21세기의 계산 능력과 결합해 이 분야의 발전을 가속화했다. 점점 더 많은 계층을 가지게 된 네트워크는 점점 더 복잡한 과제들을 수행할 수 있게 됐다. "심층신경망deep neural network"이라는 이름으로 불리게 된 이 모델들은 현재 인공지능 분야와 신경과학 분야 모두를 크게 변화시키고 있다.

현재의 심층신경망은 근본적으로 맥컬럭과 피츠가 만든 뉴런 모델에 기초하지만, 인간의 뇌를 그대로 복제하는 것을 목표로 하지는 않는다. 실제로 심층신경망은 인간 뇌의 해부학적 구조를 모방하려고 하지 않는다.* 현재의 심층신경망의 목표는 인간의 행동을 모방하는 것이며, 꽤 성공을 거두고 있다. 구글의 언어번역 서비

---

* 이미지 이해를 목표로 설계된 심층신경망은 예외다. 이 신경망에 대해서는 제6장에서 다룬다.

스는 2016년부터 심층신경망 접근방식을 사용하면서 번역 오류를 50% 정도 줄였다. 유튜브도 심층신경망을 이용해 추천 알고리즘이 사람들이 보고 싶어 하는 동영상을 더 잘 이해하도록 만들고 있다. 애플의 음성비서 서비스 시리도 듣기와 말하기를 수행하는 심층신경망을 이용해 음성 명령에 응답한다.

현재 심층신경망은 훈련을 통해 이미지에서 사물을 찾아내고, 게임을 하고, 사람들의 선호를 이해하고, 언어를 번역하고, 음성을 문자로 바꾸고, 문자를 음성으로 바꾸는 일을 할 수 있다. 퍼셉트론 초기 모델처럼 이런 네트워크들이 작동하는 컴퓨터들은 방 하나를 채울 정도로 크다. 이 컴퓨터들은 전 세계 곳곳의 서버 센터에 위치해 있으며, 그곳에서 이 컴퓨터들은 세계 곳곳에서 발견되는 이미지, 텍스트, 오디오 데이터를 처리한다. 로젠블랫이 살아있었다면 자기가 〈뉴욕타임스〉를 통해 했던 거창한 약속 중 일부가 실제로 이행되는 것을 보고 기뻐했을지도 모른다. 이런 일들이 일어날 수 있는 것은 로젠블랫이 살아있을 때 이용할 수 있었던 컴퓨터 계산 능력의 1000배 정도 되는 계산 능력을 현재 시점에서 이용할 수 있기 때문이다.

역전파 알고리즘은 인공신경망이 일부 작업에서 인간에 가까운 수준의 성능에 도달할 수 있을 정도로 발달하는 데 결정적인 역할을 했다. 실제로 역전파 알고리즘은 매우 효과적인 신경망 학습규칙이기 때문이다. 하지만 불행히도 역전파 알고리즘은 뇌처럼 작동하지는 않는다. 퍼셉트론 학습규칙은 실제 뉴런들 사이에서 관찰할 수 있는 반면 역전파 알고리즘은 그렇지 않기 때문이다. 역전파 알고리즘은 뇌의 학습 모델로서가 아니라 인공신경망을 작동시키기 위한 수학적 도구로서 설계된 것이다(또한 이 사실은 역전파 알고리즘을 만들어낸 사람들이 처음부터 매우 분명하게 밝힌 것이기도 하다). 이렇게 설계된 이유는 실제 뉴런은 자신이 연결된 뉴런들의 활동에 대해서는 알 수 있지만, 그렇지 않은 다른 뉴런들의 활동에 대해서는 알 수 없기 때문에 실제 뉴런이 연쇄법칙을 따르는지 확실하게 알 수 없다는 데 있다. 실제 뉴런은 뭔가 다른 방식으로 행동하고 있을 것이다.

일부 연구자들, 특히 인공지능 분야의 연구자들은 역전파의 인공적인 성격이 별 문제가 되지 않는다고 본다. 이들의 목표는 어떤 방법을 사용하든 생각할 수 있는 컴퓨터를 만드는 것이다. 하지만 신경과학자들은 뇌의 학습 알고리즘을 찾는 일이 가장 중요하다고 생각한다. 우리는 학습을 통해 뇌가 더 좋아질 수 있다는 것을 잘 알고 있다. 예를 들어, 우리는 악기를 배우거나, 운전을 배우거나, 새로운 언어를 배울 때 학습을 통해 점점 더 잘 배울 수 있게 된다. 신경과학자들에게 중요한 것은 이런 일이 일어나는 방식이다.

신경과학자들 중에서는 이렇게 작동방식이 잘 알려진 역전파를 기초로 연구를 시작하는 사람들이 있다. 이들은 뇌에서 역전파 현상과 똑같지는 않더라도 비슷한 어떤 현상이 일어나는 징후를 찾으려고 한다. 이들은 소뇌에서 퍼셉트론의 작동방식과 비슷한 작동방식을 찾아낸 연구에서 영감을 받은 사람들이다. 이 연구는 오름 섬유와 과립세포가 각각 서로 위치에서 다른 역할을 한다는 해부학적 단서에 기초하였다. 게다가 학습을 하고 있다는 것을 암시하는 연결 패턴을 보여주는 다른 뇌 영역들도 있다. 예를 들어, 신피질의 일부 뉴런들은 위쪽으로 높게 수상돌기를 뻗치고 있는데, 이 뉴런들과 멀리 떨어져 있는 영역이 수상돌기에 입력을 보낸다는 것이 확인됐다. 이 영역들은 이 뉴런들이 뇌의 신경 네트워크에서 이 뉴런들에 다시 연결되는 다른 뉴런들에 어떤 영향을 미치는지에 대한 정보를 가지고 있는 것일까? 이 정보가 신경 네트워크의 연결 강도를 변화시키는 데 사용되는 것일까? 신경과학자들과 인공지능 연구자들은 뇌에서 역전파 과정과 비슷한 과정이 일어난다면 그 과정을 복제해 현재의 인공신경망보다 훨씬 더 효율적으로 빠르게 학습을 할 수 있게 만드는 알고리즘을 만드는 데 사용할 수 있기를 희망하고 있다.

현대의 연구자들은 마음이 지도$^{supervision}$를 통해 어떻게 학습을 하는지 알아내기 위해 맥컬럭이 했던 연구와 똑같은 연구를 하고 있다. 즉, 현대의 연구자들도 뇌의 생물학적 특성에 관한 연구결과들에 기초해 뇌를 일종의 계산 구조로 보려 하고 있는 것이다. 현재의 연구자들은 인공 시스템의 작동방식을 참조해 연구를 진행하고 있지만, 미래의 연구자들은 다시 생물학 연구결과를 참조해 인공지능을 구축하기 위한 노력을 할 것이다. 생물학 연구와 인공지능 연구는 이런 공생 관계를 통해 발전한다. 인공신경망을 연구하는 학자들은 생물학 연구에서 영감을 얻고, 신경과학자들은 인공지능 연구에 기초해 생물체의 구성부분들이 하는 계산적 역할을 규명한다. 인공지능망은 이런 식으로 마음에 대한 연구와 뇌에 대한 연구를 연결한다.

4

# 기억의 생성과 유지

홉필드 네트워크와 끌개

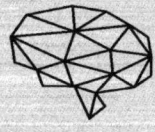

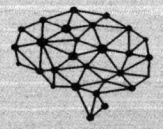

철 덩어리는 770°C에서 견고한 회색 그물망 형태를 띤다. 이 상태에서는 철 덩어리를 구성하는 수조 개의 철 원자 하나하나가 평행한 벽들과 천장들로 이뤄진 이 결정구조의 벽돌 역할을 한다. 이 상태에서의 철은 질서정연함 그 자체다. 하지만 이런 조직적인 구조와는 대조적으로 이 철 원자들의 자기적 배열은 엉망진창이다.

각각의 철 원자는 하나의 양극과 하나의 음극을 가진 작은 자석인 쌍극자<sup>dipole</sup>를 형성한다. 열은 이 원자들을 불안정하게 만들고, 원자들의 극의 방향을 무작위로 뒤집는다. 이는 미세한 수준에서 수많은 자석들이 각각 저마다의 방향으로 힘을 행사한다는 뜻이다. 하지만 이 힘들은 서로 상쇄되기 때문에 실제로 거의 효과를 내지 못한다. 실제로 현미경으로 확대해서 보면 이 미세한 자석들로 이뤄진 덩어리가 자성을 전혀 띠지 않는다는 것을 알 수 있다.

하지만 온도가 770°C 이하로 내려가면 뭔가 변화가 일어나기 시작한다. 철 원자 하나하나의 방향이 온도가 내려감에 따라 바뀌지는 않는다. 하지만 온도가 내려가면서 각각의 철 원자가 쌍극자 특성을 나타내게 되고, 이 철 원자들이 주변 원자들에게 지속적으로 압력을 가하기 시작하면 주변 원자들은 이 압력 때문에 방향이 바뀐다. 방향이 서로 다른 철 원자들은 주변의 모든 철 원자들이 어떤 방향으로든 한 방향으로 정렬할 때까지 주변 원자들에게 힘을 행사한다. 이렇게 미세한 쌍극자들이 같은 방향으로 정렬하면서 철 전체의 자력이 강해진다. 온도가 내려가기 전에는 활성을 띠지 않았던 철 덩어리는 이런 과정을 거치면서 강력한 자석이 된다.

이런 현상에 대한 연구로 노벨상을 수상한 미국 물리학자 필립 워런 앤더슨Philip Warren Anderson은 "많아지면 달라진다More is different"라는 제목의 글에서 "기본적인 입자들이 많이 모여 이루는 복잡한 형태의 행동은 적은 수의 같은 입자들의 행동이 단순히 확장된 것이라고 생각해서는 안 된다."라고 말했다. 즉, 이 말은 주변 입자들과의 상호작용을 통해서만 생성되는 많은 작은 입자들의 집단적 행동은 그 작은 입자들 하나하나가 하는 행동으로는 직접적으로 가능하지 않은 기능을 생성할 수 있다는 뜻이다. 물리학자들은 이런 상호작용들을 수식으로 표현함으로써 금속, 기체, 얼음의 행동을 설명해냈다.

1970년대 말, 앤더슨의 동료 존 J. 홉필드John J. Hopfield는 자성에 대한 이런 수학적 모델에서 뇌의 구조와 비슷한 구조를 발견해냈다. 홉필드는 이 통찰을 기초로 오랫동안 미스터리로 남아있던 문제를 수학적 방법으로 설명해낸 사람이다. 뉴런이 기억을 어떻게 생성하고 유지하는지에 관한 문제다.

❖ ❖ ❖

　20세기 초반 독일에서 활동한 리하르트 제몬Richard Semon이라는 생물학자가 있다. 제몬은 기억에 관한 긴 책을 두 권 집필했는데, 이 책들은 기억이 "유기체의 조직"에 미치는 영향과 관련된 자세한 실험결과와 그가 생각해낸 이론들을 다뤘다. 제몬의 연구는 통찰로 가득 차 있고, 정직하고 명료했지만 결정적인 흠이 있었다. (진화에 대한 우리의 현재 지식과 달리) 프랑스의 생물학자 장밥티스트 라마르크Jean-Baptiste Lamarck가 동물이 사는 동안 획득한 특성이 자손에게 전달될 수 있다고 생각했던 것처럼 제몬은 동물이 사는 동안 획득한 기억이 자손에게 전달될 수 있다고 생각했던 것이다. 다시 말해, 제몬은 유기체가 학습한 환경에 대한 반응이 그 반응을 유기체가 자손에게 가르치지 않아도 자손에게서 나타난다고 생각했다. 제몬의 연구 대부분이 서서히 배제되면서 망각된 것은 이런 잘못된 생각 때문이었다.

　기억에 대한 잘못된 이론이 제시된 경우는 적지 않다. 예를 들어, 철학자 데카르트는 기억이 "동물 영혼"의 흐름을 통제하는 작은 선gland,腺에 의해 이뤄진다고 생각했다. 하지만 제몬의 연구에는 특이한 점이 있다. 제몬의 연구 대부분은 기억에 대한 잘못된 생각 때문에 역사에 묻혀 망각됐지만, 그가 남긴 연구결과 중 하나는 현재에도 독립된 연구 분야를 형성할 만큼의 영향력을 미치고 있다. "엔그램engram"이 그것이다. 엔그램이라는 말은 제몬이 1904년에 발표한 『기억The Mneme』이라는 책에서 처음 사용한 이후 현재까지 심리학과 신경과학 분야에서 널리 사용되고 있다.

제몬이 이 책을 쓰던 때는 기억에 대한 과학적 접근이 이뤄진 지 얼마 되지 않은 시점이었고, 기억에 대한 연구 대부분은 기억에 대한 생물학적인 연구가 아니라 기억술에 관한 것이었다. 예를 들어, 당시 연구자들은 사람들에게 ("wsp"와 "niq" 같은) 무의미한 단어 한 쌍을 외우게 한 다음 시간이 지나서 한 단어를 제시하고 나머지 한 단어를 생각해낼 수 있는지 시험하곤 했다. 연상기억associative memory 으로 알려진 이런 기억은 그 후로도 몇십 년 동안 집중적인 연구대상이 됐다. 하지만 제몬의 관심은 이런 단순한 기억 행동에 국한되지 않았다. 제몬은 동물의 생리학적 특성 변화와 이런 연상기억 능력과의 관계를 규명하고자 했다.

제몬은 소수의 실험에 기초해 기억의 생성과 재생 과정을 몇 단계로 나눴다. 그는 흔히 사용하는 단어들은 너무 뜻이 모호하다고 생각해 이 과정을 설명하기 위해 새로운 용어들을 만들어냈다. 제몬은 엔그램을 "자극에 의해 생성되는 민감한 물질에서 나타나는 지속적이지만 대부분은 잠재적인 변화"라고 정의했다. 더 쉬운 말로 표현하면, 엔그램은 기억이 형성될 때 뇌에서 발생하는 물리적인 변화라고 할 수 있다. 그가 만들어낸 또 다른 용어는 "에크포리ecphory"다. 에크포리는 "기억의 흔적, 즉 엔그램을 잠재적인 상태에서 깨워 활동을 하게 만드는 과정"으로 정의됐다. 제몬은 이렇게 엔그램과 에크포리를 구별함으로써(즉, 기억을 하는 형성하는 과정과 떠올리는 과정을 별개의 과정으로 생각함으로써) 기억 연구를 개념적으로 진보시켰다. 제몬의 이름과 그가 했던 연구 대부분은 역사 속으로 사라졌지만, 기억과 관련해 제몬이 만들어낸 개념들은 정확했던 것으로 밝혀졌으며, 오늘날 이 개념들은 기억에 관한 모델이 만드는 과정에서 핵심적인 역할을 하고 있다.

1950년 미국의 심리학자 칼 래슐리Karl Lashley는 〈엔그램을 찾아서〉라는 제목의 논문을 발표했다. 결과적으로 이 논문은 엔그램이라는 용어를 확실히 학계에 정착시켰지만 엔그램에 대한 부정적인 시각을 담기도 했다. 이 논문에 이런 제목이 붙여진 것은 래슐리가 30년 동안 실험을 통해 연구를 진행했지만 결국 엔그램을 찾지 못했기 때문이었다. 래슐리는 동물을 훈련시켜 연상을 할 수 만들거나(예를 들어, 동그라미와 X를 보여주었을 때 각각 다른 반응을 보이게 만들거나) 특정한 미로에서 빠져나오는 법을 학습시키는 실험을 진행했다. 실험을 마친 뒤 래슐리는 실험동물의 뇌의 일부 영역 또는 연결경로를 수술로 제거하고 수술이 끝난 뒤 실험동물의 행동이 어떻게 변하는지 관찰했다. 하지만 래슐리는 기억을 확실하게 방해하는 특정 영역이나 병변 패턴을 찾을 수 없었고, 기억은 특정한 한 영역이 아니라 뇌 전체에 고르게 분포돼 있을 것이라는 결론을 내렸다. 하지만 그 뒤 래슐리는 기억을 위해 사용되는 뉴런의 수와 뉴런들 사이의 경로의 수를 추산한 결과, 뇌 전체에 걸쳐 기억이 고르게 분포되는 일은 불가능하다는 생각을 하게 됐다. 따라서 래슐리의 이 유명한 논문은 수없이 많은 실험에서 수많은 데이터를 도출했지만 기억의 위치에 대한 결론을 내리지 못하고 백기 투항한 논문이라고 할 수 있다. 래슐리는 기억의 물리적 속성에 대해 전혀 알아내지 못한 것이었다.

하지만 래슐리가 이렇게 좌절하고 있을 때 그의 제자 중에 학습과 기억에 대한 이론을 개발하고 있는 사람이 있었다. 도널드 헵Donald Hebb이라는 학자였다.

교사 생활을 하면서 마음에 대한 관심을 키웠던 캐나다의 심리학자 헵은 심리학을 생명과학으로 만들기 위한 노력을 한 사람이었다. 헵은 1949년에 발표한 『행동의 조직화』라는 책에서 심리학자가 해야 할 일은 "복잡다단한 인간의 사고 과정을 원인과 결과의 역학적인 과정으로 환원하는 것"이라고 말했다. 또한 헵은 이 책에서 기억을 형성시킨다고 자신이 생각한 역학적 과정에 대해서도 설명했다.* 헵은 제한적이고 때로는 잘못된 결론을 내리기도 한 당시의 생리학 연구들을 극복하고, 주로 직관을 통해 학습의 물리적 기초를 설명할 수 있는 규칙을 발견해냈다. 하지만 헵이 이렇게 발견한 규칙은 그 이후의 실험들을 통해 명백하게 입증됐다. 현재는 헵 학습Hebbian learning이라는 이름으로 불리는 이 규칙은 "함께 발화하는 뉴런은 함께 연결되어 있다."라는 말로 요약할 수 있다.

헵 학습 규칙은 두 뉴런 사이의 작은 접합 부분, 즉 시냅스synapse에서 한 뉴런이 다른 뉴런으로 신호를 보낼 때 어떤 일이 발생하는지 설명하는 규칙이다. 두 개의 뉴런 A와 B가 있다고 가정해보자. 뉴런 A의 축삭은 뉴런 B의 수상돌기 또는 세포체와 시냅스 연결을

---

\* 헵이 이 책을 내기 한 해 전에 폴란드의 신경생리학자 예르지 코노르스키(Jerzy Konorski)도 헵의 생각과 매우 비슷한 생각을 담은 책을 발표했다. 코노르스키는 신경과학과 심리학 분야에서 매우 중요한 발견들을 해냈지만, 서구권과 동구권이 분리되었던 당시 학계 분위기 때문에 코노르스키의 발견은 부각되지 못했다.

형성한다(시냅스 연결이 형성되기 전의 뉴런 A는 "시냅스 전" 뉴런, 형성된 후의 뉴런 B는 "시냅스 후" 뉴런으로 부른다. 그림 7 참조). 헵 학습 규칙에 따르면, 뉴런 B가 발화하기 전에 뉴런 A가 반복적으로 발화한다면 뉴런 A와 뉴런 B의 연결은 강화될 것이다. 이렇게 연결이 강화되면 다음 번에 발화할 때 뉴런 A는 뉴런 B의 발화를 더 효율적으로 일으킬 것이다. 이런 식으로 활동이 연결을 결정하고, 연결이 활동을 다시 결정하는 일이 반복될 것이다.

시냅스에 초점을 맞춘 헵의 접근법에 따르면 엔그램은 뇌의 특정 영역에 위치한다고 할 수도 있고 뇌 전체에 위치한다고 생각할 수도 있다. 뇌의 특정 영역에 위치한다는 생각은 기억의 흔적이 뉴런과 뉴런이 만나는 작은 접합 부분에 남기 때문에 가능하며, 뇌 전체에 위치한다는 생각은 이런 변화가 뇌 전체에 분포하는 시냅스들에서 모두 일어나기 때문에 가능하다. 또한 헵의 접근법에 따르면 기억은 경험의 자연스러운 결과다. 시냅스는 가소성plasticity(자극에 의해

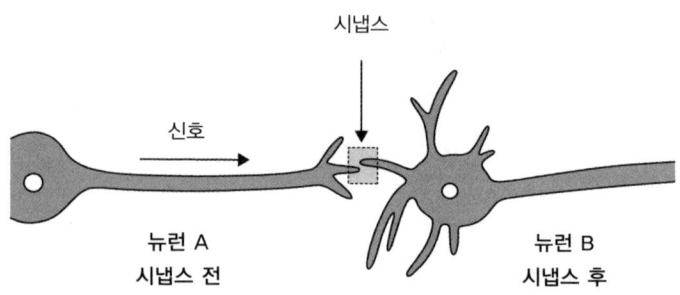

그림 7

변화할 수 있는 유연성)을 띠기 때문에 뇌는 어떤 식으로 활성화돼도 흔적을 남길 수 있다.

사실을 중시하는 성실한 과학자였던 래슐리는 엔그램이 자신이 실험 결론에서 밝힌 것처럼 뇌 전체에 고르게 분포돼 있을 것이라는 헵의 생각은 인정했다. 하지만 래슐리는 헵의 이론이 매력적이고 우아한 이론이기는 하지만 확실한 데이터가 아니라 추정에 기초한다는 사실이 만족스럽지 않았다. 래슐리는 헵이 자신의 논문의 공저자로 그의 이름을 올리자는 제안도 거절했다.

래슐리는 헵의 이론을 지지하지 않았지만, 헵의 책이 출간되고 나자 수행된 수많은 실험들은 모두 헵의 이론을 뒷받침했다. 길이가 약 30센티미터이고 약 2만 개의 뉴런을 가진 끈적끈적한 회색 무척추동물 갯민숭달팽이sea slug는 매우 기본적인 연상 능력을 가지고 있다는 점에서 신경과학자들이 선호하는 연구대상이다. 껍질이 없는 이 갯민숭달팽이는 등에 아가미가 있는데, 위협을 받으면 빠르게 몸을 보호하기 위해 아가미를 오므릴 수 있다. 실험실에서는 짧게 전기충격을 가하면 이 아가미를 오므리게 만들 수 있다. 무해한 가벼운 접촉을 한 직후에 이런 전기충격을 가하는 일을 반복하면 갯민숭달팽이는 결국 건드리기만 해도 아가미를 오므리기 시작한다. 이러한 실험은 이 생물이 접촉이 이루어진 다음에 어떤 일이 일어날지 연상할 수 있다는 것을 보여준다. 따라서 갯민숭달팽이는 무의미한 단어 "wsp"와 "niq"의 연관관계를 학습하는 능력과 동일한 능력을 가진 해양 생물체다. 이런 연상 능력은 빛에 의한 자극에 반응하는 뉴런과 아가미를 반응하게 하는 뉴런 사이의 연결이 강화돼 생긴 능력이며, 이는 연결 관계의 변화에 의해 행동의 변화가 발생한다는 헵의 학습 이론에 정확하게 부합한다.

헵의 학습규칙을 따르는 행동은 관찰로 증명될 뿐만 아니라 조절도 가능하다. 1999년 프린스턴대학 연구원들은 시냅스 변화를 일으키는 세포막 단백질을 유전적으로 변화시키면 쥐의 학습능력을 조절할 수 있다는 것을 증명했다. 이 수용체(단백질)의 기능이 강화된 쥐는 이전에 본 사물을 기억하는 능력이 강화됐고, 이 단백질의 기능이 약화된 쥐는 기억 능력이 약화됐기 때문이다.

경험에 의해 뉴런이 활성화되고, 뉴런이 활성화되면 뉴런들 사이의 연결이 변화한다는 것은 이미 확실하게 과학적으로 증명됐다. 그렇다면 엔그램에 대한 의문의 답은 최소한 부분적으로는 나왔다고 할 수 있다. 하지만 제몬이 말했듯이 엔그램은 기억 메커니즘의 일부분일 뿐이다. 기억 메커니즘을 완전히 밝혀내려면 기억의 형성 메커니즘뿐만 아니라 기억을 떠올리는 메커니즘도 찾아내야 한다. 이런 방식으로 기억이 저장되는 것이 확실해졌다고 가정한다면, 같은 방식으로 장기적인 기억의 저장과 떠올림도 이뤄진다고 설명할 수 있을까?

존 J. 홉필드가 물리학자가 된 것은 그리 놀라운 일이 아니었다. 1933년 자외선 분광학으로 이름을 날린 존 홉필드 시니어와 대기 전자기 방사선을 연구한 헬렌 홉필드 사이에서 태어난 홉필드 주니 어느 물리학이 과학인 동시에 철학이라고 생각하는 가정 분위기에서 성장했다. 홉필드는 자서전에서 "물리학은 노력, 창의성 그리고 적절한 자원을 통해 세계를 상당히 정량적인 방식으로 이해하고 예측할 수 있게 만드는 일종의 관점이다. 물리학자가 된다는 것은 이런 방식으로 세계를 이해하기 위해 충실하게 노력하는 사람이 된다는 것이다."라고 말하기도 했다. 결국 홉필드는 물리학자가 됐다.*

매력적인 미소에 키가 크고 깡말랐던 홉필드는 1958년에 코넬 대학에서 박사학위를 받았다. 그 뒤 그는 구겐하임 재단의 재정지원을 받아 케임브리지 대학 캐번디시연구소에서 수학함으로써 확실하게 아버지와 같은 길을 걷게 됐다. 하지만 이 시기에 그는 박사학위 논문 주제였던 응집물질 물리학에 대한 관심을 점점 잃게 됐다. 홉필드는 나중에 이렇게 썼다. "1968년이 되자 내 재능을 사용해서 해결할 수 있을 것으로 보이는 문제가 남아있지 않다는 느낌이 들었다."

홉필드가 물리학에서 생물학으로 전환하게 된 계기를 제공한 것은 헤모글로빈이었다. 헤모글로빈은 혈액 안에서 산소를 나르는 핵심적인 생물학적 기능을 가진 분자로 당시의 실험물리학 기법을 적용해 연구할 수 있는 대상이었다. 그는 벨 연구소Bell Labs에서 몇 년 동안 헤모글로빈의 구조를 연구했지만 생물학 연구가 자신의 소명이라고 느끼게 된 것은 1970년대 후반 보스턴에서 열린 신경과학

---

* 홉필드가 대학 입학 지원서에 "물리학 또는 화학"을 공부하고 싶다고 쓴 것을 보고 홉필드의 아버지의 동료였던 교수는 화학이라는 단어를 지우면서 이렇게 말했다고 한다. "화학은 고려할 필요 없을 거라고 보네."

세미나에 참석한 후부터였다. 홉필드는 이 세미나에서 다양한 의사들과 신경과학자들을 만났다. 이들은 모두 뇌에서 마음이 어떻게 나오는지에 관한 심오한 의문에 대해 논의하기 위해 모인 사람들이었다. 그는 이들의 이야기에 매료됐다.

하지만 홉필드는 수학적인 마인드를 가진 사람이었다. 뇌에 대한 비수치적인 접근방식에 실망한 그는 세미나에 참석한 사람들이 생물학에는 뛰어난 재능을 보이지만 "해결방법은 적절한 수학적 언어와 구조로만 표현될 수 있기 때문에 문제를 해결할 수 없을 수 없을 것"이라고 생각했다.* 물리학자들의 언어는 수학이었고, 홉필드는 이 언어를 이용해 뇌에 대한 연구를 시작했다. 그는 당시 물리학에서 생물학으로 전환한 학자 중 상당수가 물리학로서의 정체성을 망각하고 생물학자들의 문화와 언어에 완전히 동화돼 생물학 문제들을 해결하려 한다고 생각했다. 홉필드는 그들과는 달리 물리학자로서의 정체성을 확실하게 지키려고 했다.

1982년에 홉필드는 〈새로운 집단적 계산 능력을 가진 신경망과 물리적 시스템〉이라는 제목의 논문을 발표했다. 현재 "홉필드 네트워크Hopfield Network"라고 부르는 네트워크에 대한 설명을 담고 있는 이 논문은 신경과학의 주제에 관해 홉필드가 처음 작성한 논문이었지만, 신경과학 분야 전체에 엄청난 영향을 미쳤다.

홉필드 네트워크(그림 8 참조)는 그가 "내용 주소화 기억장치Content-

---

\* 이런 생각은 홉필드만 한 것이 아니었다. 1980년대에 물리학에 지루함을 느껴 뇌와 사고에 대한 연구를 하게 된 물리학자들 대부분이 이런 생각을 했으며, 홉필드의 연구가 성공한 뒤에는 이렇게 생각하는 물리학자들이 더 많아졌다.

addressable memory"라고 이름 붙인 네트워크를 구현하는 수학적 뉴런 모델이다. 내용 주소화 기억장치라는 용어는 컴퓨터과학 용어로, 기억의 아주 작은 구성요소로부터 기억 전체가 인출될 수 있다는 개념을 담고 있다. 홉필드 네트워크는 (제3장에서 다룬 맥컬럭과 피츠의 뉴런 모델처럼) "on" 또는 "off"를 나타내는 이진법 뉴런들만으로 간단하게 구성된다. 따라서 이 네트워크의 행동은 이 뉴런들 사이의 상호작용으로부터 나온다고 할 수 있다.

홉필드 네트워크는 순환recurrent 신경망이다. 이는 네트워크 내 한 뉴런의 활동이 다른 뉴런(들)에 의해 결정된다는 뜻이다. 구체적으로 설명하면, 홉필드 네트워크에서는 하나의 뉴런이 다른 뉴런으로부터 받는 입력이 특정한 숫자, 즉 시냅스 가중치synaptic weight에 곱해진다. 이렇게 가중치가 곱해진 입력들은 모두 합산돼 역치와 비교되는데, 이때 입력들의 합이 역치보다 크거나 같으면 뉴런의 활

**홉필드 네트워크**

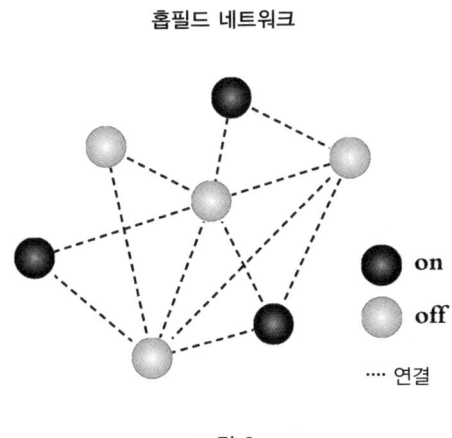

**그림 8**

동 수준은 1("on"), 그렇지 않으면 0("off")이 된다. 그 후 이 출력은 네트워크의 다른 뉴런들의 입력 계산에 포함되고, 이 다른 뉴런들의 계산에 의한 출력은 다시 또 다른 뉴런들의 입력 계산에 포함되는 과정이 계속 반복된다.*

스탠딩 록 콘서트에서 열광하는 관객들처럼 순환 시스템의 구성 요소들은 서로를 밀고 당긴다. 한 시점에서의 한 유닛의 상태가 그 유닛을 둘러싸고 있는 유닛들에 의해 결정된다는 뜻이다. 따라서 홉필드 네트워크의 뉴런들은 자기적 상호작용을 하면서 서로에게 끊임없이 영향을 미치는 철 원자들과 비슷하다고 할 수 있다. 이 끊임없는 상호작용의 결과는 수없이 다양하고 복잡하다. 이렇게 서로 엮여있는 부분들이 만들어내는 패턴을 수학적 모델 없이 예측하는 것은 본질적으로 불가능하다. 홉필드는 이런 모델들에 대해 매우 잘 알고 있었고, 이런 모델들의 구성요소들의 상호작용이 모델 전체의 행동에 영향을 미칠 수 있다는 것도 잘 알고 있었다.

홉필드는 자신이 만든 네트워크의 뉴런들에 적용되는 가중치를 잘 조정하면 네트워크 전체가 연상기억을 구현할 수 있다는 것을 알게 됐다. 왜 그런지 이해하기 위해서는 먼저 이 추상적인 모델에서 어떤 부분이 연상기억을 구현하는 데 중요한지 분명하게 정의해야 한다. 홉필드 네트워크를 구성하는 각각의 뉴런이 하나의 사물

---

* 입력과 가중치에 영향을 받는 각각의 뉴런 활동에 대한 이 계산은 제3장에서 설명한 퍼셉트론의 계산과 동일하다. 하지만 퍼셉트론은 뉴런 간의 연결이 순환을 형성하지 않는 순방향(feedforward) 신경망이다. 순환이라는 말은 예를 들어, 뉴런 A가 뉴런 B에 연결되고 뉴런 B가 다시 뉴런 A가 연결되면서 연결이 루프를 형성한다는 뜻이다.

을 나타낸다고 생각해보자. 예를 들어, 뉴런 A는 흔들의자, 뉴런 B는 자전거, 뉴런 C는 코끼리를 나타낸다고 가정해보자. 어린 시절에 지내던 방에 대한 기억 같은 특정한 기억을 나타내려면 그 방에 있었던 모든 사물들(침대, 장난감, 벽에 걸린 사진 등)을 나타내는 뉴런들이 "on" 상태가 되어야 하지만 그 방에 있지 않았던 사물들(달, 버스, 부엌칼 등)을 나타내는 뉴런들은 "off" 상태가 되어야 한다. 이렇게 되어야 하나의 뉴런 네트워크가 "어린 시절의 방"을 나타내는 활성 상태에 있다고 할 수 있다. 다른 활성 상태, 즉 다른 사물을 나타내는 뉴런이 "on" 또는 "off" 상태가 되는 뉴런 네트워크는 다른 기억을 나타낼 것이다.

연상기억 네트워크에서는 네트워크로의 작은 입력이 전체 기억 상태를 다시 활성화한다. 예를 들어, 어린 시절 쓰던 침대 옆에 놓인 사진에서 자신의 어린 시절 모습을 본다면 어린 시절에 지내던 방을 나타내는 뉴런들 중의 일부, 즉 침대 뉴런, 베게 뉴런 등이 활성화될 수 있다. 홉필드 네트워크에서는 이 뉴런들과 방의 다른 부분들, 예를 들어, 커튼, 장난감, 책상 등을 나타내는 뉴런들과의 연결은 또 다른 뉴런들을 활성화시켜 방에서 했던 모든 일들이 떠오르게 만들 수도 있다. 반면 공원의 부분들을 나타내는 뉴런들과 같이 관련이 없는 것들에는 음의 가중치가 적용됨으로써 방에 대한 기억은 다른 사물들에 의해 영향을 받지 않게 된다. 우리가 어린 시절 방에 있던 옷장 옆에 그네가 있었다는 기억을 하지 않는 이유가 여기에 있다.

기억은 이런 식으로 뉴런들이 켜지고 꺼지면서 일어나는 상호작용에 의해 확실하게 새겨진다. 따라서 기억이라는 어려운 작업은 시냅스에 의해 상당부분 좌우된다고 할 수 있다. 기억 인출이라는 정교한 작업은 시냅스를 통한 뉴런들의 연결에 의해 수행된다.

물리학적 관점으로 볼 때 완벽하게 인출된 기억은 일종의 끌개 attractor다. 간단하게 표현하면, 끌개는 일반적인 활동 패턴으로 배수구로 흘러내려가는 물처럼 다른 활동 패턴들이 따라가게 된다. 기억이 끌개인 이유는 기억을 형성하는 뉴런 중 일부의 활성화에 의해 네트워크가 나머지 기억 모두를 인출할 수 있기 때문이다. 어떤 네트워크가 끌개 상태에 다다르게 되면 그 네트워크의 뉴런들은 "on" 또는 "off" 상태를 계속 유지한다. 항상 에너지의 관점에서 사물을 설명하는 것을 좋아하는 물리학자들은 끌개를 "저에너지" 상태로 본다. 따라서 끌개 상태에서 시스템은 편안하게 유지된다. 끌개 상태가 안정적이고 매력적인 이유가 여기에 있다.

트램펄린 위에 한 사람이 서있는 상황을 상상해보자. 이 상태에서는 공을 트램펄린 위에 놓는다면 이 공은 그 사람이 서 있는 쪽으로 굴러갈 것이다. 사람이 서 있어 움푹 들어간 곳으로 굴러가는 공은 이 시스템에서 끌개 상태로 향하고 있다고 할 수 있다. 몸무게가 같은 두 사람이 트램펄린 위에 서로 마주 보고 서 있다면 이 시스템에는 2개의 끌개 상태가 존재한다고 할 수 있다. 이 상황에서 공은 처음 놓인 위치에서 가까운 사람 쪽으로 구르게 되고, 결국 공은 하나의 끌개 상태를 향해 굴러가게 될 것이다. 하나의 기억만 저장할 수 있는 기억 시스템은 별로 효용성이 없다. 따라서 홉필드 네트워크는 여러 개의 끌개를 가지는 것이 중요하다. 공이 트램펄린 위에서 처음 놓였을 때 가장 가까운 낮은 위치로 굴러가듯이 초기 신경 활동 상태도 가장 가깝고 가장 비슷한 기억 쪽으로 진화한다(그림 9 참조). 어린 시절의 방 전체에 대한 기억을 떠올리게 만드는 침대 옆 사진처럼 특정한 기억 끌개 상태를 유도하는 초기 신경 활동 상태를 기억의 "끌개 유역basin of attraction"이라고 부른다.

새뮤얼 로저스Samuel Rogers가 1792년에 발표한 〈기억의 즐거움〉이라는 시를 살펴보자. 시인은 기억을 통한 마음 속 여행에 대해 이렇게 묘사하고 있다.

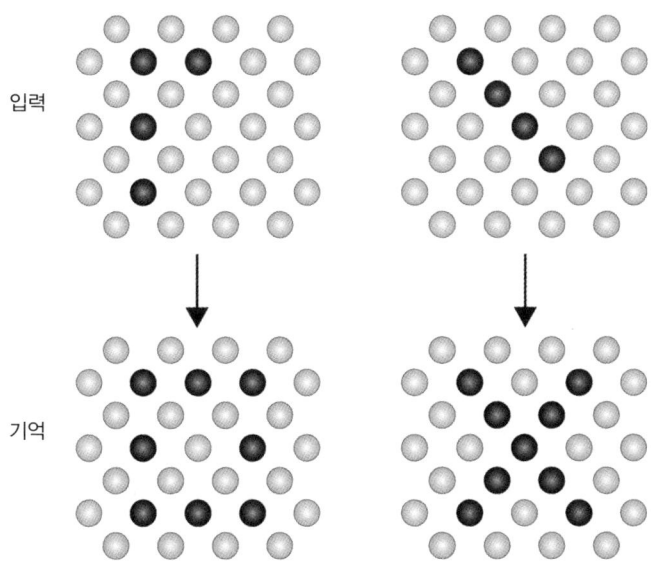

다른 입력은 다른 기억을 재점화한다.

그림 9

뇌의 수많은 방들에서 잠들어 있던 생각들이
숨겨진 수많은 사슬들로 연결이 된다.
하나의 생각이 일어나면 수많은 생각이 꼬리를 문다.
하나의 이미지가 떠오르면 다른 이미지들이 나부낀다.

나는 로저스가 말하는 "숨겨진 사슬"이 홉필드 네트워크에서 기억을 재점화하는 가중치들의 패턴에서 발견된다고 생각한다. 실제로 끌개 모델은 기억에 대한 우리의 직관과 상당 부분 일치한다. 끌개 모델은 기억 인출에 시간이 걸린다는 것을 간접적으로 드러낸다. 네트워크가 적절한 뉴런을 활성화시키는 데 시간이 걸리기 때문이다. 또한 끌개는 네트워크에서의 위치가 약간씩 다를 수 있으며, 그로 인해 대부분 정확하지만 세부적인 부분이 약간 다른 기억을 만들어낸다. 매우 비슷한 기억들은 하나의 기억으로 합쳐지기도 한다. 기억을 0과 1로 이뤄지는 수열로 단순화하는 것은 기억의 풍성함을 모욕하는 일이라고 생각할 수도 있다. 하지만 이렇게 단순화된 수열이야말로 극도로 복잡한 기억 과정에 대해 이해할 수 있게 해주는 확실한 도구가 된다.

홉필드 네트워크에서는 뉴런들의 연결 강도가 뉴런 활동이 기억을 형성하는 패턴을 결정한다. 따라서 엔그램은 이 뉴런 연결에 적용되는 가중치에 의존한다고 할 수 있다. 하지만 이 가중치는 어떤 방식으로 엔그램에 영향을 미칠까? 경험은 기억을 만드는 데 적합한 가중치를 어떻게 생성해낼까? 헵은 기억이 비슷한 활동을 하는 뉴런들의 연결이 강화됨으로써 만들어진다고 생각했다. 홉필드 네트워크는 이런 헵의 생각을 증명해 준다.

홉필드 네트워크는 간단한 과정을 통해 기억들을 암호화한다. 두 개의 뉴런이 모두 활성화되거나 모두 비활성화됨에 따라 이 두 개의 뉴런 사이의 연결이 강화된다. 이런 식으로 함께 발화하는 두 뉴런은 함께 연결된다. 반면, 하나의 뉴런이 활성화되고 다른 하나의 뉴런이 비활성화되면 이 두 뉴런 사이의 연결은 약해진다.* 이런 식으로 같이 자주 활성화됐던 뉴런들의 연결은 이런 학습을 통해 강화되며, 서로 반대의 활성 패턴을 보인 뉴런들의 연결은 약화된다. 물론 중간 정도의 연결 관계를 계속 유지하는 뉴런들도 있다. 끌개는 바로 이런 종류의 연결 관계를 통해 형성된다.

끌개 현상은 사소하지 않다. 네트워크의 모든 뉴런이 끊임없이 입력을 보내고 받는다고 생각할 때 이 뉴런들의 활동이 결국 적절한 기억 상태는 아니라고 해도 어떤 형태로든 기억 상태를 만든다고 생각할 수 있는 이유가 있을까? 따라서 홉필드는 적절한 끌개들이 네트워크에서 형성된다고 주장하기 위해 매우 이상한 가정을 할 수밖에 없었다. 홉필드 네트워크의 가중치들이 대칭적symmetric이라는 가정, 즉 뉴런 A로부터 뉴런 B로의 연결 강도가 뉴런 B로부터 뉴런 A로의 연결 강도와 항상 같다는 가정이었다. 이렇게 가정해야 네트워크의 끌개들을 수학적으로 정의할 수 있기 때문이었다. 이 가정의 문제점은 뇌에서 이런 대칭적 연결 관계를 가진 뉴런들을 발

---

*헵은 시냅스 전 뉴런이 활성화되는데 시냅스 후 뉴런이 활성화되지 않는 경우 뉴런들 사이의 연결이 약화된다는 생각을 처음부터 하지는 않았다. 이 생각은 헵이 실험을 계속 진행하면서 탄생하였다.

견할 수 있는 가능성이 매우 낮다는 데 있었다. 뉴런들이 이런 대칭적 연결 관계를 가지려면, 첫 번째 세포에서 뻗어 나와 두 번째 세포와 시냅스를 통해 연결되는 축삭의 연결 강도와 두 번째 세포에서 뻗어 나와 첫 번째 세포에 시냅스를 통해 연결되는 축삭의 연결 강도가 같아야 한다. 생물체에서는 이렇게 깔끔한 형태의 연결을 찾기가 쉽지 않다.

홉필드의 이 가정은 생물학에 수학적 접근방법을 적용할 때 발생할 수 있는 문제들을 보여준다. 극도의 단순화에 의존하는 물리학자들의 접근방식은 불편한 세부사항들로 가득 찬 복잡한 생물학적 접근 방식과 항상 충돌하고 있다. 물리학자들의 수학적 접근방식에 따르면 끌개를 명확하게 정의하기 위해서는 가중치가 대칭적이어야 했고, 그래야 기억 과정에 대한 모델을 만들 수 있었다. 하지만 생물학자들이라면 이런 가정을 아예 처음부터 받아들이지 않을 것이다.*

수학과 생물학 양쪽에 모두 발을 딛고 있었던 홉필드는 신경과학자들의 관점도 존중했다. 그는 신경과학자들의 우려를 줄이기 위해 논문에서 수학적으로 증명을 할 수는 없지만 가중치가 비대칭적인 네트워크도 끌개를 상당히 잘 학습하고 유지할 수 있는 것으로 보인다고 말하기도 했다.

따라서 홉필드 네트워크는 학습에 관한 헵의 생각이 실제로 옳

---

* 실제로, 이 가정의 초기 버전에 대해 홉필드가 신경과학자들에게 설명했을 때 그 자리에 있던 한 신경과학자는 "멋진 이론이기는 하지만 불행히도 신경생물학과는 전혀 관계가 없군요."라고 말했다.

다는 것을 보여준 개념 증명이라고 할 수 있으며, 기억에 대한 수학적 연구, 즉 기억을 수치적으로 연구할 수 있는 기회를 제공하기도 했다. 예를 들어, 홉필드 네트워크는 하나의 네트워크가 가질 수 있는 기억의 개수에 관한 의문을 제기할 수 있게 만들었다. 이 의문은 정교한 기억 모델이 있어야 질문 자체가 가능하다. 가장 간단한 버전의 홉필드 네트워크에서 기억의 수는 네트워크의 뉴런 수에 따라 달라진다. 예를 들어, 1000개의 뉴런이 있는 네트워크는 약 140개의 기억을 저장할 수 있고, 2000개의 뉴런이 있는 네트워크는 약 280개의 기억을 저장할 수 있으며, 1만 개의 뉴런이 있는 네트워크는 약 1400개의 기억을 저장할 수 있다. 기억의 수가 뉴런의 수의 약 14% 이하에 머물러야 오류가 최소화된다. 이 14%를 넘기면 마치 카드를 쌓아 만든 집이 무너지듯이 네트워크는 무너지게 된다. 즉 홉필드 네트워크는 용량을 초과해 입력을 하면 무너진다. 이 상황에서는 입력들이 무의미한 끌개 상태에 다가가게 돼 기억의 인출이 불가능해진다. 이 현상을 "블랙아웃 재앙 blackout catastrophe"이라는 말로 부른다.**

  이 수치는 변하지 않으므로 기억 용량에 대한 이 추정치가 발견된 이상 그 수치가 우리가 알고 있는 뇌에 의해 저장되는 기억의 수와 일치하는지 묻는 것이 합리적이다. 1973년에 발표된 기념비적인 논문에 따르면 1만 개 이상의 이미지를 (한 번씩 각각 짧은 시간 안에)

---

** 술을 마시고 난 뒤 "블랙아웃" 현상을 겪는 사람들을 본 적이 있을 것이다. 하지만 홉필드 네트워크에서 나타나는 블랙아웃 현상과 똑같은 블랙아웃 현상은 실제로 우리 뇌에서는 나타나지 않는 것으로 본다.

제4장 기억의 생성과 유지 ❖ 119

본 사람들은 나중에 그 이미지들을 상당히 많이 인식할 수 있다. 후각주위피질perirhinal cortex(시각 기억과 관련된 뇌 영역)에 있는 1000만 개의 뉴런은 이 정도 많은 수의 이미지를 저장할 수 있지만 다른 종류의 기억은 거의 저장하지 못한다. 따라서 헵 학습 이론에는 문제가 있는 것으로 보였다.

하지만 이 문제는 사물 인식 과정이 회상recall 과정이 아니라는 것이 밝혀지면서 별로 중요한 문제가 아니라고 인식되기 시작했다. 즉, 어떤 이미지를 볼 때 익숙하다는 느낌을 받는 것은 처음부터 그 이미지를 다시 만들어내는 능력이 없이도 일어날 수 있는 일이라는 뜻이다. 홉필드 네트워크는 처음부터 이미지를 다시 만들어내는 능력, 즉 기억 일부분을 이용해 기억 전체를 완성할 수 있는 더 어려운 일을 해낼 수 있는 네트워크다. 하지만 인식 과정은 여전히 매우 중요하다. 브리스톨 대학 연구원들의 노력으로 이제는 인식이 헵 학습을 이용하는 네트워크에 의해서도 수행될 수 있다는 것이 밝혀졌기 때문이다. 이 네트워크는 입력이 새로운 입력인지 익숙한 입력인지 식별하는 능력이 매우 뛰어나며 실제로 1천 개의 뉴런으로 최대 2만3000개의 이미지를 식별할 수 있다. 제몬의 생각처럼 이런 문제는 흔히 사용하는 단어들로 뇌의 기능을 분류하는 과정에서 발생한다. 우리가 흔히 사용하는 "기억"이라는 말은 이렇게 과학과 수학에 의해 다양한 기능들로 해부될 수 있다.

❖ ❖ ❖

　1953년, 미국 의사 윌리엄 스코빌William Scoville은 당시 27세였던 헨리 몰레이슨Henry Molaison의 뇌 양쪽에서 해마를 제거하면서 자신이 몰레이슨의 발작을 예방하는 데 도움을 주고 있다고 생각했다. 하지만 당시 스코빌은 이 수술이 기억에 대한 연구에 엄청난 영향을 미치게 될 것이라고는 전혀 생각하지 못했다. (2008년 사망할 때까지 신원 보호 차원에서 "H.M."이라고 불렸던) 몰레이슨은 이 수술 후 발작이 어느 정도 줄어들기는 했지만 의식적으로 기억을 해내는 능력을 잃었다. 몰레이슨의 이런 영구적인 기억상실 증상은 해마의 기능에 대한 연구를 촉발했다. 해마는 뇌 깊숙한 곳에 있는 구부러진 손가락 모양의 구조로 기억 형성 시스템에서 중추적인 역할을 한다. 래슐리는 엔그램의 위치를 찾아내는 데 실패했지만, 해마는 기억 저장 과정에서 특별한 역할을 하는 부위라는 것이 확인됐다.

　해마의 기능에 대해서 알려진 것들은 다음과 같다. 외부 환경에 대한 정보가 제일 먼저 도달하는 곳은 해마의 아래 부분에 파인 치아이랑dentate gyrus이다. 이 치아이랑에서 정보에 대한 표상이 가공돼 기억 저장에 적합한 형태로 변한다. 그 뒤 치아이랑은 끌개가 형성된다고 생각되는 장소인 CA3 영역으로 이 신호를 전달한다. CA3 영역은 순환적 연결 구조로 구성돼 있어 홉필드 네트워크와 비슷한 효과를 내기 위한 기본적인 틀로 작용한다. 그 뒤 이 영역은 CA1 영역이라는 다른 장소에 출력을 보낸다. CA1 영역은 기억된 정보를 뇌의 나머지 영역들로 전파하는 중계국 역할을 한다(그림 10 참조).

이 마지막 단계에서 흥미로운 점(래슐리를 혼란에 빠뜨린 요인이었을 것으로 추정된다)은 뇌의 다양한 영역들로 전파된 형상들이 기억의 복사를 가능하게 만든다는 생각이다. CA3 영역은 일종의 완충 영역, 즉 창고로 기능하면서 기억들이 뇌의 다른 영역들로 전달되기 전까지 기억들을 계속 붙잡고 있는데, 이는 이 영역에서 기억들이 다시 활성화되기 때문에 가능하다. 따라서 해마는 시험공부를 하면서 사용하는 전략, 즉 반복을 이용해 뇌의 나머지 부분들이 사물을 기억할 수 있도록 돕는다고 할 수 있다. 해마는 뇌에 존재하는 동일한 뉴런들을 반복적으로 계속 활성화함으로써 그 뉴런들이 헵 학습을 할 수 있도록 만든다. 기억은 이 학습 과정에서 이 뉴런들에 적용되는 가중치가 변화함으로써 뇌의 나머지 부분들에서 안전하게 저장되는 것이다.* 해마가 제거된 몰레이슨은 기억을 저장하는 창고가 없어졌기 때문에 뇌에서 기억을 재생할 수 없게 된 것이었다.

해마가 뇌의 기억 창고 역할을 한다는 지식을 기초로 연구자들은 해마의 작동방식을 연구할 수 있게 됐다. 특히 연구자들은 해마 안의 끝개를 들여다볼 수 있게 됐다.

2005년, 유니버시티 칼리지 런던의 연구자들이 수행한 쥐의 해마 세포 활동 연구를 살펴보자. 연구자들은 쥐들을 동그라미 모양과 사각형 모양의 두 가지 모양 울타리에 각각 가둔 뒤 쥐들이 각각의 울타리 모양에 익숙해지게 만들었다. 이 쥐들의 해마 뉴런은 동그라미 모양 울타리 안에 있을 때와 사각형 모양 울타리 안에 있을

---

*이 과정은 수면 중에 일어나는 것으로 추정된다.

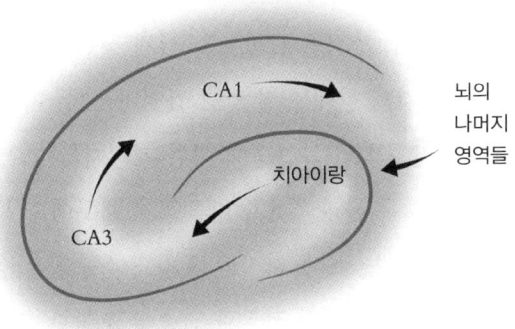

그림 10

때 각각 다른 패턴을 나타냈다. 이 상황에서 연구자들은 쥐들을 동그라미와 사각형이 섞인 모양의 울타리에 집어넣는 방법으로 끌개에 관한 연구를 했다. 울타리의 모양이 사각형에 가까우면 쥐들은 사각형 울타리 안에 있을 때 보였던 신경활동과 동일한 신경활동을 보였고, 울타리의 모양이 동그라미에 가까우면 동그라미 울타리 안에 있을 때 보였던 신경활동과 동일한 신경활동을 보였다. 여기서 중요한 사실은 모든 쥐들이 이 두 가지 패턴만을 나타냈다는 것이다. 중간 형태의 신경활동을 보인 쥐는 없었다. 끌개가 된 것은 동그라미 울타리에 대한 기억과 사각형 울타리에 대한 기억밖에는 없었다. 동그라미도 아니고 사각형도 아닌 울타리에 대한 초기 입력은 불안정했고, 이 초기 입력은 결국 확립된 가장 가까운 기억으로 흡수됐기 때문이었다.

홉필드 네트워크는 헵의 이론을 증명했을 뿐만 아니라 (일반적으로 물리학자들이 연구하던) 끌개 이론으로 기억의 신비를 설명할 수 있다는 것도 보여줬다. 하지만 홉필드는 실제 실험실에서 실제 뇌에 수학을 적용하는 것의 한계도 잘 알고 있었다. 그는 자신이 만든 모델에 대해 "신경생물학의 복잡성에 대한 패러디"라고 말하기도 했다. 실제로 이 모델은 물리학자가 만들었기 때문에 생물학의 복잡성을 모두 표현할 수는 없다. 하지만 홉필드의 모델은 강력한 계산을 수행할 수 있었고, 기억의 저장과 인출을 포함한 수없이 다양한 통찰을 가능하게 한 모델이었다.

주방에서 저녁을 먹고 있을 때 룸메이트가 집에 들어온다. 그를 보자 이전에 그에게 빌렸던 책을 어젯밤에 다 읽고 내일 그가 여행을 떠나기 전에 돌려주려고 했던 생각이 난다. 밥을 먹다말고 주방에서 나와 2층에 있는 내 방으로 향한다. 계단을 걸어올라 문을 열면서 "내가 방에 왜 들어왔지?"라는 생각을 한다.

이런 상황은 너무 흔히 겪는 일이라 이런 증상을 가리키는 "목적 기억상실증"이라는 말이 생겨날 정도다. 이런 증상은 "작업기억working memory", 즉 머릿속에서 어떤 생각을 유지하는 능력이 잠깐 잘못돼 다른 방으로 10초 안 되는 짧은 시간 동안 이동할 때도 나타난다. 작업기억은 인지의 모든 측면에서 핵심적인 역할을 하는 기억이다. 무엇을 생각하고 있는지 계속 잊어버린다면 결정을 내리거나 계획을 세우기가 힘들어진다.

심리학자들이 수십 년 동안 작업기억에 대해 연구해왔다. 작업기억이라는 용어는 캘리포니아 행동과학 고등연구소의 조지 A. 밀러George A. Miller와 그의 동료들이 1960년에 발표한『계획과 행동의 구조』라는 책에서 처음 사용됐지만, 그 개념 자체에 대해서는 그 훨씬 이전부터 연구가 이뤄졌었다. 밀러도 이 책을 발표하기 4년 전인 1956년에 발표한 논문에서 이 개념을 다뤘다. 이 논문이 바로 그 유명한 〈마법의 숫자 7 플러스 또는 마이너스 2〉라는 제목의 논문이다. 여기에서 말하는 마법의 숫자는 인간이 한 번에 작업기억에 저장할 수 있는 사물의 수를 뜻한다.

이 숫자가 도출된 실험 과정은 다음과 같다. (1) 실험참가자에게 색깔이 칠해진 사각형 몇 개를 화면에서 보게 한다. (2) 실험참가자에게 몇 초에서 몇 분 정도 기다리라고 요청한다. (3) 실험참가자에게 색깔이 칠해진 다른 사각형 몇 개를 보여준다. 실험참가자의 과제는 (3)에서 본 사각형들에 칠해진 색깔들이 (1)에서 본 사각형들에 칠해진 색깔들과 같다는 것을 확인하는 것이었다. 실험참가자들은 사각형의 숫자가 적었을 때는 이 테스트를 잘 통과했다. 특히 사각형이 한 개였을 때는 거의 100%의 정확성을 보였다. 하지만 사각형의 수가 점차 많아지면서 계속 통과 확률이 떨어졌고 사각형의 수가 7개를 넘어가면서부터 거의 무작위로 추측한 결과와 다름없을 정도였다. 7이라는 숫자가 실제로 작업기억 용량과 특별한 연관이 있는지는 논쟁의 여지가 있다. 7보다 큰 숫자 또는 작은 숫자를 한계로 제시한 연구결과도 그 후에 발표됐기 때문이다. 하지만 밀러의 논문이 작업기억 연구에 영향을 미쳤다는 것은 의심의 여지가 없으며, 심리학자들은 그 이후로 작업기억의 저장 내용과 지속 기간 등 작업기억의 거의 모든 측면을 밝혀내기 위해 노력하고 있다.

하지만 뇌가 실제로 어떻게 작업기억 능력을 가지는지, 즉 뇌의 어떤 부분에 어떻게 작업기억이 저장되는지에 대한 의문은 여전히 풀리지 않고 있다. 이 의문을 풀기 위해 시도된 병변 실험 결과에 따르면 이마 바로 뒤에 있는 뇌의 큰 영역인 전전두피질prefrontal cortex이 작업기억과 관련이 있는 것으로 보인다. 부상으로 전전두피질이 손상된 사람들과 전전두피질을 제거한 동물들을 관찰한 결과 이 영역의 손상은 작업기억 능력을 크게 떨어뜨리는 것으로 나타났기 때문이다. 전전두피질이 제거된 동물은 1~2초 이상 어떤 생각을 유지하기 힘들며, 경험과 생각은 마치 컵 모양으로 모은 두 손에 담긴 물이 바로 새버리듯이 마음속에서 사라진다.

전전두피질이 작업기억 장소의 유력한 후보로 떠오르면서 신경과학자들은 뇌의 이 영역을 집중적으로 연구하기 시작했다. 1971년 캘리포니아 주립대학 로스앤젤레스 캠퍼스의 호아킨 퍼스터Joaquin Fuster와 개릿 알렉산더Garret Alexander는 원숭이의 전전두피질에 전극을 꽂아 뉴런 활동을 관찰했다. 이들은 색깔 기억 테스트와 비슷한 "지연 반응delayed response" 테스트를 동물을 대상으로 실시했다. 지연 반응 테스트라는 이름이 붙은 이유는 중요한 정보가 화면에서 사라졌을 때 동물의 기억에 얼마나 오래 그 정보에 대한 기억이 남아있는지 측정하기 위한 테스트였기 때문이다. 이 연구원들은 이 지연 기간 동안 전전두피질 뉴런들이 어떤 일을 하고 있는지 밝혀내려고 했다.

시각을 담당하는 대부분의 뇌 영역은 이러한 종류의 테스트에 정형화된 반응을 보이는데, 통상 뉴런은 화면에 패턴이 처음 나타날 때는 강하게 반응하고 지연 후 다시 나타날 때 다시 반응하지만, 시각입력이 실제로 뇌로 들어가지 않는 지연 기간 동안에는 대부분 조용하다. 눈에서 멀어지면 마음에서도 멀어진다는 속담은 이 뉴런들에게도 그대로 적용된다고 할 수 있다. 하지만 퍼스터와 알렉산더가 발견한 것은 전전두피질의 뉴런들은 이런 뉴런들과 다른 반응을 보인다는 사실이었다. 시각 패턴에 반응하는 뉴런은 패턴이 사라진 후에도 계속해서 발화했다. 즉, 지연 기간 동안 활동을 계속 유지했다. 작업기억의 물리적 흔적이 이 뉴런에서 드디어 발견된 것이었다.

그 후 이 연구결과를 재현하기 위해 이뤄진 수많은 실험들이 이뤄졌고, 이 모든 실험들은 매우 다양한 조건들이 적용되는 상황에서 전전두피질과 그 주변의 뉴런들이 지연 기간 동안 활동을 계속한다는 것을 증명해냈다. 또한 이런 실험들은 이 뉴런들의 발화 패턴에 이상이 생기면 작업기억에도 이상이 생길 수 있다는 것도 밝혀냈다. 예를 들어, 일부 실험에서는 지연 기간 동안 짧게 전기 자극을 가하면 뉴런들의 활동이 교란돼 지연 반응 테스트 수행 능력이 감소한다는 것이 확인되기도 했다.

이 뉴런들이 이렇게 할 수 있는 특별한 이유는 무엇일까? 다른 뉴런들은 그렇게 하지 못하는데 왜 이 뉴런들은 몇 초에서 몇 분 동안 정보를 유지하면서 계속 발화하는 것일까? 뉴런에서 이렇게 출력을 계속 지속되기 위해서는 지속적인 입력이 이뤄져야 한다. 이미 지로부터의 외부 입력 없이 지연 기간 동안에 뉴런의 활동이 계속되려면 인접한 뉴런들로부터의 입력이 계속 이뤄져야 한다. 따라서 지연 기간 동안 뉴런이 계속 활동을 유지한다는 것은 이 뉴런과 연결된 주변 뉴런들이 계속 발화해 이 뉴런의 활동을 유지시킨다는 뜻이다. 여기서 우리는 끌개 개념을 다시 적용할 수 있다.

우리는 앞에서 입력 신호가 기억을 재점화한다는 홉필드 네트워크에서의 끌개 개념에 대해 살펴봤다. 이 끌개 개념이 작업기억 연구에 도움이 되는지는 명확하지 않을 수 있다. 결국 작업기억은 기억의 점화 이후에 일어나는 현상과 관련되기 때문이다. 룸메이트에게 빌린 책을 돌려주려고 주방에서 일어난 뒤 우리는 어떻게 그 목적을 마음속에서 계속 유지하게 되는 걸까? 이 의문을 풀 때 필요한 것이 끌개 개념인 것은 확실하다. 끌개는 움직이지 않고 그 자리에 그대로 있기 때문이다.

끌개는 수식으로 계산해낼 수 있다. 뉴런이 받는 입력과 이 뉴런에 곱해지는 가중치를 알면 수식을 작성할 수 있다. 입력의 결과로 이 뉴런의 활동이 시간에 따라 어떻게 변화하는지 설명할 수 있다. 이 수식의 계산 결과가 0이면 이 뉴런은 시간에 따라 변화하지 않는 뉴런, 즉 항상 일정한 속도로 발화하는 뉴런이다. 또한 이 뉴런은 순환 네트워크의 일부이기 때문에 입력을 받을 뿐만 아니라 다른 뉴런에 대한 입력을 제공한다는 사실도 중요하다. 따라서 한 뉴런의 활동은 인접한 뉴런의 활동을 계산함으로써 파악할 수 있다. 만약 이 인접한 뉴런에 대한 입력이 전혀 변화하지 않는다면, 이 수식의 계산 결과도 0이 될 것이고, 이는 이 뉴런이 같은 속도로 계속 발화한다는 뜻이다. 네트워크가 끌개 상태에 있을 때, 네트워크 내의 모든 뉴런의 활동을 계산한 값은 0이다.

뉴런들 사이의 연결이 적절하게 이뤄진 상태에서 한 위치에서 시작된 기억들이 훨씬 더 오래 지속되는 이유가 여기에 있다. 주변의 모든 세포들이 같은 일을 하기 때문에 모든 세포들은 같은 발화 속도를 유지할 수 있는 것이다.

문제는 상황이 변화한다는 데 있다. 주방에서 나와 침실로 걸어갈 때, 우리는 기억을 유지하려고 하는 신경세포에 대한 입력에 변화를 일으킬 수 있는 모든 종류의 것들, 즉 복도에 있는 신발, 청소하려고 했던 욕실, 창문에 비가 오는 광경과 마주치게 된다. 그리고 이런 변화들은 뉴런들을 책을 나타내는 끌개 상태에서 완전히 다른 상태로 밀어낼 수 있다. 작업기억이 작동하기 위해서는 네트워크가 이런 방해 요소들의 영향을 잘 견뎌야 한다. 일반적으로 끌개는 이런 입력들에 어느 정도 저항할 수 있다. 트램펄린 비유를 다시 생각해보자. 트램펄린 위에 서 있는 사람이 공에 약간의 힘을 준다면, 공은 그 사람이 서 있는 움푹 파인 곳 밖으로 굴러갔다가 다시 그 안으로 들어갈 가능성이 높다. 이런 식으로 작업기억은 약간의 방해는 견딜 수 있다. 하지만 트램펄린 위에서 공을 세게 찬다고 생각해보자. 공이 어디로 갈지는 아무도 알 수 없다. 기억을 잘 유지하려면 이런 방해요소들을 잘 견뎌야 한다. 그렇다면 뉴런 네트워크가 기억을 잘 유지하도록 만든 것은 무엇일까?

데이터와 이론 사이의 관계는 매우 복잡한 관계다. 어느 한쪽이 다른 한쪽을 일방적으로 이끌거나 따라갈 수 있는 간단한 관계가 아니다. 수학적 모델은 때로는 특정 데이터 세트에 맞추기 위해 개발되기도 하고, 구체적인 데이터가 없이 이론이 제시되기도 한다. 시스템이 실제로 어떻게 작동하는지 실제로 알기 전에 그 시스템이 어떻게 작동할 가능성이 있다는 이론이 먼저 나오는 경우도 있다. 1990년대의 연구자들은 이런 식으로 작업기억 연구를 진행했다. 이들은 "링 네트워크$^{ring\ network}$"라는 이름의 신경 네트워크를 생각해 내었는데, 작업기억의 강력한 유지에 이상적일 것이라고 이들이 생각한 신경망 모델이다.

홉필드 네트워크와는 달리 링 네트워크는 고리 모양으로 배열된 여러 개의 뉴런으로 구성되어 있으며, 각 뉴런은 근처에 있는 뉴런에만 연결돼 있다. 홉필드 네트워크처럼 이 모델도 자체적으로 유지되고 기억을 나타낼 수 있는 활동 패턴인 끌개 상태를 가지고 있다. 하지만 이 모델의 끌개 상태는 홉필드 모델의 끌개 상태와 완전히 다르다. 홉필드 네트워크의 끌개 상태는 이산적$^{discrete}$이다. 이산적이라는 말은 각각의 끌개 상태가 어린 시절의 방을 나타내는 끌개 상태, 어린 시절 놀러갔던 일을 나타내는 끌개 상태, 현재의 방을 나타내는 끌개 상태 등으로 서로 완전히 독립적으로 분산돼 있다는 뜻이다. 이 기억들은 서로 얼마나 유사한지에 상관없이 서로 매끈하게 전환되지 않는다. 즉, 다른 기억에 도달하기 위해서는 하나의 끌개 상태를 완전히 떠나야 한다. 반면, 고리 네트워크의 끌개 상태는 연속적$^{continuous}$이다. 끌개 상태들이 연속적이면 비슷한 기억들 사이의 전환이 쉽다. 이 모델은 사람들이 서로 다른 지점에 서

있는 트램펄린이 아니라 볼링 레인 양쪽에 있는 홈과 비슷하다. 공은 한 번 홈에 들어가면 쉽게 빠져나올 수 없지만, 그 안에서는 부드럽게 움직일 수 있다.

링 모델과 같은 연속적인 끌개 상태를 가진 네트워크를 가정하면 여러 가지 면에서 연구에 도움이 되며, 특히 네트워크의 오류 유형을 연구하는 데 가장 큰 도움이 된다. 기억 시스템이 오류를 가진다는 것은 별로 좋은 일이 아니라고 생각할 수도 있다. 하지만 어떤 네트워크도 완벽한 기억 능력을 가질 수 없다고 가정한다면 네트워크에 의한 오류의 질이 매우 중요해진다. 링 네트워크는 우리가 이해할 수 있는 정도의 작은 오류를 허용하는 네트워크다.

실험참가자들에게 화면에 표시되는 도형의 색깔을 기억하게 했던 작업기억 능력 테스트를 다시 떠올려 보자. 어린 시절 미술시간에 본 적이 있을 둥근 바퀴 모양의 색상 판을 생각해보면 색깔들의 배치가 이 링 네트워크와 잘 맞아떨어진다는 것을 알 수 있다. 약간씩 다른 색깔을 나타내는 뉴런들이 링 모양의 네트워크를 이루고 있다고 생각해 보자(링의 한쪽에는 빨간색, 그 옆에는 주황색, 그 다음에는 노란색과 녹색). 이러한 링에서 빨간색을 나타내는 뉴런과 파란색을 나타내는 뉴런은 서로 반대편에 위치하게 될 것이고, 그 중간에 자주색을 나타내는 뉴런이 위치하게 될 것이다.

이 테스트에서, 색깔이 있는 도형을 본 실험참가자에게서는 그 도형의 색깔을 나타내는 뉴런은 활성화되지만 다른 뉴런들은 침묵을 유지하게 되면서 그 색깔에 대한 기억이 일종의 "돌출부$^{bump}$"가 된다. 실험참가자가 이 색깔에 대한 기억을 유지하려고 노력하는 동안 다른 입력(예를 들어, 방 안에 있는 다른 사물에 의한 시각 자극)이 기억 유지를 방해하면 실험참가자가 유지하고자 하는 색깔에 대한 기억을 밀어낼 것이다. 하지만 여기서 중요한 점은 다른 입력은 그 색깔에 대한 기억을 색상 판에 있는 인접한 다른 색깔에 대한 기억으로 밖에 변화시키지 못한다는 것이다. 예를 들어, 빨간색에 대한 기억은 주황색에 대한 기억으로, 녹색에 대한 기억은 청록색에 대한 기억으로밖에는 변화하지 않는다. 빨간색에 대한 기억이 녹색에 대한 기억으로 변화할 가능성은 매우 낮다. 아무 색깔도 기억나지 않는 일은 없다. 링 어딘가에 반드시 실험참가자의 기억에 남는 어떤 색깔이 반드시 존재하기 때문이다. 이런 속성은 연속적인 끌개의 볼링 레인의 홈 같은 성질에서 비롯된다. 연속적인 끌개는 인접한 상태들 사이에서는 전환이 쉽게 이뤄질 수 있지만, 그 외의 다른 교란 상태에는 저항성이 높다.

링 네트워크의 또 다른 이점은 무언가를 하는 데 사용될 수 있다는 데에 있다. 작업기억이 "작업을 한다."는 생각은 기억이 단지 수동적으로 정보를 유지하는 것이라는 개념에 대항하기 위한 것이다. 작업기억이 생각을 저장할 수 있다는 것은 그 생각들이 다른 정보들과 결합돼 새로운 결론을 도출할 수 있다는 뜻이다. 초기 링 네트워크 연구에 영감을 준 쥐의 방향 시스템은 이런 일이 실제로 일어나고 있다는 것을 보여주는 대표적인 사례이다.

(다른 동물들이 대부분 그렇듯이) 쥐는 내부 나침반을 가지고 있다. 내부 나침반이란 동물이 향하는 방향을 추적하는 뉴런들의 집합이다. 만약 동물이 새로운 방향을 향하게 된다면 이 세포들의 활동

은 그 변화를 반영하기 위해 변화한다. 쥐가 조용하고 어두운 방에 가만히 앉아 있어도, 이 뉴런들은 쥐의 방향에 대한 정보를 유지하면서 계속 발화한다. 1995년 애리조나 대학의 브루스 맥노턴Bruce McNaughton과 캘리포니아 주립대학교 샌디에이고 캠퍼스의 케첸 장 Kechen Zhang은 서로 독립적으로 이 세포들의 행동을 링 네트워크로 설명할 수 있다는 연구결과를 발표했다. 방향이라는 개념은 원에 잘 대응되기 때문에 동물이 향하는 방향을 저장하기 위해 링 네트워크가 사용될 수 있다는 주장이었다(그림 11참조).

링 네트워크는 시간이 지남에 따라 머리 방향에 대한 지식이 어떻게 유지되는지 설명할 수 있었을 뿐만 아니라, 동물이 방향을 바꿨을 때 내부 시스템에 저장된 방향이 어떻게 바뀔 수 있는지 설명하는 모델이 되기도 했다. 머리 방향 세포는 시각 시스템과 (몸의 움

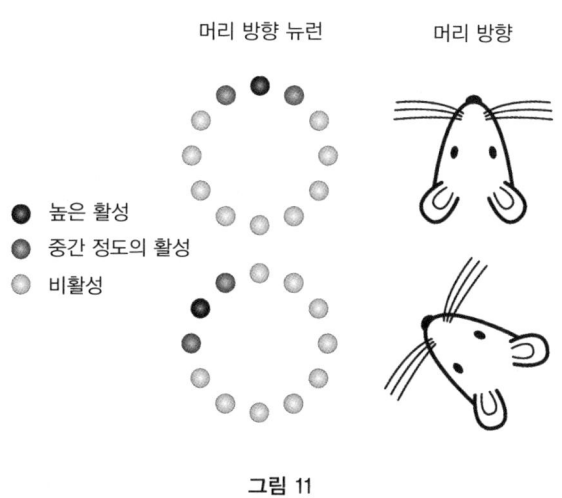

그림 11

직임을 추적하는) 전정 시스템의 신경세포들로부터 입력을 받는다. 이런 입력이 링 네트워크에 올바르게 연결되면 "돌출부"는 적절한 방향으로 밀리게 된다. 이런 식으로 돌출부가 링을 따라 이동하면 기억에 오류가 발생하지 않고 새로운 정보를 기반으로 기억이 업데이트된다. "작업" 기억은 이런 작업을 하기 때문에 작업기억이라는 이름이 붙게 된 것이다.

링 네트워크는 강력한 기억 시스템을 만들어내어 복잡한 문제에 훌륭한 해법을 제시한다. 또한 링 네트워크는 아름다운 수학적 구조이기도 한데 단순성과 대칭성을 나타내기 때문이다. 링 네트워크는 정교하게 조절되는 (심지어 우아하기까지 한) 네트워크다.

하지만 링 네트워크는 바로 이런 속성 때문에 완전히 비현실적이다. 생물학자들은 "정교하게 조절되는"이라는 말을 극도로 혐오한다. 생물학자들은 잘 작동하기 위해 정교한 계획과 초기 상태가 필요한 생물체는 뇌의 발달과 활동에 의해 발생하는 혼돈 상황에서 살아남을 수 없다고 본다. 링 네트워크의 이런 바람직한 속성들은 뉴런들 사이의 연결에 대한 매우 특별한 가정, 즉 매우 비현실적인 가정을 할 경우에만 나타난다. 따라서 링 네트워크는 이론적으로는 매우 기능이 뛰어나고 바람직한 속성을 가지지만 실제로 뇌 안에서 이런 링 네트워크를 관찰할 수 있는 가능성은 매우 낮아 보였다.

하지만 2015년에 링 네트워크가 실제로 발견되는 놀라운 일이 일어났다. 농지로 사용되었던 목가적인 분위기의 미국 버지니아 주 애시번(워싱턴 D. C. 인근)에 위치한 세계적인 기초과학 연구소인 자넬리아 리서치 캠퍼스Janelia Research Campus에서 2006년부터 연구를 진행해온 비벡 자야라만Vivek Jayaraman이 동료 6명과 함께 노랑초파리Drosophila melanogaster의 이동 메커니즘을 연구하는 과정에서 이뤄진 발견이었다. 쌀 한 톨 정도의 크기인 노랑초파리는 신경과학자들이 흔히 연구하는 초파리 과의 곤충으로 채집하기 어렵지만 소량(약 135,000개)의 뉴런을 가진 장점이 있다. 이는 실험용으로 흔히 사용되는 쥐가 가진 뉴런의 약 0.2%밖에 되지 않는다. 게다가 노랑초파리의 뉴런들에 대해서는 상당히 많은 연구가 이뤄져 있어 대부분 그 뉴런을 발현시키는 유전자에 따라 쉽게 분류되며, 뉴런의 수와 위치는 노랑초파리 개체들 모두에서 거의 비슷하다.

설치류처럼 노랑초파리도 머리 방향 추적 시스템을 가지고 있다. 노랑초파리의 이 추적 시스템은 타원체ellipsoid body라는 이름으로 알려진 영역에 위치한다. 노랑초파리 뇌의 중심부에 위치하는 타원체는 가운데에 구멍이 뚫려있고 그 구멍 주변을 뉴런들이 둘러싸는 도넛 형태, 즉 링 형태를 띠고 있다.

하지만 링 모양으로 뉴런들이 배열돼 있다고 해서 반드시 그 뉴런들이 링 모양의 네트워크를 이루는 것은 아니다. 따라서 자야라만과 연구원들은 링 네트워크처럼 보이는 이 뉴런들이 실제로 링 네트워크처럼 행동하는지 확인해야 했다. 이를 위해 이들은 타원체를 구성하는 뉴런들에 특별한 염료를 주입했다. 이 염료는 뉴런들이 활성을 나타낼 때 녹색으로 빛나게 만들기 위한 것이었다. 그 뒤 연구원들은 노랑초파리가 돌아다니게 하면서 이 뉴런들을 촬영했다. 노랑초파리가 앞으로 향하면 검은 화면에서 작은 녹색 점들이 깜박이는 것이 관찰됐다. 노랑초파리가 방향을 바꾸면 이 녹색 점들도 새로운 방향으로 함께 이동했으며 타원체의 모양과 정확하게 일치하는 링 모양이었다. 노랑초파리가 자신이 어느 쪽으로 움직이는지 볼 수 없도록 불을 모두 껐을 때도 녹색 점들은 링 안의 같은 위치에서 계속 깜빡거렸다. 노랑초파리에서 방향에 대한 기억이 유지되고 있다는 분명한 신호였다.

연구원들은 이 링의 활동을 관찰하는 것 외에도 링의 극단적인 행동을 조사하기 위해 링을 조작하기도 했다. 진정한 링 네트워크는 오직 하나의 "돌출부"만을 나타낼 수 있다. 즉, 링 네트워크에서는 특정한 시점에 링 내에서 특정한 위치에 있는 뉴런들만이 활성을 나타나야 한다. 이를 확인하기 위해 연구원들은 링에서 이미 활성화된 뉴런들 반대편에 있는 뉴런들을 강하게 자극하자 원래의 돌출부가 닫히고 새로운 위치에 돌출부가 형성됐고, 이 돌출부는 자극을 중지했을 때도 그대로 유지됐다. 연구원들은 이 실험을 통해 타원체의 링 네트워크가 진정한 의미의 실제 링 네트워크라는 것을 확인할 수 있게 된 것이었다.

하지만 당시 학자들은 실제로 링 네트워크가 생명체 안에서 발견됐다는 사실을 믿으려고 하지 않았다. 링 네트워크 개념을 처음 제시한 윌리엄 스캑스William Skaggs조차 이 발견에 대해 노골적으로 의심을 표시하면서 "설명을 하기 위해 이 네트워크가 원형 층들로 구성된 네트워크라고 생각하는 것은 도움이 되지만, 이 네트워크는 뇌 안의 뉴런들의 해부학적 구조를 반영하지 않는다."라고 말했다. 링 네트워크 모델을 연구하는 학자들 대부분은 일반적으로 링 네트워크가 더 크고 복잡한 뉴런 네트워크의 일부여야 하며, 이 비정상적으로 깔끔한 예는 유전 프로그램이 매우 정밀하게 통제된 상황에서 발견된 것이며 다른 대부분의 상황에서는 발견하기가 쉽지 않을 것이라고 생각했다.

뇌가 연속적인 끌개들을 사용한다면 우리는 그런 뇌의 행동을 직접적으로 관찰할 수는 없더라도 그 행동에 대한 예측은 할 수 있다. 1991년에 작업기억 연구의 선구자로 불리는 퍼트리샤 골드먼-러키시Patricia Goldman-Rakic는 신경조절물질인 도파민을 활동을 억제하면 원숭이들이 사물의 위치를 잘 기억하지 못한다는 것을 발견했다. 도파민은 세포 안팎을 넘나드는 이온들의 흐름을 변화시키는 역할을 한다. 또한 2000년에는 캘리포니아 주의 솔크 연구소Salk Institute 연구원들이 연속적인 끌개를 가진 모델에서 도파민의 역할을 모방한 결과 모델의 기억력이 강화됐다는 연구결과를 발표했다.* 도파민은 기억을 암호화하는 뉴런들의 활동을 안정화시켜 기억과 관계없는 입력들에 대한 저항성을 높인다는 내용이었다. 연구원들은 도파민은 보상reward과 관련이 있기 때문에** 이 모델은 사람이 더 큰 보상을 기대하는 경우 작업기억 능력이 더 좋아질 것이라는 예측을 했고, 이는 그대로 적중했다. 어떤 것을 기억하면 보상을 받을 수 있다는 약속을 받을 때 사람들의 작업기억 능력이 실제로 더 좋아졌기 때문이다. 이런 식으로 끌개 개념은 화학적 변화와 인지적 변화를 연결하고, 이온의 움직임과 사람들의 실제 경험

---

\* 이 모델은 제2장에서 다룬 호지킨-헉슬리 뉴런 모델과 유사하다. 호지킨-헉슬리 모델에서도 도파민은 이온들의 흐름을 가속시키는 역할을 했다.
\*\* 더 자세한 이야기는 제11장에서 할 것이다.

제4장 기억의 생성과 유지 ❖ 137

을 연결한다.

끌개는 물리적인 세계 어디에나 존재한다. 끌개는 시스템을 이루는 부분들 사이의 국부적 상호작용에 의해 발생한다. 금속을 구성하는 원자들이든, 태양계를 구성하는 행성들이든, 심지어 한 마을에 사는 사람들이든, 이 부분들은 하나의 끌개 상태로 이끌리게 되며, 엄청난 규모의 교란이 일어나지 않는 한 그 끌개 상태에 머물 것이다. 이 끌개 개념을 기억을 구성하는 뉴런들에 적용하면 생물학과 심리학을 연결할 수 있다. 홉필드 네트워크는 뉴런들의 연결 방식 변화를 기억의 형성 및 인출 과정과 연결하고, 링 네트워크와 같은 구조는 생각이 마음속에서 유지되는 방식의 기초를 이룬다. 기억이 어떻게 저장되고, 유지되고, 다시 활성화되는지도 하나의 간단한 체계로 설명할 수 있다.

5

# 흥분과 억제

네트워크의 균형과 진동

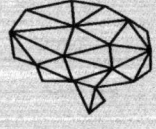

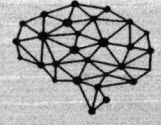

뉴런 안에서는 거의 언제나 싸움이 벌어지고 있다. 이 싸움은 뉴런의 최종 출력을 결정하기 위한 뇌의 두 가지 기본적인 힘, 흥분excitation과 억제inhibition의 싸움이다. 흥분성 입력은 뉴런의 발화를 일으키고, 억제성 입력은 뉴런이 발화를 일으키지 못하도록 역치에서 멀리 떨어뜨리는 입력이다.

뇌의 활동은 이 두 힘의 균형에 의해 이뤄지며 어떤 뉴런이 발화할지, 언제 뉴런이 발화할지가 결정된다. 또한 이 균형은 주의attention, 수면, 기억 등 모든 활동과 관련돼 있는 뉴런의 발화 리듬을 결정하기도 한다. 더 놀라운 사실은 흥분과 억제 사이의 균형으로 과학자들이 수십 년 동안 연구하던 주제인 뇌의 특징 중 하나, 즉 뉴런의 불안정성을 설명할 수 있다는 것이다.

같은 움직임을 반복적으로 생성하는 운동 시스템 내의 뉴런처럼 같은 일을 끊임없이 반복수행하는 뉴런을 관찰해보면 그 뉴런의 활동이 놀라울 정도로 불규칙하다는 것을 알 수 있다. 이런 뉴런은 매번 동일한 스파이크 패턴을 보이지 않는다. 즉, 어떤 때는 더 많이 발화하고 어떤 때는 더 적게 발화한다.

과학자들은 뉴런에 대한 관찰이 처음 이뤄지던 시기에 이미 뉴런의 이런 특이한 행동을 발견했다. 1932년 생리학자 조지프 얼랭어Joseph Erlanger는 세인트루이스에 위치한 자신의 연구실에서 이전에 사용했던 감도의 20배로 신경활동을 기록할 수 있는 장치를 만들어냈다. 이 장치를 이용해 그는 동료 연구자인 E. A. 블레어E.A.Blair와 함께 개구리 다리에 있는 뉴런들을 분리해 난 다음, 동일한 강도의 전기자극을 1분 동안 58회 가해 뉴런이 어떤 반응을 보이는지 관찰하는 데 성공했다.

놀랍게도 이들은 동일한 전기 펄스가 동일한 반응을 일으키지 않는다는 것을 발견했다. 동일한 뉴런이 동일한 자극에 반응하는 정도가 매번 달랐다. 하지만 펄스의 강도와 반응 강도 사이에서는 연관 관계가 관찰됐다. 예를 들어, 약한 전류를 사용했을 때 뉴런은 10%의 빈도로 반응했고, 중간 세기의 전류를 사용했을 때는 50%의 빈도로 반응했다. 하지만 이런 확률과는 별개로 뉴런이 펄스에 반응하는 방식은 순전히 우연에 의해 결정되는 것으로 보였다. 1933년에 〈미국 생리학 저널〉에 발표한 논문에서 이들은 이렇게 말했다. "우리는 완전히 일정한 조건에서 큰 신경들이 나타내는 반응이 매우 다양하다는 사실에 충격을 받았다."

이 연구는 신경계의 신비로운 불규칙성에 대한 체계적인 연구 중 하나였고, 뒤를 이어 비슷한 연구들이 계속 진행됐다. 예를 들어, 1964년에 미국의 두 과학자는 원숭이의 피부를 지속적으로 솔로 문지르는 실험을 진행했다. 이들은 이 자극에 반응한 뉴런들의 활동에 대해 "눈으로는 전혀 질서정연한 패턴을 관찰할 수 없을 정도로 불규칙했다."고 말했다.

1983년에는 케임브리지 대학과 뉴욕 대학의 연구원들이 "피질 뉴런은 상당히 가변적인 반응을 나타내는 것으로 보인다."는 연구 결과를 발표하기도 했다. 고양이와 원숭이의 시각 시스템을 대상으로 한 이 연구는 동일한 이미지를 이 동물들에게 반복적으로 보여줄 때마다 이 동물들의 뉴런이 다른 반응을 보인다는 것을 다시 한 번 보여줬다. 하지만 이 뉴런들은 여전히 자극의 강도와 연관 관계를 보였다. 이미지에 따라 그 이미지에 반응해 발화하는 빈도의 평균값이 변화했기 때문이다. 하지만 정확히 언제 어떤 뉴런이 발화할지는 날씨만큼이나 예측할 수 없었다. 이들은 "동일한 자극을 연속적으로 보여준다고 해서 동일한 반응이 나타나지는 않는다."라는 결론을 내렸다.

1998년에는 두 명의 저명한 신경과학자가 뉴런의 활동에 대해 "시계 바늘의 움직임보다 가이거 계수기(방사능 측정 장치)의 움직임과 더 공통점이 많다"라며 뇌의 작용을 방사능 붕괴의 무작위성에 비유하기까지 했다.

신경계의 복잡성은 수십 년에 걸친 연구와 수천 편의 논문들에 의해 명백하게 드러났다. 학자들은 뇌로 들어가는 신호는 이미 충동적으로 발화하고 있는 뉴런들에게 영향을 미치기는 하지만, 항상 의외의 요인이 작용하기 때문에 그 입력이 뉴런들의 활동을 정확하게 조절하지는 못한다고 생각하게 됐다. 이 의외의 요인, 즉 뉴런이 보내려고 하는 주요 메시지를 흐트러뜨리는 쓸모없어 보이는 잡음을 신경과학에서는 "노이즈noise"라고 부른다.

아인슈타인은 양자역학이라는 새로운 분야가 떠오를 때 "신은 주사위 놀이를 하지 않는다."라는 말을 한 적이 있다. 그렇다면 왜 뇌는 주사위 놀이를 할까? 뉴런이 노이즈와 관련되도록 진화한 이유가 있지 않을까? 일부 철학자들은 뇌 안의 노이즈가 우리의 자유의지free will의 원천일 수 있다고 생각한다. 모든 기계를 지배하는 결정론적 법칙을 마음이 극복할 수 있는 수단으로 노이즈를 보는 관점이다. 하지만 이 생각에 동의하지 않는 사람들도 많다. 예를 들어, 영국의 철학자 게일런 스트로슨Galen Strawson은 이렇게 썼다. "인간의 존재 방식의 변화 중 일부는 비결정론적이거나 무작위적인 요소들에 의해 이뤄진다고 볼 수도 있다. 하지만 이 비결정론적이거나 무작위적인 요소들은 (본질적으로) 인간이 만들어낸 것이 아니기 때문에 그 요소들은 인간의 존재 방식에 대한 진정한 도덕적 책임을 결정할 수 없다." 이 말은 쉽게 설명하면, 동전던지기와 같이 우연에 기초한 결정을 따르는 것은 "자유의지"에 의한 결정을 따르는 것이 아니라는 뜻이다.

과학자들은 이런 예측 불가능한 일들이 일어나는 데에는 다른 목적이 있을 것이라고 생각한다. 예를 들어, 무작위성randomness은 새로운 것들을 학습하는 데 도움이 될 수 있다. 매일 같은 길을 걷다 우연히 왼쪽으로 발길을 돌리면 몰랐던 공원이나 커피숍을 발견하게 될 수도 있고, 지름길을 찾아낼 수도 있다. 뉴런은 이런 탐색을 통해 이익을 얻는지도 모르며, 이 과정을 가능하게 하는 것이 노이즈일지도 모른다.

신경과학자들은 뉴런이 노이즈와 연관 관계를 가지는 이유뿐만 아니라 뉴런이 노이즈와 연관 관계를 가지게 된 과정에 대해서도 큰 관심을 보이고 있다. 노이즈의 근원은 뇌 밖에서도 존재한다. 예를 들어, 눈의 광수용체photoreceptor가 반응하려면 특정한 수의 광자photon에 의해 타격을 받아야 한다. 하지만 지속적으로 빛을 쏜다고 해서 항상 광자의 흐름이 지속적으로 눈에 닿는 것은 아니다. 신경 시스템 자체에 대한 입력은 이런 식으로 불안정할 수 있다.

또한 뉴런의 기능 중 일부는 무작위적인 과정에 의존한다. 예를 들어, 뉴런의 전기적 상태는 그 뉴런 주위에 있는 유체 내의 이온의 확산 상태에 따라 변화한다. 또한 뉴런을 구성하는 분자들은 다른 세포들을 구성하는 분자들과 마찬가지로 항상 계획에 의해 움직이지는 않는다. 필요한 단백질이 충분히 빨리 생성되지 않을 수도 있고 분자의 움직임이 막힐 수도 있다. 이런 물리적인 실패들은 뇌에서 노이즈의 부분적인 원인이 될 수 있을 것으로 추정되지만, 전적인 원인으로 보이지는 않는다. 실제로, 피질에서 추출해 페트리 접시(세균 배양 따위에 쓰이는 둥글넓적한 작은 접시)에 담은 뉴런들은 상당히 안정적으로 행동한다. 이 뉴런들을 같은 방식으로 두 번 자극하면 비슷한 결과가 나온다. 따라서 세포 내에서 일어나는 기본적인 실수들로 일반적으로 관찰되는 노이즈를 설명하기는 힘들다. 이런 실수들은 페트리 접시 안과 뇌 안에서 동일하게 발생할 수 있기 때문이다.

뭔가 균형이 맞지 않는다. 왜 그런지는 모르겠지만, 입력된 노이즈와 생성된 노이즈가 맞아떨어지지 않기 때문이다. 신경 시스템 내에서 우리가 모르는 불안정한 요소들이 존재하거나, 외부로부터의 입력이 우리가 생각하는 것보다 훨씬 더 불안정하기 때문인지도 모른다. 하지만 여기서 고려해야 할 결정적인 사실 하나가 있다. 사소해 보일 수도 있는 이 사실은 실제로는 신경 시스템의 이해에 엄청난 영향을 미친다. 바로 "뉴런의 작동방식 자체가 노이즈를 감소시키는 속성을 가진다."라는 사실이다.

이해를 위해 예를 들어보자. 친구들이 두 팀으로 갈라져 정해진 시간 내에 축구공을 상대편 진영 쪽으로 얼마나 멀리 몰고 가는지에 의해 승부가 결정되는 게임을 한다고 가정해 보자. 당신이 속한 팀의 선수들은 연습을 많이 하지 않았고 가끔 실수도 저지른다. 패스를 잘못 하기도 하고, 지치기도 하고, 넘어지기도 한다. 가끔은 예상보다 더 빨리 달리면서 공을 멀리까지 몰고 가는 선수들도 있다. 이 상황에서 경기 시간이 예를 들어 30초라는 짧은 시간이라고 가정해보자. 이 짧은 시간 안에 하는 순간적인 실수 또는 뛰어난 플레이는 공을 몰고 달리는 거리에 결정적인 영향을 미칠 것이다. 하지만 경기 시간이 예를 들어 5분이라는 비교적 긴 시간이라면 선수들의 실수나 뛰어난 플레이가 서로 균형을 이룰 수 있다. 처음에 느리게 뛰다가도 막판에 빠르게 질주하거나, 한 번 넘어졌어도 나중에 길게 패스를 해 실수를 만회할 수 있기 때문이다. 따라서 경기 시간이 길수록 각 경기에서 공을 몰고 가는 거리는 점점 더 비슷해질 것이다. 바꿔 말하면, 운동 능력의 "노이즈"는 시간이 지날수록 평균적인 수치에 가까워진다는 뜻이다.

뉴런들의 상황도 이 선수들의 상황과 비슷하다. 뉴런이 일정 시간 내에 충분한 입력을 받는다면 발화할 것이다(그림 12 참조). 뉴런이 받는 입력이 노이즈의 영향을 받는 이유는 그 입력이 다른 뉴런들의 발화에 의한 것이기 때문이다. 예를 들어, 뉴런은 어떤 때는 5개의 입력을 받지만 그 다음 번에는 13개의 입력을 받으며, 그 다음 번에는 전혀 입력을 받지 않을 수도 있다. 앞에서 든 경기의 사례에서처럼, 뉴런이 이렇게 노이즈가 섞인 입력을 오랫동안 받다 충분한 입력을 받았다고 결정해 발화한다면 노이즈의 영향력은 줄어들 것이다. 반면 만약 뉴런이 자신이 받는 입력 하나만을 그때그때 이용한다면 노이즈의 영향력은 엄청나게 커질 것이다.

그렇다면 뉴런이 입력들을 조합하는 데 걸리는 시간은 얼마나 될까? 약 20밀리 초다. 우리에게는 매우 짧은 시간이지만 뉴런에게는 매우 긴 시간이다. 뉴런이 발화하는 데 걸리는 시간은 약 1밀리 초밖에 되지 않으며, 한 번에 다양한 입력들을 수없이 받아들일 수 있다. 따라서 뉴런은 수많은 입력들의 평균치를 판단해 발화를 결정한다고 할 수 있다.

신경과학자 윌리엄 소프트키William Softkey와 크리스토프 코흐Christof Koch는 우리가 제2장에서 다룬 간단한 수학적 뉴런 모델인 "누출 통합 · 발화 뉴런LIF" 모델을 이용해 뉴런의 이런 행동을 검증했다. 이들은 1993년에 진행한 실험을 통해 불규칙한 시간 간격으로 입력을 받는 뉴런들을 시뮬레이션했다. 시뮬레이션된 뉴런은 시간이 지나면서 입력된 스파이크들을 통합했기 때문에 그 뉴런이 받은 불규칙한 입력들보다 훨씬 더 규칙적인 스파이크들을 생성했다. 이는 뉴런이 노이즈를 없앨 수 있는 힘을 가지고 있다는 것, 즉 뉴런은 노이즈가 많은 입력들을 받아들여 노이즈가 적은 출력을 생성한다는 것을 보여주는 결과였다.

뉴런이 노이즈를 없애는 능력이 없다면 뇌가 불안정성을 보이는 현상은 신비하다고 할 수 없을 것이다. 앞에서 언급했듯이, 이런 현상은 외부에서든 세포 내부에서든 소량의 무작위적인 요소들이 뇌에 입력돼 뉴런들 사이의 연결을 통해 뇌 전체로 퍼지기 때문에 나타난다고 추측된다. 노이즈가 섞인 입력이 (더 많은) 노이즈가 섞인 출력을 생성한다면, 신경 시스템은 완벽한 자기 일관성을 유지할 것이다. 하지만 소프트키와 코흐의 모델에 따르면 신경 시스템에서 이런 일은 일어나지 않는다. 노이즈는 뉴런을 통과하면서 약해져야 하고 뉴런들의 네트워크를 거치면서 노이즈는 거의 사라져야 한다. 하지만 신경과학자들의 눈에는 어디서나 노이즈가 보인다.

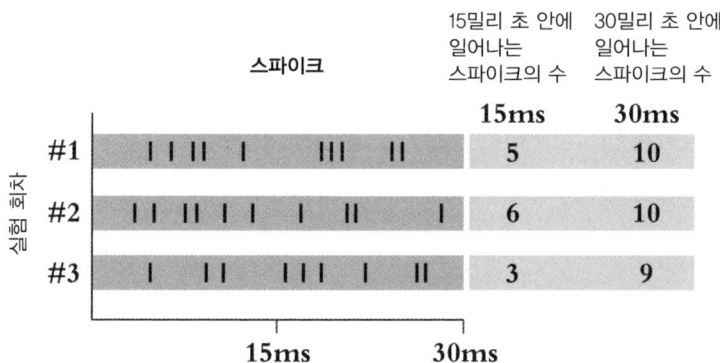

동일한 자극을 3번에 걸쳐 가했을 때 매번 뉴런은 매우 다른 시점에서 발화한다. 다른 뉴런이 이 뉴런으로부터 입력을 받을 때 스파이크의 일부만을 받아들인다면 그 뉴런은 각각의 실험에서 다른 수의 스파이크를 받을 것이다. 하지만 시간이 길어질수록 이 숫자는 점점 서로 비슷해진다.

**그림 12**

그렇다면 뇌는 예측이 불가능할 뿐만 아니라, 뉴런이 예측 불가능성을 없애려고 하는 데 맞서 예측 불가능성을 높이기까지 한다는 생각을 할 수 있다. 도대체 왜 이런 무작위성이 유지되는 것일까? 뇌에 무작위적인 요소들을 만들어내는 메커니즘이라도 있는 것일까? 생물학적인 주사위 같은 것이라도 숨겨져 있는 것일까? 아니면 1990년대에 과학자들이 가정했듯이, 이 모든 무질서가 더 근본적인 질서, 즉 흥분과 억제 사이에 존재하는 균형에 의한 질서로부터 비롯되는 것일까?

에른스트 플로레이Ernst Florey는 뇌에서 일어나는 억제의 원인을 찾기 위해 로스앤젤레스에 있는 말 도살장에 몇 번이나 다녀야 했다.

북미로 이주한 독일 태생의 신경생물학자 플로레이가 아내 엘리자베스와 함께 이 주제를 연구하던 때는 1950년대 중반이었다. 당시에는 뉴런들이 서로 신경전달물질이라고 불리는 화학물질을 교환하면서 의사소통을 한다는 사실은 잘 알려져 있었지만, 당시까지 알려졌던 유일한 신경전달물질은 흥분성 신경전달물질, 즉 뉴런을 더 잘 발화하도록 만드는 물질밖에는 없었다. 하지만 일부 뉴런이 표적 뉴런의 전기적 활동을 실제로 감소시킬 수 있다는 사실은 이미 19세기 중반부터 알려져 있었다. 예를 들어, 1845년에 에른스트 베버Enst Weber와 에두아르트 베버Eduard Weber 형제는 척수 신경에 전기 자극을 가하면 심장 박동을 조절하는 세포의 활동을 느리게 만들어 심장 박동을 멈출 수 있다는 것을 보여줬다. 이는 심장 박동을 조절하는 세포들에서 분비된 화학물질이 억제성이라는 것, 즉 세포의 발화를 방해하는 역할을 한다는 것을 증명한 실험이었다.

자신이 "I 인자factor I"라고 이름 붙인 발화 억제 물질의 샘플이 필요했던 플로레이는 1934년형 셰보레 자동차를 몰고 말 도살장으로 가 다른 고객들이 찾지 않는 부분인 뇌와 척수를 골라내곤 했다. 플로레이는 이 뇌와 척수에서 추출한 다양한 물질들을 가재에서 추출한 살아있는 뉴런에 바르는 방법으로 발화 억제 물질을 찾아내려고 했고, 결국 가재 뉴런의 활동을 항상 억제하는 후보 물질들을 몇 종류 찾아냈다. 지금 생각해보면 플로레이가 이러한 방법으로 신경억제물질을 찾아낸 것은 운이 좋았기 때문이다. 한 종에서 신경전달물질 역할을 하는 물질이 다른 종에서는 그 역할을 하지 않을 수도 있기 때문이다. 하지만 플로레이의 실험에서는 말에서 신경세포 억제를 하는 물질이 가재에서도 신경세포를 억제했다.

그 후 플로레이는 다른 동물의 조직(정확히는 45킬로그램에 달하는 암소의 뇌)에서 추출한 세포에도 자신이 말에서 추출한 물질을 발라 반응을 관찰했고, 화학자들의 도움을 받아 결국 그가 추출한 18mg의 "I 인자"의 화학적 기본구조를 밝혀냈다. 플로레이가 처음으로 실체를 밝혀낸 이 신경억제물질의 이름이 바로 감마-아미노뷰티르산 γ-aminobutyric acid, GABA이다.

신경전달물질이 억제성인지 흥분성인지는 보는 관점, 더 구체적으로는 표적 뉴런의 수용체에 의해 결정된다. 하나의 뉴런에서 방출된 신경전달물질은 그 뉴런과 표적 뉴런 사이의 시냅스를 가로질러 짧은 거리를 이동해 표적 뉴런의 막에 정렬한 수용체에 부착된다. 이 수용체들은 작은 단백질 자물쇠와 같다. 이 자물쇠를 열려면 적절한 열쇠, 즉 적절한 신경전달물질이 필요하다. 이렇게 열린 자물쇠는 어떤 것을 뉴런 안으로 들여보낼지 꽤 까다롭게 선택한다. 예를 들어, GABA가 부착되는 특정 수용체는 염소 이온만 세포 안으로 들어오게 한다. 세포가 음전하를 띠는 염소 이온을 많이 들어오게 하면 발화에 필요한 전기적 역치에 도달하기 힘들어진다. 홍분성 신경전달물질이 부착된 수용체는 나트륨 이온처럼 양전하를 띤 이온을 유입시켜 뉴런을 역치에 가깝게 만든다.

뉴런은 동일한 신경전달물질을 자신의 모든 표적 뉴런으로 방출하는 경향이 있다. 이는 데일의 법칙Dale's Law이라는 이름으로 알려져 있다(이 법칙의 이름은 신경전달물질이 두 종류밖에 알져지지 않았던 1934년에 대담하게도 이를 예측한 헨리 핼릿 데일Henry Hallett Dale의 이름을 딴 것이다). GABA는 포유류 성체의 뇌에서 가장 중요한 억제성 신경전달물질이기 때문에 보통 "억제성 신경전달물질"이라고 하면 GABA를 뜻한다. 하지만 GABA를 방출하는 뉴런은 "GABA방출GABAergic" 뉴런이라는 구체적인 이름으로 부른다. 홍분성 신경전달물질은 억제성 신경전달물질에 비해 좀 더 다양하지만 이를 방출하는 뉴런들은 지금도 "홍분성"이라는 넓은 범주를 가리키는 말로 부른다. 피질의 한 영역 내에서 홍분성 뉴런과 억제성 뉴런은 자유롭게 혼합되면서 서로 연결을 주고받는다.

뉴런 발화 억제에 대한 많은 사실들이 확립된 후인 1991년 플로레이는 억제성 신경전달물질을 최초로 발견했을 때를 회상하는 글의 마지막 부분에서 "뇌가 마음을 위해 무엇을 하든, GABA가 그 과정에서 중요한 역할을 한다는 것은 확신할 수 있다."라고 말했다. 플로레이는 몰랐겠지만, 그가 이 글을 썼을 당시 뇌가 예측 불가능한 행동을 하는 데 억제가 핵심적인 역할을 한다는 이론이 움트고 있었다.

시간이 정해진 축구 경기의 비유로 돌아가서, 다른 팀이 추가되었다고 상상해 보자. 이번에도 정해진 시간 안에 상대편 진영으로 공을 더 멀리 몰고 가는 팀이 승리하는 게임이다. 만약 당신이 속한 팀과 새로 추가된 팀이 모두 아마추어 운동선수 수준의 선수들로 구성돼 있다면 두 팀은 평균적으로 비슷한 수준의 경기를 펼칠 것이다. 당신이 속한 팀의 노이즈는 이번에도 결과에 영향을 미칠 것이다. 어느 경기에서는 상대편 선수들보다 몇 미터쯤 앞서 승리할 수도 있고 다른 경기에서는 같은 거리만큼 뒤져 패배할 수도 있다. 하지만 전체적으로 볼 때 경기의 결과는 균형을 이룰 것이다.

그렇다면 이제 상대편 팀이 아마추어 운동선수가 아니라 프로 축구선수들로 구성돼 있다고 가정해보자. 이 경우 당신이 속한 팀이 이길 확률은 없을 것이다. 프로축구팀과 고등학교 축구팀, 타이거 우즈와 당신의 아버지, 고질라와 나방이 시합을 벌인다면 아무도 보려고 하지 않을 것이다. 경기 결과를 예측하기가 너무 쉽기 때문에 재미가 없을 것이다. 즉, 불공정한 싸움은 항상 일관된 결과를 낳는 반면 공정한 싸움은 흥미를 유발한다고 할 수 있다.

피질 뉴런은 흥분성 세포와 억제성 세포 모두와 수천 개의 축삭을 통해 연결된다. 따라서 이 연결은 매우 강력하며 어느 한 세포의 힘이 약화된다면 다른 세포가 지속적으로 우위를 점하게 될 것이다. 여기서 억제가 일어나지 않는다고 가정해보자. 어떤 시점에 흥분성 입력 수백 개가 세포로 쏟아져 들어오면 세포는 거의 끊임없이 발화를 할 것이다. 이와는 반대로, 어떤 시점에 억제성 입력 수백 개가 세포로 쏟아져 들어오면 세포는 거의 완전히 정체 상태를 유지할 것이다. 따라서 뉴런의 활동은 엄청난 힘을 가진 거인들 사이의 줄다리기의 결과라고 할 수 있다. 뉴런에서는 실제로 이런 줄다리기에 의해 균형이 유지되며, 그 줄다리기는 학교 운동회가 아닌 올림픽 경기 수준이라고 할 수 있다.

이런 엄청난 수준의 줄다리기가 뉴런 안에서 일어나고 있다고 컴퓨터과학자들에게 말한다면 별로 좋아하지 않을 것이다. 컴퓨터과학자들은 너무 크고 노이즈가 많은 숫자는 큰 문제를 일으킬 수 있다는 것을 잘 알고 있기 때문이다. 컴퓨터에서 숫자는 특정 수준의 정확도로만 표현할 수 있다. 이는 특정한 숫자들이 반올림돼 계산에 오류, 즉 노이즈를 발생시킬 수 있다는 뜻이다. 예를 들어, 정확도가 세 자리인 컴퓨터는 숫자 18231을 $1.82 \times 10^4$으로 나타낸다. 이 과정에서 남은 숫자 31은 반올림에 의해 손실된다. 거의 비슷한 숫자 두 개로 뺄셈을 하는 경우 이 반올림은 뺄셈의 결과를 결정적으로 바꿀 수 있다. 예를 들어, 18231에서 18115를 빼면 116이 나오지만 정확도가 세 자리인 컴퓨터는 $1.82 \times 10^4$에서 $1.81 \times 10^4$을 빼 100이라는 답을 낸다. 실제 답과는 16의 차이가 난다. 숫자가 커질수록 이런 오류는 더 커진다. 예를 들어, 정확도가 세 자리인 컴퓨터가 182310에서 181150을 빼면(즉, $1.82 \times 10^5$에서 $1.81 \times 10^5$을 빼면) 1000이 나온다. 실제 답인 1160과 160이나 차이가 난다.

은행이나 병원에서 이런 식으로 계산을 한다면 상당한 혼란이 발생할 것이다. 따라서 프로그래머들은 두 개의 매우 큰 숫자를 빼는 것을 피하는 방식으로 코드를 작성하도록 가르친다. 하지만 뉴런은 매 순간마다 흥분이라는 큰 숫자에서 억제라는 큰 숫자를 빼고 있다. 뇌의 작동 메커니즘에는 실제로 이런 "버그bug"가 포함돼 있을까?

과학자들이 이런 생각을 하던 1994년에 스탠퍼드 대학의 신경과학자 마이클 섀들런Michael Shadlen과 윌리엄 뉴섬William Newsome이 한 가지 실험을 수행했다. 소프트키와 코흐의 연구에서처럼 이들은 하나의 뉴런을 모방하는 수학적 모델을 만든 다음 그 모델에 노이즈가 있는 흥분성 입력과 억제성 입력 모두를 투여했다. 이 두 가지 힘이 서로 맞서면서 때로는 흥분이 억제를, 때로는 억제가 흥분을 압도할 것이다. 이 싸움이 노이즈가 섞인 계산처럼 전개돼 뉴런을 엉뚱하게 발화하게 만들었을까? 아니면 소프트키와 코흐의 연구에서처럼 뉴런이 이 입력들의 노이즈를 없앴을까? 섀들런과 뉴섬이 발견한 것은 동일하게 높은 빈도로 흥분성 입력과 억제성 입력이 둘 다 뉴런에 들어오지만 뉴런의 출력에 노이즈가 있다는 사실이었다.

아마추어들 간의 권투 경기에서는 한 사람이 순간적으로 실수를 하면 상대방에게 가벼운 펀치를 허용할 수 있지만, 그 펀치가 주는 충격은 별로 강하지 않을 것이다. 하지만 프로들 간의 경기에서는 한 사람이 순간적으로 실수를 할 때 상대방이 가하는 펀치는 맞는 사람을 완전히 쓰러뜨릴 수 있을 정도로 강할 것이다. 일반적으로 싸우는 두 사람의 힘이 강할수록 그 싸움의 결과가 변화할 가능성은 높아진다. 바로 이런 식으로 뉴런 내에서 일어나는 흥분과 억제는 뉴런이 노이즈를 없애는 일반적인 능력을 압도한다. 흥분성 입력과 억제성 입력은 서로 거의 상쇄되기 때문에 뉴런에 대한 순 입력의 값(흥분성 입력의 총량에서 억제성 입력의 총량을 뺀 값)의 평균이 매우 크지는 않지만, 두 가지 입력이 모두 강하기 때문에 이 평균 주변의 수치는 엄청나게 크다. 뉴런은 어느 한 순간에 역치를 크게 넘어 발화해 스파이크를 방출하지만, 그런 다음에는 계속 억제를 받아 침묵을 유지하기도 한다. 따라서 이런 흥분과 억제의 상호작용은 그 상호작용이 없었다면 발화하지 않았을(즉, 침묵을 지켰을) 뉴런을 발화하게 만들 수 있다. 이런 식으로 흥분과 억제 사이의 균형은 뉴런을 교란시키며, 이 교란은 뇌의 가변성을 설명하는 데 도움을 준다.

새들런과 뉴섬이 실행한 시뮬레이션은 뉴런이 어떻게 노이즈를 유지하는지 이해하는 데 큰 도움을 주었지만 뭔가 부족한 점이 있었다. 실제 뉴런은 다른 뉴런으로부터 입력을 받는다. 노이즈가 흥분과 억제 사이의 균형에 의해 발생한다는 이론이 맞다면 흥분성 뉴런들과 억제성 뉴런들로 구성되는 전체 신경 네트워크에서도 이 이론이 적용될 수 있어야 한다. 이는 실제 신경네트워크가 각각의 뉴런에 대한 입력이 다른 뉴런들로부터 오고, 각각의 뉴런에 의한 출력이 다시 다른 뉴런들에 대한 입력이 되는 네트워크여야 한다는 뜻이다. 하지만 섀들런과 뉴섬의 시뮬레이션은 모델을 만든 연구자들이 제어하는 입력을 받는 단일 뉴런 모델에 불과했다. 1인 가구의 수입과 지출만 보고 국가 경제가 튼튼하다고 판단할 수는 없다. 마찬가지로, 단일 뉴런을 시뮬레이션하는 것만으로는 뉴런 네트워크의 전체 메커니즘을 설명할 수 없다. 지난 장에서 본 것처럼, 움직이는 부품이 많은 시스템에서는 원하는 결과를 얻기 위해 모든 부품이 제대로 움직여야 한다.

전체 네트워크가 안정적으로 노이즈가 많은 뉴런을 생성하도록 하려면 조절이 필요하다. 각 뉴런은 인접한 뉴런으로부터 거의 동일한 비율로 흥분성 입력과 억제성 입력을 받아야 한다. 또한 전체 네트워크는 자기 일관성이 있어야 한다. 즉, 모든 뉴런은 동일한 양의 노이즈를 생성해야 한다. 흥분성 세포와 억제성 세포의 상호작용이 일어나는 네트워크를 만든다면 그 네트워크는 실제로 뇌에서 관찰되는 것과 동일한 방식으로 노이즈를 나타내는 발화를 할까? 이 네트워크에서 노이즈는 결국 조금씩 사라질까 아니면 폭발적으로 증가할까?

물리학자들은 네트워크의 자기 일관성 문제를 다루는 방법을 잘 알고 있다. 지난 장에서 살펴보았듯이 물리학은 자기 일관성이 중요한 상황들을 다룬다. 예를 들어, 간단한 입자들이 수없이 많이 모여 구성되는 기체에서 각각의 입자는 그 입자 주변의 모든 입자들에 의해 영향을 받는 동시에 그 입자들에 영향을 미친다. 물리학자들은 입자들의 이런 상호작용을 수학적으로 설명할 수 있는 기법을 만들어내는 사람들이다.*

1980년대에 이스라엘의 물리학자 하임 솜폴린스키Haim Sompolonsky는 물질이 다양한 온도에서 어떻게 행동하는지 이해하기 위해 이런 기법을 이용했다. 하지만 솜폴린스키의 관심은 결국 뉴런 쪽으로 향했다. 1996년에 솜폴린스키는 물리학자에서 신경과학자로 전환한 칼 판 프레위스베이크Carl van Vreeswijk와 함께 물리학적 접근방식을 이용해 뇌에서 이뤄지는 균형에 대해 연구했다. 이들은 입자들의 상호작용을 이해하기 위해 사용되는 수학적 접근방법을 이용해 매우 많은 수의 흥분성 세포와 억제성 세포의 상호작용을 나타낼 수 있는 간단한 수식 몇 개를 만들어냈다. 또한 다른 뇌 영역들의 연결도 표현하기 위해 외부 입력을 투입했다.

판 프레스베이크와 솜폴론스키는 이 간단한 수식 몇 개로 자신들이 모델에서 관찰하고자 했던 행동을 수학적으로 정의해냈다. 예를 들어, 이들은 세포가 활성을 계속 유지해야 하지만 지나치게 활성을 가지지는 않는 현상(그래야 세포가 끊임없이 발화하는 일이 일어나지 않

---

* 이런 기법들은 과거에는 "자기 일관장 이론(self-consistent field theory)"이라는 분명한 이름으로 불렸지만, 지금은 "평균장 이론(mean-field theory)"이라는 이름으로 부른다. 평균장 이론의 장점은 시스템 내에서 상호작용하는 모든 입자 각각에 대한 수식을 만들지 않는 대신, 자신이 내는 출력을 입력으로 받아들이는 "대표적인(representative)" 입자를 연구할 수 있게 함으로써 자기 일관성에 대한 연구를 훨씬 더 쉽게 만든다.

는다), 세포가 자신의 평균 발화 빈도를 높임으로써 외부 입력의 강도 증가에 반응하는 현상을, 그리고 그 반응에 당연히 노이즈가 포함되는 현상도 수학적으로 정의했다.

판 프레스베이크와 숌폴론스키는 이렇게 수학적으로 정의된 현상들을 다시 자신들이 만든 수식에 대입했다. 그 결과 이들은 계속 적절한 속도로 불규칙적으로 발화하는 네트워크를 만들려면 특정한 조건들이 충족되어야 한다는 것을 알아냈다. 예를 들어, 억제성 세포들은 흥분성 세포들이 서로에게 미치는 영향보다 더 강한 영향을 흥분성 세포들에게 미쳐야 한다. 이렇게 흥분보다 약간 더 많은 양의 억제를 받아야 네트워크가 제어될 수 있다. 또한 뉴런들 사이의 연결도 드물고 무작위적이어야 한다. 즉, 각각의 세포는 예를 들어 다른 세포들의 5% 또는 10%로부터만 입력을 받아야 한다. 이런 조건들이 충족되어야 두 뉴런이 서로 같은 행동 패턴으로 묶이지 않는다.

판 프레스베이크와 숌폴론스키가 발견한 이런 조건들은 모두 뇌가 충족시킬 수 있는 조건들이었다. 실제로 이 두 사람이 이 모든 조건들을 충족시키는 네트워크를 시뮬레이션해냈을 때 흥분과 억제 사이의 필요한 균형이 실제로 관찰됐고, 실제 뉴런처럼 노이즈를 나타냈다. 하나의 뉴런이 노이즈가 섞인 발화를 하는 방식에 대한 섀들런과 뉴섬의 직관이 상호작용하는 뉴런들로 구성된 네트워크에서 실제로 확인된 것이었다.

네트워크 내에서의 흥분과 억제 사이의 균형 관계를 입증하는 것 외에도 판 프레스베이크와 숌폴론스키는 이 네트워크가 가지는 장점, 즉 이렇게 팽팽하게 균형을 유지하는 네트워크의 뉴런들이 입력에 빠르게 반응할 수 있다는 것도 알아냈다. 네트워크가 균형을 이루고 있는 상태는 가속페달과 브레이크를 동일한 힘으로 밟고 있는 상황과 비슷하다. 하지만 외부 입력의 양이 변화하면 이 균형 상태는 깨진다. 외부 입력은 흥분성이다. 따라서 외부 입력은 네트워크 내 억제성 세포보다 흥분성 세포를 더 많이 표적으로 삼는다. 흥분성 뉴런의 발화가 늘어나는 것은 가속 페달을 더 세게 밟는 것과 유사하게 입력이 투입되는 것과 거의 동시에 네트워크는 더 빠르게 가속된다. 하지만 이렇게 가속이 일어난 다음에 네트워크는 다시 균형을 회복한다. 네트워크 내에서 폭발적으로 일어나는 흥분이 억제 뉴런을 더 많이 발화하게 만들어(브레이크에 더 많은 힘이 실리게 만들어) 네트워크는 새로운 평형 상태에 이르게 돼 다시 반응할 준비를 한다. 변화하는 입력에 이렇게 빠르게 반응하는 능력 덕분에 뇌는 변화하는 세상을 정확하게 따라잡을 수 있게 되는 것이다.

    수학적 접근방법이 매우 유용한 것은 확실하지만, 결국 이론의 검증은 실제 뉴런에서 이뤄질 수밖에 없다. 판 프레스베이크와 솜 폴론스키의 이론도 결국 신경과학자들의 검증이 필요했다. 콜드 스프링 하버 연구소Cold Spring Harbor Laboratory의 마이클 웨어Michael Wehr와 앤서니 자도르Anthony Zador가 2003년에 바로 그 일을 해냈다. 이들은 쥐들에게 다양한 소리를 들려주면서 청각처리를 담당하는 청각피질 내 뉴런의 활동을 기록했다. 일반적으로 신경과학자들은 뇌에 전극을 삽입해 뉴런의 출력, 즉 스파이크를 측정한다. 이들은 뉴런이 받는 입력을 관찰하기 위해, 구체적으로는 흥분성 입력과 억제성 입력이 서로 균형을 이루는지 확인하기 위해 다른 방법을 사용했다.

이들은 소리가 재생된 직후 뉴런이 강하게 흥분하는 것을 관찰했다. 이 흥분 직후에는 같은 정도의 억제가 관찰됐다. 마치 가속 페달을 밟은 다음에 브레이크를 밟는 것과 비슷했다. 이 실제 네트워크에 대한 입력을 증가시킨 결과 모델에서 기대되는 행동과 똑같은 행동이 이뤄진 것이었다. 더 큰 소리를 재생해 흥분 강도를 높이면 그만큼 강한 강도의 억제가 뒤따랐다. 모델에서 관찰된 균형이 실제 뇌에서도 관찰된 것이었다.

판 프레스베이크와 솜폴론스키의 모델의 또 다른 예측을 검증하기 위해서는 창의성이 필요했다. 균형이 잘 잡힌 네트워크가 되려면 뉴런들 사이의 연결 강도가 연결의 수에 의해 결정되어야 하며 뉴런들 간의 연결의 수가 많을수록 각각의 연결은 약해질 수 있다는 가설을 입증하기 위해 뉴욕 대학의 제레미 바랄Jérémie Barral과 알렉스 레예스Alex Reyes는 네트워크의 연결 수를 바꾸는 방법을 원했다.

뇌 안에 있는 뉴런들의 성장을 통제하는 것은 쉬운 일이 아니다. 따라서 2006년에 수행한 실험에서 이들은 페트리 접시에서 뉴런들을 성장시키는 방법을 사용했다. 이 방법은 단순성, 통제 가능성, 유연성 측면에서 실시간 컴퓨터 시뮬레이션과 같은 효과를 냈다. 연결의 수를 조절하기 위해 이들은 다양한 페트리 접시에 다양한 수의 뉴런들을 담았다. 많은 수의 뉴런이 접시에 담길수록 그 뉴런들 사이의 연결의 수가 늘어났다. 그런 다음 이들은 뉴런들의 활동을 관찰하면서 연결 강도를 확인했다. (흥분성 세포와 억제성 세포가 모두 포함된) 모든 뉴런 집단들은 균형 잡힌 네트워크에서 기대한 대로 노이즈가 포함된 발화를 했지만 각각의 뉴런 집단들의 뉴런 간 연결 강도는 매우 다양했다. 각각의 뉴런이 다른 뉴런들 50개 정도와 연결된 뉴런 집단의 뉴런 간 연결 강도는 500개 정도와 연결된 뉴런 집단의 뉴런 간 연결 강도의 3배에 달하는 것으로 확인됐다. 실제로, 모든 뉴런 집단의 뉴런들의 평균 연결 강도는 연결의 수의 제곱근 값의 역수와 대략 비슷했다. 판 프레스베이크와 솜폴론스키의 예측이 정확하게 맞아떨어진 결과였다.

점점 더 많은 실험이 이뤄지면서 뇌가 균형 상태를 유지한다는 생각은 점점 더 강력하게 입증되기 시작했다. 하지만 모든 실험이 판 프레스베이크와 솜폴론스키의 예측과 맞아떨어진 것은 아니었다. 흥분과 억제 사이의 팽팽한 균형이 이 모든 실험에서 발견되지는 않았기 때문이다. 특정한 역할을 담당하는 뇌의 일부 영역들에서만 이런 균형이 관찰될 가능성이 높다고 생각하는 것도 무리가 아니었다. 예를 들어, 청각피질은 들어오는 정보를 처리하기 위해 소리 주파수의 빠른 변화에 대응해야 한다. 균형이 잘 잡힌 뉴런들이 빠른 반응을 보인다는 개념은 여기에 매우 잘 부합한다. 청각피질처럼 이런 속도가 필요하지 않은 다른 영역은 균형이 아닌 다른 해결방법을 가지고 있을지도 모른다.

균형 잡힌 네트워크 모델의 장점은 뇌의 모든 곳에 존재하는 억제성 세포를 이용해 역시 뇌의 모든 곳에 존재하는 노이즈라는 미스터리를 푸는 능력에 있다. 이 과정은 마법에 의존하지 않는다. 즉,

숨겨진 무작위성이 개입할 수 없는 과정이다. 노이즈는 뉴런들이 정상적으로 반응하는 과정에서조차도 발생한다.

좋은 행동이 혼란을 유발할 수 있다는, 직관에 반하는 이 사실은 매우 중요하다. 또한 이 사실을 보여주는 현상은 이전에도 어딘가에서 관찰된 적이 있다. 판 프레스베이크와 솜폴론스키가 쓴 논문의 첫 부분은 "흥분성 활동과 억제성 활동이 균형을 이루는 신경 네트워크의 혼돈"이라는 말로 시작된다.

뉴런이 노이즈의 영향을 받는다는 것을 신경과학자들이 처음 알게 된 1930년대는 뉴런의 행동을 이해하는 데 필요한 수학 이론인 카오스 이론이 발견되기 전이었다. 카오스 이론의 발견은 겉으로 보기에는 우연에 의해 발생했다.

1946년에 설립된 MIT 기상학과는 에드워드 로렌츠Edward Lorenz가 평생을 연구에 헌신하던 공간이었다. 1917년 코네티컷 주의 부유한 동네에서 엔지니어와 교사 사이에서 태어난 로렌츠는 일찍부터 숫자나 지도, 행성 같은 것에 관심을 가졌다. 로렌츠는 대학에서 수학을 공부한 뒤 계속 학업을 이어가고 싶었지만, 당시의 많은 과학자들이 그랬던 것처럼 전쟁이 그의 발목을 잡았다. 입대한 로렌츠는 1942년에 미국 육군 항공군단에 배치돼 날씨 예측 업무를 수행하면서 MIT 기상학과에서 기상학 속성 과정을 이수했다. 로렌츠는 제대를 한 뒤에도 계속 MIT에서 기상학을 공부했고, 박사학위를 딴 뒤 연구원을 거쳐 결국 MIT 기상학과 교수가 됐다.

학창시절 소풍 가기 전날 들었던 일기예보와 실제 소풍날의 날씨가 달랐던 일이 한 번쯤은 있었을 것이다. 일기예보는 그때나 지금이나 완벽하지 않다. 행성의 움직임이라는 거대한 물리학적 운동에 집중하는 기상학자들은 일일 날씨 예측에는 거의 관심이 없다. 하지만 로렌츠는 일일 날씨 예측에 관심을 계속 가지면서 컴퓨터 과학이라는 새로운 기술을 날씨 예측에 적용할 수 있는 방법에 대해 연구했다.

날씨를 기술하는 수식은 매우 다양하고 복잡하다. 손으로 일일이 수식을 계산해 지금 당장의 날씨가 나중의 날씨로 어떻게 이어질지 예측하는 것은 엄청난 노력이 들었고, 거의 불가능한 일이었다(손으로 이런 복잡한 수식들을 계산해 날씨 예측을 마친다고 해도 그때는 이미 예측하려던 날씨가 지나갔을 것이다). 하지만 로렌츠는 컴퓨터를 이용하면 훨씬 더 계산을 빨리 할 수 있을 것이라고 생각했다.

로렌츠는 1958년부터 컴퓨터를 이용한 날씨 예측을 시도하기 시작했다. 처음에 그는 날씨 변화를 12개의 수식으로 요약한 뒤, 예를 들어, 시속 100km의 서풍 같은 요소를 수식에 집어넣어 결과를 계산하는 방법을 사용했다. 로렌츠는 자신이 만든 수학적 모델에 기초해 컴퓨터가 계산한 결과를 종이로 출력했는데, 이 출력 결과는 밀물과 썰물, 기온 등 날씨를 나타내는 숫자들로 구성된 것이었다. 어느 날 로렌츠는 이미 구동했던 시뮬레이션을 다시 구동하기로 했다. 그 시뮬레이션이 더 장기적인 날씨 예측을 할 수 있을지 확인하기 위해서였다. 로렌츠는 시뮬레이션을 처음부터 다시 시작하지 않고 컴퓨터가 이전 시뮬레이션을 통해 이미 종이에 출력한 숫자들의 일부를 다시 사용하기로 했다. 때로는 조급함이 발견의 어머니가 되기도 한다.

이전 시뮬레이션을 통해 컴퓨터가 출력한 숫자들은 종이의 폭에 맞추기 위해 소수점 뒤 자리 수를 6자리에서 3자리로 줄여 출력한 숫자들이었다. 따라서 로렌츠가 같은 시뮬레이션 모델에 다시 입력한 숫자들은 그 모델이 처음에 사용했던 숫자와 동일하지 않았다. 전 세계의 날씨를 예측하는 모델에서 소수점 뒤 몇 자리가 중요했을까? 이 의문에 대한 답을 미리 말하면 "매우 그렇다."다. 컴퓨터에 약 두 달 동안의 날씨 변화 시뮬레이션을 다시 구동한 결과로 얻은 숫자들은 첫 번째 구동에서 얻은 숫자들과 완전히 달랐다. 온도와 풍속 예측치가 완전히 달라졌다. 같은 결과가 나올 것이라고 생각했지만 전혀 의외의 결과가 나온 것이었다.

그 시점까지 과학자들은 작은 수정이 일으키는 변화는 작을 수밖에 없다고, 즉 어떤 시점에 부는 약간의 돌풍이 나중에 산을 움직일 수 있는 힘을 가질 수는 없다고 생각했다. 따라서 로렌츠도 이 결과가 당시의 크고 투박한 컴퓨터의 기술적 오류에 의한 것일 수 있다고 생각했다.

하지만 로렌츠는 결국 왜 이런 결과가 나왔는지 알아냈다. 1991년에 그는 이렇게 말했다. "과학자는 일반적으로 받아들여지고 있는 설명과 다른 설명을 항상 찾으려고 해야 한다." 로렌츠의 관찰은 직관에 반하는 것처럼 보이지만 수학의 핵심을 보여주는 결과였다. 특정한 상황에서는 작은 변동이 증폭돼 예측 불가능한 행동을 일으킬 수 있으며 복잡한 시스템은 이런 방식으로 작동한다. 수학자들이 카오스라는 이름을 붙인 이런 현상은 실제로 발생하는 것이 확인됐고, 그 뒤로 과학자들은 이 카오스 현상을 이해하기 위해 노력해왔다.*

카오스 과정은 무작위로 보이는 출력을 생성하지만, 실제로는 규칙의 완벽한 준수에 의해 발생한다. 여기서 우리는 규칙, 특히 복잡한 규칙에 대한 지식을 기초로 결과를 예측하는 우리의 능력이 과거에 우리가 생각했던 것보다 훨씬 더 제한적이라는 불편한 진실을 마주하게 된다. 제임스 글릭James Gleick은 카오스 이론의 역사를 다룬 『카오스: 새로운 과학의 출현』에서 이렇게 썼다. "동력학자들은 시스템을 기술하는 수식을 작성하는 것이 시스템을 이해하는 것이라고 생각한다. 하지만 이런 수식은 부분적으로 비선형성nonlinearity을 가지기 때문에 동력학자들은 시스템의 미래에 관한 가장 쉽고 실용적인 질문에도 대답을 하지 못한다." 이 말은 예를 들어, 서로 상호작용하는 당구공들이나 흔들리는 진자로 구성되는 매우 간단한 시스템도 뭔가 놀라운 결과를 만들어낼 가능성을 가지고 있다는 뜻이다. 글릭은 또한 이렇게 덧붙였다. "카오스 역학을 연구하는 사람들은 단순한 시스템의 무질서한 행동이 창조적인 과정으로 작용해 때로는 안정적이고 때로는 불안정한, 때로는 유한하고 때로는 무한한, 복잡한 패턴을 만들어낸다는 것을 발견해낸 것이다."

---

\* 일반 사람들에게 카오스 현상은 "나비효과(butterfly effect)"라는 말로 더 잘 알려져 있다. 나비효과라는 말에는 나비의 날갯짓 같은 작은 움직임이 역사의 경로 전체를 바꿀 수 있다는 생각이 담겨있다.

카오스 현상은 대기 중에서 일어나고 있었고, 판 프레스베이크와 솜폴론스키의 생각이 맞다면 뇌 안에서도 일어나고 있었다. 그렇다면 뇌가 반복되는 다양한 입력에 반응하는 이유를 설명하기 위해 뇌 세포들의 메커니즘을 일일이 관찰할 필요가 없었다. 이는 뇌에 (불안정한 이온통로나 붕괴된 수용체 같은) 노이즈의 원천이 존재하지 않는다는 뜻은 아니라, 흥분성 세포들과 억제성 세포의 수많은 상호작용이 일어나는 뇌처럼 복잡한 시스템에서 그 구성요소 하나하나가 다양하고 복잡한 반응을 나타낼 필요가 없다는 뜻이다. 실제로, 판 프레스베이크와 솜폴론스키의 시뮬레이션은 하나의 뉴런의 시작 상태를 변화시켜(발화 상태에서 발화하지 않는 상태로 또는 그 반대로) 뉴런 집단마다 완전히 다른 활동 패턴을 나타내도록 만드는 실험이었다.** 매우 작은 변화가 매우 큰 혼돈을 일으킬 수 있다면 노이즈를 유지하는 뇌의 능력이 아주 신비하게 보이지는 않을 것이다.

전 세계 어디서든 병원에 입원한 뇌전증(간질) 환자들은 며칠에서 일주일까지 작은 방에 갇힌 채 시간을 보낸다. 이런 "관찰실"에는 보통 환자들을 위한 TV와 환자들의 움직임을 관찰하기 위한 카메라가 설치돼 있다. 환자들에게는 뇌의 행동을 포착하는 뇌전도

---

** 다시 말하지만, 뉴런 집단은 특정한 입력에 평균적으로 같은 양의 스파이크를 생성한다. 뉴런마다 다른 것은 이 스파이크들이 시간에 따라 확산되는 방식이다. 뉴런이 입력에 반응하는 규칙이 없다면 이 책의 독자들은 지금 이 글을 읽을 수 없을 것이다.

electroencephalogram, EEG 기계가 24시간 연결돼 있다. 이렇게 수집한 정보는 환자들의 발작 증상을 치료하는 데 이용된다.

환자의 두피에 스티커와 테이프로 부착된 EEG 전극들은 환자의 뇌가 일으키는 전기적 활동을 관찰하기 위한 것이다. 각각의 전극은 수많은 뉴런들이 동시에 활동하면서 생성하는 복잡한 전기적 신호들을 포착한다. 이 신호들은 지진계에 표시되는 파형들처럼 시간에 따라 변화하는 형태를 띤다. 환자들이 깨어있을 때 측정되는 신호는 들쭉날쭉하고 꿈틀거리는 선 형태를 띤다. 이 선들은 약간 위아래로 진동하지만 진동 폭이 크지는 않다. EEG 신호가 (1초 이상 동안 위아래로 진동하는) 큰 파동을 일으키는 때는 환자들이 잠들었을 때(특히 꿈을 꾸지 않고 깊이 잠들었을 때)다. 발작이 일어나면 이 움직임이 훨씬 더 커지는데, 이때에는 마치 아이가 크레용으로 정신없이 그린 그림과 같이 1초에 서너 번씩 신호 파형이 크게 위아래로 진동한다.

발작이 진행되는 동안 뉴런들은 어떻게 이런 강렬한 신호를 내는 것일까? 답은 뉴런들이 함께 움직인다는 데에 있다. 잘 훈련된 병사들이 정렬해 행진하듯이 뉴런들도 질서정연하게 함께 움직인다. 뉴런들은 함께 발화한 다음 함께 조용해지고, 다시 함께 발화한다. 그 결과로 나타나는 것이 계속 위아래로 진동하는 EEG 신호 파형이다. 이런 의미에서 발작은 무작위성의 반대 개념이라고 할 수 있다. 발작은 완벽한 질서이자 완벽한 예측 가능성이다.

발작을 일으키는 뉴런들은 느린 수면파를 생성하는 뉴런들 그리고 일상적인 인지에 필요한 노이즈가 섞인 활동을 하는 뉴런들과 동일한 뉴런들이다. 같은 회로가 어떻게 이렇게 다른 행동을 보일 수 있는 것일까? 그리고 이렇게 엄청나게 다른 행동들 사이의 전환은 어떻게 일어나는 것일까?

1990년대 후반, 프랑스의 계산신경과학자 니콜라 브루넬Nicolas Brunel은 신경 회로들이 다양한 행동을 보이는 방식에 대해 연구하기 시작했다.* 브루넬은 특히 판 프레스베이크와 솜폴론스키의 연구에 기초해 흥분성 뉴런과 억제성 뉴런으로 만든 모델들의 작동 방식을 규명하기 위해 이 모델들의 "매개변수 공간parameter space"을 집중적으로 연구했다.

매개변수는 모델에서 조절 스위치와 같으며, 네트워크 내 뉴런들의 수 또는 뉴런들로의 입력의 수 등을 나타낸다. 일반적인 공간과 마찬가지로 매개변수 공간도 여러 방향으로 탐색할 수 있지만 여기서 각 방향은 각각의 매개변수에 해당한다. 브루넬이 선택한 두 가지 매개변수는 네트워크가 받는 외부 입력의 양(즉, 다른 뇌 영역들로부터 받은 입력의 양)과 네트워크 내 (흥분성 연결 대비) 억제성 연결의 강도 비율이었다. 브루넬은 이 매개변수들을 조금씩 변화시켜 수식에 대입함으로써 네트워크의 행동이 이러한 매개변수의 값에 어떻게 의존하는지 확인할 수 있었다.

여러 매개변수 값에 대해 이 작업을 수행하면 모델의 행동 지도를 만들 수 있다. 이 지도의 위도와 경도(그림 13 참조)는 각각 브루넬

---

\* 이 시점에서는 아마 더 이상 놀라운 사실이 아니겠지만, 브루넬도 물리학자 출신이다. 그는 1990년대 초반에 박사학위 과정을 이수하면서 물리학적인 접근방법을 신경과학 연구에 적용하는 데 관심을 가지게 됐다.

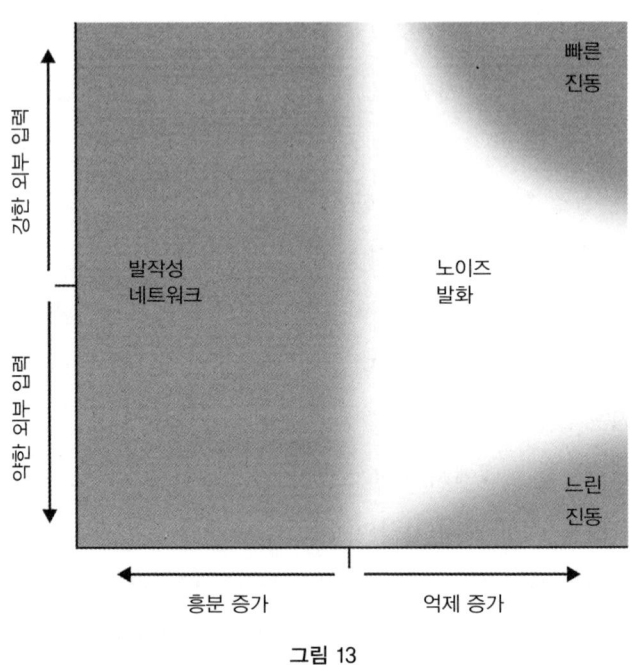

그림 13

이 변경한 두 매개변수에 해당한다. 지도의 정중앙에 있는 네트워크는 억제와 흥분이 같은 정도로 이뤄지고 네트워크로의 입력이 중간 정도의 세기를 가진 네트워크다. 이 지도에서 왼쪽으로 갈수록 억제보다 흥분이 강해지고, 오른쪽으로 갈수록 흥분보다 억제가 강해진다. 또한 이 지도에서 위쪽으로 올라가면 네트워크에 대한 입력이 강해지고 아래쪽으로 내려가면 약해진다. 억제성 연결이 흥분성 연결보다 약간 강한 판 프레스베이크와 솜폴론스키의 네트워크는 이 지도에서 중간에서 약간 오른쪽에 위치한다.

브루넬은 이 지도에서 나타나는 모델의 지형 변화를 연구해 특정한 매개변수들이 네트워크를 극적으로 다르게 행동하도록 만드는지 알아내려고 했다. 가장 눈에 띄는 지형은 판 프레스베이크와 솜폴론스키의 네트워크와 별로 멀리 떨어져 있지 않았다. 억제가 강하게 나타나는 지형에서 흥분이 강하게 나타나는 지형으로 전환되면 급격한 전이 현상이 발생한다. 수학에서는 이런 전환이 일어나는 지점을 분기bifurcation 구간이라고 부른다. 초원과 바다를 분리하는 가파른 절벽처럼 분기 구간은 매개변수 공간에서 두 영역을 급격하게 분리한다. 브루넬의 지도에서 흥분과 억제가 동일함을 나타내는 선은 지도 오른쪽의 불규칙하고 노이즈를 포함한 발화 네트워크들과 지도 왼쪽의 규칙적이고 예측 가능한 발화 네트워크들을 분리한다. 더 자세히 설명하면, 억제가 너무 약해지면 네트워크 내 뉴런들은 고유의 진동을 멈추고 모두 함께 활동하기 시작하며, 이렇게 뉴런들이 함께 발화하고 함께 발화를 멈추는 행동은 발작 때 나타나는 현상과 매우 비슷하다.

　생리학자들은 특정 물질들이 경련을, 즉 발작을 유도한다는 것을 오래 전부터 알고 있었다. 20세기 중반에 이르러 신경전달물질에 대한 지식이 늘어나면서 이런 물질 중 상당수가 뉴런 억제를 방해한다는 것이 밝혀졌다. 예를 들어, 북미에서 자라는 식물들에게서 광범위하게 발견되는 바이쿠쿨린bicuculline은 GABA와 수용체의 결합을 방해하며, 압상트absinthe(알코올도수 45~74도의 증류주)에 미량 포함된 투존thujone은 GABA 수용체가 염소 이온을 세포안으로 통과시키는 것을 방해한다. 그 메커니즘이 무엇이든 간에 결과적으로 이런 물질들은 억제의 영향을 줄이면서 뇌의 균형을 흐트러뜨리는 역할을 한다. 브루넬은 이 지도를 이용해 뇌의 행동을 전체적으로 살펴보면서 특정한 물질 또는 다른 요인에 의한 뇌의 매개변수들의 변화가 뇌의 상태를 변화시킨다는 것을 알 수 있었다.

브루넬의 이 지도에서 오른쪽으로 갈수록 네트워크의 활동은 억제가 흥분을 지배하는 양상을 보인다. 외부 입력이 중간 강도로 유지되면 뉴런은 노이즈를 유지하지만, 그보다 입력 강도가 강하거나 약하면 서로 비슷하면서도 다른 행동이 나타난다. 외부 입력이 강할 때와 약할 때 모두 뉴런은 어느 정도 응집력을 보여준다. 수많은 뉴런들이 동시에 활동하기 때문에 이런 움직임을 나타내는 선은 파도 형태를 띠게 된다. 평균 수준을 넘어서는 발화가 순간적으로 일어난 뒤 평균 수준에 미치지 못하는 발화가 뒤따르면서 이런 파도 형태가 생성되는 것이다. 하지만 발작 상태에서 질서정연하게 정렬한 뉴런들과는 달리 이때의 네트워크는 닥치는 대로 북을 두드리는 6살짜리 아이들로 구성된 집단과 유사하다. 즉, 모든 구성원이 어느 정도 서로 비슷한 행동을 하고는 있지만 항상 같이 북을 두드리지는 않는 집단과 비슷하다. 실제로 이런 네트워크 내의 뉴런들 각각은 서너 번 중의 한 번만 함께 행동하며, 그렇게 함께 하는 행동의 시점도 완벽하게 일치하지 않는 경우가 많다. 따라서 이 상태는 진동 상태이기도 하고 노이즈가 섞인 상태이기도 하다.

지도의 오른쪽 상단 모서리와 오른쪽 하단 모서리의 행동을 구별하는 것은 해당 진동의 주파수$^{frequency}$다. 강한 외부 입력으로 네트워크를 구동하면 평균 활동치를 나타내는 출력신호는 초당 180회까지 빠르게 위아래로 진동한다. 강한 입력은 흥분성 세포들을 활성화하고, 이 흥분성 세포들은 다시 억제성 세포들을 정지시키는 과정이 반복된다. 네트워크에 대한 입력을 줄이면 신호파형은 초당 20회 정도로 느리게 진동한다. 이런 느린 진동은 네트워크에 대한 외부 입력이 너무 약하고 억제가 너무 강해져서 많은 뉴런이 충분한 입력을 받지 못하기 때문에 발생한다. 하지만 발화하는 세포들은 다른 세포들과의 연결 관계를 이용해 네트워크를 다시 서서히 활성화한다. 하지만 억제성 세포들이 너무 많이 활성화되면 네트워크는 다시 조용해진다.

이런 혼란스러운 진동은 발작 때와 얼핏 보기에는 비슷하지만 약해지지 않는다. 실제로 과학자들은 다양한 조건 하에서 뇌의 다양한 영역들에서 진동이 일어나는 현상을 관찰해왔다. 예를 들어, 시각피질에 있는 뉴런 그룹들은 1초에 60번 빠르게 진동할 수 있다. 해마(지난 장에서 다룬 뇌의 기억 처리 장치)는 빠르게 진동할 때도 있고 느리게 진동할 때도 있다. 후각 망울 olfactory bulb(후각세포로부터 받은 신경 자극을 대뇌에 전달하는 후각 신경 부위)은 호흡 양상에 따라 초당 1번에서 100번까지 다양한 파장을 생성한다. 이처럼 진동은 주의깊게 살펴보면 모든 부분에서 발견된다.

수학자들은 진동을 보는 것을 좋아한다. 수학적인 접근이 가능하기 때문이다. 혼돈과 무작위성은 수식으로 포착하기 어렵지만, 진동의 완벽한 주기성은 이해가 쉽고 우아하기까지 하다. 지난 수천 년 동안 수학자들은 진동을 설명할 수 있는 수단을 개발해왔고, 진동들이 상호작용하는 방식을 예측해왔으며, 일반인들에게는 전혀 진동으로 보이지 않을 수 있는 것들에서 신호를 포착해왔다.

낸시 코펠Nancy Kopell은 수학자다. 아니, 적어도 예전에는 수학자였다. 코펠은 엄마와 언니처럼 학부에서 수학을 전공했다. 코펠은 1967년 캘리포니아 주립대학교 버클리 캠퍼스에서 박사학위를 받은 뒤 보스턴에 있는 노스이스턴 대학의 수학과 교수가 됐다.* 하지만 여러 해 동안 수학과 생물학의 경계를 왔다 갔다 하면서 코펠은 생물학의 문제들에 수학을 적용하기 시작했고, 생물학 연구를 할 때 점점 더 안정감을 느끼기 시작했다. 코펠은 자서전에서 이렇게 썼다. "관점이 바뀌기 시작했다. 어느새 나는 적어도 수학적인 문제만큼 생리학적 현상에 관심을 가지게 됐다. 수학적인 생각을 계속하면서도 나는 수학적인 문제가 특정한 생물학적 네트워크와 관련이 없다고 생각되면 더 이상 흥미를 가지지 않게 됐다." 코펠의 관심을 끌었던 많은 생물학적 네트워크는 신경 네트워크였고, 코펠은 평생 뇌에서 일어나는 모든 종류의 진동을 연구했다.

신경과학자들은 고주파 진동을 "감마파gamma wave"라고 부른다. EEG 장치를 발명한 한스 버거Hans Berger가 그 장치에서 나타난 크고 느린 파동을 "알파파alpha wave"라고 부르고, 나머지 파동을 "베

---

* 코펠이 대학원 진학을 선택한 이유는 다소 특이했다. 코펠은 당시를 회상하며 "대학원에 진학할 생각으로 대학에 들어가지는 않았다. 하지만 4학년이 되자 솔로였던 나는 특별히 하고 싶은 것이 없었기 때문에 대학원에 가도 좋겠다는 생각을 하게 됐다."라고 말했다. 하지만 코펠은 대학원에서 어쩌면 예측 가능했던 성차별을 당했다. 코펠은 "당시 사람들은 드러내놓고 말하지는 않았지만, 여성이 수학을 공부하는 것은 곰이 춤을 추는 것과 비슷하다고 생각하곤 했다. 여성이 수학을 공부하는 것은 가능하기는 하지만 별로 잘할 가능성이 없으며, 여성이 수학을 공부하는 것이 재미있는 구경거리에 불과하다는 생각이었다."라고 말했다.

타파beta wave"라고 불렀는데, 그 후의 과학자들이 새로운 종류의 파동을 발견했을 때 그리스어 알파벳 순서에 따라 파동의 이름을 붙였기 때문이다. 감마파는 빠르지만 진폭amplitude이 작은 파동이다. 현대의 EEG 장치를 사용하거나 전극을 뇌에 삽입했을 때 관찰할 수 있는 감마파는 명료하고 주의를 기울이고 있는 상태와 연관되어 있다.

2005년에 코펠과 동료들은 감마 진동이 뇌가 집중하는 데 도움을 주는 방식을 설명할 수 있는 이론을 제시했다. 이 이론은 우리가 주위를 기울이는 정보를 나타내는 뉴런들이 제일 먼저 진동한다는 생각에 기초한 것이었다. 시끄러운 방에서 전화 통화를 한다고 생각해보자. 이 상황은 우리가 주의를 기울이는 신호, 즉 전화기 반대편에서 들리는 목소리는 방 안에서 나는 모든 소리, 즉 목소리를 듣는 것을 방해하는 모든 소리와 경쟁하고 있는 상황이다. 코펠의 모델에서 모든 목소리는 전화기에서 들리는 목소리를 나타내는 특정한 흥분성 세포들의 집단과 방 안의 다른 사람들이 내는 목소리(배경)를 나타내는 흥분성 세포들의 집단으로 표현된다. 이 두 뉴런 집단은 모두 공통적인 억제성 뉴런 집단으로 연결을 보내고 그 억제성 뉴런 집단으로부터 다시 연결을 받는다.

여기서 중요한 것은 전화기에서 들리는 목소리를 나타내는 뉴런들은 관심의 대상이기 때문에 "배경"을 나타내는 뉴런들보다 약간 더 많은 입력을 받는다는 사실이다. 이는 전화기에서 들리는 목소리를 나타내는 뉴런들이 먼저 발화하고 더 강력하게 발화한다는 뜻이다. 만약 이 뉴런들이 일제히 동시에 발화한다면 이 뉴런들은 억제성 세포들과의 연결을 통해 억제성 세포 발화를 크게 증가시킬 것이고, 이 억제성 발화들이 이어지면서 전화기에서 들리는 목소리와 배경 노이즈 모두를 나타내는 세포들을 닫게 될 것이다. 따라서 배경 뉴런들은 발화할 기회를 가지지 못하게 될 것이고, 전화기에서 들리는 목소리의 음파에 간섭하지 못하게 될 것이다. 전화기에서 들리는 목소리를 나타내는 뉴런들이 먼저 입장하고 문을 닫아 버리는 것이다. 전화기에서 들리는 목소리를 나타내는 뉴런들이 계속 입력을 받는 동안 이 과정은 계속 반복될 것이고, 그로 인해 진동이 발생할 것이다. 배경 소리들을 나타내는 뉴런들은 매번 침묵을 지켜야 할 것이다. 우리가 전화기에서 들리는 목소리를 또렷하게 들을 수 있는 이유는 그 목소리를 나타내는 신호만 죽지 않고 살아남기 때문이다.

신경과학자들은 진동이 주의 집중 과정뿐만 아니라 다양한 방식으로(예를 들어, 방향 탐색, 기억, 운동 제어 등) 역할을 하고 뇌 영역들 사이의 의사소통을 더 좋게 만들고, 뉴런들이 다양한 역할을 하는 각각의 집단들을 이루는 데 도움을 줄 것이라고도 추정하고 있다. 또한 조현병, 양극성 장애, 자폐 같은 질환에서 진동에 어떻게 이상이 생기는지에 대한 연구도 활발하게 이뤄지고 있다.

진동은 매우 광범위하게 존재하기 때문에 그 중요성은 의심의 여지가 없는 것처럼 보일 수도 있다. 하지만 실제로 그렇지는 않다. 진동의 다른 역할에 대해서 파악해 오고 있는 와중에 회의적인 시각을 가진 학자들도 적지 않다.

이런 회의적인 시각은 진동에 대한 측정이라는 첫 번째 단계에서 비롯된다. 진동을 연구하는 학자들 대부분은 많은 수의 뉴런들을 동시에 직접적으로 관찰하는 방법을 사용하지 않고, 뉴런들을 둘러싼 유체를 관찰하는 간접적인 방법을 사용한다. 구체적으로 설명하면, 뉴런이 많은 입력을 받으면 이 유체 안에 있는 이온들의 구성이 변화하는데, 연구자들은 이 변화를 뉴런의 활동 변화로 생각한다는 뜻이다. 하지만 이 유체 속의 이온 흐름과 뉴런의 실제 활동 사이의 관계는 복잡하며 아직 완전하게 규명되지 않은 상태다. 따라서 관찰된 진동이 실제로 일어나고 있는지 여부를 확신할 수는 없다.

또한 이런 회의적인 시각은 연구자들이 사용하는 도구와도 관련이 있다. 지난 한 세기 동안 사용돼 온 EEG는 인체에서 발생하는 진동을 비롯한 모든 진동을 쉽게 관찰하게 해준다. 또한 EEG 장치는 대학생들도 쉽게 사용할 수 있는 장치이기도 하다. 앞에서 언급했듯이, 진동 분석을 위한 수학적 도구들도 마찬가지로 사용하기 쉽다. 따라서 연구자들은 뇌파가 최선의 답을 제공하지 못할 가능성이 있을 때도 뇌파를 연구하는 경향이 있는데, 망치를 손에 들고 있으면 모든 것이 못으로 보인다는 격언을 연상시킨다.

진동의 역할에 대한 회의적인 시각과 관련된 또 다른 요소는 개개의 뉴런이 진동에 미치는 영향력이다. 특히 감마파처럼 빠르게 진동하는 파동에서는 이 영향력이 매우 중요하다. 어떤 뇌 상태에서 다른 뇌 상태에서보다 더 강력한 감마파가 측정된다는 것은 그 상태에서 더 많은 뉴런이 각각 산발적으로 발화하는 것이 아니라 한 파동의 일부로서 발화한다는 뜻이다. 하지만 이 파동들이 매우 빠르게 움직일 때 뉴런들이 한 파동의 일부가 된다는 것은 뉴런의 발화 시점이 평소보다 몇 밀리 초밖에는 차이가 나지 않는다는 뜻이다. 이렇게 미세한 시간 차이가 중요할까? 아니면 생성되는 스파이크의 전체 수가 중요할까? 뇌 안에서의 진동의 역할에 대한 우아한 가설들은 직접적으로 검증이 된 적이 없다. 검증 자체가 어렵기 때문이다. 따라서 이 가설들은 지금도 가설로 남아있다.

신경과학자 크리스 무어Chris Moore는 2019년 〈사이언스 데일리〉와의 인터뷰에서 이렇게 말했다. "감마 리듬은 논쟁의 여지가 매우 많다. 존경 받는 신경과학자들 중에는 감마 리듬이 뇌의 모든 영역에서 나오는 신호들을 통합하고 조절하는 마법의 시계라고 생각하는 사람들도 있고, 감마 리듬이 계산 과정에서 나온 쓸모없는 배기가스 같은 부산물이라고 생각하는 사람들도 있다. 배기가스는 엔진이 작동할 때 배출되지만 배기가스 자체는 전혀 중요하지 않다는 생각이다."

배기가스는 자동차가 움직일 때 발생하지만, 자동차를 움직이는 것은 배기가스가 아니다. 이와 마찬가지로, 뉴런 네트워크에 대한 계산을 수행할 때 진동이 관찰될 수는 있지만, 그 진동에 의해 계산이 수행되는 것인지는 두고 봐야 한다.

앞에서 살펴보았듯이, 흥분성 세포와 억제성 세포 사이의 상호작용은 엄청나게 다양한 발화 패턴을 만들어낼 수 있다. 이 두 가지 힘의 대결은 이득을 주기도 하고 위험을 초래하기도 하는데, 네트워크가 번개처럼 빠르게 반응한 다음 자연스럽게 침묵 상태로 진입할 수 있게 해주는 동시에 뇌를 위험할 정도로까지 발작 상태와 가깝게 만들고 엄청난 혼란을 유발하기도 한다. 이런 다면적인 시스템을 이해하는 일은 매우 힘들다. 물리학과 기상학의 도구들과 진동을 이해하기 위한 다양한 수학적 도구들이 뉴런 발화라는 복잡한 개념을 이해하는 데 도움을 주고 있다는 것은 매우 다행스러운 일이다.

# 6

# 시각의 단계

네오코그니트론과 합성곱 신경망

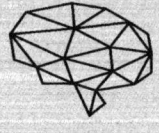

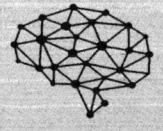

이번 여름 시각 연구 프로젝트는 시각 시스템의 중요한 한 부분에 대한 이해를 목표로 한다. 이 주제가 선택된 이유는 이 주제가 개별 연구자들이 독립적으로 연구할 수 있는 하위 주제들로 세분화될 수 있으면서도 연구자들이 "패턴 인식" 연구 분야에 기념비적인 역할을 할 수 있는 복잡한 시스템의 구축에 기여할 수 있는 기회를 제공할 수 있다는 데에 있다.

— MIT 인공지능 연구그룹 비전 메모 No. 100. 1966년

1966년 여름 MIT 교수들 일부가 인공 시각 문제를 풀기 위한 프로젝트를 시작했다. 이 교수들은 프로젝트 수행을 위해 MIT 대학생 10여 명을 참여시켰다. 이 프로젝트의 목표를 설명하는 메모에서 교수들은 참여한 대학생들이 컴퓨터를 이용해 특정한 과제를 수행하도록 명시했다. 컴퓨터를 이용해 이미지가 나타내는 다양한 질감과 이미지에 비춰지는 다양한 조명을 정의하고, 이미지에서 전면에 부각되는 부분과 배경이 되는 부분을 표시해 이미지가 나타내는 사물을 식별하는 과제였다. 한 교수는 이 과제가 "카메라를 컴퓨터에

연결해 컴퓨터가 카메라가 본 것을 기술하게 만드는" 과제라고 쉽게 설명하기도 했다.*

이 프로젝트의 목표는 그해 여름에는 달성되지 못했고 메모에서 언급된 핵심적인 문제 중 일부는 지금도 해결되지 않고 있다. 이 메모는 작성한 교수들의 자신감을 드러내고 있는데, 당시의 분위기로는 지나친 것이 아니었다. 제3장에서 다뤘듯이, 1960년대는 컴퓨터 역량의 폭발적인 증가로 매우 복잡한 작업까지도 자동화하려는 순진한 희망이 팽배했던 시기였다. 당시 연구자들은 컴퓨터에 자신들이 원하는 작업을 다 맡길 수 있다면 어떤 작업을 컴퓨터가 하게 만들지 알기만 하면 된다고 생각했다. 시각처럼 간단하고 직접적인 연구대상은 어려운 일이 아닐 것이라고 생각했다.

하지만 시각은 결코 간단한 연구대상이 아니다. 시각 처리 과정은 눈을 통해 빛을 받아들여 그 빛이 나타내는 외부 세계를 이해하는 엄청나게 복잡한 과정이기 때문이다. 아무리 간단한 "바로 눈앞의" 시각 입력이라도 뇌에서 처리되는 과정은 결코 간단하지 않다. 현재 우리가 가진 시각 능력은 수백만 년이라는 긴 시간 동안 진행된 진화를 통해 힘들게 얻은 능력이다.

구체적으로 말하면, 시각이라는 문제는 역공학reverse engineering을 통해 접근해야 하는 문제다. 눈의 뒤쪽에 있는 망막에는 빛에 반응하는 광수용체photoreceptor라는 폭이 넓고 평평한 세포들이 분포한

---

* 이 교수가 바로 마빈 민스키이며 프로젝트 메모를 작성한 이는 시모어 페퍼트였다. 이 두 교수에 대해서는 제3장에서 다뤘다. 이 책을 계속 읽다보면 알게 되겠지만, 인공신경망과 인공시각 분야를 연구하는 학자들은 상당히 많이 겹친다.

다. 이 세포들 하나하나는 빛의 파장이 자신을 때릴 때 전기 신호를 방출하는 방식으로 빛의 존재 또는 부재를 나타낸다. 뇌는 이 세포들의 활동을 나타내는 깜빡이는 2차원 지도가 제공하는 정보를 통해서만 외부의 3차원 세계를 재구성할 수 있다.

이렇게 생각하면, 방 안에서 의자를 찾는 것처럼 단순한 일도 엄청난 노력이 드는 일이라고 할 수 있다. 의자는 색깔과 모양이 다양할 수 있다. 또한 가깝게 있거나 멀리 있을 수 있다. 의자와 눈의 거리에 따라 망막에서 일어나는 굴절의 규모가 달라진다. 방이 어두운지 밝은지, 빛이 어디로부터 비춰지는지, 의자가 눈앞에 정면으로 놓였는지 돌려져 있는지도 중요하다. 이 모든 요소들이 광자가 망막에 닿는 방식에 영향을 미치기 때문이다. 하지만 빛이 만들어내는 수조 개에 이르는 패턴들은 결국 의자가 존재한다는 하나의 패턴으로 귀결된다. 시각 시스템은 어떤 방식으로든 이런 다대일 대응 관계를 0.1초도 안 되는 짧은 시간 안에 파악해낸다.

MIT 학생들이 컴퓨터에 시각 능력을 부여하기 위해 노력하고 있을 때 생리학자들은 자신들만의 방법을 이용해 시각의 신비를 풀기 위해 노력하고 있었다. 망막 내 신경활동에 대한 관찰결과를 기초로 뇌 전체의 뉴런들의 활동을 탐구하는 방법이었다. 영장류 피질의 약 30%가 시각적 처리에 어느 정도 역할을 하고 있는 것으로 추정되는 상황에서 이 작업은 쉬운 일이 아니었다.* 20세기 중반에 이

---

\* 이 점에서 영장류는 매우 특이한 동물이다. 예를 들어, 설치류의 뇌는 후각 처리에 더 특화돼 있다.

런 실험을 수행한 과학자들은 대부분 보스턴에 위치한 MIT와 하버드 대학의 학자들이었고, 실험을 통해 필요하다고 생각한 많은 데이터를 축적하고 있었다.

서로 물리적으로 가깝게 있었기 때문이었는지, 각각의 연구자들이 수행하던 연구가 엄청나게 어려운 연구라는 것을 서로 암묵적으로 인정했기 때문이었는지, 당시의 학계가 연구결과를 공개하지 않기에는 너무 좁았기 때문이었는지는 모르지만 당시의 신경과학자들과 컴퓨터과학자들은 서로의 연구에 대해 잘 알고 있었으며 이유가 어떻든 시각에 관한 근본적인 문제를 풀기 위해 오랫동안 서로 협력해왔다. 시각에 대한 연구, 즉 빛의 점에서 패턴이 표현되는 방식에 대한 연구의 상당 부분은 생물학자들이 인공지능 연구자들에게, 인공지능 연구자들이 생물학자들에게 직접적으로 영향을 미치면서 이뤄졌다고 할 수 있다. 하지만 이 두 분야의 연구자들이 항상 조화를 이룬 것은 아니었다. 컴퓨터과학자들이 유용하지만 뇌와 닮지 않은 모델을 만들어내기 시작하자 이 두 분야의 조화는 깨지기 시작했다. 반면 신경과학자들이 생물체의 시각과 관련된 세포, 화학물질, 단백질 같은 본질적인 세부 사항을 파헤칠 때, 컴퓨터 과학자들은 이를 대부분 외면한다. 하지만 지금도 이 두 분야가 서로에게 미치는 영향은 확실히 존재하며, 그 영향은 가장 현대적인 모델과 기술에서 분명하게 볼 수 있다.

❖ ◆ ❖

시각을 자동화하려는 최초의 시도는 현대적인 컴퓨터가 등장하기 전에 이미 이뤄졌다. 이 시도는 기계장치 형태로 구현됐지만, 이 기계장치의 작동을 가능하게 만든 아이디어 중 일부는 후에 컴퓨터 시각 개발에 기여했다. 이런 아이디어 중 하나가 "템플릿 매칭 template matching"이다.

1920년대에 러시아의 화학자이자 공학자 에마누엘 골드베르크 Emanuel Goldberg는 은행 같은 기업에서 서류를 파일에서 찾을 때 발생하는 문제를 해결할 수 있는 방법을 연구하기 시작했다. 당시에 문서들은 나중에 큰 화면에 투사해 읽을 수 있도록 작은 이미지 형태로 폭 35밀리미터의 마이크로필름에 저장됐다. 하지만 마이크로필름에 담긴 문서들의 순서는 문서의 내용과는 거의 상관이 없었기 때문에 마이크로필름에서 원하는 문서, 예를 들어, 취소된 수표 같은 것을 찾아내는 일은 쉬운 일이 아니었다. 골드베르크는 이 문서 검색 과정을 자동화하기 위해 원시적인 형태의 "이미지 처리 image processing"를 시도했다.

골드베르크는 새로운 수표를 은행 출납원이 마이크로필름에 저장할 때 수표의 내용을 나타내는 특별한 기호를 수표에 표시하게 만들었다. 예를 들어, 연속된 세 개의 검은 점은 고객의 이름이 "A"로 시작하는 것을 뜻했고, 삼각형 형태의 검은 점 3개는 "B"로 시작하는 것을 뜻했다. 이렇게 표시를 함으로써 출납원은 예를 들어 버크셔 Berkshire라는 사람이 제출한 수표를 나중에 찾을 때 삼각형 형태의 검은 점 3개만 찾아도 쉽게 그 수표를 찾아낼 수 있었다. 골드베르크의 목표는 이런 패턴들을 템플릿으로 이용해 수표를 찾는 기계를 만드는 것이었다.

골드베르크는 이런 템플릿들을 구멍이 뚫린 카드 형태로 만들었다. 예를 들어, 버크셔가 제출한 수표를 찾으려는 출납원은 구멍이 삼각형 모양으로 3개 뚫린 카드를 조명과 마이크로필름 사이에 놓기만 하면 된다. 마이크로필름은 그 카드의 구멍들을 통과한 세 줄기 빛이 마이크로필름에 표시된 삼각형 모양의 점 3개에 정확하게 닿을 때까지 자동으로 움직이고, 마이크로필름 뒤에 놓인 광전지photocell는 카드의 구멍들을 통과한 빛을 감지해 기계의 나머지 부분에 신호를 보낸다. 원하는 문서가 검색되는 순간 광전지에는 빛이 전혀 닿지 못하는 일종의 미니 일식eclipse이 일어나게 되고, 이 미니 일식은 기계의 나머지 부분과 출납원에게 원하는 문서를 찾았다는 신호 역할을 한다.

골드베르크의 이 방식이 효과를 내려면 자신이 찾는 문서를 나타내는 기호가 어떤 것인지 알고 있어야 하고 그 기호에 맞는 카드를 가지고 있어야 했다. 원시적인 방법이기는 했지만 이런 형태의 템플릿 매칭은 이후 인공 시각 연구에서 지배적인 접근방법이 됐다. 컴퓨터가 인공 시각 연구에 이용되기 시작하면서 템플릿의 형태는 물리적 템플릿에서 디지털 템플릿으로 바뀌었다.

컴퓨터에서 이미지는 픽셀pixel 값의 그리드grid(격자판)로 표시된다(그림 14 참조). 각 픽셀 값은 그림을 구성하는 작은 정사각형의 색깔이 가진 강도를 나타낸다.* 디지털 세계에서 템플릿은 원하는 패턴을 정의하는 숫자들이 이루는 그리드일 뿐이다. 따라서 삼각형 모양의 점 3개를 식별하기 위한 템플릿은 픽셀 값이 1인 픽셀들이 정확하게 삼각형 모양으로 배치되는 경우를 제외하면 대부분 픽셀 값이 0인 픽셀들의 그리드다. 골드베르크의 기계에서 템플릿 카드를 통과하는 빛의 역할은 컴퓨터에서 수학적 연산인 곱셈으로 대체됐다. 이미지의 각 픽셀 값을 템플릿에서 같은 위치가 가진 픽셀 값에 곱한 결과로 이미지가 템플릿과 일치하는지 알 수 있다.

흑백 이미지(검은색 픽셀의 값이 1이고 흰색의 값이 0인 경우)에서 웃는 얼굴을 찾고 있다고 가정해 보자. 얼굴 템플릿이 주어지면 곱셈을 통해 이미지와 비교할 수 있다. 이미지가 실제로 검색 중인 얼굴이면 템플릿을 구성하는 값이 이미지의 값과 매우 비슷할 것이다. 따라서 템플릿의 0에 이미지의 0이, 템플릿의 1에 이미지의 1이 곱해질 것이다. 이 곱셈의 모든 결과 값을 더하면 템플릿과 이미지에서 동일한 검은색 픽셀의 수를 얻을 수 있으며, 템플릿과 이미지가 완전히 일치하는 경우 동일한 검은색 픽셀의 수가 많을 것이다. 만약 우리에게 주어진 이미지가 얼굴을 찡그리는 이미지라면 이미지의 입 주변 픽셀 중 일부는 템플릿과 일치하지 않을 것이다. 이 경우에는 템플릿의 0이 이미지의 1에 곱해진다. 이 픽셀들의 값을 곱한 결과는 0이기 때문에 이미지를 구성하는 모든 값들의 합은 크지 않을 것이다. 이런 방식으로 곱셈의 결과들을 모두 합하면 이미지가 템

---

* 실제로, 컬러 이미지를 구성하는 픽셀들은 빨간색, 초록색, 파란색의 강도를 나타내는 숫자 3개로 정의된다. 설명을 쉽게 하기 위해(회색 계열 이미지에서만 해당되는 조건이지만) 여기서는 픽셀을 숫자 1개로 정의된다고 생각하자.

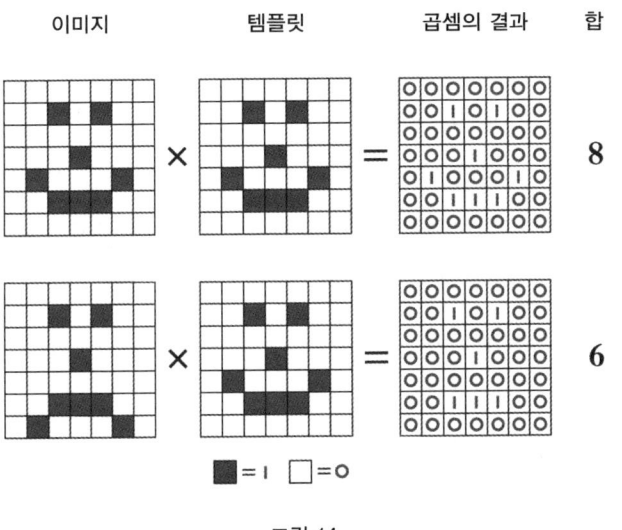

**그림 14**

플릿과 어느 정도로 일치하는지 쉽게 알 수 있다.

이 방법은 다양한 산업분야에서 널리 사용됐다. 템플릿은 사진에서 얼굴을 식별해 한자리에 모인 사람들의 수를 알아내는 데에도 사용되고 있으며 위성 이미지에서 지형을 식별해낼 수 있는 것도 템플릿을 통해 가능해진 일이다. 또한 템플릿을 이용하면 교차로를 통과하는 자동차의 수와 모델도 추적할 수 있다. 템플릿 매칭 방법은 원하는 것을 정의하기만 하면 이용할 수 있다. 일치 여부는 곱셈의 결과로 쉽게 알 수 있기 때문이다.

❖ ❖ ❖

축구 경기가 열리는 대형 스타디움이 있다고 상상해보자. 하지만 축구팬들이 아니라 악마들이 꽉 차게 들어서 소리를 지르고 있는 스타디움이다. 악마들이 소리를 지르는 대상은 축구선수들이 아니라 이미지다. 더 자세하게 설명하자면, 악마 하나하나는 자신이 선호하는 알파벳 글자가 있고, 그 글자가 경기장에 나타나면 환호성을 지른다. 글자를 보고 지르는 환호성의 크기는 그 글자에 대한 악마의 선호도와 비례한다. 이 악마들 위쪽에 있는 스카이박스(경기장 높은 곳에 위치한 고급 관람석)에도 한 악마가 서있다. 이 악마는 경기장을 보거나 소리를 지르지 않는다. 경기장에 있는 다른 모든 악마들을 관찰할 뿐이다. 이 악마는 어떤 악마가 어떤 글자가 나올 때 가장 크게 소리를 지르는지 보고 그 악마가 선호하는 글자를 파악한다.

이 이야기는 올리버 셀프리지Oliver Selfridge가 1958년에 열린 한 학술회의에서 템플릿 매칭 과정에 대해 설명하면서 한 것이다. 수학자이자 컴퓨터과학자였던 셀프리지는 국가보안 관련 기술을 주로 연구한 MIT 링컨 연구소의 부소장까지 지냈지만 논문을 많이 발표하지도 않았고, 심지어는 자신의 박사 학위 논문도 끝내지 못한 사람이었다(하지만 그는 아동용 책을 몇 권 쓰기는 했다. 이 책들에는 악마가 거의 등장하지 않은 것 같다). 하지만 학술적인 결과물을 많이 내놓지 않았음에도 불구하고 셀프리지의 생각은 학계에 지대한 영향을 미쳤다. 그와 생각을 교류한 사람들이 많았기 때문이었다. 19세의 나이에 MIT에서 수학 학사 학위를 받은 후, 셀프리지는 저명한 수학자 노버트 위너Norbert Wiener로부터 박사 학위 과정에서 조언을 받았고 그와 계속 교류했으며 제3장에서 다룬 걸출한 AI 연구자 마빈 민스키를 지도하기도 했다. 그는 대학원을 다닐 때(역시 제3장에서 다룬) 워런 맥컬럭과 친구가 됐고 월터 피츠와는 한동안 함께 살기도 했다. 셀프리지는 이런 뛰어난 과학자들과 다양하게 교류하면서 그들에게 지대한 영향을 미친 사람이었다.

셀프리지의 이 독특한 비유를 템플릿 매칭의 개념에 대응시키려면 각각의 악마가 선호하는 글자의 모양을 나타내는, 숫자들로 구성된 그리드를 가지고 있다고 생각하면 된다. 악마들은 자신이 가진 그리드와 이미지를 곱한 값들을 모두 합친 다음 그 합에 의해 결정되는 결과물에 기초해 소리를 지른다고 생각할 수 있다. 셀프리지가 시각 처리 과정을 설명하기 위해 왜 이렇게 악마들이 등장하는 비유를 선택했는지는 거의 알려져 있지 않다. 다만 나중에 그는 이렇게 말한 적은 있었다. "우리는 의인관적 또는 생물학적인 비유를 사용한 것에 대해 사과하고 싶지 않다. 우리는 그저 이론을 설명하는 데 가장 유용한 비유를 들었을 뿐이다."*

셀프리지의 설명에 담겨 있던 대부분의 개념들은 사실 템플릿 매칭 방법의 결함에 대해 말하기 위해서였다. 악마들 하나하나가 자신이 좋아하는 글자가 경기장에 나타나는지 확인하는 것은 그리 효율적이지 않다. 이 비유에서 악마들은 모두 따로따로 계산을 수행

---

* 셀프리지는 이런 비유를 사용한 이유에 대해 친구가 묻자 이렇게 말했다고 한다. "성경에도 아담이 선악과를 따먹음으로써 죄를 짓기 시작했다는 이야기가 있지. 사람들은 아주 옛날부터 악마를 비유에 사용했다고."

하지만, 사실은 꼭 그럴 필요가 없었다. 악마가 자신이 좋아하는 글자를 찾기 위해 탐색하는 모양들의 대부분은 다른 악마들도 탐색할 수 있는 모양들이다. 예를 들어, "A"를 선호하는 악마와 "H"를 선호하는 악마는 둘 다 수평 막대 모양(-)을 찾으려고 할 것이다. 그렇다면 수평 막대, 수직 막대, 기울어진 막대, 점 같은 기본적인 구성요소들에 대한 템플릿을 가지고 있고 그 구성요소들의 등장에 환호성을 보내는 별도의 악마들이 있다고 생각해도 될 것이다. 그렇다면 특정 글자를 선호하는 악마들은 일일이 모든 이미지를 눈으로 보면서 자신이 좋아하는 글자를 탐색하지 않고, 이런 별도의 악마들이 보내는 환호성을 듣기만 해도 자신이 선호하는 글자가 등장했는지 어느 정도 알 수 있을 것이다.

셀프리지는 3가지 유형의 악마들이 아래에서 위로 서로 분리된 세 층에 들어서 있는 새로운 형태의 스타디움을 정의했다. 이 스타디움에서 첫 번째 층에 있는 악마들은 이미지를 보고 기본적인 구성요소들을 식별하여 소리치는 "계산computation"을 담당한다. 두 번째 층에 있는 악마들은 첫번째 층의 계산 담당 악마들의 소리를 듣고 글자를 식별하여 소리치는 "인지cognition"를 담당한다. 세 번째 층에 있는 악마들은 두 번째 층의 인지 담당 악마들의 소리를 듣고 어떤 글자가 존재하는지 파악하는 "결정decision"을 담당한다. 셀프리지는 이렇게 다량의 악마들로 구성된 이 모델에 "팬더모니엄Pandemonium"이라는 이름을 붙였다.*

이름이 무시무시하긴 하지만 이 모델에는 시각 처리에 대한 그의 뛰어난 통찰이 반영돼 있다. 템플릿 매칭은 개념적으로는 간단하지만 실제로는 매우 구현하기 힘든 방법이다. 식별하고자 하는 대상의 수가 늘어날수록 필요한 템플릿의 수도 늘어나기 때문이다. 각각의 이미지를 각각의 필터와 비교해야 하기 때문에 엄청나게 많은 계산을 수행해야 한다. 또한 템플릿은 이미지와 거의 일치해야 한다. 게다가 하나의 물체가 망막이나 카메라 렌즈에서 생성할 수 있는 빛 패턴은 무수히 많기 때문에 주어진 물체가 있을 때 이미지의 모든 픽셀이 어떻게 보일지 예측하는 것은 거의 불가능하다. 따라서 아주 간단한 패턴을 인식하는 템플릿 외에는 만들기가 매우 어렵다.

인공 시각 시스템이나 뇌에 적용할 수 있는 템플릿을 만드는 일은 바로 이 문제 때문에 어려워진다. 하지만 팬더모니엄 모델에서는 계산 담당 악마들이 탐지한 모양들이 인지 담당 악마들에게 공유되기 때문에 분산적 접근방식이 가능해진다. 또한 팬더모니엄 모델은 시각이라는 문제를 두 단계로 나누기 때문에 계층적이기도 하다. 여기서 두 가지 단계는 간단한 것을 탐색하는 단계와 그보다 더 복잡한 것을 탐색하는 단계를 말한다.

이런 특성들은 전체적으로 시스템을 더 유연하게 만든다. 예를 들어, 팬더모니엄 모델이 알파벳의 절반을 인식하도록 설정된다면 나머지 절반의 글자들을 매우 잘 인식해낼 수 있을 것이다. 낮은 수준의 계산 담당 악마들이 어떤 기본적인 요소들로 알파벳 글자가

---

\* 팬더모니엄이라는 말은 "모든 악마들"을 뜻하는 그리스어로 존 밀튼(John Milton)의 《실락원》에서 처음 사용됐다.

만들어지는지 이미 알고 있을 것이기 때문이다. 새로운 글자를 인식하는 인지 담당 악마들은 아래층의 계산 담당 악마들이 지르는 소리를 듣기만 하면 된다. 글자를 구성하는 기본적인 요소들은 집을 지을 때 사용하는 벽돌처럼 조합 또는 재조합을 통해 더 복잡한 패턴을 형성할 수 있다. 이런 계층적인 구조를 통한 낮은 수준의 계층과의 정보 공유가 이뤄지지 않는 상태에서 기본적인 템플릿 매칭 접근방식을 이용한다면 글자 하나하나마다 각각 다른 템플릿을 적용해야 할 것이다.

팬더모니엄 모델의 설계와 관련된 의문점이 없는 것은 아니다. 예를 들어, 각각의 계산 담당 악마는 글자들의 어떤 기본적 구성요소들에 반응하고 소리 질러야 할지 어떻게 알까? 인지 담당 악마들은 누구의 소리를 들어야 하는지 어떻게 알 수 있을까? 셀프리지는 시스템이 시행착오를 통해 이런 의문에 대한 답을 학습하게 된다고 생각한다. 예를 들어, "A"를 선호하는 악마들은 아래층 악마들의 소리를 듣는 방식을 조절함으로써 "A"를 더 잘 탐지할 수 있게 된다면 이를 유지하고 새로운 시도를 꺼릴 것이다. 또한, 새로운 패턴을 인식하는 낮은 수준의 계산 담당 악마가 시스템에 추가되면 시스템 전체가 글자를 인식하는 능력이 향상된다면 이 새로운 악마는 시스템에 남을 것이다. 반대로 시스템의 능력이 향상되지 않는다면 이 악마는 시스템에서 축출될 것이다. 물론 이 과정은 매우 복잡하며 항상 이런 과정이 일어난다는 보장도 없다. 하지만 이 과정이 효과를 낸다면 시스템은 맞춤 설정이 가능해진다. 즉, 자동적으로 대상들을 탐지해내는 시스템을 만들 수 있다는 뜻이다. 예를 들어, 일본어의 글자들을 구성하는 획들은 영어 알파벳 글자들을 구성하는 획들과 다르다. 학습 시스템이 되려면 일본어 글자와 영어 알파벳 글자의 기본적인 패턴 차이를 발견할 수 있어야 한다. 미리 특별한 지식을 시스템에 주입하지 않아도 시스템이 과제를 스스로 수행할 수 있어야 학습 시스템이라고 할 수 있다.

컴퓨터과학자 레너드 어$^{Lenard\ Uhr}$는 셀프리지의 이런 생각에 깊은 인상을 받아 1963년에 〈심리학 회보〉에 컴퓨터과학자들이 시각 연구를 크게 진전시키고 있다는 내용의 글을 발표했다. "형태 인식을 위한 모델로서의 '패턴 인식' 컴퓨터"라는 제목의 이 글에서 그는 당시의 컴퓨터 모델들이 "생리학 실험과 심리학 실험의 역할을 실제로 대신하고 있다."면서 "심리학자들이 자신들의 본업인 심리학과 관련된 이런 이론적 발전에 역할을 전혀 하지 않는 것은 매우 불행한 일이 될 것"이라고 경고하기까지 했다. 이 글은 컴퓨터과학과 심리학의 복잡한 상관관계를 구체적으로 드러냈다. 하지만 이렇게 공개적으로 협조를 구하려는 노력이 항상 필요했던 것은 아니었다. 때로는 개인적인 관계로도 충분했기 때문이다.

제롬 레트빈$^{Jerome\ Lettvin}$은 일리노이 주 시카고 출신의 신경과학자이자 정신과의사였다. 셀프리지의 친구이기도 했던 레트빈은 젊은 시절에 셀프리지와 함께 피츠와 같은 집에서 지내기도 했다. 스스로 "과체중의 게으름뱅이"라고 말하곤 하던 레트빈은 시인이 되고 싶었지만 결국 어머니의 소원대로 의사가 됐다. 레트빈이 어머니에게 할 수 있었던 가장 큰 반항은 가끔 진료실에서 벗어나 과학 연구를 하는 것이었다.

그의 친구이자 전 동거인의 연구에 영감을 받아 레트빈은 1950년대 후반부터 낮은 수준의 특징들에 반응하는 뉴런들, 즉 계산 담당 악마들이 환호성을 보내는 대상들을 찾기 시작했다. 레트빈이 선택한 동물은 개구리였다. 개구리는 먹이나 포식자에게 빠르게 반사적으로 반응하기 위해 시력을 주로 사용하기 때문에 비교적 시각 시스템이 단순하다.

망막 안에서 빛을 감지하는 광수용체들은 신경절세포ganglion cell라는 다른 세포 집단에 수집한 정보를 보낸다. 각각의 광수용체는 다수의 신경절세포들에 연결되고, 각각의 신경절세포는 다수의 광수용체들로부터 입력을 받는다. 하지만 여기서 중요한 사실은 이 모든 입력들이 특정한 공간 영역에서 나온다는 것이다. 따라서 신경절세포는 특정한 위치에서 망막에 닿는 빛에만 반응하며, 각각의 신경절세포는 특정한 위치를 선호한다.

당시에 신경절세포는 별로 계산을 하지 않고 마치 우편배달부처럼 광수용체 활동에 대한 정보를 뇌로 보내는 중계 역할을 주로 한다고 생각됐다. 이런 생각은 시각 처리 과정이 템플릿 매칭 방식으로 이뤄진다는 생각과 잘 맞아떨어진다. 뇌의 역할이 저장된 템플릿들과 시각 정보를 비교하는 것이라면 정보가 신경절세포에 의해 어떤 방식으로든 왜곡되지 말아야 하기 때문이다. 하지만 신경절세포가 각 층이 복잡한 대상의 탐색에서 부분적으로 역할을 하는 계층 구조의 일부라면 유용한 기본적 시각 패턴의 탐지에 특화돼 있어야 하며 정보를 단순히 중계하는 역할이 아니라 정보를 적극적으로 처리하고 재구성하는 역할을 해야 한다.

레트빈은 다양한 종류의 움직이는 물체들과 패턴들을 개구리에게 보여주면서 신경절세포의 활동을 측정함으로써 계층 구조 가설이 옳다는 것을 증명했다. 그는 1959년에 발표한 〈개구리의 눈은 뇌에게 어떤 말을 하는가?〉라는 제목의 논문에서 단순하고 다양한 패턴들에 각각 반응한 네 종류의 신경절세포들에 대해 설명했다. 이 신경절세포 중 일부는 빠르고 큰 움직임에 반응했고, 다른 일부는 주변이 어두워졌을 때 반응했으며, 또 다른 일부는 약간씩 움직이는 둥근 물체에 반응했다. 이런 다양한 반응은 신경절세포가 다양한 기본적 패턴들을 탐지해내도록 만들어졌다는 것을 증명하였다. 이 발견은 낮은 수준의 특징들을 탐지하는 세포들이 존재한다는 셀프리지의 생각과 일치했을 뿐만 아니라, 이런 특징들이 시스템이 탐지해야 하는 물체들의 유형과 특정한 관계가 있다는 생각을 뒷받침하기도 했다. 예를 들어, 주변이 어두워졌을 때 반응했던 신경절세포는 배경이 변하지 않는 상태에서 어두운 색의 작은 물체가 빠르게 간헐적으로 움직였을 때 가장 강한 반응을 보였다. 레트빈은 논문에서 이런 반응들에 대해 설명한 뒤 이렇게 말했다. "접근 가능한 벌레를 탐지할 수 있는 시스템에 대해 이런 반응들보다 더 잘 설명할 수 있는 것이 있을까?"

셀프리지의 직관이 옳았다는 것이 증명되고 있었다. 개구리 실험을 통한 레트빈의 발견 이후 연구자들은 시각 시스템이 템플릿 카드들의 집합보다는 소리를 지르는 악마들로 구성되는 계층구조에 가깝다는 인식을 하기 시작했다.

❖ ◆ ❖

　레트빈의 연구가 이뤄지던 시기와 거의 같은 시기에 볼티모어에 있는 존스홉킨스 의과대학의 두 의사는 고양이의 시력을 연구하고 있었다. 고양이의 시각 시스템은 개구리에 비해 인간의 시각 시스템과 더 비슷하다. 먹이 추적 및 환경 탐색과 관련된 복잡한 문제를 다루는 고양이의 시각 시스템은 매우 정교하며, 뇌의 다양한 영역에 걸쳐 활동이 분산돼 있다. 데이비드 휴벨David Hubel*과 토르스텐 비셀Torsten Wiesel이 집중적으로 연구한 영역은 1차 시각피질이었다. 뇌의 뒤쪽에 있는 이 영역은 포유류의 시각 처리에서 초기 단계를 담당하는 영역 중 하나로, 망막으로부터 직접 입력을 받는 뇌 영역인 시상으로부터 입력을 받는다.
　고양이의 시상과 망막에 있는 뉴런들에 대해서는 어느 정도 연구가 이뤄진 상태였다. 이 뉴런들은 어두운 배경에 둘러싸인 작고 밝은 점이나 밝은 배경에 둘러싸인 작고 어두운 점처럼 간단한 형태의 점에 가장 잘 반응하는 경향이 있다. 또한 개구리에서처럼, 이 뉴런들이 반응하려면 점이 특정한 위치에 있어야 했다.
　휴벨과 비셀은 망막을 넘어 뇌의 다양한 영역이 보이는 반응을 연구하기 위해 서로 다른 위치에서 점을 생성하는 장치를 이용했다. 이들은 점들로 이뤄진 패턴이 새겨진 작은 유리판 또는 금속판

---

*휴벨은 수학과 물리학에 상당히 많은 관심을 가지고 있었다. 실제로 그는 의과대학과 물리학 박사학위 과정에 동시에 합격했고, 고민 끝에 결국 의대를 선택했다.

을 찍은 슬라이드를 고양이의 눈 바로 앞에 설치한 스크린을 통해 하나씩 보여주면서 고양이의 1차 시각피질 내 뉴런들의 활동을 측정했다. 하지만 이 뉴런들은 점 패턴뿐만 아니라 계속 다른 화면을 보여줘도 아예 반응을 하지 않았다. 그렇게 실험이 계속되는 동안 이들은 이상한 현상을 발견하게 됐다. 이 뉴런들은 화면에 나타나는 슬라이드에는 반응하지 않지만 슬라이드가 교체될 때 슬라이드의 가장자리의 어두운 부분이 움직이면서 생기는 움직이는 선이 고양이의 망막에 투영되면서 1차 시각피질을 흥분시키는 것이 뚜렷하게 관찰됐다. 신경과학에서 가장 상징적인 발견 중 하나는 이렇게 거의 우연에 의해 일어났다.

그로부터 수십 년 후 휴벨은 이 우연한 발견에 대해 이렇게 말했다. "과학 연구의 초기 단계에서 어느 정도의 부주의는 큰 이점이 될 수도 있다." 하지만 그 단계는 빠르게 지나갔다. 1960년에 휴벨과 비셀은 하버드 대학의 신경생물학과 설립을 돕기 위해 보스턴으로 갔고, 그 뒤부터 이들은 시각 시스템의 뉴런 반응에 대해 여러 해 동안 집중적으로 연구하게 된다.

행복한 우연에 의한 이 발견을 기초로 휴벨과 비셀은 움직이는 선에 대한 이런 반응성이 어떻게 나타나는지 깊이 연구했다. 이 연구에 의한 첫 번째 발견 중 하나는 1차 시각피질의 뉴런들이 각각 선호하는 위치 외에도 선호하는 방향orientation을 가지고 있다는 것이었다. 이 뉴런들은 자신이 선호하는 위치에 나타나는 모든 선에 반응하는 것이 아니라 특정한 방향의 선에만 반응했기 때문이다. 예를 들어, 수평 방향을 선호하는 뉴런은 수평 방향의 선에만, 수직 방향을 선호하는 뉴런은 수직 방향의 선에만, 30도 기울어진 방향을 선호하는 뉴런은 30도 기울어진 선에만 반응했다. 눈앞에서 손으로 펜을 수평방향으로 잡았다 위아래로 움직여보자. 여러분은 방금 1차 시각피질 내 특정한 뉴런들을 흥분시킨 것이다. 펜을 다른 방향으로 기울인다면 다른 특정한 뉴런들을 흥분시키게 된다(여러분은 지금 무료로 표적 뇌 시뮬레이션을 한 것이다).

휴벨과 비셀은 이 발견을 통해 고양이 뇌가 이미지를 표현하기 위해 사용하는 알파벳을 발견했다. 파리는 벌레 탐지 시스템을 가지고 있고, 고양이를 비롯한 많은 동물은 선 탐지 시스템을 가지고 있다. 하지만 휴벨과 비셀은 단지 이런 반응을 관찰하는 것에 그치지 않고, 더 나아가 어떻게 1차 시각피질의 뉴런들이 이런 반응을 보이는지 의문을 제기했다. 이들은 이 뉴런들에게 입력을 제공하는 (시상 내) 세포들이 선에는 반응하지 않지만 점에는 반응한다면, 선에 대한 선호는 어떻게 생겨났는지 알아내고자 했다.

이 의문에 대한 답을 얻기 위해 이들은 피질의 뉴런들이 완벽하게 선택된 입력들을 시상으로부터 받는다고 가정했다. 선은 적절하게 배열된 점들의 집합에 지나지 않는다. 따라서 이들은 1차 시각피질의 뉴런에 대한 입력은 선이 이 모든 점들을 포함할 때 가장 잘 발화할 것이라고 생각했다(그림 15 참조). 선호하는 글자의 구성요소들을 찾아내 환호하는 악마들의 소리를 인지 담당 악마들이 듣듯이, 선호하는 점들을 발견했을 때 활성을 띠는 시상의 뉴런들이 내는 소리를 1차 시각피질의 뉴런이 듣는다는 생각이다.

휴벨과 비셀은 다른 종류의 뉴런들도 발견해냈다. 이 뉴런들도 선호하는 방향이었지만 위치에는 별로 민감하지 않았으며, 다른 뉴런들이 반응을 보이는 영역의 약 4배에 이르는 영역에 선이 나타나면 반응했다. 이 뉴런들은 어떻게 이런 반응을 보였을까? 이번에도 답이 적절한 입력에 있다고 생각한 이들은 자신들이 "복잡한" 뉴런이라는 이름을 붙인 뉴런이 일반적인 뉴런들(즉 "간단한" 뉴런들)의 입력을 필요로 한다고 가정했다. 이 가정에 따르면 이 간단한 뉴런들은 모두 같은 방향을 선호하지만 선호하는 위치는 조금씩 달라야 했다. 이런 식으로 복잡한 세포는 자신이 받은 입력들의 선호를 물려받지만 그 입력들 각각의 공간적 선호 범위보다는 더 넓은 범위를 가지게 된다. 이런 공간적 유연성은 중요한 의미를 가진다. 글

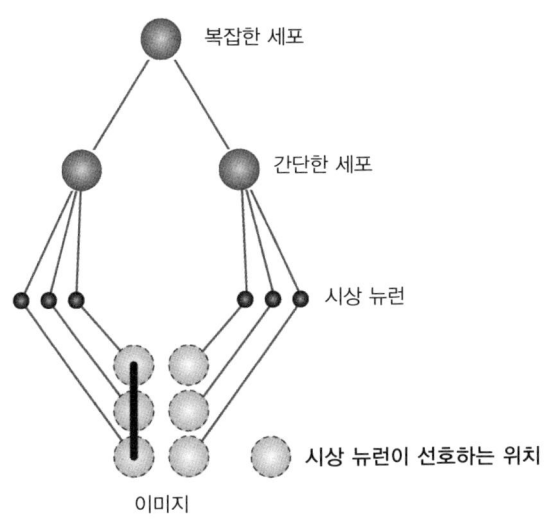

그림 15

자 "A"를 구성하는 선들이 약간 어긋나게 결합돼 있어도 그 글자가 "A"라고 우리가 인식할 수 있는 것은 이 공간적 유연성 때문이다. 복잡한 세포들은 이런 작은 흐트러짐을 무시하도록 만들어져 있다.

이런 복잡한 세포의 발견은 빛의 점들이 어떻게 지각되는지에 대한 의문의 일부를 푸는 데 큰 역할을 했다. 시각 시스템은 간단한 세포들에 의한 특성 탐지와 복잡한 세포들이 받는 공간적 입력들의 결합을 통해 계산을 수행한다는 것이 밝혀졌기 때문이다. 시각 시스템을 규명한 공로를 인정받아 휴벨과 비셀은 1981년에 노벨상을 수상했다. 노벨상 수상 강연에서 휴벨은 다음과 같이 비셀과의 연구에 대해 설명했다. "우리의 처음 목적은 시각경로를 따라 뇌의 중심부로 갈수록 복잡성이 증가한다는 것을 입증하고, 세포의 행동을 입력 측면에서 설명하는 것이었다."* 이러한 접근법은 간단하면서도 시각 처리 경로의 많은 기초 특성을 포착하는 데 적합했다.

시각 시스템이 이런 간단한 속성을 가진다는 연구결과는 일본 공영방송 NHK의 산하 연구소에서 근무하던 공학자 후쿠시마 쿠니히코 福島 邦彦, Fukushima, Kunihiko에게도 전해졌다. NHK는 방송사였기 때

---

* 하지만 휴벨과 비셀은 노벨상 수상 강연에서 레트빈의 연구에 대해서는 언급하지 않았다. 이를 두고 셀프리지는 "아무리 점잖게 표현하려고 해도, 매너가 없는 강연이었다."라고 말했다.

문에(그리고 방송은 시각 신호와 청각 신호를 사람의 눈과 귀로 전달하기 때문에) 신경생리학자, 심리학자, 공학자 들을 고용해 감각신호가 뇌에서 어떻게 수용되는지에 대한 연구를 진행하고 있었다. 이 세 그룹은 각자의 연구결과를 공유하기 위해 정기적으로 만나곤 했는데, 어느 날 후쿠시마의 동료 한 사람이 휴벨과 비셀의 연구결과를 이 모임에서 소개했다.

시각 시스템에서 뉴런이 어떤 역할을 하는지 명확하게 알게 된 후쿠시마는 컴퓨터 모델에서 시각 시스템을 구현하기 위한 연구에 착수했다. 후쿠시마의 모델은 검은색 배경에 흰색 패턴이 표시된 이미지를 입력으로 사용했다. 후쿠시마는 시상의 활동을 근사하기 위해 이미지의 흰색 점에 반응하는 인공 뉴런 시트를 만들었다. 이는 이미지 정보를 네트워크에 주입하기 위한 것이었고, 간단한 세포들로의 입력은 이 인공 뉴런 시트로부터 계산됐다.

이 계산을 위해 후쿠시마는 감지될 패턴들을 나타내는 숫자 그리드를 만드는 표준적인 방법을 사용했다. 이 숫자 그리드에서 간단한 세포는 특정한 방향의 선 패턴을 나타낸다. 공학용어로는 이 숫자 그리드를 "필터"라고 부른다. 간단한 세포의 공간적 선호를 모방하기 위해 후쿠시마는 이 필터를 이미지의 각각의 위치에 모두 따로따로 적용했다. 구체적으로 말하면, 그는 각각의 위치에서의 시상의 활동 값과 필터 값을 곱한 값들의 합을 간단한 세포 한 개의 활동 값으로 계산했다. 후쿠시마는 이미지의 모든 부분에 각각 필터를 적용한 결과, 방향 선호는 동일하지만 위치 선호는 서로 다른 간단한 세포들이 생성되는 것을 관찰했다. 이 과정을 수학에서는 합성곱convolution 과정이라고 부른다.

각각 다른 방향의 선을 나타내는 여러 개의 필터를 만든 다음 그 각각의 필터들과 이미지를 합성곱하는 방법으로 후쿠시마는 각각 선호하는 방향과 위치가 다른 간단한 세포들을 만들어냈다. 뇌와 비슷한 구조를 만들어낸 것이었다. 또한 주변에 같은 방향을 나타내는 간단한 세포들이 특정 세포에 강한 입력을 제공하게 만드는 방식으로 만들어진 복잡한 세포는 간단한 세포들이 있는 어떤 위치에서든 방향성이 나타나면 반응할 수 있다.

후쿠시마 모델의 첫 번째 버전은 휴벨과 비셀의 생리학적 발견을 수식과 컴퓨터 코드로 그대로 바꾼 것이었고, 어느 정도 잘 작동했다. 이 모델은 흑백 이미지에서 곡선을 찾는 것과 같은 간단한 시각적 작업은 할 수 있었지만, 완벽과는 거리가 멀었고, 후쿠시마도 그 사실을 잘 알고 있었다. 그는 나중에 한 인터뷰를 통해 휴벨과 비셀의 다음 발견을 애타게 기다렸다고 말했는데, 그들의 후속 연구 결과를 자신이 만든 모델에 적용하기 위해 기다렸던 것이었다.

하지만 이 유명한 생리학자들은 후쿠시마가 그렇게 기다리던 연구결과를 내놓지 못했다. 휴벨과 비셀은 신경세포 유형에 대한 연구결과를 발표한 뒤 다른 시각 영역들에서의 세포 반응을 연구했지만 1차 시각피질에 대한 연구결과만큼 명확한 내용을 발표하지는 못했고, 결국 어린 동물의 시각 시스템 발달에 대한 연구로 방향을 선회했다.

자신이 원하는 생물학 연구결과가 나오지 않자 후쿠시마는 스스로 모델을 재설계할 수밖에 없었다. 그가 생각해 낸 방법은 간단한 세포들이 복잡한 세포들에게 입력을 제공하는 구조를 반복적으로 구현해 모델을 구축하는 것, 즉 간단한 세포와 복잡한 세포로 구성된 층을 여러 개 쌓아 시각 정보가 통과할 수 있는 확장 계층 구조를 만드는 것이었다. 더 구체적으로 설명하면, 간단한 세포들과 복잡한 세포들로 만든 첫 번째 층 위에 "간단한" 세포들이 다시 추가되는 구조였다. 이렇게 추가된 간단한 세포들의 층은 이미지가 아니라 자신들이 입력을 얻는 복잡한 세포들의 활동의 간단한 "특징들"을 탐지하는 역할을 한다. 이 층도 필터와 합성곱을 이용하지만, 이 층을 구성하는 간단한 세포들 밑에 있는 뉴런들의 활동에만 적용된다. 그 다음으로 이 간단한 세포들은 약간 더 넓은 공간에서 나타나는 동일한 특징들에 반응하는 복잡한 세포들로 입력을 보낸다. 이렇게 되면 전체 과정이 다시 시작된다.

이 모델에서 간단한 세포들은 패턴을 검색하지만, 복잡한 세포들은 이 패턴들이 약간 잘못 배치돼도 눈을 감아준다. 이렇게 간단한 세포와 복잡한 세포가 번갈아 가면서 이 과정을 계속 반복하면 세포들은 모든 종류의 패턴에 반응을 하게 된다. 예를 들어, 글자 "L"에 반응하는 두 번째 층의 간단한 세포는 한 위치에서 수평 방향의 선을 선호하는 복잡한 세포와 그 위치의 왼쪽 위에서는 수직 방향의 선을 선호하는 복잡한 세포로부터 입력을 받기만 하면 된다. 이렇게 되면 세 번째 층의 간단한 세포는 글자 "L"을 선호하는 복잡한 세포 두 개로부터 입력을 같이 받아 사각형 모양에 반응할 수 있게 된다. 이런 과정이 반복되면서 층수가 계속 늘어나면 세포들은 점점 더 복잡한 패턴들, 예를 들어, 복잡한 물체의 모양 그리고 심지어는 다양한 모양들이 있는 장면 전체에 반응할 수 있게 된다.

하지만 휴벨과 비셀의 연구를 이런 식으로 확장하는 과정에는 문제가 하나 있었다. 후쿠시마는 다양한 층들에 있는 세포들이 실제로 어떻게 연결이 되어야 하는지 알지 못했다는 것이다. 그는 필터들, 즉 각 층에 있는 간단한 세포들의 반응 방식을 결정하는 숫자 그리드들을 어떻게 채워야 할지 알 수 없었다. 결국 후쿠시마는 셀프리지의 팬더모니엄 모델을 참고하기로 했다.

하지만 후쿠시마는 셀프리지의 시행착오 개념을 이용하지는 않았다. 그가 이용한 것은 정답을 알 필요가 없는 형태의 학습이었는데, 여기서는 모델에게 이미지들을 보여주지만 그 이미지가 나타내는 사물들이 무엇인지는 알려주지 않는다. 모든 인공 뉴런의 활동은 각각의 이미지에 대한 반응으로 계산되며, 뉴런들 사이의 연결은 뉴런의 활성 정도에 달라진다(제4장에서 다룬 헵 학습 참조). 예를 들어, 뉴런이 특정 이미지에 반응해 강하게 활성을 나타내면 연결이 강화돼 이 뉴런은 미래에 이와 비슷한 이미지에 대해 강하게 반응할 것이다. 이 과정을 통해 뉴런은 특정한 모양에 반응하게 되고, 뉴런마다 서로 다른 반응을 보일 수 있게 된다. 네트워크가 입력 이미지에 있는 다양한 패턴들 중에서 선택을 하는 능력을 가지게 되는 이유가 바로 여기에 있다.

결국 후쿠시마의 모델은 간단한 세포와 복잡한 세포로 구성되는 층 3개로 만들어졌고, 숫자 0에서 4까지를 나타내는 컴퓨터 생성 이미지를 이용해 훈련됐다. 후쿠시마는 이 네트워크에 "신인식기 neocognitron"라는 이름을 붙이고 1980년에 〈생물학적 사이버네틱스〉

라는 저널에 이 신인식기의 작동 결과를 발표했다.

휴벨과 비셀은 간단한 세포와 복잡한 세포의 구분에 관한 논문을 발표했을 때 자신들의 분류 시스템과 자신들이 세포에 붙인 이름을 절대적인 것으로 받아들여서는 안 된다고 강조한 바 있다. 뇌는 복잡하기 때문에 뉴런을 두 가지 범주로 나누는 것으로는 뇌의 반응과 기능을 완벽하게 설명할 수 없다는 생각에서였다. 그들은 이런 구분이 설명의 편의를 위해 이뤄진 것이라는 점을 분명하게 밝혔지만 후쿠시마는 이런 경고를 완전히 무시하고 뇌의 복잡한 시각 시스템을 매우 간단한 계산 2가지로 단순화했다. 그는 휴벨과 비셀의 묘사를 있는 그대로의 사실로 받아들였고, 이들의 묘사를 뛰어넘는 수준으로 시각 시스템에 대한 설명을 확장시켰다.

학자들은 진보가 이뤄지기 위해서는 나무를 흔들어 잎을 떨어뜨린 다음 그 나무를 이용해 집을 짓는 과정과 비슷한 단순화와 확장 과정이 반드시 필요하다는 것을 잘 알고 있다. 후쿠시마는 컴퓨터에서 작동하는 시각 시스템을 만들기를 원했다. 휴벨과 비셀이 내놓은 이론은 뇌의 시각 시스템에 대한 최초의 근사해석이었고 때로는 이것만으로도 충분하다.

1987년 뉴욕 주 버펄로 주민들은 여느 해처럼 우체국에서 편지나 생일카드를 보내고, 서류를 부쳤다. 하지만 이 사람들은 5자리 우편번호를 봉투에 쓰면서 자신들의 필적이 디지털화돼 영구적으로 남을 것이라고는 전혀 생각하지 못했다. 실제로 이들이 쓴 글씨는 그 후 미국 곳곳에 있는 컴퓨터에 저장되어 인간의 글씨를 읽는 법을 컴퓨터에게 가르치기 위한 연구에 사용될 데이터베이스의 일부가 됐고, 결국 인공 시각 연구를 혁명적으로 진전시켰다.

이 프로젝트를 수행한 연구원들 중 일부는 뉴저지 주 교외에 위치한 통신 회사 AT&T 산하 벨연구소 소속이었다. 대부분 물리학자였던 이 연구원들 중에는 당시 28세였던 프랑스 컴퓨터과학자 얀 르쿤Yann LeCun이라는 사람이 있었다. 르쿤은 후쿠시마와 그가 개발한 신인식기에 대해 알고 있었고, 신인식기의 단순한 반복 구조가 인공 시각과 관련된 복잡한 문제들의 상당부분을 해결할 수 있을 것이라고 생각했다.

하지만 르쿤은 이 모델이 자신의 연결방식을 학습하는 방법은 바뀌어야 한다는 생각을 했다. 특히 그는 셀프리지의 접근방식으로 돌아가 이 모델이 이미지에 숫자 형태의 적절한 라벨링을 할 수 있어야 한다고 생각했다. 이를 위해 그가 생각해낸 방법은 이 모델의 수학적 세부사항들 중 일부를 조절해 다른 종류의 학습을 할 수 있게 만드는 것이었다. 이런 종류의 학습에서는 이미지를 잘못 분류하는 경우(예를 들어, 이미지에 숫자 2 대신 6을 라벨링하는 경우) 이 모델의 모든 연결(어떤 패턴이 검색되어야 하는지 정의하는 숫자 그리드)은 미래에 그 이미지를 잘못 분류할 가능성을 낮추는 방식으로 업데이트된다. 이런 방식으로 모델은 어떤 패턴이 숫자를 식별하는 데 중요한지 학습하게 되는 것이다. 르쿤의 이 방법은 제3장에서 언급한 역전파 알고리즘을 떠올리게 한다. 충분히 많은 수의 이미지를 이용해 이 과정을 반복하면 모델은 결국 손으로 쓴 숫자들의 이미지를 매우 잘 분류할 수 있게 되어 심지어는 이전에 본 적이 없는 손으로 쓴 숫자도 분류할 수 있게 된다.

1989년, 르쿤과 그의 동료 연구원들은 버펄로 사람들이 손으로 쓴 숫자 수천 개로 훈련한 모델의 엄청난 작동 결과를 공개했다. "합성곱 신경망convolutional neural network"의 탄생이었다.

이전에 나온 템플릿 매칭 접근법처럼 합성곱 신경망도 현실에 적용됐다. 1997년에 합성곱 신경망은 미국 전역의 은행에서 수표 처리를 자동화하기 위해 개발된 AT&T 소프트웨어 시스템의 핵심 부분이 됐고, 2000년에 이르자 미국에서 발행된 수표의 10%~20%가 이 소프트웨어에 의해 처리되고 있는 것으로 추정됐다. 은행에서 인공 시각 시스템을 사용하게 만든다는 골드베르크의 꿈이 그가 마이크로필름을 이용한 문서 인식 장치를 발명한 지 약 70년 만에 실제로 이뤄진 것이었다.

합성곱 신경망의 훈련 정도는 입력되는 데이터의 양과 질에 의해 상당부분 결정된다. 따라서 적절한 데이터를 입력하는 것이 적절한 모델을 만드는 것만큼 중요하다. 실제로 사람들이 손으로 쓴 숫자들을 수집하는 것이 중요한 이유가 바로 여기에 있다. 벨연구소 연구원들은 후쿠시마가 했던 것처럼 컴퓨터로 생성된 숫자 이미지들을 만들 수 있었을 것이다. 하지만 컴퓨터로 생성된 숫자 이미지들은 자연스러운 상태에서 사람들이 쓴 숫자들에서 나타나는 다양성이나 미묘한 차이를 나타내기 힘들다. 버펄로 우체국에서 사람들이 쓴 숫자는 거의 1만 개에 달했고, 합성곱 신경망은 이 숫자들을 이용해 확실하게 학습을 할 수 있었다. 실제 데이터의 중요성을 인식하게 된 컴퓨터과학자들은 점점 더 많은 실제 데이터를 수집하기 시작했다. 버펄로 우체국에서 실제 데이터가 수집한 뒤 얼마 지나지 않아 그 6배에 이르는 실제 데이터가 수집됐다. 이 데이터세트에는 MNIST라는 이름이 붙여졌다. 놀랍게도 이 데이터세트는 현재에도 인공 시각 연구를 위한 새로운 모델과 알고리즘 테스트에 사용하는 데 널리 사용되고 있다. MNIST 데이터세트의 숫자들은 메릴랜드 주의 고등학교 학생들과 미국 인구조사원들이 쓴 숫자들이다.* 이 사람들은 자신이 쓴 숫자가 어떤 용도로 사용될지 알고 있었지만 그 숫자들이 30여 년이 지난 다음에도 계속 사용될 것이라고는 생각하지 못했을 것이다.

합성곱 신경망에 대한 테스트는 숫자에 국한되지 않았다. 하지만 더 복잡한 이미지를 인식하는 과정에서 오류를 나타냈다. 2000년대 초반에 르쿤이 만든 합성곱 신경망과 매우 비슷한 네트워크가 6만 개의 이미지로 구성된 데이터세트로 훈련된 적이 있다. 이 시도는 숫자 이미지가 아니라 물체의 이미지를 인식하기 위한 시도였다. 이 이미지들은 32×32 픽셀 정도로 작았고, 비행기, 자동차, 새, 고양이, 사슴, 개, 개구리, 말, 배, 트럭 등을 나타냈다. 사람은 이런 이미지들을 쉽게 구분할 수 있지만, 네트워크에게는 상당히 어려운 일이었다. 실제 존재하는 대상을 담은 이미지가 사용될 때 2차원 입력으로부터 3차원 세계를 인식하는 과정의 내재적인 모호함

---

* 누가 글씨를 더 잘 썼을지 짐작할 수 있을 것이다.

을 처리하는 방식을 알지 못했기 때문이었다. 이 네트워크는 숫자를 인식하는 방법은 학습할 수 있었지만 실제 그림을 인식하는 데에는 어려움을 겪었다. 뇌의 시각 시스템에 기초한 인공 시각에 대한 접근방법은 뇌가 일상적으로 수행하는 기본적인 시각 처리를 해낼 수 없었다.

하지만 2012년, 토론토 대학의 알렉스 크리제프스키Alex Krizhevsky, 일리야 수트스케베르Ilya Sutskever, 제프리 힌튼Geoffrey Hinton은 "이미지네트 대규모 시각 인식 대회"에서 우승을 차지하면서 상황은 바뀌기 시작했다. 이 대회는 세계 곳곳에서 사람들이 찍은 사진들과 플리커Flickr 같은 이미지 호스팅 웹사이트에서 수집한 사진들을 네트워크가 라벨링하는 능력을 테스트하는 경연장이었다. 이 사진들은 모두 대형 이미지(224×224 픽셀)였고, 수천 종류의 범주에 각각 속할 수 있었다. 이 대회에서 이들이 만든 합성곱 신경망은 62%의 인식 정확도를 보여 우승을 차지했다. 2위를 차지한 알고리즘과는 10% 포인트 차이였다.

토론토 대학 팀의 모델은 어떻게 이렇게 뛰어난 능력을 보일 수 있었을까? 인공 시각에 필요한 새로운 계산 방법을 발견한 것이었을까? 아니면 모델이 연결방식을 더 잘 학습할 수 있도록 도움을 주는 마법 같은 기술을 찾아낸 것이었을까? 하지만 이 의문에 대한 답은 의외로 간단했다. 이들이 만든 합성곱 신경망과 그 이전의 합성곱 신경망들의 차이는 크기에 있었던 것이었다. 토론토 대학 팀의 네트워크는 총 65만 개 이상의 인공 뉴런을 가지고 있었다. 이는 르쿤의 숫자 인식 네트워크가 가진 인공 뉴런 수의 80배 정도였다. 실제로 이 네트워크는 컴퓨터 칩의 메모리 한계 내에서 모델을 구성하기 위해 절묘한 엔지니어링 기법을 동원해야 할 정도로 크기가 컸다. 또한 이 네트워크는 또 다른 의미에서도 컸는데, 뉴런들 사이의 연결을 훈련시키기 위해 엄청나게 많은 데이터가 필요했다. 이 모델은 컴퓨터과학 교수 페이페이 리Fei-Fei Li가 수집한 120만 개의 이미지들을 이용해 학습되었다.

2012년은 합성곱 신경망 발달의 분수령이 된 해였다. 엄밀하게 볼 때 토론토 대학 팀이 만들어낸 합성곱 네트워크는 뉴런과 이미지의 수를 늘려 만든, 즉 순수하게 양적인 확장을 통해 구현한 모델에 불과했지만, 이 모델의 뛰어난 성능은 이 분야를 질적으로 변화시켰다. 이 모델의 놀라운 성능을 지켜본 연구자들은 합성곱 신경망에 대한 연구에 집중하게 됐고, 합성곱 신경망을 더 개선하기 위해 노력했다. 이들의 노력은 대부분 같은 방향, 즉 네트워크를 더 크게 만드는 방향으로 나아갔지만 네트워크의 구조와 학습방식을 개선하는 방향으로도 동시에 이뤄졌다.

2015년에 이르자 합성곱 신경망은 인간의 이미지 분류 능력 수준에 도달했다(물론 인간의 능력과 100% 같지는 않았다. 일부 헷갈리는 이미지들에서는 인식 오류를 보였다). 현재 합성곱 신경망은 거의 모든 이미지 처리 소프트웨어의 핵심을 형성하고 있다. 소셜미디어의 얼굴 인식, 자율주행 자동차의 보행자 탐지, 심지어 X레이 이미지를 이용한 질환 진단은 모두 합성곱 신경망을 이용한 것이다. 재미있는 사실은 신경과학자들이 뇌 조직 사진에서 뉴런의 위치를 탐지해내는 데에도 합성곱 신경망이 사용되고 있다는 것이다. 이제는 인공 뉴런 네트워크가 실제 뉴런 네트워크를 찾아내고 있는 것이다.

시각 시스템 구축에 필요한 영감을 얻기 위해 컴퓨터과학자들은 뇌로 눈을 돌리는 현명한 선택을 한 것으로 보인다. 후쿠시마는 뉴런의 기능들에 집중해 그 기능들을 간단한 연산으로 응축함으로써 성과를 거뒀다. 하지만 그가 이러한 모델 개발의 첫 단계를 시작했을 때에는 그의 연구를 빛나게 해줄 컴퓨터 시스템과 데이터가 없었다. 후쿠시마의 모델을 완성한 것은 그로부터 수십 년 후에 나타난 컴퓨터과학자들이었다. 결국 현재의 합성곱 신경망은 1966년 MIT 여름 프로젝트에서 처음 제시된 과제들의 상당히 많은 부분을 수행할 수 있는 수준에 이르게 됐다.

하지만 셀프리지의 팬더모니엄 모델이 시각 시스템을 연구하는 신경과학자들에게 영감을 주었던 것처럼 합성곱 신경망과 뇌의 관계는 한 방향으로만 흐르지 않는다. 신경과학자들은 실제 시각 시스템 연구를 위해 모델을 만드는 과정에서 컴퓨터과학자들이 한 연구의 결과들을 이용하고 있다. 이는 엄청난 학습을 한 무겁고 큰 합성곱 신경망이 물체들의 이미지를 잘 식별해 낼 뿐만이 아니라 그 이미지들에 뇌가 어떻게 반응할지도 잘 예측하기 때문이다.

시각 처리는 휴벨과 비셀의 실험 대상이었던 1차 시각피질에서 시작되지만 그 외의 다양한 영역들도 연구되어 있다. 예를 들어, 1차 시각피질은 2차 시각피질로 연결을 보내고, 몇 번의 중계를 통해 정보는 최종적으로 관자놀이 바로 뒤에 위치한 측두엽 피질에 도달한다.

측두엽 피질은 물체 인식과 관련이 있다고 오래전부터 생각돼왔다. 1930년대 초반에 연구자들은 이 뇌 부위의 손상이 이상한 행동으로 이어진다는 것을 알게 됐다. 예를 들어, 측두엽 피질이 손상된 환자들은 어떤 것을 집중해서 보아야 하는지 판단하기 힘들기 때문에 쉽게 주의가 산만해진다. 또한 이들은 이미지에 대해 정상적인 감정적 반응을 보이지 않는데, 대부분의 사람들이 끔찍하다고 생각하는 이미지를 보아도 전혀 반응하지 않는다. 또한 이들은 물체를 탐색할 때 눈으로 보지 않고 입에 물체를 넣기도 한다.

이 뇌 영역에 대한 지식은 연구자들이 뇌 병변이 있는 환자나 동물을 수십 년 동안 주의 깊게 관찰하면서 뉴런의 활동을 연구함으로써 축적된 것이다. 이런 연구들을 통해 학자들은 "IT$^{\text{inferior temporal cortex}}$"라는 이름으로도 불리는 측두엽 피질의 맨 아래 부분에서 물체에 대한 이해가 주로 이뤄진다는 것을 알아냈다. IT에 손상을 입은 사람들은 대부분 정상적 행동과 시각 능력을 나타내지만, 물체의 이름을 정확하게 말하지 못하거나 물체를 정확하게 인식하지 못한다. 예를 들어, 이들은 친구의 얼굴을 알아보지 못하거나 비슷해 보이는 물체들을 구별할 수 없다.

따라서 이 영역의 뉴런들은 물체에 반응한다고 할 수 있다. 이 뉴런들 중 일부는 각각 시계, 집, 바나나 등 특정한 물체에만 반응하는 확실한 선호를 가진 뉴런들이다. 하지만 우리가 이해하기 좀 더 힘든 뉴런들도 있다. 이 뉴런들은 물체의 일부를 선호하거나, 공통적인 특징을 가진 두 물체에 비슷한 반응을 보인다. 물체가 보이는 각도에 반응하는 뉴런들도 있다. 이런 뉴런들은 물체가 정면으로 보일 때 가장 발화 확률이 높다. 하지만 물체가 어떤 각도에서 보여도 대부분 반응하는 뉴런들도 있다. 또한, 어떤 뉴런은 물체의 크기와 위치에 반응하지만 어떤 뉴런은 그렇지 않다. 종합적으로 볼 때 IT는 물체에 관심을 나타내는 뉴런들의 집합이라고 할 수 있다. 단언할 수는 없지만, 물체에 반응하는 IT의 이런 능력으로 볼 때 IT는 시각 처리를 위한 계층구조의 최상층, 즉 시각 시스템의 최종 목적지로 보인다.

신경과학자들은 IT가 어떻게 이러한 반응을 일으키는지 정확히 이해하기 위해 수십 년 동안 노력해 왔다. 신경과학자들의 상당수는 후쿠시마의 연구를 기초로 간단한 세포와 복잡한 세포의 층들로 구성되는 모델을 만들었고, 이를 통해 IT의 활동을 모방하여 IT의 활동을 완벽하게 예측하기 위해 노력했다. 이런 접근방식은 어느 정도 효과가 있었다. 하지만 신인식기가 그랬던 것처럼 신경과학자들이 만든 모델도 적은 수의 작은 이미지들로부터 연결 관계를 학습하는 소규모 모델이었다. 진정한 진전을 이루기 위해 신경과학자들은 컴퓨터과학자들이 했던 것과 같은 방식으로 모델을 확장할 필요가 있었다.

2014년, 케임브리지 대학의 니콜라우스 크리게스코르테Nikolaus Kriegeskorte 연구팀과 MIT의 제임스 디칼로James DiCarlo 연구팀이 각각 시도한 한 일이 바로 그 모델의 확장이었다. 이들은 실제 물체들의 다양한 이미지들을 실험대상들(인간과 원숭이)에게 보여주면서 시각 시스템의 다양한 영역들의 활동을 기록했다. 또한 이들은 같은 이미지들을 합성곱 신경망에게 보여주면서 실제 이미지들을 분류하도록 훈련시켰다. 이 두 연구팀이 공통적으로 발견한 것은 이 컴퓨터 모델들이 생물체의 시각 시스템을 매우 비슷하게 모방한다는 사실이었다. 특히 이들은 어떻게 IT 뉴런이 특정한 이미지에 반응하는지 알려면 어떻게 이 네트워크들의 인공 뉴런들이 특정한 이미지에 어떻게 반응하는지 관찰하는 방법이 이전에 신경과학자들이 사용했던 그 어떤 방법들보다 효과적인 방법이라는 것을 증명했다. 특히, 네트워크의 마지막 층에 있는 뉴런들이 IT 뉴런들의 활동을 가장 잘 예측해냈으며, 마지막 층 바로 전 층에 있는 뉴런들은 V4 영역(IT에 입력을 제공하는 영역)에 있는 뉴런들의 활동을 가장 잘 예측해냈다. 합성곱 신경망은 뇌의 계층적인 시각 시스템을 모방하고 있는 것으로 보였다.

모델과 뇌 사이의 놀라운 유사성을 보여줌으로써 이 연구는 생물학적 시각 연구에 혁명을 일으켰다. 이 연구는 레트빈, 휴벨, 비셀의 연구에 기초한 시각 연구가 대체적으로 올바른 방향으로 가고 있다는 것을 보여주었다. 하지만 이런 연구는 규모가 더 커지고 더 대담해져야 했다. 동물이 사물을 보는 방법을 설명할 수 있는 모델은 그 모델 자체가 사물을 볼 수 있어야 했다.

하지만 이런 방식의 연구를 하기 위해서는 일부 학자들이 소중하게 여기는 원칙, 즉 모델은 우아하고 단순하며 효율적이어야 한다는 원칙을 포기할 수밖에 없었다. 65만 개의 인공 뉴런으로 구성되는 모델은 어떤 식으로 작동하든 우아하거나 효율적일 수 없었다. 과학자들이 가장 사랑하는 아름다운 수식들과 비교했을 때 이런 네트워크들은 몸집이 엄청나게 크고 보기에도 좋지 않았다. 하지만 결국 이 네트워크들은 이 모든 아름다운 수식들로는 얻을 수 없는 결과를 생성해냈다.

셀프리지의 연구는 생물학자들이 시각 시스템을 계층 구조로 보게 했고, 계층 구조 이론에 기초한 실험들은 합성곱 신경망 구축의 토대가 됐다. 이 토대는 컴퓨터과학에 의해 구축된 것이었지만 결국 컴퓨터과학자들과 생물학자들 모두 이 토대에 기초한 협업을 통해 성공적인 연구를 진행할 수 있었다. 이는 현실 세계에서 실제로 시각적 작업을 수행할 수 있는 인공 시스템을 만들기 위한 노력이 생물학적 시각에 대한 생물학자들의 연구의 방향을 바꾼 결과라고 할 수 있다. 또한 공학자들과 컴퓨터과학자들은 생물학자들의 뇌 시각 시스템 연구에서 영감을 얻어 인공 시각 시스템 구축이 가능하다는 생각을 하게 됐다. 이들은 이렇게 서로의 연구를 이해하고 영향을 미치면서 시각 시스템 연구의 서사를 특출나게 만들었다.

# 7
# 신경 암호의 해독
정보이론과 효율적인 암호화

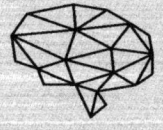

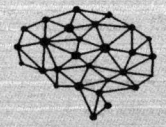

심장은 혈액을 펌프질하고, 폐는 기체 교환에 영향을 미치고, 간은 화학물질을 처리하고 저장하고, 신장은 혈액에서 물질을 제거하지만 신경계는 정보를 처리한다.

— 신경과학 연구 프로그램 세션 요약문, 1968년

1968년 신경과학 연구 프로그램 회의는 개개의 뉴런과 뉴런들의 집단이 정보를 처리하는 방식에 대한 논의를 목적으로 한 회의였다. 신경과학자 시어도어 불럭Theodore Bullock과 도널드 퍼컬Donald Perkel이 쓴 이 연구 프로그램 세션의 요약문은 확실한 결론을 포함하고 있지는 않지만, 뇌에서 일어나는 정보의 표현, 전환, 전달, 저장에 관한 당시의 연구들이 가진 광범위한 가능성들을 요약한 것이었다.

이 요약문에 쓰인 것처럼, 뇌가 정보 처리의 역할을 한다는 생각은 심장이 혈액을 펌프질한다는 생각만큼 자연스러워 보인다. 20세기에 들어 "정보information"라는 말이 일상적으로 사용되기 전에도 과학자들은 신경이 전달하는 정보를 표현하기 위해 "메시지" 또는 "신호signal"라는 말을 사용했다. 예를 들어, 1892년에 한 병원 직원들을 대상으로 한 강연에서는 이런 설명이 이뤄지기도 했다. "몸의 다양한 부분들로부터 뇌로 메시지를 전달하는 섬유들이 있다. 이 섬유들 중 일부는 특정한 감각기관과 연결돼 특정한 종류의 메시지를 전달하는 신경이다. 이런 신경은 소식이 전달되는 통로 역할을 한다." 이와 같은 맥락에서, 1870년에 발표된 한 논문은 운동뉴런의 발화를 "의지가 근육에 전하는 메시지"로 설명하면서 신경계를 당시 널리 사용되던 정보 전달 수단인 전보telegraph에 비유하기도 했다.

하지만 신경계가 정보를 나타내는 방식에 대한 본격적인 연구는 불럭과 퍼컬이 1968년에 연구 프로그램 세션의 요약문을 쓰기 약 40년 전인 20세기 초반에야 에드거 에이드리언Edgar Adrian에 의해 시작됐다.

1889년 런던에서 태어난 에이드리언은 고지식하고 올바른 이미지의 학자였다. 에이드리언이 태어났을 당시 그의 가문은 영국 사회에 정착한 지 300년이 넘는 유서 깊은 가문으로, 16세기부터 의사와 목사, 정부 관료 등을 배출한 명문가였다. 그는 학교를 다닐 때부터 교사들의 인정을 받았으며, 대학교에서 의학을 전공했지만, 의학 외에도 예술, 특히 그림에 재능을 보이기도 했다. 에이드리언은 결국 케임브리지 대학 교수가 돼 연구에 전념하면서 학생들을 열심히 가르쳤다. 특히 생리학 분야에서 발군의 실력을 보여 42세에 노벨상을 받았고, 1955년에는 엘리자베스 2세 여왕으로부터 귀

족 작위를 받아 "에이드리언 경"으로 불리게 됐다.

하지만 에이드리언은 내면적으로는 매우 부산스러운 사람이었다. 그는 등산과 자동차 질주를 하면서 스릴을 즐겼고, 또한 자신을 대상으로 실험을 하면서 행복감을 느꼈던 그는 자신의 팔에 주사바늘을 꽂은 상태에서 두 시간 동안 근육 활동을 측정하기도 했다. 에이드리언은 학생들과 호수 지역(영국 서북부의 국립공원)에서 숨바꼭질을 하거나, 예정에 없던 회의에 참석하지 않기 위해 실험실에 숨기도 했고, 질문을 하는 학생들을 따돌리기 위해 자전거를 타고 집으로 도망가거나, 생각을 한다며 어두운 캐비닛 안에 들어가 시간을 보내기도 했다. 에이드리언의 가족과 주변 사람들은 그가 빠르고 민첩하게 움직이며, 가만히 앉아있는 일이 거의 없다고 말했다. 빠르게 움직인 것은 에이드리언의 몸뿐이 아니었다. 그의 마음도 빠르게 움직였다. 에이드리언은 평생 개구리, 고양이, 원숭이 등의 시각, 통각, 촉각, 근육 조절 등 동물과 관련된 수많은 문제들을 연구했다.

에이드리언의 성공은 신체적으로나 정신적으로나 가만히 있지 못하는 이런 그의 성향이 때문이었을지 모른다. 신경의 활동에 대한 다양한 연구를 통해 그는 신경계에 대한 현재의 우리의 지식의 핵심을 구성하는 원리들을 발견해냈다. 1928년에 발표한 『감각의 기초The Basis of Sensation』에서 그는 자신의 연구결과들과 그 연구결과들에 이르게 한 실험들에 대해 설명했다. 이 책은 신경계의 해부학적 구조에 대한 설명, 신경계의 활동을 설명하는 과정에서 부딪힌 기술적 어려움에 대한 설명이 "신호", "메시지", "정보" 같은 용어들과 뒤섞여 있는 책이었다. 이 책은 실험적 진전 내용과 개념에 대한 통찰이 버무려졌고, 그 후로 몇 세기 동안 이 분야에 영향을 미쳤다.

제3장에서 우리는 에이드리언이 개구리의 근육에 추를 매달아 근육의 위치를 추적하는 "신전$^{\text{stretch}}$(늘어남) 수용체가 어떻게 반응하는지 관찰하는 실험을 했다는 것을 다룬 바 있다. 이 수용체로부터 척수로 신호를 전달하는 신경의 활동을 측정하기 위해 다양한 무게의 추들을 개구리 근육에 매달아 실험을 진행한 에이드리언은 다음과 같은 결론을 내렸다. "근육이 늘어날 때 중추신경계로 이동하는 감각 메시지는 익숙한 유형의 충격들의 집합이다. 이 충격들이 발생하는 빈도는 자극의 강도에 비례하지만, 각각의 충격들의 크기는 모두 같다." 감각 뉴런들이 방출하는 활동전위의 크기, 형태, 지속시간은 근육에 가해지는 무게와 상관없이 일정하다는 이 발견이 바로 "실무율" 법칙을 나타내는 발견이다.

에이드리언의 책에는 이런 실무율 법칙에 따라 신경 충동이 발생하는 사례들이 곳곳에서 다뤄진다. 신경 충동은 동물의 종, 신경 또는 신경이 전달하는 메시지의 종류와 상관없이 실무율을 따른다. 활동전위는 그 활동전위가 전달하는 신호의 종류에 따라 달라지지 않지만, 활동전위의 방출 빈도는 달라질 수 있다. 따라서 뉴런의 스파이크는 개미 무리와 비슷하다고 할 수 있다. 각각의 활동전위는 모두 같은 힘을 가지며 활동전위의 힘은 활동전위의 숫자에서 나오기 때문이다.

개별적인 활동전위의 속성이 그 활동전위를 발생시키는 감각 자극의 강도와 상관없이 모두 같다면 한 가지 사실이 확실해진다. 활동전위의 크기는 정보를 전달하지 않는다는 사실이다. 에이드리언의 이 연구를 기초로 생리학자들은 신경의 어떤 부분에 정확하게 정보가 있는지, 어떻게 그 정보가 전달되는지에 대한 연구를 진행할 수 있게 된 것이다.

하지만 "정보란 무엇인가?"의 문제는 여전히 남아있다. 심장이 펌프질하는 혈액이나 폐가 순환시키는 기체는 관찰이 가능하고, 형태가 있으며, 측정이 가능한 물리적인 물질이다. 하지만 우리가 흔히 말하는 "정보"는 사실 모호하고 이해하기 어려우며, 정확한 정의가 쉽지 않은 개념이다. 유체나 기체를 측정하듯이 정보를 측정할 수 없다면 과학자들이 뇌의 핵심적인 기능을 양적으로 이해하는 것은 가능할까?

하지만 에이드리언의 책이 발표된 시점과 퍼컬과 불럭의 보고서가 발표된 시점 사이에 정보에 대한 양적 정의가 가능하게 됐다. 제2차 세계대전 동안 이뤄진 과학 연구에서 탄생한 이 정의는 그 후로 세상을 예기치 못한 방식으로 변화시키게 된다. 하지만 뇌 연구에 이 정의를 적용하는 일은 결코 쉬운 일은 아니었다.

벨연구소에서 연구를 시작할 때 클로드 섀넌Claude Shannon은 군인 신분이었다. 당시는 1941년이었고, 미국 국방연구위원회가 과학자들을 전쟁 수행을 위한 기술 연구에 투입한다는 결정이 이뤄진 상태였다. 그는 군인 신분으로 심각한 연구를 하면서도 자신이 타고난 성격대로 유쾌하게 지냈다. 섀넌은 벨연구소에서 일을 하면서 틈틈이 저글링을 하거나 외발자전거를 타고 연구소 주변을 돌아다녔다.

미국 중서부의 작은 마을에서 태어난 섀넌은 어릴 때부터 과학, 수학, 공학에 관심을 가졌다. 어린 시절에는 라디오 부품을 가지고 놀거나 숫자 퍼즐을 즐겼고, 어른이 돼서는 저글링과 로켓의 힘으로 발사되는 프리스비에 관한 수학적 이론을 만들어내기도 했다. (체스를 좋아했던) 그는 체스를 둘 수 있는 기계 등 끊임없이 다양한 장치들을 만들었는데, 그중 일부는 평균 이상으로 생산적이었다. 벨연구소에서 일할 때 섀넌은 책상 위에 "궁극의 기계Ultimate Machine"라는 이름의 상자 형태의 기계장치를 올려놓고 있었는데, 전원 스위치를 올리면 손 모양의 막대가 상자 밖으로 나와 그 전원 스위치를 다시 내리고 상자 안으로 들어가는 장치였다.*

섀넌은 후에 전기공학에 혁명을 일으킨 72쪽 분량의 석사학위 논문 〈계전기와 스위치 회로의 기호학적 분석〉, 그리고 박사학위 논문인 〈이론 유전학을 위한 대수학〉을 쓰면서 생물학에 수학적인 방법을 적용하는 데 관심을 가지게 됐다. 하지만 군인 신분이었던 섀넌은 벨연구소에서는 암호 작성과 해독에 대해 연구해야 했다. 당시 군은 다양한 경로로 전송되는 메시지를 안전하게 암호화하는 방법

---

* 이 장치의 설계는 제3장에서 다룬 『퍼셉트론』의 저자 중 한 명인 마빈 민스키가 한 것으로 알려진다. 당시 민스키는 벨연구소에서 섀넌 밑에서 일하고 있었다. 섀넌은 이 장치를 몇 개 더 만들어 (벨연구소의 모기업인) AT&T 중역들에게 선물하겠다는 제안을 연구소 측에 했던 것으로 알려진다.

에 관심이 있었기 때문이다. 당시 벨연구소는 암호 연구의 중심지였고, 섀넌이 그곳에 있는 동안 유명한 암호 해독 전문가 앨런 튜링Alan Turing이 합류하기도 했다.

전쟁 기간 동안 암호와 메시지에 대해 연구하면서 정보통신의 개념에 대해 광범위하게 생각하게 된 섀넌은 메시지 전송에 대한 수학적 이해 방법을 제시했다. 하지만 당시 암호 연구는 보안의 대상이었기 때문에 섀넌의 이 연구는 기밀로 유지됐고 1948년이 돼서야 공개됐다. 이 내용을 담은 〈정보통신의 수학적 이론〉은 정보이론information theory이라는 새로운 분야를 연 논문이었다.

섀넌은 이 논문에서 5개의 간단한 요소들로 구성되는 매우 일반적인 정보통신 시스템에 대해 설명했다. 첫 번째 요소는 보내질 메시지를 생성하는 "정보의 근원source"이다. 두 번째 요소는 세 번째 요소인 "채널channel"을 통해 보내질 수 있는 형태로 메시지를 암호화하는 "발신기transmitter"다. 이 채널의 건너편에는 정보를 해독해 원래의 형태로 만드는 "수신기receiver"와 메시지가 최종적으로 도착하는 "목적지destination"가 있다(그림 16).

이 구조에서 메시지의 매개체는 중요하지 않다. 매개체는 라디오에서 나오는 노래일 수도 있고, 전보에 쓰인 글자일 수도 있고, 인터넷에 있는 이미지일 수도 있다. 섀넌은 이 정보 전송 모델의 구성 요소들이 "물리적인 대응물을 기초로 적절하게 이상화된 요소들"이라고 논문에서 설명했다. 매개체가 중요하지 않은 이유는 매개체가 무엇이든 정보통신의 근본적인 문제는 "한 지점에서 선택된 메시지를 정확하게 또는 근사적으로 다른 지점에서 재생하는 문제"

**섀넌의 정보통신 시스템**

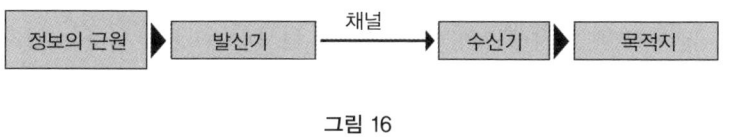

그림 16

로 동일하기 때문이다.

섀넌은 이렇게 간단한 정보통신 시스템 모델을 기초로 정보 전송에 대한 이론을 확립하려고 노력했다. 하지만 정보가 어떻게 전달되는지에 대한 질문에 수학적으로 접근하기 위해서는 먼저 정보를 수학적으로 정의해야 했다. 이를 위해 섀넌은 이전 연구를 바탕으로 정보가 가져야 하는 구체적인 특성들을 생각해냈다. 이를테면, 정보는 음수가 될 수 없으며, 정보의 정의는 수학적으로 다루기 쉬워야 한다는 것이 그의 생각이었다. 하지만 정보를 수학적으로 정의하는 과정에서 가장 어려운 부분은 정보가 암호에 의존한다는 직관을 어떻게 표현할지의 문제였다.

모든 학생들이 교복을 입고 학교를 다니는 상황을 상상해보자. 학생들은 모두 같은 교복을 입고 다니기 때문에 학생들의 교복을 보는 것으로는 그들의 기분이나 성격 또는 날씨에 대한 정보를 얻는 것이 힘들 것이다. 반면, 교복을 입지 않는 학교 내 학생들의 옷차림을 보면 앞서 언급된 정보 또는 그 이상의 정보를 얻을 수 있다. 예를 들어, 현재 기온이 궁금한 사람이 어떤 학생이 스웨터가 아니라 얇은 옷을 입은 것을 본다면 기온을 짐작하는 데 도움을 받을 수 있을 것이다. 이런 식으로 옷차림은 일종의 암호, 즉 의미를 전달하는 전송 가능한 기호들의 집합으로 사용될 수 있다.

교복을 입은 학생들이 이런 정보를 전달할 수 없는 이유는 암호에 선택권option이 포함되어야 하기 때문이다. 암호(이 경우에는 학생들의 옷차림)가 의미를 가지기 위해서는 각각 서로 다른 의미를 가진 여러 개의 기호들이 암호에 포함되어야 한다는 뜻이다.

하지만 여기서 중요한 것은 기호의 개수뿐만이 아니라 기호들이 어떻게 사용되는지도 중요하다. 학생들이 청바지에 티셔츠를 입거나 정장을 입는 두 가지 선택 중 하나만을 한다고 가정해보자. 학생들이 100일 중 99일에만 청바지에 티셔츠를 입는다면 이 학생들의 옷 선택에서 얻을 수 있는 정보는 많지 않다. 이 경우 청바지와 티셔츠는 교복이나 마찬가지다. 하지만 이 학생들이 100일 중 하루에 정장을 입는다면 이 옷차림은 상당히 중요한 정보를 제공한다. 이 경우 정장은 정장을 입은 학생들에게 특별한 일이 있다는 것을 알려주기 때문이다. 여기서 우리는 기호가 흔하지 않을수록 많은 정보를 전달하지만 흔한 기호는 정보를 많이 전달하지 못한다는 것을 알 수 있다.

기호 사용과 정보 내용 사이의 이 관계를 포착하고자 했던 섀넌은 기호가 가진 정보 내용을 출현 확률 측면에서 정의했다. 구체적으로 설명하면, 섀넌은 기호의 출현 확률이 높아지면 정보의 양이 줄어든다는 것을 기호가 가진 정보의 양이 기호의 출현 확률의 역수에 비례한다는 것을 나타내는 수식으로 표현했다. 숫자의 역수는 1을 그 숫자로 나눈 값이기 때문에 확률이 높다는 것은 "역확률inverse probability"이 낮다는 뜻이다. 섀넌은 기호가 많이 사용될수록 그 기호가 가진 정보는 줄어든다는 생각을 이렇게 표현했고, 다른 수학적인 고려를 통해 이 정보의 값을 로그logarithm로 표현하기로 결정했다.

로그는 밑수base에 의해 정의된다. 예를 들어, 밑수가 10이고 진수가 100인 로그 log10100의 값은 2, log101000의 값은 3이다. 따라서 밑수가 10이고 진수가 100과 100 사이에 위치한 로그의 값은 2와 3 사이에 있다.

섀넌은 정보의 수학적 정의에 밑수를 2로 하는 로그를 사용하기로 했다. 이렇게 하면 기호 안에 포함된 정보의 양을 계산할 때 기호의 출현 확률의 역수를 얻으려면 2를 몇 제곱해야 하는지 생각하기만 하면 된다. 이런 식으로 표현한다면, 예를 들어, 청바지에 티셔츠를 입는 옷차림을 출현 확률이 0.99인 기호라고 생각하면 이 옷차림이 가진 정보 내용의 값은 log2(1/0.99), 약 0.014가 된다. 한편, 정장을 입는 옷차림이 가진 정보 내용의 값은 log2(1/0.01), 약 6.64가 된다. 확률이 낮을수록 정보의 양이 많다는 것이 이렇게 수학적으로 표현되는 것이다.*

하지만 섀넌의 관심은 기호 하나의 정보 내용이 아니라 기호들로 구성되는 암호의 정보 내용에 있었다. 암호는 암호를 구성하는 기호들의 집합과 그 기호들 각각이 사용되는 방식에 의해 정의된다. 따라서 섀넌은 암호에 포함된 모든 정보를 그 암호를 구성하는 모

---

* 확률에 대해서는 제10장에서 자세하게 다룰 것이다.

든 기호들에 포함된 정보의 합으로 정의했다. 여기서 중요한 것은 이 합에 가중치가 적용된다는 것이다. 즉, 각각의 기호가 가진 정보의 값이 그 기호가 사용되는 빈도의 값에 곱해진다는 뜻이다.

이 정의에 따르면, 학생들의 옷차림 암호가 갖는 총 정보의 양은 0.99×0.014(청바지와 티셔츠)+0.01×6.64(정장)=0.081이다. 이는 우리가 매일 학생들의 옷차림을 보고 얻는 평균적인 정보의 양이라고 생각할 수 있다. 만약 학생들이 80%의 시간 동안 청바지에 티셔츠를 입고 나머지 20%는 정장을 입는 것을 선택한다면 옷차림 암호는 달라지고, 평균 정보의 양은 더 많아질 것이다[0.80×log2(1/0.80)+0.20×log2(1/0.20)=0.72].

섀넌은 암호가 가진 평균 정보량에 엔트로피entropy라는 이름을 붙였다. 이런 이름을 붙인 공식적인 이유는 정보에 대한 이 정의가 물리학에서 무질서의 정도를 가리키는 엔트로피와 관련이 있기 때문이었다. 하지만 섀넌은 (아마 농담이었겠지만) 비공식적으로는 "아무도 엔트로피를 이해하지 못하기 때문에" 엔트로피라는 이름을 붙이면 항상 그의 이론과 관련된 논쟁에서 그가 이길 것이라고 생각했기 때문에 그랬다고 말했다.

섀넌의 엔트로피는 정보를 극대화하는 과정에 수반되는 근본적인 제약이 있음을 나타낸다. 희귀한 기호일수록 많은 정보를 전달하기 때문에 암호에는 희귀한 기호가 최대한 많이 포함되어야 한다. 하지만 희귀한 기호를 더 많이 사용할수록 그 기호의 희귀성은 줄어든다. 엔트로피를 나타내는 수식은 정보의 양과 기호의 희귀성 사이의 이 관계를 나타내는 수식이다. 기호의 출현 확률이 줄어들면 그 확률의 역수의 로그 값은 커진다. 즉, 정보가 늘어난다. 하지만 이 로그 값은 바로 그 기호의 출현 확률에 의해 곱해진다. 이는 기호의 출현 확률이 줄어들면 정보에 대한 기호의 기여가 줄어든다는 뜻이다. 따라서 엔트로피를 극대화하기 위해서는 희귀한 기호를 최대한 흔한 기호로 만들어야 하지만 어느 정도에서 멈추어야 한다.

정보의 단위가 비트$^{bit}$가 된 것은 섀넌이 밑수를 2로 하는 로그를 사용했기 때문이다. 비트는 이진수$^{binary\ digit}$의 줄임말로 섀넌의 논문에서 처음 사용되기는 했지만, 비트라는 말 자체를 섀넌이 만들어낸 것은 아니었다(섀넌은 벨연구소의 동료 연구원 존 튜키$^{John\ Tukey}$에게 그 공을 돌렸다).* 정보의 단위로 비트를 사용하는 것은 효용성이 높으면서 직관적인 해석을 가능하게 한다는 장점이 있다. 구체적으로 설명하면, 기호에 포함된 평균 비트 수는 그 정도 양의 정보를 얻기 위해 해야 하는 "네/아니오" 질문의 수와 같다.

예를 들어, 누군가가 태어난 계절을 네/아니오 질문을 통해 알아내려고 한다고 가정해보자. 첫 번째 질문으로 "봄 또는 가을인가요?"라는 질문을 할 수 있을 것이다. 상대방이 "네"라고 대답하면 그 다음 질문은 "봄인가요?"일 수 있다. 이때 상대방이 "아니오"라고 대답한다면 답은 가을이라는 것을 알 수 있다. 상대방이 첫 번째 질문에 "아니오"라고 대답한다고 해도, 다음 질문으로 "여름인가

---

* 정보를 나타내기 위해 꼭 밑수가 2인 로그를 사용할 필요는 없었다. 섀넌이 정보 연구를 하기 전에 그의 동료 랠프 하틀리(Ralph Hartley)는 밑수가 10인 로그로 정보를 정의했다. 하틀리의 정의가 널리 사용됐다면 정보의 단위는 비트가 아니라 "디트[dit, 십진수(decimal digit)의 약자]"가 됐을지도 모른다.

요?"라는 질문을 하고, 상대방이 "아니오"라고 대답을 하면 겨울이라는 답을 얻을 수 있다. 즉, 상대방이 네 또는 아니오 중 어떤 대답을 하더라도 두 번의 네/아니오 질문을 통해 답을 알아낼 수 있다. 이 상황은 섀넌의 엔트로피 수식으로 나타낼 수 있다. 사람들이 각 계절에 태어날 확률이 같다고 가정하면 각각의 계절은 모두 25%의 시간을 나타내는 "기호"로 사용될 수 있다. 이 각각의 기호에 포함된 정보의 양은 $\log_2(1/0.25)$이다. 이는 기호당 평균 비트 수가 2라는 뜻, 즉 질문의 수가 2개라는 뜻이다.

효과적인 정보통신 시스템을 설계하기 위해서는 기호당 정보의 양이 많은 암호를 설계해야 한다. 암호를 구성하는 기호가 제공하는 평균 정보량을 극대화하려면 암호의 엔트로피를 극대화해야 한다. 하지만 앞에서 살펴보았듯이 섀넌의 엔트로피는 정보를 극대화하는 과정에 수반되는 근본적인 제약이 있음을 나타낸다. 이 말은 정보를 극대화하기 위해서는 희귀한 기호들이 표준이 되어야 한다는 뜻이다. 이런 모순적인 조건들을 만족시킬 수 있는 가장 좋은 방법은 무엇일까? 이 난해한 문제의 답은 의외로 간단했다. 암호의 엔트로피를 극대화하기 위해서는 암호를 구성하는 모든 기호들이 모두 정확하게 같은 양으로 사용되면 된다. 예를 들어, 암호가 5개의 기호로 구성된다면, 각각의 기호를 5분의 1씩 사용하면 된다. 암호가 100개의 기호로 구성된다면 각각의 기호를 100분의 1씩 사용하면 된다. 이렇게 모든 기호를 동일한 정도로 사용하면 희귀성과 보편성 사이의 균형을 맞출 수 있다.

게다가 암호는 더 많은 기호를 포함할수록 더 좋은 암호가 된다.

기호 2개로 구성된 암호, 즉 각각의 기호가 반씩 사용되는 암호는 기호당 1비트의 엔트로피를 가진다(이는 비트의 정의에 대한 우리의 직관적 이해, 즉 기호 한 개가 "네"를 나타내고, 다른 한 개가 "아니오"를 나타내는 네/아니오 질문을 나타낸다는 생각과 일치한다). 반면, 64개의 기호로 구성되며 각각의 기호가 동일한 정도로 사용되는 암호는 기호당 6비트의 엔트로피를 가진다.

하지만 암호화는 메시지가 하는 여행의 시작일 뿐이다. 섀넌의 정보통신 개념에 따르면 정보는 암호화된 후에도 채널을 통해 목적지로 전송되어야 한다. 여기서 메시지 전송이라는 추상적인 목적이 물질의 물리적 한계에 직면하게 된다.

전보는 전선을 통과하는 짧은 전류 펄스를 통해 메시지를 보내는 전보에 대해 생각해 보자. 전보에서는 이 펄스 패턴의 조합, 즉 짧은 "점(·)"과 긴 "대시(-)"의 조합으로 알파벳을 표시한다. 예를 들어, 미국 모스 부호에서 점 다음에 대시가 오면 "A"를 뜻하고, 점 두 개 다음에 대사가 오면 "U"를 나타낸다. 이런 메시지를 전달하는 전선은 물리적인 제약을 받을 수밖에 없다. 특히 장거리에 걸쳐 전선이 이어지거나 해저로 전선이 이어지면 물리적 제약은 더 심해져 정보의 속도가 크게 제한된다. 또한 전보 기사들이 너무 급하게 타이핑을 하다보면 점과 대시 사이의 경계가 뭉개져 받는 사람에게는 쓸모없는 정보가 되기도 한다. 실제로 전보 기사들이 안전하게 보낼 수 있는 글자의 평균 개수는 1분당 100개 정도였다.

정보의 전송속도를 실용적으로 정의하기 위해 섀넌은 암호의 고유한 정보 속도와 정보가 통과하는 채널의 물리적 전송속도를 결합했다. 예를 들어, 기호당 5비트의 정보를 제공하는 암호를 1분당 10개의 기호를 전송하는 채널을 통해 보낸다면 이 정보의 전송속도는 1분당 50비트가 된다. 오류 없이 채널을 통해 정보를 전송할 수 있는 최대 속도를 채널 용량channel's capacity이라고 부른다.

섀넌이 발표한 논문들은 엄청나게 모호한 개념에 확실한 구조를 부여함으로써 그 후로 수십 년 동안 정보의 객체화에 지대한 기여를 했다. 섀넌의 연구가 당시의 정보 처리 분야에 미친 영향은 매우 미미했다. 정보의 전송, 저장, 처리를 일상생활의 일부로 만든 기술이 출현하는 데 그로부터 수십 년이 걸렸기 때문이다. 섀넌의 이론을 실제 기계에 적용할 수 있는 방법을 공학자들이 생각해내는 데에도 20년이 넘게 걸렸다. 하지만 정보이론은 생물학에는 훨씬 빠르게 영향을 미쳤다.

정보이론을 생물학에 처음 적용한 것 자체가 전쟁의 산물이었다. 오스트리아에서 태어난 헨리 콰슬러Henry Quastler는 제2차 세계대전 당시 미국에서 의사로 일하면서 원자폭탄의 위력에 대해 알게 됐고, 자신이 운영하던 병원을 접고 원자폭탄이 사람들의 건강과 유전자에 미치는 영향을 연구하기 시작했다. 하지만 그는 유기체 안에서 암호화된 정보가 방사선 노출에 의해 변화하는 정도를 정확하게 수치화할 수 있는 방법이 필요했다. 그러던 콰슬러가 알게 된 것이 바로 섀넌의 정보 이론이었다. 섀넌의 정보이론을 처음 접했을 때 그는 "이 이론, 이 수식들은 신이 내게 보낸 선물"이라며 감탄해마지 않았다. 콰슬러는 섀넌의 연구가 발표된 지 불과 1년 후인 1949년에 〈생물의 정보 내용과 오류 비율〉이라는 제목의 논문을 발표했다. 바로 이 논문이 생물학에 정보이론을 처음 적용한 논문이다.

신경과학자들도 바로 그들의 연구에 정보이론을 적용하기 시작했다. 1952년 워런 맥컬럭과 도널드 맥케이Donald MacKay는 〈신경 연결의 제한적 정보 능력〉이라는 제목의 논문을 발표했다. 이 논문에서 이들은 하나의 뉴런이 전달할 수 있는 정보의 최대치를 계산해냈다. 뉴런이 활동전위를 방출하는 데 필요한 평균 시간, 즉 생리학적 요소들이 발화를 일으키는 데 필요한 최소 시간을 기초로 이들은 1초당 2900비트라는 정보 상한선을 계산해냈다.

맥케이와 맥컬럭은 이 수치가 실제로 뉴런들이 전달하는 정보의 양을 나타내는 것은 아니며, 모든 가능한 조건들이 충족되는 경우를 가정해 산출한 수치라는 것을 처음부터 강조했다. 이들의 논문이 발표된 후 뇌의 암호화 능력을 밝혀내기 위한 수많은 연구가 그 뒤를 이었고, 수많은 논문이 발표됐다. 1967년에는 리처드 스타인Richard Stein이라는 신경과학자가 정보이론의 매력은 인정하지만 정보이론을 실제로 적용했을 때 나타난 결과들의 "엄청난 불일치"를 지적하는 논문을 발표할 정도였다. 실제로, 맥케이와 맥컬럭의 논문 이후에 발표된 논문 중에서는 뉴런의 1초에 전달하는 정보의 양이 4000비트에 이른다고 주장한 논문도 있었고, 1초에 3분의 1비트밖에 전달하지 못한다고 주장한 논문도 있었다.

이런 차이는 섀넌의 정보이론을 신경활동의 부분과 패턴에 적용하는 방식에 대한 생각 차이에서 비롯된 것이었다. 가장 큰 문제는 기호에 대한 정의였다. 이 문제는 신경 활동의 어떤 측면이 실제로 정보를 전달하고 어떤 측면이 부수적인지, 즉 신경 암호의 본질은 무엇인지 정의하는 문제였다.

중요한 것은 스파이크의 높이가 아니라는 에이드리언의 이론은 여전히 강력했다.* 하지만 이런 제약 하에서도 다양한 가능성이 존재했다. 활동전위의 기본단위만 가지고도 과학자들은 다양한 암호들에 대한 이론을 만들어낼 수 있었다. 맥케이와 맥컬럭은 신경 암호가 오직 두 가지의 기호, 즉 스파이크의 존재를 나타내는 기호와 스파이크의 부존재를 나타내는 기호로만 구성된다고 생각했다. 이들은 뉴런은 항상 두 가지 기호 중 하나를 전송한다고 생각했지만 신경 암호의 정보량을 계산한 뒤에는 다른 가능성, 즉 두 스파이크 사이의 시간을 암호로 보면 뉴런이 훨씬 더 많은 정보를 전송할 수 있다는 생각이었다. 이 생각에 따르면 두 스파이크 사이의 20밀리 초의 간격은 10밀리 초의 간격과는 다른 정보를 나타내므로 훨씬 더 많은 기호를 만들어낼 수 있는 생각이었고, 이들은 이를 기초로 1초당 2900비트라는 추정치를 계산해냈다.

스타인은 암호에 대해 당시까지 제기된 다양한 이론들을 정리하기 위해 에이드리언이 제기한 이론에 집중했다. 에이드리언은 자극

* 하지만 현재 신경과학자들 중 일부는 세포가 받는 입력에 따라 활동전위가 실제로 특정한 방식으로 변화하며, 이 변화가 신경 암호의 일부분일 수 있다는 생각을 가지고 연구를 진행하고 있다. 과학에는 언제나 변화 가능성이 존재한다.

이 변화해도 활동전위가 변화하지 않는다는 것을 입증한 뒤 이렇게 말했었다. "메시지는 충격의 전체 숫자의 변화, 즉 충격의 발생 빈도 변화에 의해서만 변화할 수 있다." 특정한 시간 안에 생성되는 스파이크의 수를 기호로 보는 암호 시스템은 빈도 기반frequency-based 또는 비율 기반 암호화rate-based coding 시스템이라고 부른다. 스타인은 1967년에 발표한 논문에서 이 비율 기반 암호화 시스템이 오류가 적다는 장점을 가진다고 주장했다.

하지만 신경 암호의 실체에 대한 논쟁은 스타인의 1967년 논문으로 끝난 것이 아니었다. 불럭과 퍼컬이 그로부터 1년 뒤 제시한 이론도 이런 논쟁을 끝내기에는 역부족이었다. 불럭과 퍼컬은 당시에 발표한 논문의 부록에서 수십 개의 신경 암호 후보들을 열거하고 이 신경 암호 후보들이 어떻게 적용될 수 있는지 논의했었다.

현재도 신경과학자들은 신경 암호에 관한 논쟁을 벌이면서 "신경 암호 해독"에 관한 학술회의를 열고, "신경 암호를 찾아서", "새로운 신경 암호가 출현할 시점인가?", (심지어) "신경 암호는 실제로 존재하는가?"와 같은 제목의 논문을 발표하고 있다. 신경과학자들 일부는 에이드리언이 처음 제시한 비율 기반 암호화 시스템을 뒷받침할 수 있는 증거를 찾고 있지만, 다른 일부는 에이드리언의 이론을 반박할 수 있는 증거를 찾고 있다. 신경 암호를 찾아내는 일은 맥케이와 맥컬럭이 신경 암호에 관한 논문을 처음 썼을 때보다 더 힘들어진 것 같기도 하다.

사실, 비율 기반 암호화 시스템의 존재를 뒷받침하는 증거의 일부가 뇌의 거의 모든 영역에서 발견되긴 한다. 예를 들어, 눈에서 정보를 보내는 뉴런들은 빛의 강도에 따라 발화 빈도가 변한다. 냄새를 암호화하는 뉴런들의 발화 빈도는 냄새의 농도에 따라 달라진다. 또한, 에이드리언이 보여주었듯이, 근육과 피부에 있는 수용체들은 더 많은 압력을 가하면 더 많이 발화한다. 이에 비해, 비율 기반 암호 시스템이 아닌 다른 암호화 시스템의 존재를 뒷받침하는 가장 강력한 증거들은 매우 구체적인 해결방법을 필요로 하는 감각 문제에서 나온다.

예를 들어, 소리의 출처를 특정할 때는 정확한 타이밍이 중요하다. 두 귀 사이에는 거리가 있기 때문에 왼쪽에서 나는 소리는 오른쪽 귀보다 왼쪽 귀에 먼저 닿을 것이다. 이렇게 소리는 수백만 분의 1초 정도의 짧은 간격으로 각각의 귀에 도달하기도 하는데, 소리의 출처를 계산하는 데 단서를 제공하는 것은 바로 이런 도착 시간 차이다. 이 계산을 담당하는 것은 두 귀 사이에 위치한 세포들의 미세한 덩어리인 내측상올리브 medial superior olive, MSO다.

이 계산을 수행할 수 있는 신경회로가 존재한다는 이론은 1948년 심리학자 로이드 제프리스 Lloyd Jeffress에 의해 처음 제시됐으며, 그 후로 수많은 실험에 의해 뒷받침됐다. 제프리스의 모델은 정보가 시간 암호 temporal code 형태로 각각 두 귀로 들어온다는 생각에 기초한다. 즉, 스파이크의 정확한 타이밍이 중요하다는 생각이다. MSO는 두 귀에서 각각 입력을 받으면서 그 두 입력의 정확한 도착 시간을 비교한다. 예를 들어, MSO의 세포 중 하나는 두 귀에 동시에 도착하는 소리를 탐지하도록 만들어졌을 수 있다. 이 세포가 동시에 도착하는 소리를 탐지하려면 두 귀에서 입력되는 신호가 이 세포에 도착하는 데 걸리는 시간이 정확히 같아야 한다. 이렇게 되면 이 세포는 두 입력을 동시에 받아 발화하며, 소리가 두 귀에 정확하게 같은 시점에 도착했음을 보여준다(그림 17 참조).

하지만 이 세포 옆에 있는 다른 세포는 약간 비대칭적으로 두 입력을 받는다. 즉, 한쪽 귀에서 나오는 신경섬유가 이 다른 세포에 닿기 위해서는 다른 쪽 귀에서 나오는 신경섬유가 이 세포에 닿기 위해 이동하는 것보다 약간 더 많이 이동해야 한다는 뜻이다. 따라서 이 두 시간 신호 중 하나는 다른 하나보다 늦게 도착한다. 신호가 추가적으로 이동해야 하는 거리에 따라 신호가 이 세포에 도착하는 데 필요한 시간이 결정되는 것이다. 왼쪽 귀에서 전송되는 신호가 이 MSO 세포에 도착하는 데 100마이크로초가 더 걸린다고 가정하면, 이 세포는 100마이크로초 차이로 두 신호 입력을 받게 되고, 앞 문단에서 말한 세포처럼 두 입력을 모두 받아야 발화할 수 있는 이

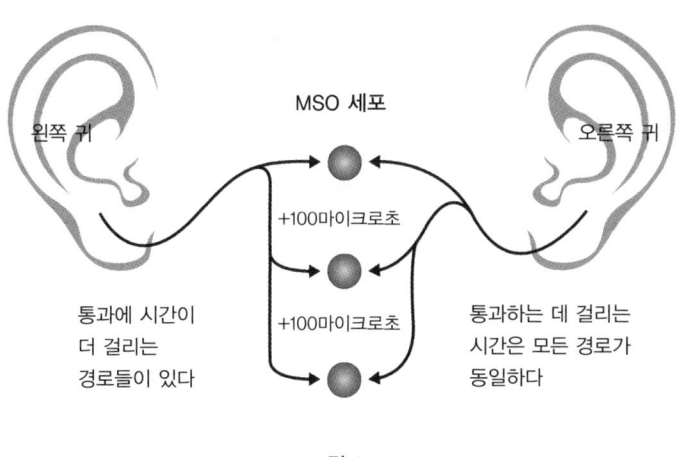

**그림 17**

세포는 100마이크로초 늦게 발화하게 된다.

이 패턴이 계속되면 이 세포 바로 옆의 있는 세포의 반응은 200마이크로초 더 늦게 발화하고, 그 옆에 있는 세포는 300마이크로초 더 늦게 발화할 수 있다. 전체적으로 볼 때 MSO는 이렇게 도착 시간이 미세하게 차이가 나는 신호들과 길게 차이가 나는 신호들에 반응하는 세포들로 구성된 지도를 형성한다. 이 지도는 시간 암호가 공간 암호로 전환된 결과를 나타내며, 여기서 활성을 나타내는 뉴런들의 위치는 소리의 출처에 대한 정보를 담고 있다.

신경 암호의 문제가 아직도 풀리지 않고 있는 이유는 뇌와 관련된 대부분의 문제들처럼 복잡한 문제이기 때문일 것이다. 뇌의 특정 영역에 있는 특정 뉴런들은 특정한 상황에서는 비율 기반 암호화 시스템을 이용하는 것으로 보이지만, 다른 상황에서는 스파이크의 타이밍, 또는 스파이크 간의 시간 간격, 또는 앞선 두 가지 경우와는 아예 완전히 다른 암호 시스템을 이용하는 것으로 보이기도 한다. 따라서 신경 암호를 완벽하게 해독하려는 노력은 앞으로도 계속 될 것이다. 뇌는 너무 다양한 언어로 말을 하는 것 같다.

진화는 신경계에 단 하나의 신경암호만을 제공하지도 않았고, 신경계가 사용하는 수많은 기호들을 과학자들이 쉽게 찾아낼 수 있도록 만들지도 않았다. 하지만 영국의 신경과학자 호러스 발로<sup>Horace Barlow</sup>에 따르면 고맙게도 진화는 우리가 뇌의 암호 시스템을 이해할 수 있도록 매우 유용한 단서를 제공했다. 발로는 "효율적 암호화 가설efficient coding hypothesis"을 처음 제시한 학자 중 한 명이다. 이 가설은 뇌가 어떤 암호를 사용하든 뇌는 효율적으로 정보를 암호화한다는 생각에 기초한다.

발로는 1947년 케임브리지 대학에서 에이드리언을 처음 만나 그의 제자로서 함께 연구를 진행했다. 당시 발로는 물리학과 수학에 관심이 많았지만 현실적인 이유로 의학을 선택한 학생이었다.* 하지만 그는 의학을 공부하면서 양적 측면을 중시하는 수학과 물리학이 생물학 분야의 문제들을 해결하는 데 도움이 될 것이라고 생각하게 됐다. 발로는 자신과는 반대되는 성향을 가진 스승 에이드리언에 대해 이렇게 말하기도 했다. "에이드리언 교수님은 이론을 중시하지 않는다. 교수님은 신경섬유의 관찰을 통해서만 연구를 할 수 있다는 입장이었다."

발로는 섀넌의 정보이론 수식에 직접적인 영향을 받아 뇌의 정보 처리에 관한 초기 연구에 다양한 기여를 했다. 하지만 그는 1초당 비트 수를 세는 수준을 넘어서 섀넌의 정보이론을 더 다양하게 연구에 적용했다. 어떤 면에서 보면, 섀넌이 만든 정보 관련 법칙은 물리학 법칙만큼이나 생물학 연구에 제약을 가하기 때문에 발로는 섀넌의 수식이 뇌를 있는 그대로 설명하는 것을 넘어서 뇌가 어떻게 현재의 뇌의 역할을 하게 됐는지 설명할 수 있을 것이라고 생각했다. 섀넌의 수식이 신경과학에서 중요한 역할을 할 것이라고 확

---

* 발로가 과학에 관심을 가지게 된 것은 찰스 다윈의 손녀인 그의 어머니 노라 때문이었다.

신했던 발로는 정보 처리에 초점을 맞추지 않고 뇌를 연구하는 것은 새가 난다는 것을 모르는 상태에서 새의 날개에 대해 연구하는 것과 비슷하다고 생각했다.

발로는 정보이론에 대한 연구와 생물학적 관찰을 결합해 "효율적인 암호화 가설"을 제시했다. 그는 뇌가 정보이론에서 말하는 제약 안에서 진화했고, 진화가 상당히 좋은 해답을 찾아냈다면 뇌는 정보를 상당히 효율적으로 암호화할 수 있다고 보는 것이 합리적이라고 생각했다. 발로는 1961년에 발표한 논문에서 이렇게 말했다. "신경계가 효율적이라고 가정하는 것이 안전한 가정이다." 이 말이 맞는다면 뉴런의 반응이라는 어려운 문제는 뉴런이 효율적으로 행동한다고 가정함으로써 풀릴 수 있을 것이다.

발로가 말한 효율적인 정보 암호화는 어떤 것이었을까? 그는 이 설명을 위해 중복성 개념에 초점을 맞췄다. 섀넌의 체계에서 중복성이란 기호들이 가질 수 있는 가장 높은 엔트로피와 실제 엔트로피 사이의 간격의 크기를 의미한다. 예를 들어, 2개의 기호로 구성된 암호에서 기호 하나는 90%의 시간 동안 사용하고 다른 하나는 10%의 시간 동안 사용한다면 이 암호의 엔트로피는 별로 높지 않다. 앞에서 살펴보았듯이, 암호의 엔트로피가 가장 높을 때는 두 기호를 각각 50%의 시간 동안 사용함으로써 중복성이 0이 될 때다. 발로는 효율적인 뇌는 중복성을 최대한 줄이는 뇌라고 생각했다.

발로가 이렇게 생각한 이유는 중복성이 자원의 낭비를 초래한다는 생각에 기초한 것이었다. 엄청나게 중복성이 높은 언어인 영어에 대해 생각해보자. 영어의 중복성을 보여주는 대표적인 사례로는 거의 항상 "q" 다음에 "u"가 오는 현상을 들 수 있다. 우리는 "q" 다음에는 거의 항상 "u"가 온다는 것을 알고 있기 때문에 "q" 다음에 오는 "u"는 중복성 때문에 우리에게 거의 정보를 전달하지 않는다. 이론적으로 생각할 때, 영어에 중복성이 존재한다는 사실은 같은 양의 정보를 훨씬 더 적은 수 글자로 전달할 수 있다는 뜻이다. 실제로 섀넌은 1948년에 발표한 논문에서 영어의 중복성이 약 50%에 이른다고 추정했다. "ppl cn stll rd sntncs tht hv ll th vwls rmvd."라고 써놓아도 우리가 뜻을 이해할 수 있는 이유가 바로 이 중복성에 있다.\*

신경계에서의 중복성은 서로 다른 뉴런들이 같은 말을 하는 형태로 나타난다. 어떤 뉴런은 "q"를 나타내고 다른 뉴런은 "u"를 나타낸다고 가정해보자. 이때 우리가 "qu"를 본다면 이 두 뉴런이 모두 발화할 것이다. 하지만 이 두 글자가 계속 같이 붙어서 나타난다면 뇌에게는 "qu"에 하나의 뉴런이 반응하게 만드는 것이 더 효율적일 것이다.

뇌가 효율적으로 암호화를 수행하는 것이 중요한 이유는 무엇일까? 한 가지 이유는 에너지 비용이다. 뉴런이 스파이크를 방출할 때마다 세포 내부와 외부에서 전하를 띤 입자의 균형이 깨진다. 이 균

---

\* 혹시 이 문자열의 의미를 이해할 수 없는 사람들이 있을지도 몰라 뜻을 밝히면 이 문자열은 "'people can still read sentences that have all the vowels removed(사람들은 모음을 모두 빼고 문장을 써도 의미를 이해할 수 있다)"라는 뜻이다. 사람들이 휴대폰으로 문자를 보낼 때나 트위터에 글을 올릴 때 얼마나 많이 글자를 생략하는지 생각하면 영어의 중복성을 쉽게 이해할 수 있을 것이다.

형을 회복하려면 에너지가 필요하다. 세포막의 미세한 펌프가 나트륨 이온을 세포 밖으로 밀어내고 칼륨 이온을 다시 끌어들여야 한다는 뜻이다. 신경전달물질을 만들고 각각의 스파이크로 그것들을 세포에서 방출하는 일도 비용을 발생시킨다. 뇌는 자신이 가진 에너지의 최대 4분의 3을 신호 전송과 수용에 사용하는 것으로 추정된다. 또한 뇌는 몸무게의 2%밖에 차지하지 않지만 몸의 에너지의 20%를 사용한다. 즉, 뇌는 에너지 측면에서 매우 비용을 많이 사용하는 신체 기관이다. 따라서 뇌는 최대한 에너지 소비를 줄이기 위해 스파이크 방출 방식을 경제적으로 조절한다고 생각하는 것이 합리적이다.

하지만 정보를 효율적으로 전송하는 방법을 알기 위해 뇌는 일반적으로 어떤 종류의 정보를 전송해야 하는지 알아야 한다. 구체적으로 말하면, 뇌는 외부 세계로부터 받는 정보가 언제 중복되는지 판단해야 한다. 이 판단이 이뤄져야 뇌는 중복되는 정보를 전송하지 않을 수 있고, 신경암호를 효율적으로 유지할 수 있을 것이다. 그렇다면 신경계는 자신이 받는 정보들을 추적하고 정보 암호화 시스템을 외부 세계에 대응시킬 수 있는 능력이 있는 것일까? 에이드리언의 발견은 신경계가 적응$^{adaptation}$을 통해 이런 능력을 가질 수 있다는 것을 시사한다.

에이드리언은 근육 신전 수용체에 대한 실험을 통해 자극이 10초간 일정하게 유지되면 발화의 빈도는 절반 정도로 감소한다는 사실을 발견했다. 그는 이 현상에 "적응"이라는 이름을 붙이고, 적응은 "자극에 의한 흥분성 감소"을 뜻한다고 정의했다. 여러 번의 실험을 통해 이 현상을 관찰한 에이드리언은 1928년에 발표한 책의 한 장 전체를 할애해 이에 대해 설명했다.

그 이후로 적응 현상은 신경계 전체에서 발견되고 있다. 예를 들어, "폭포 효과waterfall effect"는 한 방향으로 움직이는 광경이 정지된 물체를 마치 반대 방향으로 움직이는 것처럼 보이게 하는 착시 효과다. 폭포의 물이 아래로 쏟아지는 것을 본 다음에 이런 효과가 나타나기 때문에 이런 이름이 붙었다. 폭포 효과는 원래의 운동 방향을 나타내는 세포들의 적응에 의한 결과로, 이 세포들이 적응에 의해 조용해지면 반대 방향을 나타내는 세포들의 발화로 우리의 감각이 편향되기 때문에 발생하는 효과로 생각된다.

1972년에 발표한 논문에서 발로는 적응이 효율성을 높인다고 주장했다. "감각 메시지가 자신이 가진 정보 가치에 비례해 돌출되기 위해서는 지속적으로 일정하게 존재하는 패턴들의 표현 크기를 줄이는 메커니즘이 존재해야 하며, 적응 효과는 이 메커니즘에 의해 일어나는 것으로 보인다."

정보이론의 관점에서 적응에 대해 다시 설명하면, 동일한 기호가 같은 채널을 통해 반복적으로 전송되면 그 기호의 존재는 더 이상 정보를 전달하지 않기 때문에 그 기호의 전송을 중단하는 것이 합리적이라는 뜻이다. 실제로 뉴런은 이렇게 행동한다. 뉴런은 같은 자극을 반복적으로 보게 되면 발화를 멈춘다.

입력되는 신호에 따라 세포의 반응이 적응된다는 발로의 주장 이후 뉴런이 정보를 암호화하는 방식을 추적하기 위한 기술들이 개발됐고, 그 기술들은 발로의 가설에 대한 더 직접적이고 정교한 검증을 가능하게 했다. 예를 들어, 뉴저지 주 프린스턴에 있는 NEC 연구소의 계산신경과학자 에이드리엔 페어홀Adriennne Fairhall과 동료 연구원들은 파리의 시각 뉴런이 가진 적응 능력을 연구했다.

이 실험에서 연구원들은 화면에서 좌우로 움직이는 막대를 파리들에게 보여줬다. 처음에 막대의 움직임은 매우 불규칙했다. 이 막대는 왼쪽으로 빠르게 움직이다 어느 순간 갑자기 오른쪽으로 같은 속도로 움직이기도 했고, 한 방향으로 계속 움직이기도 했고, 아주 천천히 움직이기도 했다. 전체적으로 볼 때 이 막대의 속도는 변화 폭이 상당히 컸다. 이렇게 불규칙하게 몇 초 동안 움직이고 난 뒤에 막대의 움직임은 차분해져 어느 한 방향으로 갑자기 빠르게 움직이지 않았다. 연구원들은 막대가 이렇게 빠르고 불규칙하게 움직이도록 만든 다음 천천히 움직이게 만드는 과정을 여러 번 반복했다.

움직임에 반응하는 뉴런의 활동을 관찰하면서 연구원들은 파리의 시각 시스템이 자신이 받고 있는 움직임의 정보에 시각 시스템의 암호를 빠르게 적응시킨다는 것을 발견했다. 구체적으로 설명하면, 뉴런은 자신이 보기에 가장 빠른 움직임에 의한 발화 빈도를 최대로 높이고, 가장 느린 움직임에 의한 발화 빈도를 최소로 낮춤으로써 효율적인 암호화를 수행한다.* 신경암호 내의 서로 다른 기호

---

* 엄밀하게 말하면, 뉴런에게 선호하는 움직임의 방향이 있다면, 예를 들어, 어떤 뉴런이 오른쪽 방향으로의 움직임에 가장 강하게 발화한다면 그 뉴런은 오른쪽 방향으로의 가장 빠른 움직임에 의한 발화의 빈도가 가장 높아지고, 그 반대방향으로의 가장 빠른 움직임에 의한 발화 빈도가 가장 낮아진다고 할 수 있다. 하지만 그럼에도 불구하고 기본적인 원칙은 동일하게 적용된다.

들은 서로 다른 빈도의 발화를 유도하기 때문에 이런 식의 발화 빈도 분산은 신경암호 내 모든 기호가 대략 같은 비율로 사용되게 만들고, 그에 따라 암호의 엔트로피가 극대화된다고 할 수 있다.

문제는 막대가 천천히 움직이는 단계에서 가장 빠른 움직임이 막대가 빠르고 불규칙하게 움직이는 단계에서 가장 빠른 움직임보다 훨씬 느리다는 데 있다. 이는 똑같은 속도가 상황에 따라 2개의 다른 발화 빈도에 각각 대응해야 한다는 뜻이다. 이상하게 생각되겠지만 페어홀과 연구원들이 관찰한 현상이 바로 이것이었다. 막대가 천천히 움직이는 단계에서 막대가 가장 빨리 움직였을 때 뉴런은 1초에 100번 이상 발화했다. 하지만 막대가 빠르고 불규칙하게 움직이는 단계에서 막대가 앞선 단계에서 동일한 속도로 움직였을 때 같은 뉴런은 1초에 약 60번 정도만 발화했다. 막대가 불규칙하고 빠르게 움직이는 단계에서 막대가 가장 빨리 움직였을 때 나타낸 1초당 100회 발화 상태로 돌아가기 위해서는 막대가 10배는 더 빠르게 움직여야 했다.

또한 이 연구원들은 이 두 종류의 움직임 사이의 전환 전후에 방출된 스파이크가 가진 정보의 양을 수량화하는 데에도 성공했다. 막대가 불규칙하고 빠르게 움직이는 단계에서 정보량은 스파이크당 약 1.5비트였다. 막대가 천천히 움직이는 단계로 전환된 직후의 정보량은 스파이크당 0.8비트로 떨어졌다. 뉴런이 새로운 움직임에 아직 적응하지 못한 상태였기 때문에 암호화가 효율적으로 이뤄지지 않았던 것이었다. 하지만 뉴런은 막대의 느린 움직임에 노출된 지 1초도 안 돼 정보량이 스파이크당 1.5비트로 회복했다. 뉴런은 이렇게 짧은 시간 내에 자신이 보고 있는 물체의 속도 변화를 감지해 그에 맞춰 발화 패턴을 조정한 것이었다. 이 실험은 적응에 의해 모든 종류의 정보가 효율적으로 암호화된다는 발로의 효율적인 암호화 이론을 뒷받침하는 실험이었다.

신경과학자들은 감각 경험이 지속되는 몇 초에서 몇 분보다 훨씬 더 긴 시간 동안 뇌가 효율적인 암호화를 수행하도록 만들어져 있다고 생각한다. 진화와 발달 과정을 거치면서 유기체는 환경을 탐색한 뒤 자신의 신경암호를 그 탐색 결과 중에서 가장 중요하다고 생각되는 것에 적응시킨다. 뇌의 특정 영역이 중요한 정보를 최대한 효율적으로 표현할 수 있다고 가정함으로써 과학자들은 진화 과정을 역공학적인 접근방식으로 설명하기 위해 노력하고 있다.

예를 들어, 인간의 귀에서 나오는 3만 개의 신경은 서로 다른 유형의 소리에 각각 반응한다. 이 뉴런 중 일부는 짧은 고음을, 일부는 저음을 선호한다. 또한 일부는 점점 커지는 소리를, 일부는 점점 작아지는 소리를, 일부는 커졌다 작아지는 소리를 선호한다. 전반적으로 볼 때 각각의 신경섬유는 자신의 발화를 가장 잘 유도하는 소리의 높이와 크기가 다르다.

과학자들은 대부분의 신경섬유가 어떻게 이런 반응을 보이는지 잘 알고 있다. 내이inner ear에 있는 세포들에 연결된 미세한 털들이 소리에 반응해 움직이며, 이 세포들 각각은 미세한 나선 모양의 세포막에서 차지하는 위치에 따라 서로 다른 높이의 소리에 반응한다. 귀에서 나오는 신경섬유는 이렇게 털들과 연결된 세포들로부터 입력을 받는다. 신경섬유 각각은 서로 다른 높이의 소리들을 결합해 저마다 다른 형태의 반응을 나타낸다.

하지만 신경섬유가 이런 반응을 보이는 이유는 아직도 명확하게 밝혀지지 않고 있다. 이 이유를 밝히는 데 정보이론이 도움을 줄 수 있을 것이다.

발로의 가설대로 뇌가 실제로 중복성을 줄인다면, 한 번에 활동하는 뉴런의 수는 적어야 한다. 신경과학자들은 이를 뉴런의 "희소sparse" 활동이라고 부른다.* 2002년 계산신경과학자 마이클 르위키 Michael Lewiki는 청각신경의 반응 속성이 동물의 뇌가 소리를 처리하기 위한 희소 암호를 사용한 결과인지 확인하기 위해 연구를 진행했다.

르위키는 먼저 다양한 자연적인 소리들을 모았다. 그는 열대우림에 사는 박쥐, 매너티manatee(바다소목에 속하는 포유동물의 총칭), 마모셋(중남미에 사는 작은 원숭이) 같은 동물들이 내는 소리들을 하나의 CD에, 나뭇잎이 사각거리는 소리와 잔가지가 부러지는 소리 같은 "배경" 소음들을 다른 CD에, 그리고 영어로 쓰인 문장을 읽는 인간의 목소리들을 또 다른 CD에 담았다.

그런 다음 르위키는 알고리즘을 이용해 이런 복잡한 소리들을 분해해 짧은 소리 패턴들의 사전을 만들었다. 이 알고리즘의 목표는 희소 암호를 발견하기 위해 각각의 완전하고 자연스러운 소리를 최

---

* 신경과학자들 사이에서는 "할머니 세포(grandmother cell)"가 이 희소 활동의 마스코트로 여겨진다. 할머니 세포는 당신의 할머니 외에는 다른 어떤 대상에도 반응하지 않는 가상의 세포다. 효율적인 암호화의 극단적인 예로 여겨지는 이 할머니 세포는 제롬 레트빈이 학생들에게 희소 활동의 개념을 쉽게 설명하기 위해 만들어낸 것이다.

대한 짧은 소리 패턴들로 분해한 다음 그 패턴들을 가능한 최소한으로 조합해 다시 완전하고 자연스러운 소리를 만들어내는 것이었다. 뇌의 청각 시스템이 자연적인 소리들을 희소 암호화하도록 진화했다면 청각 시스템이 선호하는 소리 패턴들은 이 알고리즘이 발견한 소리 패턴들과 일치해야 했다.

르위키는 동물의 소리만으로 만든 사전으로는 실제 생물학과 일치하는 소리 패턴을 만들 수 없다는 것을 알게 됐다. 구체적으로 설명하면, 이 알고리즘이 만들어낸 폭포 효과소리 패턴은 너무 단순해서 인간이나 동물의 청각 신경이 선호하는 소리의 음높이와 크기가 복잡하게 조합된 소리 패턴이 아니었다. 하지만 이 알고리즘을 동물들의 소리와 배경 소음들과 조합한 결과 실제를 모방할 수 있었다. 이 결과는 청각 시스템의 암호화 체계가 환경에서 나는 소리들에 실제로 맞춰져 효율적으로 작동하고 있다는 것을 뜻했다. 또한 르위키는 인간이 문장을 읽는 소리들을 분해해 만든 사전으로도 실제 인간이 선호하는 소리 패턴을 다시 만들어낼 수 있다는 것도 알게 되었고, 이것이 인간의 언어가 청각 시스템의 기존에 존재한 암호화 체계를 최대한 이용해 진화했다는 이론을 뒷받침하는 증거라고 생각했다.*

---

* 지난 장을 읽으면서 시각 시스템의 뉴런들이 왜 선을 감지하는지 의문을 가졌다면 정보이론이 그 의문에 답을 줄 수 있다. 1996년에 브루노 올샤우센(Bruno Olshausen)과 데이비드 필드(David Field)는 르위키가 사용했던 방법과 비슷한 방법을 이용해 뉴런이 이미지를 효율적으로 암호화한다면 선에 반응할 것이라는 추측이 사실임을 확인했다.

❖ ◆ ❖

    1959년에 발로는 MIT에 모인 감각 연구자들을 대상으로 뇌의 정보 처리에 대한 자신의 생각을 설명하고 있었다. 하지만 그의 설명은 그 자리에 있던 소련 청중에게 통역되자마자 거센 비난에 부딪혔다. 당시 소련은 정보이론을 이용해 뇌를 연구하는 것이 문제가 있다는 생각을 하고 사이버네틱스를 "부르주아의 유사과학"이라고 칭했는데, 이는 사이버네틱스가 인간과 기계를 동일시하기 때문에 소련의 사회주의 철학에 정면으로 배치된다는 생각에 기초한 것이었다. 자국의 과학자들에게 때때로 압박을 가하던 소련의 지도자들은 사이버네틱스가 미국 자본주의의 어처구니없는 산물이라고 비판했다.

    정보이론을 생물학에 적용하려는 시도에 대한 소련 과학자들의 비난은 정치적인 의도에 의한 것이었지만, 다른 측면에서도 비판을 받곤 했다. 예를 들어, 1956년에 한 신문에 실린 〈밴드왜건 bandwagon〉(시류 또는 유행)이라는 제목의 짧은 글은 심리학, 언어학, 경제학, 생물학 같은 분야에서 정보이론이 과다하게 적용되고 있다며 이렇게 경고하기도 했다. "자연의 비밀은 한꺼번에 밝혀지지 않는다. '정보', '엔트로피', '중복성' 같은 몇몇 흥미로운 단어를 사용한다고 해서 모든 문제가 해결되지 않는다는 것을 깨달을 때 이런 인위적인 접근방식을 통해 이룬 성공은 하루아침에 너무나 쉽게 무너지게 될 것이다." 이 글은 그로부터 불과 8년 전에 정보이론을 발표한 섀넌이 쓴 글이었다.

섀넌의 체계를 뇌에 비유적으로 적용하는 것이 얼마나 적절한지에 대한 우려는 그 비유를 제시한 바로 그 과학자들에 의해서도 제기됐다. 예를 들면, 발로는 2000년에 발표한 글에서 "뇌에서 정보는 정보통신 공학에서 정보가 사용되는 방식과는 다른 방식으로 사용된다."라고 말했다. 퍼컬과 불럭도 정보에 대한 섀넌의 정의는 뇌에서의 "암호화" 개념을 비유적으로 다룰 때 매우 여러 가지 측면에서 유용하지만 전적으로 의존하지는 않는다고 논문에서 처음부터 밝힌 바 있다.

이들의 이런 경고에는 모두 합리적인 근거가 있다. 섀넌이 제시한 시스템 중에서 뇌에 적용하기가 특히 힘든 부분은 암호 해독 부분이다. 간단한 정보통신 시스템에서 수신기는 채널을 통해 암호화된 메시지를 수신하며, 이 메시지는 암호화 과정의 반대 과정을 통해 해독된다. 예를 들어, 전보를 수신하는 사람은 전보에 표시된 점과 대시를 글자에 대응시키기 위해 전보를 보낸 사람이 사용하는 것과 동일한 참조 표를 사용한다. 하지만 뇌의 암호화 과정과 해독 과정은 이렇게 대칭적일 가능성이 매우 낮다. 이는 뇌에서 해독을 담당하는 뉴런들만 다른 뉴런들과 다르기 때문이다. 이 뉴런들이 받은 신호들로 어떤 일을 하는지는 아직 아무도 모른다.

망막에서 일어나는 암호화 과정을 예로 들어보자. 광자가 감지되면 망막의 일부 세포("온$^{on}$" 세포)는 발화 빈도를 높이고 다른 일부 세포("오프$^{off}$" 세포)는 발화 빈도를 낮춤으로써 광자 신호를 암호화한다. 망막 세포들이 이렇게 광자의 도착이라는 기호를 만들어낸다면 이 기호는 그 후에 뇌 영역들에 의해 "해독"될 것이라고 생각할 수 있다. 하지만 실제로 이런 과정은 일어나지 않는 것으로 보인다.

　2019년에 핀란드의 한 연구팀은 쥐의 망막 세포 유전자를 "온" 세포가 광자에 덜 민감하게 반응하도록 변형시켰다. 이렇게 되면 광자가 망막 세포에 닿을 때 "오프" 세포는 여전히 발화 빈도를 줄이지만 "온" 세포는 발화 빈도를 증가시킬 수도 있고 아닐 수도 있다. 연구팀은 이때 뇌가 어떤 세포들을 주시하는지 알아내려고 한 것이었다. 만약 "오프" 세포들이 해독됐다면 뇌는 광자에 대한 정보를 쉽게 얻겠지만 쥐들은 "오프" 세포들을 이용한 것 같지 않았다. 희미한 빛을 감지하는 쥐들의 능력을 측정한 결과 연구팀은 쥐들의 뇌가 "온" 세포의 활동만을 읽어냈다는 생각을 하게 됐다. 만약 "온" 세포들이 광자가 감지됐다는 신호를 보내지 않았다면 쥐들은 반응을 보이지 않았어야 했다. 연구팀은 적어도 이 경우에는 뇌가 암호화된 모든 정보를 해독하지는 않는다는 것으로 이 결과를 해석했다. 이들은 "오프" 세포들이 보내는 신호를 쥐의 뇌가 무시하고 있다고 생각했고, "시력이 민감성 한계에 도달하면 뇌의 해독 원칙은 정보이론이 예측하는 최적의 해결방법을 만들어내지 못한다."라는 결론을 내렸다. 과학자들이 스파이크에서 신호를 관찰할 수 있다고 해서 그 사실이 뇌에 의미가 있다고 말할 수는 없다.

　이런 현상이 나타나는 데에는 여러 가지 이유가 있을 것이다. 그 이유 중 하나는 뇌가 정보를 처리하는 기계라는 사실에 있다. 즉, 뇌의 목표는 단순히 메시지를 재현하는 것이 아니라 메시지를 행동으로 전환하는 것에 있다는 뜻이다. 다시 말해, 뇌는 정보를 단순히 전달하는 것에 머물지 않고 정보에 대한 계산을 수행한다. 따라서 새

년의 정보통신 시스템에만 의존해 뇌의 작용을 규명할 수 있다는 생각은 뇌의 이 계산 능력을 무시하는 생각이다. 뇌가 정보를 최적의 방식으로 전달하지 않는다는 발견이 뇌의 설계에 결함이 있다는 생각으로 이어지지는 않는다. 뇌의 이런 작동에는 뭔가 다른 목적이 있을 것이다.

정보이론은 공학적인 정보통신 시스템을 위한 언어로서 만들어진 것이다. 따라서 정보이론은 신경계에 완벽하게 적용될 수 없다. 뇌를 단순히 전화선과 비교할 수는 없지만, 뇌의 구성부분들이 기본적으로 정보통신의 도구 역할을 하는 것은 사실이다. 신경은 신호를 전달한다. 신경의 신호 전달은 발화 빈도, 발화 시점 등 발화와 관계된 다양한 요소들이 구성하는 일종의 암호를 통해 이뤄진다. 그렇다면 정보이론의 관점에서 뇌를 들여다보는 것도 합리적인 선택이라고 할 수 있다. 실제로 정보이론은 이 분야에서 수많은 통찰과 아이디어 생성을 가능하게 했다. 하지만 정보이론에 너무 의존해 생물학 연구를 하는 것은 오히려 균열이 발생하기에 경계해야 한다. 정보통신 시스템과 뇌의 관계는 너무 세밀하게 유사성을 찾으려고 하지 않을 때, 즉 이 관계가 비유적인 관계에 머물 때 가장 큰 결실을 거둘 수 있다.

# 8

# 낮은 차원에서의 움직임

운동역학, 운동학, 차원축소

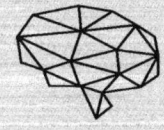

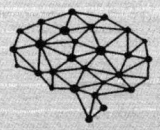

1990년대 중반, 텍사스 주 휴스턴의 한 지역 신문 편집자가 왼손에 이상을 느껴 베일러 의대 병원에 갔다. 몇 주 동안 손가락에 힘이 없고, 손가락 끝이 마비되는 증상이 나타났기 때문이었다. 이 남성은 담배를 많이 피우고 술을 많이 마시는 것 외에는 건강한 상태였다. 마비 증상을 관찰한 의사는 처음에는 손목 신경이 꼬여 있거나 척수 신경의 병변으로 인해 그럴 수 있다고 생각했다. 하지만 손목 및 척수 신경에 아무 이상이 없다는 것이 확인되자 의사는 이 남성의 뇌를 촬영했고, 커다란 포도알 크기의 종양이 그 남자의 뇌의 주름진 표면의 오른쪽에 박혀 있는 것을 발견했다. 종양은 오른쪽 관자놀이와 정수리의 중간쯤에 위치한 운동피질motor cortex 영역의 한 가운데에 있었다.

운동피질은 머리 꼭대기에서 시작해 양쪽으로 흘러내리는 두 개의 얇은 띠가 뇌의 맨 위쪽을 가로지르는 머리띠 모양으로 배치된 형태를 띠고 있다.* 이 두 개의 얇은 띠를 구성하는 다양한 부분들은 각각 몸의 반대편 부분의 다양한 부분들을 통제한다. 이 신문 편집자의 경우, 종양은 오른쪽 운동피질의 손을 통제하는 영역에 있었고, 바로 뒤에 운동피질과 비슷하게 띠 모양으로 배치된 감각피질sensory cortex로 약간 확장돼 있었다. 손가락에 힘이 없고 손가락 끝이 마비되는 증상은 종양이 운동피질과 감각피질에 걸쳐 있었기 때문에 나타난 것이었다. 이 증상은 수술로 종양을 제거하자 사라졌다.

약 150년 전에 발견된 이래 운동피질은 많은 논쟁의 중심에 있었다. 뇌가 신체를 통제한다는 것은 논란의 여지가 없다. 이는 고대 이집트의 피라미드 시대부터 부상에 대한 관찰에 의해 알려진 사실이다. 하지만 뇌가 어떻게 신체를 통제하는지는 다른 문제다.

어떤 측면에서 보면 운동피질과 운동 사이의 연결 관계는 매우 간단하다고 할 수 있다. 이 연결 관계는 베일러 의대 병원 의사가 신문 편집자의 증상을 진단한 과정과는 정반대의 경로를 따른다. 뇌의 한 쪽에 있는 운동피질의 뉴런들이 반대편에 있는 척수의 뉴런들에게 출력을 보내고, 이 척수 뉴런들이 특정한 근육섬유들로 직접 이어진다. 척수 뉴런들이 근육과 만나는 지점을 신경근 접합부neuromuscular junction라고 부른다. 척수 뉴런은 발화하면서 신경전달물질인 아세틸콜린acetylcholine을 신경근 접합부로 방출하고, 근육 섬유는 아세틸콜린에 반응해 수축과 운동을 일으킨다. 이런 경로를 통해 운동피질 뉴런들은 근육을 직접적으로 통제한다.

하지만 운동피질과 근육은 더 복잡한 경로들에 의해서도 연결된다. 예를 들어, 일부 운동피질은 뇌간, 기저핵, 소뇌 같은 중간 영역

---

* 엄밀하게 말하면, 이 영역은 "1차(primary)" 운동피질이다. 이 1차 운동피질 바로 앞에 "전운동피질(premotor cortex)"이라는 영역이 위치한다. 이 두 영역은 일반적으로 같이 연구되기 때문에 여기서는 이 두 영역을 구분하지 않을 것이다.

들로 출력신호를 보내고, 이 연결은 중간 영역들로부터 척수로 이어진다. 출력신호는 이렇게 중간 영역들을 거칠 때마다 추가적으로 처리가 되는데, 이런 처리가 일어날 때마다 근육으로 보내지는 메시지에 변화가 생긴다. 게다가, 가장 직접적인 경로도 늘 간단한 형태를 띠지는 않는다. 운동피질 뉴런들은 각각 다른 근육 그룹을 활성화하고 억제하는 척수의 여러 다른 뉴런들과 연결될 수 있기 때문이다. 이런 식으로, 운동피질은 다양한 채널을 통해 근육과 소통을 하며, 이 과정에서 다양한 메시지가 전송될 수 있다. 따라서 운동피질은 직접적인 방식이 아니라 매우 분산적인 방식으로 신체에 영향을 미친다고 할 수 있다.

이런 복잡한 문제 외에도 운동피질의 필요성 자체에 대한 의문도 제기돼왔다. 운동피질이 뇌의 다른 부분들과 분리되면 동물은 대부분의 복잡한 움직임을 스스로의 힘으로 수행할 수 없지만, 익숙해진 반응 행동 중 일부는 수행할 수 있다. 예를 들어, 운동피질이 제거된 고양이도 행동을 제지당하면 발톱으로 할퀴고 때리는 행동을 할 수 있고, 운동피질이 제거된 수컷 쥐도 암컷과의 교미를 정상적으로 할 수 있다. 따라서 생존을 위한 가장 중요한 행동 중 일부를 수행하는 데 운동피질이 필수적인 역할을 한다고 보기는 힘들다.

뇌가 세상과 소통할 수 있는 유일한 방법인 움직임은 신경과학 퍼즐의 중요한 부분이다. 하지만 운동피질의 정확한 목적은 여전히 논쟁의 대상이며, 운동피질의 해부학적 구조도 이를 이해하는 데 거의 도움이 되지 않고 있다. 그럼에도 불구하고 과학자들은 운동 기능 관련 질환을 치료하거나 인간처럼 생긴 로봇을 만드는 과정에서 운동이라는 수수께끼를 풀기 위해 지금도 꾸준히 노력하고 있다. 운동피질과 관련한 초기의 논쟁은 운동피질이 만들어내는 운동의 종류에 관한 것이었지만, 그 후로는 뉴런의 활동을 이해하기 위한 수학적 방법이 지속적으로 연구되기 시작했다. 운동피질에 대한 일부 격렬한 논쟁은 어느 정도 정리가 된 상태지만, 운동피질 자체에 대한 신경과학자들의 논쟁은 지금은 계속되고 있다.

구스타프 프리치Gustav Fritsch와 에두아르트 히치히Eduard Hitzig는 19세기 중반에 베를린 대학에서 의학을 공부했다. 당시 이 두 사람은 서로 모르는 상태였다. 프리치는 의대를 졸업한 뒤 제2차 덴마크-프로이센 전쟁 기간 동안 군의관으로 복무했는데, 당시 그는 환자의 뇌의 특정 염증 부위가 근육 경련을 일으킨다는 사실을 알게 됐다. 한편, 개업의로 일하던 히치히는 전기충격 치료를 하는 과정에서 머리의 특정 부분에 전기충격을 가하면 눈이 움직인다는 것을 알게 됐다. 이 두 의사는 모두 자신들의 관찰결과가 중요한 의미를 가질 것이라고 생각했다. 그러던 프리치와 히치히는 결국 1860년대 후반 베를린에서 만나게 됐고, 서로 힘을 합쳐 당시에는 어처구니없다고 여겨지던 가설, 즉 피질이 운동을 통제한다는 가설에 대해 연구하기로 결정했다.

당시는 피질이 어떤 일을 한다는 생각은 급진적인 생각으로 취급되던 때였다. 당시 피질(라틴어로 "껍질"이라는 뜻이다)은 뇌의 중요한 부분을 덮고 있는, 활성을 가지지 않는 껍질로만 생각됐다. 이런 생각은 피질을 자극하려고 시도했지만 흥미로운 반응을 이끌어내는 데 실패한 몇 가지 실험에서 비롯된 것이었다(당시 피질에서 흥미로운 반응을 관찰할 수 없었던 것은 피질을 꼬집거나, 찌르거나, 피질에 알코올을 바르는 등의 부적절한 방법으로 피질을 자극했기 때문일 것이다). 하지만 여러 나라를 여행했고 다양한 분야에 관심을 가진 프리치*와 자존심과 허영심이 강하면서 근엄한 성격인 히치히는 기존의 이 생각을 뒤집을 수 있을 것이라고 판단했다.

결국 이 두 사람은 히치히의 집에 있는 테이블 위에서 개의 피질에 전기자극을 주는 실험을 하기 시작했다(당시 생리학연구소에는 이런 새로운 기술로 실험을 진행할 수 있는 장비가 없었다). 이들은 배터리에 백금 전극을 연결하고 자신들의 혀로 전기의 세기를 가늠한 뒤(당시 기록에 따르면 "확실한 전기 감지를 일으킬 수 있을 정도로 충분한 강도"였다) 노출된 개의 뇌 여러 영역에 아주 짧게 전극을 대면서 개가 움직임을 보이는지 관찰했다. 이들이 발견한 사실은 피질을 자극하면 실제로 개의 몸이 움직인다는 것이었다. 개의 몸에서 짧은 씰룩거림, 즉 개의 근육 일부에서 경련이 관찰됐던 것이었다. 이들은 또한 자극이 가해진 위치가 중요하다는 사실도 발견했다. 자극의 위치에 따라 움직이는 부위가 달라졌기 때문이었다.

---

*프리치는 현재 우리가 "과학적 인종주의(scientific racism)"라고 부르는 생각에도 관심을 보였다. 그는 사람들의 망막과 털을 수집해 연구한 뒤 백인종이 인종적으로 우수하다는 어처구니없는 연구결과를 발표하기도 했다.

자극의 위치에 따라 움직이는 부위가 달라진다는 발견은 피질 자극이 실제로 움직임을 만들어낸다는 발견보다 훨씬 더 충격적이었을 것이다. 당시는 피질이 유용한 무언가를 할 수도 있을지도 모른다고 생각했던 소수의 과학자들도 피질은 분화되지 않은 덩어리, 즉 전문화된 기능이 없는 조직들이 얽혀 있는 덩어리에 불과하다고 생각하고 있던 때였다. 이 생각에 따르면 피질은 모든 운동 조절 기능이 뇌의 앞부분에 걸쳐 위치했으며, 질서정연한 구조를 가진 얇고 긴 조각이 아니었다. 하지만 프리치와 히치히의 실험결과는 피질이 이런 형태의 띠라는 것을 말하고 있었다. 이들은 자신들의 이론을 추가적으로 검증하기 위해 몸의 특정 영역의 움직임을 통제하는 뇌의 한 부분을 제거한 뒤 그 제거가 몸의 움직임에 미치는 부정적인 영향을 관찰했다. 관찰결과에 따르면, 뇌의 이 부분의 통제를 받는 몸의 부위가 완전히 마비되지는 않았지만, 그 부위의 움직임과 기능이 상당히 크게 훼손됐다. 운동피질의 기능을 입증하는 또 다른 증거였다.

　이 두 독일 의사의 연구는 존 휼링스 잭슨John Hughlings Jackson이라는 또 다른 의사에 의해서도 거의 동시에 이뤄지고 있었다. 잭슨의 연구도 뇌의 이 영역이 인간의 운동 조절에 미치는 영향에 관한 것이었으며 19세기 중반은 피질의 운동조절에 관한 연구가 비약적인 진전을 하게 된 시기가 됐다고 할 수 있다. 당시 과학자들은 피질이 무언가를 하고 있을 뿐만 아니라 피질의 하위 부분들이 다른 기능을 가지고 있을 수도 있다는 생각에 대해 논쟁하지 않을 수 없었다. 이런 논쟁들에 자극을 받아 운동피질에 대한 세부적인 연구를 시작한 사람이 있었다. 잭슨의 제자인 데이비드 페리어David Ferrier라는 학자였다.

1873년에 페리어는 웨스트라이딩 정신병원에서 운동 시스템에 대해 연구할 수 있는 기회를 얻었다. 이 유명한 빅토리아 시대의 정신병원에서 연구를 진행하면서 페리어는 프리치와 히치히의 실험을 모두 재현해냈다. 또한 페리어는 자칼, 고양이, 토끼, 쥐, 물고기, 개구리 등의 동물들에게도 같은 원리가 적용된다는 것을 증명했다. 페리어는 외과 의사들이 인간의 뇌에서 종양과 혈전을 안전하게 제거하는 데 도움이 될 수 있는 지도를 만들기 위해 원숭이의 운동 영역에 대한 상세한 탐험에 착수했다.*

페리어는 다양한 동물들을 대상으로 한 실험 외에도 다른 방법으로 프리치와 히치히의 연구를 확장했다. 예를 들어, 프리치와 히치히가 사용한 전기 자극galvanic stimulation은 직류를 이용하기 때문에 뇌 조직을 손상시킬 수 있어 짧게 충격을 줄 수밖에 없었다. 페리어는 결국 더 오래 자극을 지속시킬 수 있는 교류를 이용하는 전기자극faraday stimulation으로 방법을 바꿨고, 그 결과 몇 초 동안 높은 강도의 자극을 뇌에 가할 수 있게 됐다. 당시 그는 이 자극이 "전극을 혀

---

\* 당시 대부분의 과학자들이 그랬던 것처럼 페리어도 현재의 윤리 기준으로는 용납이 되지 않는 동물실험 기법을 사용했다. 하지만 당시 대부분의 과학자들과는 달리 페리어는 이런 동물실험 기법 때문에 곤경을 겪었다. 1881년에 페리어가 의도적으로 병변을 만든 동물을 이용한 실험을 공개했을 때 그는 동물실험 면허 없이 실험을 했다는 동물실험 반대자들의 고소로 체포됐고, 결국 면허를 가진 그의 동료가 병변을 초래하는 수술을 집도했다고 밝혀지면서 페리어는 풀려날 수 있었다. 하지만 이 사건은 동물의 권리를 옹호하는 사람들로부터의 강력한 경고로 인식됐다.

끝에 댔을 때 찌르는 느낌을 주지만 견딜 만한 정도의 세기"를 띠고 있었다고 말했다.

자극 매개변수의 이런 양적 변화는 결과적으로 질적 변화로 이어졌다. 자극의 시간 간격이 늘어나자 근육이 더 긴 시간 동안 경련할 뿐만 아니라, 완전하고 복잡한 움직임, 즉 동물들이 일상에서 나타내는 것을 연상시키는 움직임이었다. 예를 들어, 페리어는 토끼에서는 뇌의 특정 부분이 "그 반대쪽에 있는 귀를 갑작스럽게 구부러지게 만들거나 쫑긋 세우게 만들며, 때로는 토끼가 앞으로 튀어나가기 전에 보이는 움직임을 생성했다."는 관찰 내용을, 고양이에서는 뇌의 특정 부분이 "앞다리가 구부러지거나 펴지게 만들었다. 실험을 빠르게 진행시키면 이 움직임은 마치 고양이가 앞발로 공을 때리는 것과 비슷한 움직임이었다."라는 관찰 내용을, 원숭이에서는 뇌의 "정면의 앞과 중간의 주름진 영역의 뒤쪽 반에 해당하는 부분을 자극하면 눈을 크게 뜨고, 동공이 확장되고, 머리와 눈이 전방을 향하게 된다."고 기록했다.

운동피질에 대한 무딘 자극이 이렇게 부드럽고 조화로운 움직임을 불러일으킨다는 것은 프리치와 히치히의 연구결과와 다른 점을 시사한다. (프리치와 히치히의 생각처럼) 운동피질 자극이 적은 수의 근육으로 구성되는 특정한 근육 그룹을 주로 움직이게 한다면 운동피질의 역할은 비교적 간단했어야 한다. 즉, 운동피질의 다양한 부분들은 마치 피아노의 건반들처럼 각각 다른 음을 내는 듯한 역할을 하고 있어야 했지만 페리어의 연구결과는 이 생각에 들어맞지 않았다. 그는 운동피질이 짧은 멜로디들의 집합과 같이 각각의 자극이 움직임의 일부를 만들어내고 이 움직임의 일부들이 다양한 근육 그룹들에서 합쳐져 하나의 움직임을 만들어낸다고 본 것이었다. 운동피질에 관한 초기의 논쟁은 운동피질이 피아노 건반들이 내는 음과 비슷한지 멜로디와 비슷한지, 다시 말해서, 운동피질이 특정 부분에서 짧은 경련을 일으키는지 움직임의 부분들을 만들어낸 다음 그 부분들을 결합해 하나의 완전한 움직임을 만들어내는지에 대한 것이었다.

페리어는 프리치와 히치히의 실험을 재현했지만, 그들과의 관계(아마도 서로의 연구에 대한 언급과 관련된 다툼 때문에)는 좋지 않았다. 페리어는 프리치와 히치히가 잭슨의 연구를 언급하지 않음으로써 자신의 멘토인 잭슨을 무시했다고 생각했고, 결과적으로 페리어도 프리치와 히치히를 언급하지 않았다. 심지어는 프리치와 히치히의 연구와 연결되는 것을 피하기 위해 개를 대상으로 한 자신의 실험에 대한 언급을 일체 하지 않았고, 자신이 진행한 원숭이 실험 결과에 대해서만 이야기했다.\*

이유야 어쨌든 프리치와 히치히는 자연스러운 움직임의 부분들을 강조하는 페리어의 연구결과를 신뢰하지 않았다. 이들은 짧은 직류전기 자극의 우월성을 옹호했고, 페리어의 자극은 너무 길고

---

\* 하지만 시간이 지나면서 페리어는 이런 태도를 바꾼 것 같다. 프리치와 히치히의 실험을 그대로 복제했음에도 불구하고 그들에 대한 언급을 하지 않아 갈등을 빚었던 페리어는 그로부터 3년 뒤에 이렇게 썼다. "운동피질의 자극 위치에 따라 움직임의 부위가 달라진다는 발견은 프리치와 히치히가 최초로 한 발견이다. 이 발견과 관련해 논쟁 과정에서 나의 원래 의도와는 다르게 내 말이 해석된 부분에 대해 유감스럽게 생각한다."

그의 실험은 재현이 불가능하다고 주장했다. 하지만 페리어는 교류 전기 자극이 최선의 방법이며, 프리치와 히치히의 방법은 "반응의 본질이자 해석의 핵심인 근육 움직임들의 조합에 대해 궁극적인 설명을 제공할 수 없다"라는 자신의 신념을 확고히 지켰다.

운동피질이라는 작은 영역을 두고 이런 싸움이 벌어지고 있는 동안 다른 신경과학자들은 더 큰 영역에 대한 논쟁을 벌이고 있었다. 당시 신경과학자들은 운동피질의 다양한 부분들이 각각 다른 역할을 한다는 생각 자체는 확실하게 받아들였다. 하지만 동시에 그들 대부분은 이런 급진적인 이론의 한계를 증명하기 위한 노력을 하기도 했다. 따라서 당시의 추세는 운동피질을 구성하는 각각의 부분들이 운동조절에 어느 정도로 구체적인 역할을 하는지에 대한 연구가 중심이 됐다. 이런 연구 방법은 개별적인 근육 운동을 유발시키기 위해 짧고 작은 자극을 이용한 프리치와 히치히의 방법과 매우 잘 맞아떨어졌다. 이 연구 방법이 지배적이 된 이유는 이 방법이 운동피질이 무엇을 하는지에 대한 과학적 의문의 답을 얻을 수 있는 올바른 방법이었기 때문이 아니라 과학적 질문 자체가 바뀌었기 때문이었다. 이런 분위기에서는 근육의 소규모 움직임이 자극에 의해 유도된다는 사실이 일반적으로 뇌가 이런 식으로 움직임을 만들어낸다는 사실보다 중요하게 생각됐다. 따라서 "경련 대 움직임" 논쟁은 한 세기 이상 중심에서 밀려나 있었다.

❖ ◆ ❖

뇌에서 가장 작은 기능 단위는 뉴런이다. 신경과학자들은 1920년대 후반부터 단일 뉴런의 활동을 측정할 수 있었지만 동물로부터 신경조직을 제거하거나 동물을 마취해야 했기 때문에 동물의 행동을 동시에 연구할 수는 없었다. 하지만 1950년대 후반에 이르자 상황이 변해 원숭이의 뇌에 전극을 삽입해 깨어있는 상태에서 개별 뉴런의 전기적 신호를 관찰할 수 있는 방법이 개발됐다. 그로부터 50년쯤 뒤 선구적인 신경과학자 버논 마운트캐슬Vernon Mountcastle은 이 변화에 대해 "신경과학은 이전과는 전혀 다른 연구 분야로 변화했다. 뇌 활동을 측정하기 위해 마취된 동물들을 몇 년 동안이나 연구하던 사람들이 실제로 활동하고 있는 뇌의 활동을 측정할 수 있게 됐을 때 느낀 감동은 말로 표현하기 힘든 것이었을 것이다."라고 말하기도 했다. 이 변화로 인한 수혜를 가장 많이 입은 사람들은 움직임과 행동이 뇌에 의해 조절되는 방식을 연구하던 사람들이었으며, 당연하게도 운동피질을 연구하는 과학자들이 이 방법을 가장 먼저 사용했다.

이 과학자들 중 한 명이 뉴욕 출신의 정신과학자 에드워드 에바츠Edward Evarts였다. 관대하면서도 엄격했던 에바츠는 자신이 하는 연구에 대해 매우 진지하게 생각했으며(심지어 그는 자신이 수행하던 수면과 운동에 대한 연구에 자신의 내적성찰 결과와 개인적 경험을 투영하기도 했다), 다른 사람들에게도 자신과 같은 진지함을 기대했다. 그는 미국 국립보건원에서 일하던 1967년에 운동피질 뉴런들의 반응에 관한

3가지 연구를 혼자서 끝내기도 했다. 이 중 세 번째 연구는 그로부터 몇십 년 동안 운동 신경과학의 핵심적인 연구 주제가 되는 "운동피질 뉴런은 운동의 어떤 측면을 나타내는가?"하는 의문에 관한 것이었다.

 이 의문에 대한 답을 찾기 위해 에바츠는 적은 양의 운동으로도 수행이 가능한 운동 과제를 선택했다. 구체적으로 살펴보자. 에바츠는 원숭이들이 수직 방향의 막대기를 손에 잡고 좌우로 움직일 수 있도록 훈련시키면서 이 원숭이들이 단 하나의 관절, 즉 손목 관절만을 이용해 막대를 움직이도록 제약을 가했다. 원숭이들이 손목 관절만을 사용한다는 것은 팔뚝에 있는 두 가지 근육, 즉 손을 몸 쪽으로 당기는 굴근flexor과 그 반대방향으로 손을 움직이게 하는 신근extensor에 의해서만 조절된다는 뜻이다.

 에바츠가 생각해낸 간단한 가설 중 하나는 운동피질 뉴런의 발화 빈도가 손목의 위치와 직접적인 관련이 있다는 것이었다. 이 가설이 옳다면 손목을 구부렸을 때는 강하게 발화하고 폈을 때는 강하게 발화하지 않는 뉴런이 있고, 그 반대로 행동하는 뉴런이 있어야 했다.

 움직임에 대해 연구할 때는 움직임을 설명할 수 있는 확실한 수학적 원리들에 의존하는 것이 합리적이라고 생각한 에바츠는 운동역학kinetics에 기초한 가설 하나를 추가적으로 생각해냈다. 운동역학은 운동을 일으키는 원인들을 다루는 물리학의 한 분야다.\* 손이

---

\* 운동역학은 동역학(dynamics)라고도 부른다.

움직이게 하려면 팔의 근육들이 수축해 힘을 만들어내야 한다. 근육에서 나오는 이 힘은 손목 관절에서 토크$^{torque}$(회전력)로 전환되고, 이 토크는 손의 움직임과 위치를 결정한다. 운동피질 뉴런이 위치가 아니라 힘을 암호화한다면, 손목을 한 방향으로의 움직이는 힘을 신근이 만들어낼 때 강하게 발화하는 뉴런이 있어야 하고, 손목을 반대 방향으로 움직이는 힘을 굴근이 만들어낼 때 강하게 발화하는 뉴런도 있어야 한다.

이렇게 간단한 형태의 실험에서는 이 두 가설의 구분이 불가능하다. 손목이 구부러진 상태에 있을 때 어떤 뉴런이 발화한다면, 그 뉴런은 구부러진 상태에 있기 때문에 발화하는 것일까, 아니면 손목이 구부러진 상태를 유지하는 데 필요한 힘 때문에 발화하는 것일까? 답은 아무도 모른다. 에바츠가 이 두 가설을 비교하기 위해서는 움직임의 이 두 가지 측면을 분리해야 했다. 이 분리를 위해 그가 생각해낸 방법은 막대기에 평형추를 매다는 것이었다. 헬스장에 있는 운동기구에 추를 매달 듯이 막대에 다양한 무게의 평형추를 매달면 움직임의 난이도를, 즉 막대기를 동일한 위치로 움직이는 데 필요한 힘의 양을 조절할 수 있기 때문이다. 손목이 특정한 하나의 상태에 도달하게 만들기 위해 서로 다른 양의 힘을 사용하는 각각의 경우에서 뉴런의 발화 빈도를 비교할 수 있게 된 것이었다.

에바츠는 운동피질 뉴런 31개의 활동을 관찰한 결과 그중 26개의 발화가 힘과 확실한 관계가 있다는 것을 확인했다. 이 26개의 뉴런들 중 일부는 손목을 구부리는 동안 강하게 반응했고, 손목의 구부림을 더 어렵게 만드는 평형추가 추가됐을 때 발화 빈도가 높아졌다(평형추를 막대기의 반대 방향에 달아 손목의 구부림을 더 쉽게 만들었을 때는 발화 빈도가 낮아졌다). 또한 같은 패턴을 보이지만 반대의 상태, 즉 손목이 펴진 상태를 선호하는 뉴런들도 있었다. 나머지 5개의 뉴런들은 해석이 어려웠지만, 손목의 상태와 직접 관련된 활동을 보인 경우는 없었다. 이 결과는 운동피질이 힘을 암호화한다는 주장에 강력한 근거를 제공했다.

손목에 작용하는 힘에 대한 에바츠의 연구는 운동 시스템에서 운동역학적 요소들을 찾는 연구들로 계속 이어졌다. 그 후로 연구자들은 동물이 간단한 움직임을 할 때 반응하는 운동피질 뉴런의 발화 빈도에서 운동역학적 정보를 찾기 시작했다. 이런 연구 추세는 뇌의 특정 영역을 자극할 때 몸의 특정 부분이 움직인다는 것을 밝혀낸 프리치와 히치히의 접근방식이 어느 정도 영향력을 유지하고 있었다는 것을 보여주기도 하지만, 근본적으로 더 넓은 범위의 기존 수학적 운동역학 시스템에 대한 이해에 기초한 것이기도 했다. 운동피질의 활동을 기술하는 수학 수식들이 현재의 물리학 교과서에 실려 있는 이유가 여기에 있다.

에바츠는 운동피질 연구를 위한 현대적인 수학적 접근방식을 확립한 사람이었다. 그는 개별 뉴런의 활동과 근육의 활동 사이의 관계를 탐구하는 데 필요한 정교한 실험 방식을 제공했으며, 자신이 수행한 실험들의 결과를 수학적으로 개념화한 사람이었다. 하지만 에바츠가 이런 실험을 통해 세운 이론들이 결국 거의 대부분 뒤집히면서 운동피질 연구 분야는 다시 격동을 겪게 된다.

❖ ◆ ❖

아, 운동 시스템이란! 좋건 나쁘건 시스템 신경과학자들은 운동 기능에 대해 저마다 다른 이론을 내세운다. 소뇌에서 피질에 이르는 운동 시스템의 모든 뉴런 활동을 실제 뉴런이든 가상의 뉴런이든 하나의 근육 활동에 기초해 설명할 수 있다고 주장하는 사람들이 여전히 존재한다. 물론 이 생각은 말도 안 된다. 자연스러운 운동은 하나의 근육에 의해서 이뤄지는 경우가 거의 없다.

이 글은 그리스 태생의 존스홉킨스 의대 신경과학 교수 아포스톨로스 게오르고풀로스Apostolos Georgopoulos가 쓴 것이다. 이 글을 썼던 1998년 당시 게오르고풀로스는 15년 넘게 운동 신경과학 분야를 뒤흔들고 있었다. 그 기간 동안 이 분야에서 이뤄진 중요한 개념적 진전 중 세 가지가 그에 의해 이뤄진 것이었고(물론, 게오르고풀로스 혼자 이 개념들을 확립한 것은 아니다. 그 이전에도 관련된 개념들에 대한 연구는 부분적으로 이뤄지고 있었다), 이 중 두 가지는 지금도 운동피질 연구의 핵심을 이루고 있다.

게오르고풀로스의 첫 번째 기여는 위의 인용문에서 알 수 있듯이 자연스러운 움직임에 관한 것이다. 그는 저명한 감각신경과학자 버논 마운트캐슬과 같이 공부를 하면서 뇌에 대한 마운트캐슬의 전체론적holistic 접근방식에 큰 영향을 받았다. 피부의 촉각 감지 뉴런에서부터 고차원적인 인지 기능으로 감각 정보를 이용하는 뇌에 이르는 모든 단계에서 몸의 감각이 어떻게 표현되는지 알고 싶었던 게오르고풀로스는 운동 조절에 대한 연구를 마운트캐슬이 구축한 위대한 전통의 틀 안에서 진행했다. 이 과정에서 그는 부자연스러운 단일 관절운동single-joint movement에 관한 연구는 중단해야 한다고 결심했는데, 운동 정보가 뇌에 의해 어떻게 표현되고 처리되는지 이해하기 위해서는 여러 개의 근육으로 이뤄지는 자연스럽고 복잡한 운동에 대해 연구해야 한다고 생각했기 때문이다. 이를 위해 그는 영장류의 움직임 중에서 가장 기본적이고 핵심적인 움직임 중 하나인 뻗기reaching를 집중적으로 연구했다.

팔을 뻗어 앞에 있는 물체를 잡는 움직임은 팔의 관절을 둘러싸고 있는 근육들, 즉 상완upper arm의 이두박근 및 삼두박근, 전방 흉근(가슴의 중심에서 팔로 이어지는 띠 모양의 근육), 전방삼각근(겨드랑이 바로 앞의 띠 모양의 근육), 등에서 가장 넓은 근육인 광배근(등 아랫부분에서 팔 밑으로 이어지는 근육) 등 다양한 근육들에 의존해야 한다. 또한 어떤 물체를 잡느냐에 따라 손목과 손가락의 움직임도 뻗기에 영향을 미칠 수 있다. 이렇게 다양한 근육들에 의한 움직임은 에바츠가 연구한 손목 움직임과는 엄청난 차이가 있다.

이런 다면적인 과제를 연구하기 위해 게오르고풀로스는 원숭이들이 조명이 비춰지는 작은 테이블에서 특정한 행동을 수행하도록 훈련시켰다. 이 원숭이들은 손에 긴 막대기를 쥐고 있었고, 이 막대는 측정 장치에 연결돼 있었다. 원숭이들은 조명이 켜지면 팔을 뻗어 막대기를 그 위치에 댔다. 조명은 동그란 아날로그 시계 판의 숫자들처럼 작은 원 위에 배열돼 있었다. 원숭이들은 막대기를 한 위치로 옮기기 전에는 반드시 원의 중심에 막대기를 위치했다가, 조명이 켜지면 원의 중심에서 그 위치로 막대기를 옮겨서 댔다. 원 위에는 8개의 조명이 있었고, 조명들 사이의 간격은 모두 같았다. 원숭이들의 움직임을 8개의 방향으로 유도하기 위한 설정이었다. 그 후에 이 간단한 설정은 운동신경과학 연구에서 "중심에서 바깥쪽으로의center-out" 움직임을 측정하기 위한 전형적인 설정으로 자리 잡았다(그림 18 참조).

게오르고풀로스의 두 번째 기여는 에바츠의 운동역학 이론을 뒤집고 운동피질에 대한 자신의 생각으로 대체했다.

에바츠는 손목 움직임에 대한 연구에 기초해 신경활동이 힘을 나타낸다고 주장했지만, 그 후 연구자들 중에는 신경활동과 힘의 관계에 대한 에바츠의 이론이 일관성이 없다는 연구결과를 발표한 사람들이 적지 않았다. 복잡한 움직임이 일어나는 동안 근육이 생성하는 힘의 양은 그 근육 주변의 관절과 근육이 변화함에 따라 같이 변화하기 때문이다. 예를 들어, 어깨를 움직이면 팔꿈치의 물리적인 움직임이 변화한다. 따라서 신경활동, 근육활동, 근육이 생성하는 힘의 관계는 운동역학 이론으로 설명하기는 힘들다. 게다가, 뉴런의 활동은 근육이 생성하는 힘과 거의 상관이 없다는 사실도 운동역학 이론의 입지를 위태롭게 했다.

게오르고풀로스는 이런 연구결과들에 기초해 완전히 새로운 관점을 제시했다. 그는 뉴런이 근육에 대해 무엇을 말하는지 묻는 대신에 뉴런이 움직임에 대해 무엇을 말하는지 물었다. 그 결과 게오르고풀로스는 운동피질 뉴런 중 3분의 1 이상에서 신경활동과 팔이 움직이는 방향 사이의 매우 명확하고 간단한 관계를 발견했다. 구

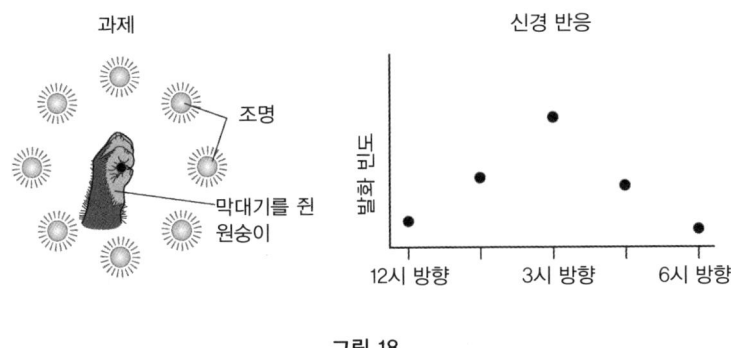

**그림 18**

체적으로 말하면, 이 뉴런들에게는 각각 선호하는 방향이 있었다. 즉, 동물이 특정한 방향, 예를 들어 3시 방향으로 몸을 움직일 때 가장 발화를 많이 하는 뉴런이 존재하며, 이 뉴런의 발화 빈도는 이 동물이 그 특정 방향에서 멀어질수록 낮아졌다(예를 들어, 이 동물이 2시 방향이나 4시 방향으로 몸을 움직이면 이 뉴런의 발화 빈도가 낮아졌고, 1시 방향이나 5시 방향으로 몸을 움직이면 이 뉴런의 발화 빈도는 훨씬 더 많이 낮아졌다). 이런 "방향 동조 direction tuning" 속성이 발견됐다는 사실은 운동피질이 운동역학 법칙보다 운동학 법칙에 더 많이 의존한다는 뜻이다. 이 발견에 따라 운동역학 kinetics 대 운동학 kinematics 논쟁은 "경련 대 움직임" 논쟁 이후 운동 신경과학 분야에서 다시 한 번 엄청난 파장을 불러일으키게 된다.

운동학은 움직임의 양상만을 다루고 움직임을 발생시키는 힘에 대해서는 고려하지 않는다. 따라서 운동학적 변수는 팔의 움직임은 나타내지만 팔의 움직임이 어떻게 이뤄지는지는 나타내지 않는다. 운동피질 암호화에 대한 운동역학적 모델로부터 운동학적 모델로의 전환은 운동 시스템의 각 부분들이 하는 역할을 다르게 보게 만든다. 힘 같은 운동역학적 변수는 힘을 생성하는 데 필요한 (뇌가 내린 명령이 척수 뉴런에 의해 전달되어 이루어지는) 실제 근육활동을 기초로 몇 번의 간단한 계산만 하면 정의할 수 있지만, 운동학적 변수는 팔이 공간적인 위치에 의해서만 정의되기 때문에 운동 시스템의 나머지 부분들이 하는 역할을 계산해 내는 것은 쉬운 일이 아니다. 따라서 운동학적 모델에서는 운동피질의 아래쪽 영역들이 몸 밖의 원하는 위치들로 몸을 움직이게 만들고, 몸의 움직임을 근육활동의 패턴으로 만들어 조정 시스템을 변화시키는 역할을 해야 한다. 게오르고풀로스는 수십 년 동안 운동피질에 대한 이런 운동학적 접근방식을 꾸준히 유지했다.

게오르고풀로스의 세 번째 기여는 데이터를 보는 관점을 변화시켰다는 데에 있다. 뉴런들이 운동의 전반적인 방향에 동조된다는 것은 뉴런들이 근육을 일대일로 조절하지 않는다는 뜻이다. 그렇다면 뉴런들을 한 번에 하나씩 관찰할 필요가 없어진다. 모든 뉴런, 즉 뉴런 집단 전체가 어떤 말을 하고 있는지 생각해보는 것이 더 합리적이다.

그리고 게오르고풀로스는 실제로 그렇게 했다. 그는 개별 세포의 방향 동조에 대한 정보에 기초해 뉴런 집단이 암호화하는 운동의 방향을 나타내는 화살표라고 할 수 있는 "개체군 벡터population vector"를 계산했다. 이 개체군 벡터는 뉴런 집단을 구성하는 각각의 뉴런들이 투표를 통해 선호하는 방향이 결정된다고 비유할 수 있다. 하지만 모든 표에 동일한 가중치가 부여되지는 않기 때문에 이 방식은 완벽한 민주주의 방식이라고 할 수는 없다. 각각의 뉴런이 행사하는 한 표의 가중치는 뉴런의 활동성에 의해 결정된다. 따라서 평균 수준 이상으로 강하게 발화하는 뉴런들은 개체군 벡터를 자신들이 선호하는 방향으로 강하게 편향시키고, 평균 수준 이하로 약하게 발화하는 뉴런들은 집단 벡터를 뉴런 집단이 선호하는 방향으로부터 멀어지게 만들 것이다. 이런 편향은 하나의 개별 뉴런이 보이는 편향보다 더 정확하게 작용한다.* 게오르고풀로스는 각각의 뉴런들이 이런 식으로 집단에 미치는 영향을 종합함으로써 어느 주어진 순간에 동물이 팔을 움직이는 방향을 정확하게 읽어낼 수 있다는 것을 보여줬다.

이러한 데이터에 대한 집단 수준 접근방식은 상당히 강력했다. 어쩌면 너무 강력했을 수도 있다. 이 연구 이후로 운동피질의 뉴런 집단 전체를 연구해 다양한 정보를 얻어낼 수 있다는 것을 보여주는 연구들이 속속 수행됐다. 손가락 움직임, 팔의 움직임 속도, 근육 활동, 힘, 위치, 그리고 심지어 움직임이 언제 어디로 이뤄지는지 나타내는 시각적 단서들에 대한 감각 정보 등 다양한 주제들이 이 접근방식을 통해 연구됐다. 방향은 이 접근방식으로 처음 해독된 변

---

* 앞에서 언급한, 3시 방향으로의 움직임을 선호하는 뉴런에 대해 다시 생각해보면 이해가 쉽게 갈 것이다. 이 뉴런은 3시 방향에 대해 고유의 발화 빈도를 나타내지만 2시 방향과 4시 방향에 대해서도 반응했다. 따라서 이 뉴런이 선호하는 방향은 명확하지 않게 보일 수도 있다. 하지만 다른 방향을 선호하는 뉴런들과 이 뉴런을 비교하면 불명확함은 사라진다.

수 중 하나였지만, 이 접근방식으로만 해독할 수 있는 변수는 아니었다. 움직임에서 운동역학적 변수와 운동학적 변수(그리고 다른 수많은 정보들)가 모두 발견되면서 게오르고풀로스의 운동학 이론의 독창성은 타격을 입게 됐다. 아이러니하게도, 그의 이론에 치명타를 가한 것은 집단에 중점을 둔 그의 연구에 기초한 다른 연구였다.

운동피질로부터 읽어낸 정보가 운동피질의 기능을 말해줄 것이라는 믿음은 컴퓨터 계산을 이용한 접근방법이 널리 사용되게 되면서 훨씬 더 크게 무너지기 시작했다. 운동역학적 변수들을 암호화하는 방식으로 운동 시스템 모델을 설계한 과학자들이 그 모델로부터 운동학적 변수들도 읽어낼 수 있다는 것을 보여주었기 때문이었다. 이 과학자들 중의 한 명인 에버하드 페츠Eberhard Fetz는 운동피질의 변수들이 나타내는 정보를 찾는 연구를 점술에 비교하면서 이렇게 말하기까지 했다. "이 접근방법은 찻잎으로 점을 치는 것과 비슷하다. 개념적인 구조를 먼저 생각한 다음에 실제 패턴에 적용하기 때문이다."

이런 연구들은 수면 밑에 항상 숨어있던 가능성을 드러내기도 했다. 운동피질 뉴런들은 단 하나만의 값을 "암호화"하지 않을 수 있다는 가능성이다. 운동학적 접근방식이나 운동역학적 접근방식이 둘 다 유용할 수도 있고, 둘 다 유용하지 않을 수 있다는 생각을 점점 더 많은 연구자들이 하게 됐다. 이런 생각은 힘이나 방향에 대한 깔끔한 반응을 보이지 않는 뉴런이나, 실험에서 작은 변화로 반응에 큰 변화를 보이는 뉴런, 또는 단순히 한 쪽과 다른 쪽에 대한 증거를 찾는 수십 년 동안의 연구자들의 노력에서 읽을 수 있다.

일부에서는 이 분야의 연구자들이 다른 과학자들의 연구방식을 맹목적으로 모방하면서 길을 잃었다는 말을 하기도 한다. 게오르고 풀로스에게 영감을 준 감각 시스템 연구는 움직임을 이해하는 방법을 찾아내는 데 도움을 주기에는 너무 빈약한 모델이었다. "운동피질은 무엇을 암호화하는가?"에 대한 논쟁이 해결되지 않은 것은 질문이 어렵기 때문이 아니라 처음부터 질문이 잘못되었기 때문이다. 운동 시스템이 움직임을 나타내는 매개변수들을 추적할 필요는 없고, 그저 움직임만 생성해 내면 된다.

지난 장에서 살펴보았듯이, 과학자들이 신경활동에서 구조를 발견했다고 해서 뇌가 반드시 그 구조를 사용하는 것은 아니다. 일반적으로 운동피질은 자동차의 엔진에 비유된다. 엔진이 자동차를 움직이게 만드는 것은 분명하다. 또한 피스톤이나 엔진벨트 같은 엔진의 부분들을 살펴보면 특정한 조건하에서 이런 부분들이 자동차가 생성하는 힘 또는 자동차가 움직이는 방향과 매우 강한 상관관계를 가지는 것으로 보인다. 하지만 엔진이 이런 변수들을 "암호화"함으로써 작동한다고 말할 수 있을까? 과학자들은 관습적으로 역학과 물리학의 힘 개념을 통해서만 운동피질을 이해하려고 한 것은 아닐까? 운동신경과학자 존 칼라스카$^{John\ Kalaska}$는 2009년에 다음과 같이 썼다. "관절 토크$^{torque}$는 특정한 관절 운동을 생성하는 데 필요한 회전력을 정의하는 뉴턴(고전)역학의 매개변수다. 운동피질 뉴런이 뉴턴역학의 매개변수들이 무엇인지, 특정한 움직임을 생성하는 데 뉴턴역학의 매개변수들이 얼마나 많이 필요한지 계산하는 방법이 무엇인지 알고 있을 가능성은 매우 낮다."

❖ ◆ ❖

"운동피질은 무엇을 암호화하는가?"라는 질문이 잘못된 질문이었다고 해서 그 답이 가치가 없다는 것을 의미하지는 않는다. 실제로, 운동피질에서 정보를 해독하기 위한 노력은 운동 시스템을 이해하는 데에는 도움이 되지 않지만, 운동 시스템을 완전히 건너뛰고 생각하는 데에는 큰 도움이 될 수 있다.

55세의 여성 캐시 허친슨Cathy Hutchinson은 로드아일랜드 주의 프로비던스 외곽에 있는 작은 방에서 15년 만에 처음으로 커피 잔을 입에 대고 한 모금 마셨다. 사지마비 환자가 이런 일을 해낸 것은 이번이 처음이었다. 허친슨은 39세였던 1996년 봄에 정원을 가꾸다 뇌졸중으로 쓰러진 후 목 아래로 마비된 상태였다. 〈와이어드Wired〉 잡지 인터뷰 내용에 따르면 허친슨은 어느 날 우연히 병원 직원인 친구에게서 브레인게이트BrainGate에 대해 알게 됐다. 브레인게이트는 컴퓨터와 뇌를 연결해 몸의 운동능력 회복을 시도하는 브라운 대학의 연구 그룹이었다. 허친슨은 바로 이 그룹의 임상시험 대상 리스트에 이름을 올렸다.

브레인게이트 그룹의 과학자들은 허친슨의 뇌에 장치를 삽입했다. 셔츠 버튼보다 조금 작은 사각형 모양의 이 금속장치에는 96개의 전극들이 달려 있었다. 그녀의 왼쪽 운동피질의 팔 조절 영역에 삽입된 이 전극들을 통해 측정된 뉴런 활동은 전선을 통해 컴퓨터 시스템으로 전달됐다. 이 컴퓨터 시스템은 그녀의 오른팔 쪽에 놓인 받침대 위에 놓인 로봇 팔과 연결됐다. 이 로봇 팔은 반짝거리고 둥글납작한 이상한 모양을 하고 있었지만, 팔 끝에 달린 은색의 손은 정교한 관절들로 구상돼 사람의 손과 어느 정도 비슷한 모양이었다. 허친슨이 이 로봇 팔을 통제하는 과정은 매끄럽지 않았다. 팔이 멈추기도 했고 뒤로 젖혀지기도 했지만, 결국 커피 잔을 입에 제대로 대는 데 성공했다. 사지가 마비된 사람이 커피를 자신의 의지대로 마실 수 있게 된 것이었다.

하지만 이렇게 단순하고 불완전한 통제도 시간이 걸리는 일이었다. 허친슨은 기계가 자신의 운동피질의 명령을 이해하게 만들기 위해 훈련을 받아야 했다. 브레인게이트 그룹의 연구자들은 허친슨이 팔을 다양한 방향으로 움직이는 것을 상상하게 만드는 방법으로 그녀를 훈련시켰다. 신경활동 패턴이 팔을 특정 방향으로 움직이라는 명령과 연결될 수 있도록 하기 위한 것이었다. 이 컴퓨터 시스템은 운동피질의 방향 동조 능력을 이용하였는데, 운동피질 뉴런들의 집단으로부터 움직임의 방향(그리고 쥐기 또는 놓기 같은 의도)을 읽어내는 방식으로 작동하였다.

또한 이 시스템은 수학적 원리에 크게 의존하였다. 예를 들어, 브레인게이트 그룹의 연구자들은 이 장치의 움직임을 최대한 부드럽게 만들기 위해 신경활동에 의한 입력과 이전의 운동 방향에 관한 정보를 결합하는 알고리즘을 사용했다. 또한, 연구자들은 로봇 손과 손목의 정교한 움직임 중 일부를 이 시스템에 미리 입력해 사용자가 간단한 명령을 상상해도 로봇 손과 손목이 정교하게 움직일 수 있도록 만들었다. 이 방법은 특정 뉴런 집단의 활동으로부터 구체적인 운동 명령을 읽어내는 것이 어렵기 때문에 고안된 실용적인 방법이었다.

뇌의 통제를 받는 운동 장치를 만들어내려는 이런 연구는 환자들에게는 희망을 주는 동시에 우리가 운동피질이 움직임에 미치는 영향에 대해 아는 것이 얼마나 적은지도 깨닫게 해준다.

신경암호 해독이 운동피질에 대한 이해보다 운동피질과 관련된 공학에 더 유용하다면, 우리는 어떤 방법을 사용할 수 있을까?

뉴런 집단에 초점을 맞추는 연구는 지금도 활발하게 진행되고 있으며, 그럴만한 이유가 있다. 운동피질 뉴런들은 움직임을 생성하기 위해 어느 정도 서로 협력하고 있음이 거의 확실하다. 인간의 운동피질에 존재하는 수억 개의 뉴런이 인간의 몸에 있는 약 800개의 근육을 통제하기 때문이다. 하지만 과학자들의 연구는 바로 이 상황 때문에 어려워진다. 한 번의 실험에서 기록되는 수백 개의 뉴런 활동을 이해해야 하기 때문이다. 게오르고풀로스의 개체군 벡터 이론은 뉴런들이 역할이 미리 정해져 있어 뉴런이 방향을 암호화한다면 그 방향을 읽으면 된다고 생각했다. 하지만 운동 신경과학자들은 운동피질이 무엇을 암호화하는지에 대한 질문에서 벗어나 운동피질이 무엇을 하는지에 대한 질문으로 넘어가려고 노력했기 때문에, 특정 정보를 읽는 것에 기초한 접근법은 의미가 없었다. 이 신경과학자들은 뉴런 집단에 대한 새로운 관점을 찾아내야 했다.

하나의 뉴런에 대한 연구와 뉴런 집단에 대한 연구의 근본적인 차이 중 하나는 차원성$^{\text{dimensionality}}$이다. 우리가 살고 있는 공간은 3차원이지만, 과학자들이 연구하는 많은 시스템들은 훨씬 더 높은 차원을 가지고 있다. 예를 들어, 100개의 뉴런 집단의 활동은 100차원일 것이다.

이렇게 추상적이고 고차원적인 "신경 공간$^{\text{neural space}}$"이 물리적인 실제 공간과 어떤 연관관계를 가지는지 이해하는 것은 쉬운 일이 아니다. 하지만 일단 3개의 뉴런만을 가진 집단을 고려함으로써 물리적 공간으로 이런 뉴런 공간을 직관적으로 이해할 수 있다. 구체적으로 말하면, 뉴런이 방출하는 스파이크의 수를 (길이의 단위인) 미터로 환산해서 생각하면 이 뉴런 집단의 활동을 물리적 공간 내에서의 특정한 위치에 할당할 수 있다. 예를 들어, 움직임을 생성할 때 집단의 첫 번째 뉴런이 5번의 스파이크, 두 번째 뉴런이 15번의 스파이크, 세 번째 뉴런이 9번의 스파이크를 방출한다고 가정해 보자. 이때 이 스파이크 횟수들을 신경 공간의 좌표로 생각할 수 있다. 보물 지도가 앞으로 몇 걸음 걷는지, 그 다음 오른쪽으로 몇 걸음 걷는지, 그 다음 얼마나 깊게 파는지를 설명하는 것과 같은 방식이다. 신경 활동의 다른 패턴은 신경 공간의 다른 위치를 가리킬 것이다. 다양한 움직임에 걸친 운동피질의 신경 활동을 살펴봄으로써, 과학자들은 이 공간의 다른 위치들이 다른 유형의 움직임이나 구성 요소들에 해당하는지 알아낼 수 있다.

하지만 이런 시각화는 뉴런 집단이 커지면 힘들어진다. 인간은 3차원 공간에서 살기 때문에 3차원 이상의 공간을 상상하는 것이 어렵기 때문이다. 만약 네 번째 뉴런이 뉴런 집단에 추가된다면 신경 공간은 어떻게 보일까? 만약 100개의 뉴런이 있다면, 혹은 1000개의 뉴런이 있다면 어떨까? 우리의 직관은 여기서 산산조각이 난다. 이 문제에 대해 컴퓨터과학자 제프리 힌튼 Jeffrey Hinton은 "14차원 공간에서의 초평면 hyperplane을 상상하려면 먼저 3차원 공간을 상상한 다음 '14차원이다!'라고 머릿속으로 외치면 된다."라는 최고의 조언을 했다.

다행히도 너무 많은 차원을 갖는 문제를 피하는 차원축소 dimensionality reduction라는 또 다른 방법이 있다. 차원축소는 고차원 공간에서 얻은 정보를 저차원 공간에서 표현할 수 있게 해주는 수학적 기법으로 기존의 차원들 중 일부가 중복된다는 전제에 기반을 두고 있다. 뉴런 집단의 경우에는 여러 개의 뉴런이 같은 말을 한다는 것을 뜻한다. 예를 들어, 100차원 뉴런 집단의 뉴런 활동 패턴들 중에서 어떤 패턴이 그 뉴런 집단의 핵심적인 패턴인지 알아내려고 한다고 가정해보자. 이때 그 패턴들 중 어떤 패턴이 재활용되는지 알고 있다면 100개의 차원을 다 고려하지 않고도 그 뉴런 집단의 전체적인 뉴런 패턴을 파악할 수 있을 것이다.

사람의 성격을 예로 들어보자. 사람의 성격에는 몇 가지 차원이 있을까? 영어에는 성격을 묘사하는 단어들이 수없이 많다. "쾌활한", "유연한", "자아 비판적인", "친절한", "너그러운", "창의적인", "카리스마적인", "차분한", "지적인", "예의바른", "공격적인", "꼼꼼한", "진지한", "똑똑한" 같은 단어들은 모두 성격을 묘사한다. 이런 단어 하나하나를 하나의 차원으로 생각하면 이런 고차원 성격 공간에서 한 사람의 성격을 좌표로 나타낼 수 있다. 하지만 이 중에는 상관관계가 있는 단어들이 있다. 예를 들어, "똑똑한" 사람들은 대개 "영리한" 사람이라고도 표현된다. 어떻게 보면 똑똑함과 영리함은 동일한 근본적 성격을 달리 표현한 말이라고 할 수도 있다. "총명한"이라는 단어도 거의 같은 뜻일 것이다. 그렇다면 이 성격 공간에서 똑똑함과 영리함을 나타내는 두 차원은 "총명함"을 나타내는 하나의 차원으로 통합할 수도 있을 것이다. 이렇게 하면 차원이 줄어든다. 물론, 똑똑하지만 영리하지는 않은 사람 또는 영리하지만 똑똑하지는 않은 사람이 있을 수는 있다. 하지만 이런 사람들이 차원축소에 미치는 영향은 크지 않다. 대부분의 사람들은 "총명함"이라는 기준 하나만으로 분류해도 별 문제가 발생하지 않는다.

사실, 인기 있는 성격 테스트들 대부분은 소수의 핵심적인 특성들이 인간의 성을 설명할 수 있다는 전제에 기초한다. 예를 들어, 마이어스-브릭스 테스트Myers-Briggs test(MBTI 테스트)는 성격이 직관intuition 대 감각sensing, 느낌feeling 대 사고thinking, 내향성introversion 대 외향성extraversion, 지각perception 대 판단judging의 4개의 축으로만 형성된다는 생각에 기초한 테스트다. 마이어스-브릭스 테스트보다 좀 더 과학적이라고 여겨지는 빅 파이브Big Five 테스트도 신경성neuroticism, 외향성extraversion, 개방성openness, 우호성agreeableness, 성실성Conscientiousness의 5가지 축만을 기준으로 성격을 판단한다. 이런 요소들은 우리가 보는 다양한 성격 스타일을 만들어내는 기본적인 특성으로 생각돼 "잠재적latent" 요소라고 불린다.

신경과학자들에게는 뉴런 하나하나를 하나의 눈 결정처럼 생각하는 그들만의 전통에 따라 뉴런이 뇌의 기본단위라고 생각해왔다.

즉, 신경과학자들은 자연이 차원을 깔끔한 세포 형태로 포장했다는 생각을 가지고 있다. 하지만 성격에 대한 일반 사람들의 생각에서 알 수 있듯이, 뉴런 집단의 "진정한" 차원들의 숫자는 그 뉴런 집단에 속한 뉴런들의 숫자보다 적을 가능성이 매우 높다. 예를 들어, 중복성은 모든 생물학적 시스템에서도 나타나는 스마트 기능이다. 뉴런은 노이즈를 내거나 죽을 수 있으며, 이는 중복된 뉴런들을 가진 생물학적 시스템을 더 견고하게 만든다.* 게다가, 뉴런들은 서로 강하게 연결되는 경향이 있다. 뉴런들은 서로 소통을 하기 때문에 뉴런들 하나하나가 독립성을 유지할 가능성은 매우 낮다. 대신, 뉴런들의 활동은 같은 사회에 속한 사람들의 의견이 수렴되기 시작하는 것과 같은 방식으로 상관관계를 맺는다. 따라서 차원축소 기법을 이용하면 뉴런 집단들의 활동을 실제로 가능하게 하는 잠재적 요소들을 식별해낼 수 있다.

뉴런 데이터 분석에 널리 사용되는 차원축소 기법은 PCA principal components analysis(주성분 분석)다(그림 19 참조). 1930년대에 개발된 PCA는 심리학자들에 의해 정신적 특성과 능력을 분석하기 위해 광범위하게 사용됐다. PCA는 대규모 데이터세트를 이해하는 데 매우 유용하기 때문에 지금은 수많은 분야의 다양한 데이터를 이해하는 데 사용되고 있다.

PCA는 분산 variance 개념에 기초한 기법이다. 분산은 데이터 포인

---

*엄밀하게 생각하면, 이는 지난 장에서 다룬 발로의 효율적인 희소 암호화 개념과 충돌한다. 실제로는, 뇌는 효율적인 정보 전송과 견고해져야 하는 필요성 사이에서 균형을 유지해야 하기 때문에 중복성을 가지는 것이다.

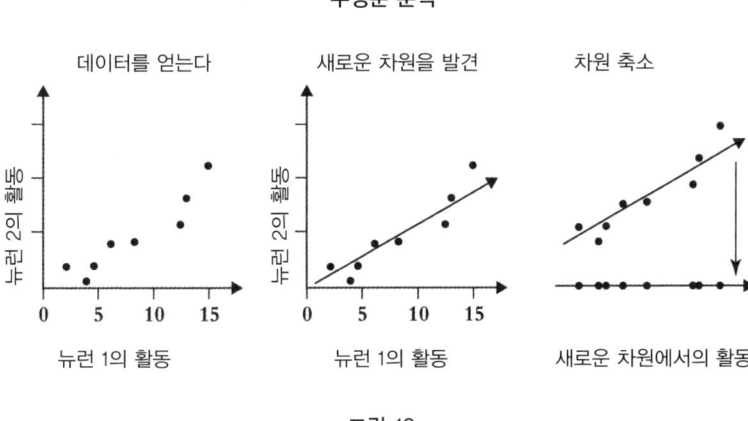

그림 19

트들이 흩어진 정도를 나타낸다. 예를 들어, 어떤 사람이 3일 동안 하루에 각각 8시간, 8시간 5분, 7시간 55분 동안 수면을 취한다면 이 사람의 수면 데이터 분산은 낮다고 할 수 있다. 반면, 어떤 사람이 3일 동안 하루 평균 8시간 동안 수면을 취하지만, 하루에 각각 6시간, 10시간, 8시간 동안 수면을 취한다면 이 사람의 수면 데이터 분산은 높다고 할 수 있다.

분산이 높은 차원이 중요한 이유는 분산이 높을수록 많은 정보를 나타내기 때문이다. 예를 들어, 항상 근엄한 표정을 유지하는 사람의 감정 상태를 읽는 것보다 어떤 때는 조용하고 어떤 때는 광분하는 사람의 감정 상태를 읽는 것이 훨씬 쉽다. 또한, 모든 사람들이 공통적으로 가지고 있는 특성보다는 사람들 사이에 많은 차이가 있는 특성으로 사람들을 분류하는 것이 더 쉽다. PCA는 이런 분산 개념에 기초해 분산이 가능한 가장 높은 새로운 차원들을 찾아낸다(이런 새로운 차원은 똑똑함이라는 특성과 영리함이라는 특성이 총명함이라는 특성으로 결합되듯이 기존의 차원들이 결합돼 만들어질 수 있는 차원이다). 즉, 특정한 데이터 포인트가 이런 새로운 차원들에 따라 어디에 위치하는지 안다면, 새로운 정보의 양이 적어도 많은 것을 알아낼 수 있다.

예를 들어, 뉴런 2개로 이뤄진 뉴런 집단의 활동을 하나의 숫자로 설명한다고 생각해 보자. 우리는 서로 다른 움직임이 이뤄지는 이 두 뉴런의 활동을 측정할 것이고, 뉴런 각각이 방출하는 스파이크의 수를 나타내는 숫자 2개를 얻을 수 있을 것이다. 이때 하나의 뉴런의 활동을 X축으로 나타내고, 다른 뉴런의 활동을 Y축으로 나타낸다면 좌표 상에 나타나는 데이터들이 어느 정도 직선 모양을 이룬다는 것을 볼 수 있을 것이다. 이렇게 되면 이 직선을 새로운 차원으로 생각할 수 있다. 이제 이 두 뉴런 각각의 활동을 2개의 숫자로 나타내지 않고, 이 직선에서의 위치를 나타내는 하나의 숫자로 표시할 수 있다.

이런 방식으로 차원을 줄이면 정보의 일부가 손실된다. 예를 들어 이 방식은 어떤 활동이 이 직선에서 차지하는 위치만 설명하기 때문에 우리는 그 활동이 이 직선에서 얼마나 멀리 떨어져 있는지는 알 수가 없다. 여기서 중요한 것은 최대한 분산이 높은 데이터를 포함하면서 정보의 손실을 최소로 줄이는 직선을 찾아내는 일이다.

데이터가 선을 따라 분포하지 않는다면, 즉, 두 뉴런의 활동이 전혀 비슷하지 않다면, 이 방식은 별로 효과가 없다. 이런 경우는 이 2차원 뉴런 집단이 실제로 2개의 차원을 모두 사용하고 있는 경우이기 때문에 차원축소가 불가능하다. 하지만 앞에서 언급했듯이, 평균적으로 볼 때 여러 가지 이유로 인해 뉴런 활동들은 중복성이 있기 때문에 차원축소가 가능하다.

차원축소는 오랫동안 다양한 뉴런 데이터 분석에 성공적으로 적용돼 왔다. 이미 1978년에 PCA가 무릎의 위치를 암호화하는 뉴런 8개의 활동을 차원 한두 개로 표현할 수 있다는 것이 입증된 바 있다. 또한 PCA는 지난 10년 동안 운동피질 연구에서 점점 더 많이 사용되기 시작했다. 그동안 운동피질 연구자들이 이 차원축소 기법을 통해 숨겨져 있는 것들을 발견해냈다. 100개 이상의 뉴런들의 다양한 활동들을 하나의 직선으로 나타낼 수 있게 되면서 패턴을 육안으로 확인할 수 있게 됐다. 과학자들은 뉴런 집단의 활동 변화를 3차원 공간에서 추적할 수 있게 됨에 따라 직관을 이용해 뉴런들의 활동을 이해할 수 있게 됐고, 운동 시스템에 대한 새로운 이론들을 만들어낼 수 있게 됐다.

예를 들어, 2010년대 초반에 스탠퍼드 대학의 크리슈나 셰노이 Krishna Shenoy 교수 연구팀은 운동피질이 어떻게 움직임을 준비하는지 연구했다. 연구팀은 운동피질 연구의 표준적인 과제인 팔 뻗기를 원숭이들에게 훈련시켰는데, 기존의 팔 뻗기 과제와는 조금 달랐다. 연구자들은 원숭이들에게 움직여야 하는 방향을 제시한 다음 약간의 시간을 두고 원숭이들이 움직이도록 만들었다. 움직임을 준비하는 동안 운동피질이 어떤 반응을 보이는지 관찰하기 위한 설정이었다.

신경과학자들은 운동피질 뉴런이 움직임을 준비할 때의 발화 패턴이 움직임이 이뤄질 때의 발화 패턴과 비슷하지만 약간 발화 빈도가 낮을 것이라고 오랫동안 생각하고 있었다. 즉 운동피질이 움직임을 준비할 때 움직임이 이뤄지는 동안 보이는 활동은 본질적으로 서로 속성이 같지만 전자의 활동 수준이 조금 낮을 것이라는 생각이다. 그렇다면 신경 활동 공간에서 이 두 활동은 같은 방향으로 이뤄지는 거의 비슷한 활동이어야 했다. 하지만 동물이 움직임을 준비할 때 보이는 낮은 수준의 신경활동과 움직임을 수행할 때의 신경활동을 신경활동 공간에 표시한 결과, 연구자들은 이 생각이 틀렸다는 것을 알게 됐다. 움직임 이전의 뉴런 활동은 단순히 운동 중의 뉴런 활동의 제한된 버전이 아니라, 뉴런 활동 공간에서 완전히 다른 영역을 차지하고 있었다.

이 발견은 놀랍지만 운동피질에 대한 현대적인 관점과 일치하였다. 이 새로운 관점은 운동피질이 동적 시스템dynamic system이라는 사실에 중점을 두는데, 이는 운동피질 뉴런들이 시간이 지남에 따라 복잡한 활동 패턴을 생성하는 방식으로 상호작용한다는 뜻이다. 이런 상호작용 때문에 운동피질은 짧고 간단한 입력을 받아들여 길고 정교한 출력을 생성할 수 있다. 이 사실은 팔의 특정한 위치를 결정해 그 정보를 운동피질에 보내는 뇌 영역이 따로 존재하며, 운동피질은 팔을 그 위치로 움직이게 만드는 데 필요한 모든 뉴런 활동을 일으킨다는 것을 뜻한다는 점에서 매우 유용하다.

이 체계에서, 준비 활동은 이 동적 시스템의 "초기 상태initial state"를 나타낸다. 초기 상태는 활동 공간에서 뉴런 집단의 시작 위치를 정의하지만, 뉴런 집단의 이후 움직임은 뉴런들 사이의 연결 관계에 의해 결정된다. 즉, 초기 상태는 워터 슬라이드water slide(수영장 시설 등에 설치된 긴 미끄럼틀의 일종)의 진입 부분과 비슷하다고 할 수 있다. 이 진입 부분의 위치는 워터 슬라이드의 경로나 출구의 위치와 거의 상관이 없기 때문이다. 따라서 준비 기간 동안의 뉴런 활동이 움직임이 이뤄지는 동안의 뉴런 활동과 비슷해야 할 이유는 전혀 없다. 중요한 것은 운동피질이 적절한 초기 상태에 도달하면 운동피질 뉴런들 사이의 연결 관계가 나머지 일을 모두 한다는 사실이다.

이 "동적 시스템" 관점에서 생각하면 운동피질을 이해하려는 그 동안의 시도가 왜 그렇게 혼란스러웠는지 알 수 있다. 이 뉴런들의 어떤 부분은 움직임을 유도하고 어떤 부분은 그 다음 단계를 계획하는 큰 기계의 일부로 생각하면 이 뉴런들이 보이는 반응의 다양성과 유연성을 더 잘 이해할 수 있다. 또한 아이러니하게도 이 새로운 관점은 운동피질을 연구를 원점으로 돌리는 역할을 하기도 했다. 간단한 입력이 복잡한 출력을 생성하는 모델은 시뮬레이션을 통해 자연스러운 움직임에 대해 설명한 페리어의 이론과도 잘 들어맞는다. 실제로 페리어의 이론은 2000년대 초반에 프린스턴 대학의 마이클 그라치아노Michael Graziano 교수가 최첨단자극 기술을 이용해 0.5초 동안 운동피질을 자극해 손을 입에 대거나 얼굴표정을 바꾸는 것과 같은 정교하고 복잡한 움직임을 유도할 수 있다는 것을 보여줌으로써 확실하게 입증됐다.

❖ ❖ ❖

　과학자가 자신의 무지를 인정하는 일은 드문 일이 아니다. 과학에서는 이런 지식의 격차를 발견하고 인식하는 일이 중요한 과정이다. 하지만 운동피질 연구자들은 특히 자신의 무지를 잘 인정하는 편인 것 같다. 이들은 "상당히 많은 논쟁이 있다.", "운동피질이 나타내는 기본적인 반응들의 특성에 대한 의견조차 일치되고 있지 않다." 같은 문장들을 논문에서 자주 사용하며, "운동피질 기능에 대한 깊은 이해는 여전히 이뤄지지 않고 있다.", "운동피질 뉴런의 반응이 운동과 어떻게 관련이 있는지는 여전히 미지수다."라고 빠르게 인정하기도 하며, 더 절망적인 순간에는 "왜 이 단순해 보이는 질문이 대답하기가 이렇게 어려울까?"라고 푸념하기도 한다.

　운동피질 연구자들의 이런 건조하고 학술적인 표현들은 운동피질이 대뇌피질에서 가장 먼저 연구가 이루어진 영역들 중 하나이고, 움직임이 일어나는 동안 이 영역의 단일 뉴런이 어떻게 활동하는지에 대한 연구 또한 이뤄졌음에도 불구하고 운동피질의 미스터리는 여전히 풀리지 않고 있다는 불편한 진실을 인정하는 그들의 생각을 그대로 드러낸다. 노력이 부족했기 때문은 아닌 것 같다. 운동피질 연구 분야에서 그동안 많은 진전이 이뤄진 것은 사실이다. 하지만 운동피질이 존재한다는 사실, 그리고 운동피질이 어떤 역할을 한다는 사실 외에는 운동피질과 관련된 연구와 논쟁을 통해 완전하게 밝혀진 것이 거의 없다.

# 9

# 구조에서 기능으로

그래프 이론과 네트워크 신경과학

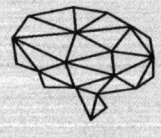

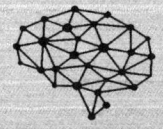

산티아고 라몬 이 카할은 세상을 떠나기 3년 전인 1931년에 스페인 마드리드에 있는 카할 연구소에 개인 소유물 일부를 기증했다. 저울, 슬라이드, 카메라, 편지, 책, 현미경, 시약 같은 것들이었다. 이 중에 가장 눈에 띄는 것은 카할이 평생 동안 자신의 이론을 설명하기 위해 그린 그림 1907점이었다(이 그림들은 그 후 카할의 이름만큼이나 유명해진다).

이 그림들 대부분은 신경 조직의 다양한 부분을 고된 세포 염색 과정을 거쳐 그려진 것이었다. 염색 과정은 먼저 살아있는 동물을 희생해 뇌의 일부를 떼어내 용액에 이틀 동안 담근 뒤 건조시키는 것으로 시작되었다. 그후 세포 구조를 침투하는 은이 포함된 용액에 다시 뇌 조직을 이틀 동안 담갔다. 이 작업이 끝나면 뇌 조직을 헹구고 건조시킨 다음 현미경 슬라이드에 올려놓을 수 있도록 얇은 조각으로 잘랐다. 카할이 그린 그림은 현미경의 접안렌즈를 통해 본 이 얇은 조각을 그린 것이다. 카할은 먼저 연필로 각각의 세포체와 그 세포에 달린 부속물들의 모습을 두꺼운 종이에 그린 다음, 잉크나 수채화물감을 이용해 질감과 입체감을 표현했다. 그 결과로 탄생한 것이 베이지색이나 노란색 배경에 마치 검은색 거미를 그린 것과 같은 강렬한 그림들이다.* 이 그림들은 동물의 종류와 신경섬유의 구조에 따라 다르게 그려졌다. 카할은 모두 50종이 넘는 동물의 신경계를 그렸고, 20여 종에 이르는 신경계의 구조를 그렸다.

이 수백 장의 그림은 신경계 구조 연구에 대한 카할의 열정을 그대로 드러낸다. 그는 뇌의 기본단위인 뉴런이 어떻게 형성되고 배열되는지 집중적으로 연구하면서 물리학을 기반으로 뇌의 작동 방식을 이해하기 위해 노력했다. 카할은 뉴런의 구조를 밝혀냄으로써 뉴런의 기능을 밝혀낼 수 있다고 생각한 사람이었다.

그리고 그의 생각은 옳았다. 카할은 뇌가 어떻게 구성되어 있는지 오랫동안 열심히 살펴봄으로써 뇌의 작용에 대한 중요한 사실을 추론할 수 있었다. 그의 중요한 발견 중 하나는 신호가 뉴런을 통해 흐르는 방식에 관한 것이다. 다양한 감각기관의 다양한 뉴런에 대한 많은 관찰을 통해 카할은 신경세포가 항상 특정한 방식으로 배열되어 있다는 것을, 즉 세포체에서 뻗어 나온 수상돌기의 방향이 항상 신호가 오는 방향을 향하고 있다는 것을 알아냈다. 그는 수상돌기와는 대조적으로 긴 축삭은 뇌 쪽으로 향하고 있다는 것도 알아냈다. 예를 들어, 후각 시스템의 경우 냄새 분자들을 감지할 수 있는 화학 수용체를 가진 뉴런들이 코 안의 끈적끈적한 피부 안에 존재한다. 이 뉴런들은 축삭을 뇌 쪽으로 뻗어 후각 망울olfactory bulb에

---

\* 이 그림들은 카할 사후에 "아름다운 뇌(The Beautiful Brain)"라는 이름의 전시회를 열 수 있을 정도로 매력적인 그림들이었다. 카할이 전시회 소식을 들었다면 기뻐했을 것이다. 그는 아버지의 바람대로 의사가 되기 전에는 화가를 꿈꿨던 사람이었다.

있는 뉴런들의 수상돌기들과 접촉한다. 후각 망울에 있는 이 뉴런들의 축삭은 다시 뇌의 다른 영역들로 뻗어나간다.

수없이 많이 관찰한 이런 패턴들로부터 신호가 수상돌기로부터 축삭으로 전송된다는 것을 확신했던 카할은 수상돌기는 신호를 수신하는 역할을 하고 축삭은 신호를 전송하는 역할을 한다는 결론을 내렸다. 그는 이 결론에 대해 매우 큰 확신이 있었고, 후각 시스템의 신경회로를 그린 그림에서 화살표를 이용해 정보의 방향을 명확하게 표시하기도 했다. 이는 우리가 지금 잘 알고 있듯이 매우 정확한 결론이었다.

카할은 현대 신경과학의 기초를 확립한 사람이다. 구조와 기능의 관계에 대한 그의 생각은 신경과학의 핵심을 이루고, 신경과학 역사를 통틀어 광범위한 영향을 미쳤다. 피터 게팅Peter Getting은 1989년에 발표한 논문에서 1960년대의 연구자들이 제한된 데이터를 가지고도 "네트워크의 능력은 단순한 요소들이 서로 연결돼 복잡한 네트워크가 발달됨으로써 발생하므로 기능은 연결성에 의해 생겨나는 것이다."라고 말했으며, 1970년대의 연구자들은 "연결성에 대해 알면 신경 네트워크의 작동방식을 설명할 수 있을 것"이라는 기대를 가지고 있었다고 언급했다. 이런 견해는 지금도 지속되고 있다. 왕샤오징Xiao-Jing Wang 교수와 헨리 케네디Henry Kennedy 교수가 2016년에 발표한 논문은 다음과 같은 말로 끝난다. "복잡한 신경역학을 이해하려면 구조에서 기능으로의 확고한 연결을 확립하는 것이 필수적이다."

뇌에서 구조는 다양한 측면에서 살펴볼 수 있다. 신경과학자들은 카할이 그랬던 것처럼 뉴런 한 개의 구조를 관찰할 수도 있고, 뉴런들의 연결 관계를 관찰할 수도 있다. 또한 현미경의 배율을 조정해 뉴런 집단들이 어떻게 상호 작용하는지도 관찰할 수 있으며, 서로 멀리 떨어져 있는 뇌 영역들을 연결하는 두꺼운 축삭 다발을 살펴봄으로써 뇌 전체의 연결 패턴을 관찰할 수도 있다. 이런 상위 구조에 기능에 대한 비밀이 숨겨져 있을 수도 있다.

하지만 이런 비밀을 밝히기 위해서는 이런 구조를 명확하게 보고 연구할 방법이 필요하다. 카할이 한 번에 적은 수의 뉴런밖에 염색할 수 없었다는 한계는 사실 이런 구조를 명확하게 관찰할 수 있게 만드는 장점이었다. 만약 그가 관찰 가능한 모든 뉴런을 염색할 수 있었다면 모든 뉴런들이 까맣게 보이게 돼 단일 뉴런의 구조를 식별할 수 없었을 것이다. 그렇게 됐다면 숲을 보려다 숲을 구성하는 나무를 놓치는 결과가 발생했을 것이다. 신경과학자들은 구조에 대한 연구를 단일 뉴런에서 연결, 네트워크, 회로라는 더 복잡한 주제로 옮겨왔기 때문에 데이터에 압도되고 엉뚱한 세부사항들에 정신을 빼앗길 가능성이 매우 높다.

하지만 이런 가능성을 줄이는 데 매우 유용한 방법이 수학의 하위 분야 중 하나인 그래프 이론graph theory에서 발견됐다. 그래프 이론의 언어는 세부사항들의 대부분을 걷어내고 뉴런 네트워크에 대해 연구할 수 있는 방법을 제공한다. 또한 그래프 이론의 도구는 다른 도구로는 찾아내기가 거의 불가능한 뉴런 네트워크 구조의 특징들을 찾아낼 수 있게 해준다. 일부 과학자들은 이런 특징들이 신경계의 기능에 대한 새로운 생각을 불러일으킬 수 있다고 믿는다. 현재 신경과학자들은 그래프 이론에 기초한 방법을 뇌의 발달 연구에서 질병 연구에 이르기까지 다양한 분야에 적용하고 있으며, 그래프 이론이 제공하는 가능성에 기대를 걸고 있다.

18세기 동프로이센의 수도였던 쾨니히스베르크Königsberg에는 강이 도시를 가로지르면서 두 갈래로 갈라져 생긴 작은 섬이 하나 있다. 이 섬의 북부, 남부, 동부에 위치한 다리는 7개였다. 어느 날 쾨니히스베르크 사람들은 "7개의 다리들을 한 번씩만 건너면서 처음 시작한 위치로 돌아오는 길이 있을까?"라는 의문을 갖게 됐다. 그래프 이론은 수학자 레온하르트 오일러Leonhard Euler가 이 의문을 해결하는 과정에서 탄생하였다.

스위스에서 태어나 러시아에서 살았던 박식한 오일러는 1736년에 〈위치의 기하학과 관련된 문제의 해결〉이라는 논문에서 이 의문에 대한 정답을 다음과 같이 명확하게 제시했다. "7개의 다리를 한 번씩만 건너 처음의 위치로 돌아오는 것은 불가능하다." 이를 증명하기 위해 오일러는 도시의 구조를 단순화하는 논리적인 작업을 수행했다. 그는 단어를 사용하지 않고 데이터를 그래프로 변환한 다음 그 그래프에 기초해 계산을 수행했다(그림 20 참조).

그래프 이론에서 "그래프"라는 말은 차트나 선이라는 일반적인 의미로 사용되지 않고 (현대의 용어로 말하면) 노드node와 에지edge로 구성되는 수학적 개체를 뜻한다. 노드는 그래프의 기본 단위이며,

에지는 노드들 사이의 연결을 나타낸다. 쾨니히스베르크의 사례에서 7개의 다리는 4개의 땅덩어리, 즉 4개의 노드를 연결하는 에지가 된다. 노드의 차수$^{degree}$는 노드가 가진 에지의 수를 뜻한다. 따라서 땅덩어리의 "차수"는 땅덩어리에 닿아있는 다리의 숫자가 된다.

오일러는 경로를 노드들의 목록으로 표현하는 방법으로 이 문제에 접근했다. 각각의 땅덩어리에 문자(ABDC)를 부여해 중앙의 섬과 주변 땅덩어리를(다리를 통해) 연결하는 경로를 나타낸다. 이 그래프를 통해 나타나는 경로를 보면 에지 하나가 두 개의 노드 사이를 연결한다는 것을 알 수 있다. 따라서 건너온 다리의 수는 경로 목록의 문자 수에서 1을 뺀 것과 같다. 예를 들어 두 개의 다리를 건넜다면 거쳐온 땅덩어리의 수는 3개다.

오일러는 이 방법을 적용하면서 각각의 땅덩어리에 연결된 다리

**쾨니히스베르크 지도**

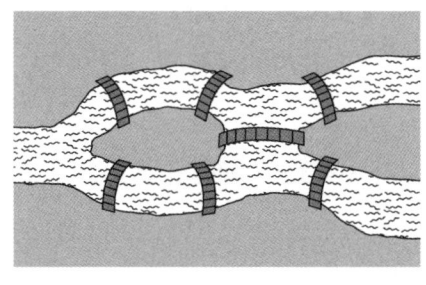

 = 강　　  = 땅　　▰▰▰ = 다리

**그래프로 나타낸 지도**

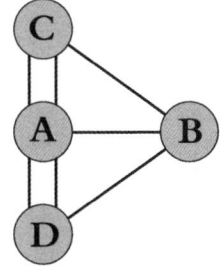

각각의 문자는
땅덩어리를 나타내며,
다리는 에지가 된다.

그림 20

의 숫자에 대한 중요한 사실을 알게 됐다. 이 숫자는 땅덩어리가 경로 목록에 나타나는 횟수와 관계가 있다는 사실이었다. 예를 들어 땅덩어리 B에는 다리가 세 개 연결돼 있는데, 이는 각 다리를 한 번씩만 건너는 경로에 B가 반드시 두 번 나타나야 한다는 것을 뜻한다. 즉, B를 두 번 방문하지 않고는 이 세 개의 다리를 건너는 방법이 없다. 각각 두 개의 다리에 연결되어 있는 땅덩어리 C와 D도 마찬가지다. 5개의 다리가 연결돼 있는 땅덩어리 A는 경로 목록에 세 번 나타나야 한다.

종합하면, 이런 모든 조건을 충족하는 경로는 9(2+2+2+3)개의 문자로 이뤄진 목록이 되어야 한다. 하지만 9개의 문자로 목록이 구성된다는 것은 8개의 다리를 건너는 경로를 나타낸다. 따라서 7개의 다리를 한 번만 건너는 경로를 만드는 것은 불가능하다.

노드의 차수와 노드가 경로에 나타나는 횟수 사이의 관계를 이용해 오일러는 가능한 경로에 대한 일반적인 규칙을 도출했다. 그는 이제 땅덩어리의 숫자, 다리의 숫자와 상관없이 다리를 한 번씩만 건너 원래의 자리로 돌아올 수 있는지 여부를 알 수 있게 된 것이었다.

중요한 것은 이 규칙은 쾨니히스베르크 문제에만 적용할 수 있는 규칙이 아니라 마을의 모든 거리의 눈을 한 번씩만 치워야 하는 제설차의 경로를 찾거나, 웹사이트 사이의 각 하이퍼링크를 한 번씩만 클릭하여 특정 위키피디아 페이지의 모든 내용을 검색할 수 있을지도 확인할 수 있다. 그래프 이론의 장점 중 하나가 이런 유연성에 있다. 그래프 이론은 특정 상황들에서 세부사항들을 제거해 그 상황들의 공통적인 구조를 찾아낸다. 문제를 바라보는 이 추상적이고 이질적인 방식은 오일러가 쾨니히스베르크를 가로지르는 경로들을 문자들의 목록으로 생각했던 것처럼 새롭고 혁신적인 방식으로 문제를 해결할 수 있게 해준다.

이런 특성 때문에 그래프 이론은 다양한 분야에서 사용돼 왔다. 예를 들어, 분자의 구조를 표현하는 방식을 찾지 못해 상당히 오랫동안 어려움을 겪었던 19세기 화학자들은 1860년대에 원자를 문자로 표시하고 원자 사이의 결합을 선으로 표현하는 (현재에도 사용되고 있는) 시스템을 발명함으로써 이 문제를 해결했다. 1877년에 영국의 수학자 제임스 조셉 실베스터James Joseph Sylvester는 분자에 대한 이런 표현 방식이 오일러의 후예들이 수행한 수학적 연구 방식과 비슷하다는 것에 주목했다. 실베스터는 이 유사성에 대한 논문에서 이 방식에 관련해 "그래프"라는 말을 처음 사용했다. 그 이후로 그래프 이론은 화학의 많은 문제를 해결하는 데 큰 도움이 됐는데, 그 전형적인 예는 이성질체isomer에 대한 연구였다. 이성질체는 동일한 원자들로 구성되지만 원자들의 배열 방식이 다른 분자를 뜻한다. 그래프 이론은 분자를 구성하는 원자들의 배열을 설명할 수 있게 해주기 때문에 특정한 원자들이 나타낼 수 있는 모든 배열에 대한 탐구를 가능하게 만든다. 또한 그래프 이론에 기초한 알고리즘은 약물 등 원하는 화합물을 설계하는 데 도움을 주기도 한다.

화학물의 구조처럼 뇌의 구조를 설명하는 데에도 그래프는 적합하다. 뉴런은 노드, 뉴런 간의 연결은 에지로 간단하게 표현할 수 있다. 또한, 뇌의 영역들을 노드로 생각하고, 뇌의 영역들을 연결하는 신경 경로를 에지로 표현할 수도 있다. 미시적인 차원에서든 거시적인 차원에서든 뇌 영역들을 그래프 이론의 용어로 표현하면 뇌 영역 연구를 위한 다양한 분석방법을 개발할 수 있다. 그래프 이론은 이런 식으로 신경과학 연구의 일상적인 도전과제에 형식을 부여해 왔다. 구조가 어떻게 기능을 낳는지 이해하려면 먼저 구조에 대해 확실하게 이해해야 하는데, 바로 그래프 이론의 언어가 이를 가능하게 한다.

물론 뇌는 쾨니히스베르크나 화합물과는 다르다. 뇌에서 이뤄지는 연결은 쾨니히스베르크의 다리나 화합물의 결합처럼 늘 양방향으로 이뤄지지는 않고 일방적일 수도 있다. 뉴런 연결의 이런 단일 방향 특성은 정보가 신경 회로를 통해 흐르는 방식에 중요하다. 1800년대 말에 이르러 "방향 그래프 Directed Graph" 개념이 등장하면서 초기의 간단한 그래프 구조와는 달리 뉴런 연결을 수학적으로 표현할 수 있는 길이 열렸다. 방향 그래프에서에서 에지는 한 방향으로만 향하는 화살표다. 따라서 방향 그래프에서 노드의 차수는 두 가지 유형, 즉 입력 차수(뉴런이 수신하는 연결의 수)와 출력 차수(다른 뉴런으로 보내는 연결의 수)로 나뉜다. 이 두 차수가 대략 비슷하다는 사실, 즉 뉴런은 받는 입력만큼의 출력을 보낸다는 사실은 원숭이의 피질 뉴런에 대한 연구를 통해 밝혀졌다.

2018년에 수학자 캐서린 모리슨 Katherine Morrison과 카리나 커토 Carina Curto는 쾨니히스베르 문제와 비슷한 어떤 문제의 답을 찾기 위해 방향성이 있는 에지들로 구성된 신경회로 모델을 구축하여 다리를 한 번씩만 건너 제자리로 돌아올 수 있는 방법을 찾는 대신 신경

회로가 생성할 수 있는 뉴런 발화들의 순서를 탐색했다. 이들은 그래프 이론에 기초해 최대 5개 뉴런으로 구성된 모델의 구조를 살펴보고 발화 순서를 예측하는 방법을 알아냈다. 뉴런 발화의 패턴은 기억이나 탐색 같은 뇌 기능에 매우 중요한 역할을 한다. 이 모델은 매우 간단했지만, 뇌 연구에서 그래프 이론이 얼마나 강력한 힘을 발휘할 수 있는지는 충분히 보여줬다고 할 수 있다.

하지만 실제 뇌 네트워크를 연구하려면 더 "전역적인global" 관점이 필요하다.

1960년대 후반, 매사추세츠 주 섀론에 사는 한 주식중개인은 동네 의류매장 주인으로부터 몇 달에 걸쳐 갈색 폴더 16개를 전달받았다. 이상한 일처럼 보일 수도 있지만, 이 주식중개인은 아무렇지도 않게 폴더를 받곤 했다. 사실 이 폴더들은 유명한 사회심리학자 스탠리 밀그램Stanley Milgram이 진행하던 실험의 일부였다. 이 실험은 사회적인 측면에서 세상이 실제로 얼마나 넓은지 (또는 얼마나 좁은지) 테스트하기 위한 것이었다.

사람들은 우연히 만난 사람과 공통적인 친구나 친척이 있다는 것을 알게 됐을 때 "세상 참 좁다."라는 말을 하곤 한다. 이런 일이 얼마나 자주 일어나는지 알고 싶었던 밀그램은 다음과 같은 의문들을 제기했다. 무작위로 선택된 두 사람이 공통의 친구를 가질 확률은 어느 정도 될까? 친구의 친구가 나와 친구일 확률은 얼마나 될까? 모든 인간관계 네트워크를 모두 살펴볼 수 있다면, 즉 한 사람을 노드로 생각하고 사람들 사이의 관계를 에지로 생각한다면, 사람들 사이의 평균적인 거리는 얼마나 될까? 이 두 노드를 연결하는 경로에는 얼마나 많은 에지가 존재할까?

이런 의문들에 대한 답을 찾기 위해 밀그램은 표적 인물 한 명(위의 실험에서는 매사추세츠 주에 사는 주식중개인)과 그 표적 인물과 연결이 돼 있지 않은 "스타터starter"(참가자) 몇 명(위의 실험에서는 네브래스카 주 오마하에 사는 사람들)을 선택했다. 스타터들에게는 표적 인물에 대한 정보가 담겨 있는 폴더가 제공됐다. 이들에게 주어진 지침은 매우 간단했다. 스타터들은 표적 인물을 알고 있으면 그 표적 인물에게 폴더를 주고, 그렇지 않으면 표적 인물을 알 가능성이 높은 친구에게 보내면 됐다. 폴더를 전달받은 다음 사람도 동일한 지침을 따르라는 지시를 받았고, 이 과정은 표적 인물이 폴더를 받을 때까지 계속 진행됐다. 다른 사람에게 폴더를 전달한 사람들은 폴더에 자신의 이름을 기록했고, 밀그램은 이 기록을 기초로 폴더가 이동한 경로를 추적했다.

밀그램은 표적 인물인 주식중개인에게 도착한 폴더 44개를 살펴본 뒤, 가장 짧은 경로는 스타터와 표적 인물 사이에 2명이, 가장 긴 경로는 10명이 있다는 것을 알게 됐다. 중앙값median(어떤 주어진 값들을 크기의 순서대로 정렬했을 때 가장 중앙에 위치하는 값)은 5에 불과했다. 스타터와 표적 인물 사이에 5명이 있다는 것은 6번의 폴더 전달이 이뤄졌다는 것을 뜻한다. 이미 과학자들과 사회학자들이 제시했던 "6단계 분리도six degrees of separation"라는 개념이 이 실험으로 굳어진 것이었다.*

이 6이라는 숫자는 사람들의 머릿속에 깊게 스며들었다. 1990년대 후반의 어느 날 대학원생 덩컨 와츠Duncan Watts는 아버지로부터 자신이 미국 대통령과 6단계를 건너면 연결된다는 것을 알고 있냐는 질문을 받았다. 당시 수학자 스티븐 스트로개츠Steven Strogatz와 귀뚜라미들의 의사소통 방식에 대한 연구를 진행하던 와츠는 스트로개츠에게 이 개념에 대해 대화를 나눴다. 이 우연한 대화가 이뤄진 이후 "좁은 세상"에 대한 예스러운 표현은 네트워크의 속성에 대한 수학적 정의에 영향을 미치게 된다.

1998년에 와츠와 스트로개츠는 그래프가 "좁은 세상" 이론에서처럼 기능하는 데 필요한 것이 무엇인지 설명하는 논문을 발표했다. 평균 경로 길이가 짧다는 생각, 즉 두 노드가 몇 단계로밖에 분리되지 않는다는 생각이 이 논문의 핵심이었다. 경로 길이를 짧게 만들 수 있는 방법 중 하나는 그래프의 상호연결성을 높이는 것, 다시 말해, 노드 하나하나가 많은 수의 노드에 연결되는 그래프를 만드는 것이었다. 하지만 이 생각은 사람들의 연결 관계에 대한 당시의 이론, 즉 당시 인구가 약 2억 명이었던 미국의 평균적인 시민이 아는 사람의 수가 약 500명에 불과하다는 밀그램의 이론에 전혀 들

---

*밀그램의 이 실험은 엄격성이 부족하다는 이유로 그 이후의 연구자들로부터 비판을 받았다. 예를 들어 그는 표적 인물에게 전달되지 않은 폴더들에 대해서는 고려하지 않았다. 따라서 6이라는 숫자가 사람들 사이의 분리 정도를 나타내는 마법의 숫자인지에 대해서는 지금도 논쟁이 이어지고 있다. 다행스럽게도 최근 소셜미디어에서 추출한 데이터들이 마법의 숫자에 대한 답을 찾는 데 필요한 새로운 방법을 제공하고 있다.

어맞지 않는 이론이었다.

따라서 와츠와 스트로개츠는 매우 적은 수의 연결들로 구성되는 네트워크만으로 시뮬레이션을 하면서 그 연결들의 형태를 정교하게 변화시키는 시도를 했다. 그 결과 이들은 뉴런들이 클러스터 cluster(뉴런들이 뭉친 덩어리) 형태로 촘촘하게 뭉쳐있을 때, 즉 노드들로 구성된 부분집합들이 서로 밀접하게 연결돼 있을 때 네트워크가 짧은 경로들을 가질 수 있다는 것을 알아냈다. 이런 네트워크에서 대부분의 노드는 클러스터의 다른 노드와 함께 에지를 형성하지만, 때때로 멀리 떨어진 클러스터의 노드로 연결이 전송되기도 한다. 두 도시 사이를 연결하는 기차가 두 도시 시민들 사이의 상호작용을 더 쉽게 만드는 것과 같은 방식으로 네트워크의 서로 다른 클러스터 간의 이러한 연결은 평균 경로 길이를 짧게 유지시킨다.

모델에서 이런 특성이 확인되자 와츠와 스트로개츠는 실제 데이터에서 이런 특성들을 찾기 시작했고 실제로 발견했다. 예를 들어, 발전기나 변전소를 노드로 생각하고 전기 전송선을 에지로 생각하면, 미국의 전력망 시스템은 경로 길이가 짧고 클러스터 특성이 강한 일종의 "좁은 세상" 네트워크다. 같은 영화에 출연한 두 배우 사이의 관계를 에지로 표현해 만든 그래프도 같은 특성을 보인다. 와츠와 스트로개츠가 최종적으로 찾아낸 "좁은 세상" 네트워크는 뇌의 네트워크였다.

구체적으로 설명해보자. 와츠와 스트로개츠가 분석한 구조는 작은 회충의 일종인 예쁜꼬마선충의 신경계였다. 이들은 뉴런 연결의 방향성을 무시하고, 이 회충 신경계의 모든 연결을 에지로, 서로 연결되는 뉴런 282개 각각을 노드로 간주했다. 그 결과 이들은 두 개의 서로 다른 뉴런이 평균적으로 2.65개의 뉴런만 있는 경로로 연결될 수 있으며, 네트워크에 282개의 뉴런이 무작위로 연결된 경우 예상되는 것보다 훨씬 더 많은 클러스터들이 포함돼 있다는 사실을 발견했다.

예쁜꼬마선충의 신경계 구조가 사람들의 사회적 네트워크와 비슷한 모양을 가지는 이유는 무엇일까? 가장 큰 이유는 에너지 비용에 있을 것이다. 뉴런은 늘 배가 고프다. 뉴런은 계속 작동하기 위해 많은 에너지가 필요하며, 축삭과 수상돌기가 많이 달려 있을수록 많은 에너지가 필요하다. 따라서 뇌가 완벽한 뉴런 연결 관계를 유지하려면 엄청나게 많은 에너지가 필요하다. 하지만 연결이 너무 희박해지면 정보 처리와 전달이라는 뇌의 고유 기능이 와해된다. 따라서 뉴런 간의 연결에 사용되는 에너지 비용과 정보 공유에 이점은 서로 균형을 이뤄야 한다. 이 균형을 유지하는 역할을 바로 "좁은 세상" 네트워크가 해낸다. "좁은 세상" 네트워크에서는 많이 나타나는 연결일수록 클러스터 안에서 에너지를 적게 필요로 한다. 서로 멀리 떨어져 있는 뉴런들이 연결되는 경우는 비용이 비싸고 드물지만, 정보의 흐름이 가능할 정도로는 이루어진다. 진화는 "좁은 세상" 네트워크가 현명한 해결책이라는 것을 발견한 것 같다.

와츠와 스트로개츠는 회충 신경계 연구를 통해 신경계를 그래프 이론의 언어로 설명할 수 있다는 것을 최초로 증명한 연구자들이다. 그래프 이론을 적용하면 뇌를 비롯한 자연적인 네트워크들이 가진 제약에 대해 부분적으로 설명할 수 있다. 인간관계든 축삭들의 연결 관계든, 연결은 유지하는 데 많은 비용이 든다. 회충의 뉴런 네트워크와 인간관계 사이의 이런 유사성이 존재한다면, 다른 종류의 신경계에서도 이런 유사성이 존재할 것이다.

하지만 신경계의 구조에 대해 이야기하려면 신경계의 구조에 대해 어느 정도 알아야 한다. 신경계의 구조를 파악하는 일은 성가시고 기술적으로도 힘든 일이다.

"커넥톰Connectome"은 뇌 속에 있는 뉴런들의 연결을 표현하는 그래프다. 와츠와 스트로개츠가 이용한 예쁜꼬마선충의 커넥톰은 미완성 상태였다. 완성된 예쁜꼬마선충의 커넥톰은 302개의 뉴런이 7286개의 연결을 이루고 있는 모습을 나타낸다. 현재까지 성체의 완전한 커넥톰이 만들어진 사례는 이 외에는 없다.

완전한 형태의 커넥톰이 현재까지 한 개밖에 만들어지지 못한 가장 큰 이유는 데이터 수집이 매우 어렵다는 데에 있다. 뉴런 수준에서 완전한 형태의 커넥톰을 만들려면 보존용액에 뇌를 담가 활동을 멈추게 한 다음 머리카락 두께보다 얇은 두께로 잘라 시트들을 만들고, 현미경을 이용해 이 시트들을 모두 사진으로 찍은 다음, 그 사진들을 컴퓨터에 일일이 입력해 3차원 이미지를 만들어내야 한다. 또한 이 과정이 끝나면 3차원 이미지들을 수만 시간씩 들여다보면서 뉴런 하나하나를 관찰하고, 뉴런들의 연결 관계를 분석해야 한다.* 복잡한 뉴런 연결 구조를 이런 식으로 알아내는 일은 고생물학자들의 발굴 작업만큼 힘든 일이다. 따라서 당분간은 크기가 매우 작은 종을 제외하고는 완전한 형태의 커넥톰을 만들어내기가 힘들 것으로 보인다. 현재 과학자들은 인간의 뇌의 100만분의 1 크기의 뇌를 가진 초파리의 커넥톰을 작성하고 있는데, 이 작업도 이미 수백만 기가바이트의 데이터를 생성하고 있다. 예쁜꼬마선충들은 서로 매우 비슷하지만, 복잡한 종들은 개체 간의 차이가 더 크기 때문에 파리나 포유동물 한 마리의 커넥톰을 작성한다고 해도 그 종에서 출현 가능한 커넥톰 유형의 일부분에 불과할 것이다.

다행히도 과학자들은 많은 개체와 종의 커넥톰을 대략적으로 들여다볼 수 있게 해주는 간접적인 방법들을 이용하기도 한다. 이런 방법들 중 하나는 어느 뉴런 주변의 다른 뉴런들에 전기 자극을 가하면서 그 뉴런의 활동을 관찰하는 방법이다. 주변 뉴런 중 하나를 자극했을 때 그 뉴런이 반응해 스파이크를 방출하면 그 둘이 서로 연결돼 있을 가능성이 있다. 염료처럼 작용해 뉴런을 착색시키는 추적 물질tracer을 사용하는 방법도 있다. 추적 물질은 입력이 어디에서 오거나 출력이 어디로 가는지 확인하려면 착색이 진행되는 위치를 살펴보기만 하면 된다. 이런 간접적인 방법들로는 완전한 형태의 커넥톰을 작성할 수 없지만, 어느 정도 뉴런들 간의 연결 상태를 파악할 수는 있다.

---

\* 최근 들어 이 지루하고 힘든 과정을 자동화하기 위한 시도들의 일부가 성공을 거두고 있다. 또한 일부 과학자들은 이 방대한 작업을 게임으로 만들어 사람들의 참여를 유도하는 방법을 사용하고 있다. "eyewire.org" 사이트에 접속하면 게임을 하면서 커넥톰 작성 작업에 참여할 수 있다.

뉴런의 연결성은 오래 전부터 연구돼 왔지만 커넥톰이라는 용어는 비교적 최근인 2005년에 만들어졌다. 이 용어는 심리학자 올라프 스폰스Olaf Sporns와 그의 동료 심리학자들이 2005년에 발표한 선구적인 논문에서, 인간 두뇌 내의 뉴런 연결 관계를 보여줄 "커넥톰"을 과학자들이 만들어낸다면 "뇌의 구조적 토대로부터 뇌의 기능이 어떻게 생성되는지에 대한 심리학자들의 이해 수준이 상당히 높아질 것"이라고 말한 후부터 사용되기 시작했다. 인간으로부터 뇌 연결 데이터를 얻는 것은 엄청나게 힘든 일이다. 인간에게는 동물에게 하는 것처럼 침습적intrusive 방법(세균 같은 미생물이나 검사용 장비의 일부를 몸 안으로 집어넣는 방법)을 사용할 수 없기 때문이다. 하지만 뇌 연구자들은 절묘한 대안을 생각해냈다.

뇌의 연결 구축에서 가장 중요한 것은 전달 내용의 보존이다. 호스에서 물이 새는 것처럼 축삭이 전달하는 전기 신호도 사라질 위험이 있다. 이는 가까운 세포들을 연결하는 짧은 축삭에서는 별 문제가 되지 않지만, 뇌의 한 영역에서 다른 영역으로 신호가 전달될 때는 중요한 문제가 된다. 따라서 서로 먼 거리에 있는 뉴런들을 연결하는 긴 축삭은 물 분자가 많이 포함된 미엘린myelin이라고 부르는 물질로 둘러싸여 있다. 이 물 분자들의 움직임은 (종양, 동맥류, 두부외상을 촬영하는 데도 사용하는) MRI(자기공명영상)로 탐지할 수 있으며, 이 탐지를 통해 뇌의 어느 영역들이 서로 연결되어 있는지 확인할 수 있다. 2005년 스폰스의 논문이 발표된 뒤 과학자들은 이 기법을 이용해 인간의 뇌 지도를 만들기 위한 "인간 커넥톰 프로젝트"에 착수했다.

서로 먼 거리에 있는 뉴런들을 연결하는 긴 축삭을 이 기법으로 식별해낸 결과는 단일 세포 추적 기법으로 식별해낸 연결 관계와 같을 수가 없다. 이 기법으로는 뇌의 영역들을 정교하게 구분해 관찰할 수 없고, 따라서 뉴런들의 연결 관계 또한 정교하게 밝혀내기 힘들기 때문이다. 게다가 물 분자의 활동을 측정하는 방법으로는 뇌의 다양한 영역들에서 연결 관계를 구축하는 축삭들을 완벽하게 식별해내기 어려워 오류나 모호성이 발생할 수 있다. 인간 커넥톰 프로젝트의 핵심 과학자 중 한 명인 데이비드 반 에센David Van Essen 조차 이 기법에 무시할 수 없는 중요한 기술적 한계가 있다고 신경과학계에 경고하기도 했다. 하지만 이 기법은 우리가 살아 있는 인간의 뇌를 들여다볼 수 있는 거의 유일한 방법이다. 반 에센은 "낙관적으로 생각해야 한다. 다만, 잔에 물이 반쯤 차 있을 때는 두 가지 관점으로 볼 수 있어야 한다."라고 말했다.

이런 한계에도 불구하고 2000년대 초반의 신경과학자들은 와츠와 스트로개츠의 연구에서 영감을 받아 그래프 이론의 렌즈를 통해 자신의 연구분야를 살펴보고, 커넥톰 데이터가 나올 때마다 주의를 집중했다. 그 결과 신경과학자들이 확인하게 된 것은 "좁은 세상" 네트워크였다. 예를 들어 보자. 망상체reticular formation(연수의 하부에서 중뇌의 상위까지 뇌간의 중심부에 있는 구조물로 많은 신경들이 그물처럼 서로 연결돼 네트워크를 이루고 있다)는 몸의 움직임을 상당 부분 통제하는 뇌의 오래된 영역 중 하나다. 2006년에 고양이의 이 영역에 대한 세포 수준의 지도가 만들어졌다. 그래프 이론을 적용해 만든 최초의 척추동물 신경 회로인 이 지도는 "좁은 세상" 네트워크를 명확하게 드러낸다. 쥐와 원숭이의 뇌 영역 연결에 대한 다양한 연구에서는 짧은 신경 경로들과 클러스터 밀집 특성이 계속 발견됐다. 그러다 결국 2007년 스위스의 연구원들이 MRI 스캔을 이용해 뇌를 땅콩 크기의 수천 개 영역으로 나눠 연결 관계를 관찰할 수 있게 됨에 따라 인간의 뉴런 네트워크도 "좁은 세상" 네트워크라는 사실이 밝혀졌다.

신경과학 분야에서 보편적인 원리를 발견하는 것은 매우 드문 일이다. 한 뉴런 집단에 적용되는 원리가 다른 뉴런 집단에는 항상 적용되지는 않는다. 따라서 "좁은 세상" 원리가 생물체의 종과 크기에 상관없이 보편적으로 적용된다는 것은 매우 주목할 만한 현상이다. 이 원리는 세이렌의 노래가 뱃사람들을 끌어당기듯이 과학자들을 끌어당긴다. 수많은 영역에서 이 "좁은 세상" 네트워크가 발견됨에 따라 과학자들은 이 원리의 형성 과정과 이 원리의 역할에 대해 더 깊게 파고들고 있다. 과학자들의 이런 탐색은 아직 진행 중이다. 그래프 이론의 언어가 없었다면 처음부터 이런 탐색은 시작되지도 않았을 것이다.

2010년 2월 10일, 미국에서 출발하는 모든 항공편의 약 23%가 취소되는 일이 일어났다. 전례가 없었던 이런 대혼란은 워싱턴 D.C.의 로널드 레이건 공항, 뉴욕의 JFK 공항을 포함한 공항 몇 곳을 폐쇄시킨 미국 북동부 눈보라의 결과였다. 공항 몇 곳이 폐쇄된 결과로 어떻게 이런 엄청난 혼란이 발생했을까? 답은 이 몇 안 되는 공항들이 허브hub 역할을 하는 공항이라는 사실에 있다.

그래프에서 허브는 차수degree가 높은 노드, 즉 허브는 다른 노드들과 매우 많이 연결된 노드다. 허브는 차수 분포를 나타내는 그래프에서 끝부분을 차지한다(그림 21 참조). 항공 네트워크나 인터넷을 구성하는 서버 구조를 나타내는 그래프는 높게 시작해서(적은 수의 연결을 가진 노드가 많다는 뜻이다) 연결의 수가 늘어날수록 낮아진다. 이 그래프의 긴 꼬리 부분에 위치한 적은 수의 노드들은 JFK 공항처럼 연결 차수가 매우 높다. 차수가 높아지면 노드는 강력해지기도 하지만 공격에 취약해지기도 한다. 돌로 만든 아치에서 핵심적인 위치를 차지하는 돌 하나만 빼도 아치 전체가 무너지듯이, 허브 중의 하나가 공격을 받으면 네트워크가 붕괴될 수 있다.

뇌에도 허브가 있다. 인간의 뇌의 경우에는 모든 엽lobe에 허브들

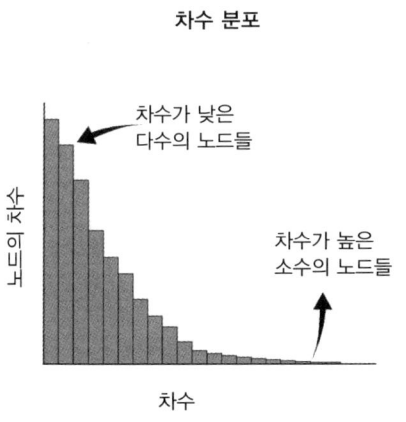

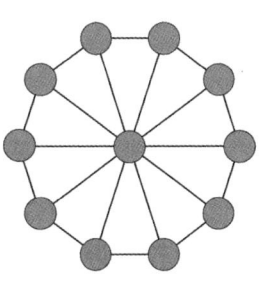

**그림 21**

이 분포한다. 예를 들어, 뇌의 중심부를 휘감고 있는 대상cingulate과 대상의 뒤쪽 윗부분에 위치한 쐐기앞소엽precuneus은 둘 다 허브 역할을 한다.* 수면 상태나 마취 상태 또는 혼수상태에 있는 사람들에 대한 연구에 따르면 대상이나 쐐기앞소엽은 의식과 관련이 있다. 또 다른 허브인 상전두피질superior front cortex의 크기는 충동성과 주의집중 능력과 상관관계를 가지며, 뇌의 측면에 위치한 두정피질 parietal cortex 내의 허브가 손상되면 방향 감각이 상실된다. 전체적으로 볼 때, 허브들의 위치와 기능은 매우 다양해 보인다. 이 허브들 사이에 연결 관계가 있다면 그 연결 관계는 매우 복잡할 것이다. 시각피질, 청각피질, 후각망울 같은 뇌 영역들은 이름에서 알 수 있듯이 고유의 역할을 가지지만 허브 역할을 하지는 않는다. 허브 영역은 다양한 출처에서 정보를 가져와 최대한 넓게 확산시키는 복잡한 영역이다. 허브 영역이 이렇게 통합적인 역할을 하는 이유는 네트워크 내에서 허브 영역이 차지하는 위치 때문임이 확실하다.

   허브는 독특한 방식으로 정보를 통합하는 역할 외에도 뇌의 시계를 설정하는 역할도 할 수 있다. CA3 영역(제4장에서 언급한 해마의 기억 창고)에서는 전기적 활동으로 인해 발생하는 파장들이 출생 후의 초기 발달과정에서 뉴런들을 휩쓸고 지나간다. 이 파장들은 뉴런의 활동과 뉴런들 사이의 연결 강도를 정확하게 설정하는 역할을 하는

---

\* 특정한 뇌 영역이 허브 역할을 하기 위해서는 정확하게 어떤 기능을 가져야 하는지는 지금도 논란의 대상이다. 동일한 정의에 기초해도 데이터세트가 달라지면 다른 결론이 나올 수 있기 때문이다. 뇌의 허브에 대한 연구는 아직 초기 단계에 머물고 있기 때문에 허브에 대한 확실한 정의가 이뤄지려면 시간이 더 필요할 것이다.

데 허브 뉴런은 이런 중요한 동기화 활동을 조절하는 역할을 할 가능성이 높다. 또한 허브 뉴런은 이런 파장이 발생하기 전에 발화를 시작하는 경향이 있기 때문에 허브 뉴런을 자극하면 이런 파장이 발생할 가능성이 높다. 또한 허브 뉴런은 차수가 높기 때문에 허브에서 전송되는 메시지는 네트워크 안에서 멀리 그리고 넓게 퍼진다는 가정을 제시한 다른 연구들도 있다. 게다가 뇌 안의 허브 뉴런들은 서로 강하게 연결돼 "리치 클럽rich club"이라고 명명된 네트워크를 구성하기도 한다. 이런 강한 연결 관계는 모든 허브 뉴런이 합심하여 동기화 신호를 보낼 수 있도록 만든다.

허브 뉴런은 발달 과정만 관찰해도 뇌에서 특별한 역할을 한다는 것을 알 수 있다. 예를 들어, 예쁜꼬마선충에서 리치 클럽을 구성하는 허브 뉴런들은 신경계의 발달과정에서 가장 먼저 나타나는데, 난자가 수정된 지 8시간 만에 모두 발생한다. 하지만 신경계의 나머지 부분들은 하루가 지나야 완성된다. 인간의 경우에도 기본적인 허브 뉴런의 대부분은 유아기 때 만들어진다.

허브가 뇌 기능의 핵심이라면, 기능 장애와는 어떤 관계가 있을까? 대니엘 바셋Danielle Bassett은 네트워크와 신경과학의 교차점에서 이 문제를 연구해온 사람이다.

그래프 이론이 신경과학 분야에 처음 적용되던 2000년대 초, 바셋은 물리학을 공부하는 대학생이었다. 당시의 그녀는 나중에 자신이 저명한 신경과학자에 의해 "네트워크 과학의 대모"로 불리게 될 것이라고는 꿈에도 생각하지 못했을 것이다.** 사실, 여성에게 보수적인 역할을 기대하는 종교적인 분위기의 가정에서 홈스쿨링을 받은 11명의 형제자매 중 한 명이었던 바셋이 물리학을 공부한 것만 해도 놀라운 일이었다. 그녀는 그래프 이론을 뇌 연구에 적용하려고 했던 학자들 중 한 명인 케임브리지 의대 신경정신과 교수 에드워드 불모어Edward Bullmore 밑에서 박사학위 과정을 밟는 동안 신경과학에 관심을 가지게 됐다. 바셋의 초기 신경과학 연구 중 하나는 흔한 정신질환인 조현병에 의해 뇌의 구조가 어떤 영향을 받는지에 관한 것이었다.

조현병은 망상과 무질서한 사고를 특징으로 하는 정신질환이다. 조현병 환자와 정상인을 비교하는 과정에서 바셋은 허브를 포함한 뇌 네트워크의 특성 차이를 몇 가지 발견했다. 예를 들어, 건강한 사람의 허브를 형성하는 전두엽 피질 영역은 정신분열증 환자에게서는 다른 양상을 보였다. 전두엽 피질의 뇌의 다른 부분을 통제하고 제어하는 능력의 붕괴는 조현병이 유발하는 환각 및 망상과 관련이 있을 수 있다. 또한, 조현병 환자의 뇌도 "좁은 세상" 네트워크 특성을 보이기는 하지만, 뉴런 간 평균 경로 길이와 클러스터링 clustering(뉴런들의 뭉침) 강도가 건강한 사람보다 높기 때문에 서로 다른 두 영역이 소통해 함께 반응하는 것이 더 어려워 보인다.

바셋의 이 연구는 그래프 이론의 관점에서 조현병을 다룬 최초의 연구였으며, "단절 증후군disconnection syndrome(한쪽 대뇌 반구 또는 두 대뇌 반구의 결합 중 하나에서 여러 가지 연합회로의 차단 때문에 발생하는 신경학적 장

---

** 이 말은 2019년에 영국의 신경과학자 칼 프리스턴(Karl Friston)이 〈사이언스(Science)〉와의 인터뷰에서 한 말이다. 프리스턴에 대해서는 제12장에서 자세히 이야기할 것이다.

애)"에 대한 수치적 분석을 가능하게 만들었다. 19세기 후반에 신경과학자들은 해부학적 연결의 붕괴가 사고 장애로 이어질 수 있다는 가설을 세웠다. 예를 들어, 독일의 의사 칼 베르니케Carl Wernicke는 높은 수준의 인지기능은 뇌의 한 영역에만 존재하는 것이 아니라 뇌 영역들의 상호작용에서 나온다고 생각했다. 1885년에 베르니케는 이렇게 썼다. "높은 수준의 정신적 과정은 연합섬유association fiber를 통해 다양한 방식으로 연결되는 기본적인 정신적 요소들의 상호작용에 의존한다." 그는 이 "연합섬유"가 손상되면 언어 능력, 지각 능력, 계획 능력 같은 복잡한 기능이 저하된다고 상정했다.

그래프 이론이 "단절 증후군"에 적용됨에 따라 단절 증후군과 비슷한 질환들에 대에서도 현대적인 접근이 이뤄지고 있다. 알츠하이머병Alzheimer's disease이 대표적인 예다. 알츠하이머병에 걸린 노인과 정상인을 비교했을 때 알츠하이머병 환자는 뇌 영역 사이의 경로가 더 긴 것으로 나타났다. 알츠하이머병으로 인한 혼란과 인지장애는 부분적으로 서로 멀리 떨어진 뇌 영역들 사이의 효율적인 소통의 붕괴로 인해 발생할 수 있다. 정상적인 노화에서는 뇌 네트워크 구조의 이와 유사한 변화가 보다 덜하게 나타난다.

바셋은 2013년 펜실베이니아 대학에 자리를 잡은 뒤에는 건강한 사람과 환자의 뇌 구조를 단지 관찰하는 수준을 넘어서 뇌 구조를 활용할 수 있는 방법에 대해 연구하기 시작했다. 복잡한 네트워크의 활동은 예측하기 어렵다. 당신이 친구에게 속삭이는 이야기는 그 친구가 속한 네트워크의 구조와 그 네트워크 안에서의 친구의 위치에 따라 바로 사라질 수도 있고 널리 퍼질 수도 있다. 뉴런을 자극하거나 침묵시켰을 때 발생하는 효과도 이와 마찬가지로 예측이 어렵다. 바셋은 공학적 기법과 뇌 네트워크 구조에 대한 지식을 결합해 신경 활동을 보다 쉽게 제어할 수 있는 방법을 연구하고 있다. 예를 들어, 그녀는 원하는 효과를 내기 위해 뇌 자극을 정확히 어디에 적용해야 하는지를 결정하기 위해 개개인의 뇌 전체 커넥톰을 기반으로 한 모델을 사용했다. 이 연구의 목표는 개별화된 치료를 통해 파킨슨병이나 뇌전증 같은 장애를 통제하는 것이다.

현재 의학계에서 그래프 이론이 널리 적용되고 있는 이유는 질병의 징후를 미리 발견해 질병 발생을 예방할 수 있을 것이라는 희망에 있다. 지금까지 알츠하이머병, 조현병, 외상성 뇌 손상, 다발성 경화증, 뇌전증, 자폐증 및 양극성장애 등 다양한 질환이 네트워크 분석 방법을 통해 연구되고 있다. 하지만 연구의 결과는 아직 만족스러운 정도는 아니다. 앞에서 설명했듯이, 데이터를 수집하는 MRI 기술에는 아직까지 문제가 있기 때문에 질병의 징후에 대한 분석이 부분적으로 엇갈리고 있다. 또한 수많은 과학자들이 그래프 이론을 질병 연구에 적용하는 과정에서 거짓 양성 false positive 사례와 잘못된 데이터가 연구결과에 영향을 미치는 경우도 있다. 하지만 그럼에도 불구하고 그래프 이론이 의학 연구 분야에 영향을 미치고 있는 것만은 확실하다.

뇌의 발달과정은 화산 분출에 비유할 수 있을 정도로 역동적이다. 뉴런들은 뇌실 영역ventricular zone에서 엄청난 속도로 발생해 막 성장하고 있는 뇌의 모든 영역으로 퍼져나가고 목표 지점에 도착한 뉴런들은 도착과 동시에 연결을 시작한다. 뉴런들은 무작위로 시냅스를 형성하면서 가까운 곳과 먼 곳의 세포를 정신없이 연결한다. 태아에게서 시냅스 형성이 가장 활발하게 일어나는 임신 후기 동안 뉴런 연결이 이뤄지는 속도는 1초당 4만 개에 이른다. 발달은 뉴런과 시냅스가 폭발적으로 생성되는 과정이다.

하지만 이런 연결들 대부분은 형성된 직후에 사라진다. 자궁에 있을 때보다 성인 뉴런의 수가 훨씬 적다. 발달 중에 생성된 뉴런의 최대 절반 정도가 죽기 때문이다. 피질 뉴런 한 개가 만드는 연결의 수는 생후 첫해에 최대가 되고 그 후에는 3분의 1로 줄어든다. 따라서 뇌는 급등과 후퇴, 팽창과 수축을 통해 만들어진다고 할 수 있다. 발달과정에서 뉴런과 시냅스는 무자비하게 제거되고 유용한 것들만 살아남는다. 예를 들어, 뉴런 사이에서 신호를 전달하도록 만들어진 시냅스는 신호가 흐르지 않으면 바로 사라진다. 사용 가능한 신경회로는 이런 소란과 전환을 통해 탄생한다. 이 과정은 섬세한 장식을 조각하기 위해 먼저 관목이 무성하게 자라도록 만드는 과정과 비슷하다.

생물체에서 뇌는 이런 방식으로 구축된다. 하지만 그래프 이론가에게 네트워크를 만드는 방법을 묻는다면 그들은 정반대의 대답을 할 것이다. 예를 들어, 대중교통 시스템의 설계자는 기차역과 버스 정류장을 여러 개 짓고 그 중 어떤 것들이 사용되는지 확인하기 위해 모두를 연결하는 작업을 먼저 시작하지는 않을 것이다. 어떤 정부도 그런 자원 낭비를 승인하지 않을 것이다. 오히려 대부분의 그래프는 아래에서 위로 작성된다. 예를 들어, 그래프 이론가들이 사용하는 전략 중 하나는 에지의 수를 최소한으로 줄이면서 노드들을 연결하는 그래프를 구축하는 것이다. 이렇게 그래프를 구축하면 어떤 경로들(예를 들어, 지하철 통근자들이 이용하는 경로 또는 인터넷 서버들이 연결되는 경로)은 꽤 길 수 있지만, 네트워크 설계자는 어떤 경로가 가장 많이 사용되는지 관찰해 어느 위치에 지름길을 만드는 것이 유용할지 판단할 수 있다. 이렇게 에지를 추가적으로 잘 배치함으로써 네트워크의 효율성이 높아진다고 할 수 있다.

하지만 뇌에는 이런 설계자가 없다. 맨 위에서 아래를 내려다보면서 "저 뉴런을 다른 곳에 배치하면 네트워크 연결이 더 효율적이 될 것으로 보인다."라고 말할 수 있는 존재가 없다는 뜻이다.* 뇌가 과잉생산과 가지치기를 하는 이유가 바로 여기에 있다. 뇌가 어떤 연결이 있어야 하는지 결정을 내릴 수 있는 방법은 이런 연결들에 의해 일어나는 활동을 계산하는 방법밖에 없다. 각각의 뉴런과 시냅스는 이런 계산을 할 수 있는 분자 수준의 정교한 메커니즘을 가지고 있다. 하지만 애초에 연결이 존재하지 않으면 연결에 대한 활동을 측정할 수 없다.

뇌의 가지치기는 매우 강력하게 시작돼 시냅스들을 마구 쳐내지만 시간이 지남에 따라 속도가 느려진다. 2015년 카네기멜런 대학

---

* 예쁜꼬마선충 같은 매우 간단한 생물은 예외라고 할 수 있다. 예쁜꼬마선충에서는 뉴런들의 연결에 관한 정보가 유전체에 저장돼 있는 것으로 보인다. 이는 엄청나게 긴 시간 동안 자연선택에 의해 "설계된" 능력으로 보인다.

과 소크 연구소의 과학자들은 뇌의 이 가지치기 패턴이 뇌에 유익한 이유에 대해 연구했다. 이 연구를 위해 이들은 너무 크게 성장해 "사용되지 않으면 사라진다."는 법칙에 기초한 가지치기 패턴을 관찰했다. 여기서 중요한 사실은 가지치기의 속도를 조절했다는 점이다. 이들은 뇌의 가지치기 프로세스를 모방한 네트워크(처음에는 가지치기 속도가 높고 시간이 지남에 따라 낮아지는 네트워크)는 평균 경로 길이가 짧았으며 일부 노드나 에지가 제거되더라도 효과적으로 정보를 전달할 수 있다는 것을 발견했다. 이런 효율성과 견고성은 가지치기 속도가 일정하거나 시간이 지남에 따라 증가하는 네트워크에서는 별로 높지 않았다. 따라서 가치치기의 속도가 줄어드는 과정은 쓸모없는 연결들을 빠르게 제거하는 동시에 남아 있는 구조들을 미세하게 조절할 수 있는 시간을 확보하는 역할을 하는 것으로 보였다. 이는 대리석으로 조각을 하는 사람이 처음에 동상의 기본 형태는 빨리 잘라내지만 미세한 세부사항은 시간을 들여 천천히 작업하는 것과 비슷하다. 도로나 전화선과 같은 대부분의 물리적 네트워크는 가지치기를 기반으로 구축될 수 없지만, 모바일 기기 간의 무선 통신 네트워크 같은 디지털 네트워크는 에지 구축에 드는 비용이 없기 때문에 가능하다. 이는 뇌의 네트워크에서 영감을 받아 알고리즘을 구축한 결과라고도 할 수 있다.

그래프 이론과 네트워크 과학의 도구를 이용해 뇌의 구조를 연구하는 네트워크 신경과학은 신생 학문이다. 네트워크 신경과학 분야 최초의 학술저널인 〈네트워크 신경과학〉도 2017년에야 창간된 것이다. 다양한 스케일의 커넥톰을 작성하기 위한 새로운 도구들의 등장 시기는 큰 데이터 세트를 분석할 수 있는 계산 능력의 출현 시기와 일치했고, 그 결과로 과학자들은 신경계의 구조에 대한 연구는 혁명적인 변화를 맞게 됐다.

하지만 바닷가재의 위stomach에서 이상한 현상이 발견됐다.

구위 신경절stomatogastric ganglion은 바닷가재 같은 갑각류의 내장에 있는 25~30개의 뉴런들로 구성되는 뉴런 회로다. 이 뉴런들은 상호작용을 통해 소화 과정에 필요한 근육을 리드미컬하게 수축시키는 기본적이지만 핵심적인 역할을 수행한다. 브랜다이스 대학Brandeis University 교수 이브 마더Eve Marder는 이런 한 줌의 뉴런들을 연구하며 반세기를 보낸 사람이다. 마더는 뉴욕에서 태어나고 자랐지만 매사추세츠 주와 캘리포니아 주에서 공부를 한 사람이다.* 그녀는 캘리포니아 주립대학교 샌디에이고 캠퍼스에서 박사 과정을 밟는 동안 신경과학 분야에서 확고한 경력을 쌓았지만 항상 수학에 소질을 보였던 학생이었다. 실제로, 초등학교 시절 마더는 두 학년 위의 학생들이 보는 수학 교과서를 보면서 공부할 정도로 수학에 뛰어났다. 그녀는 이 능력을 과학 연구에 사용했다. 마더는 〈제1장에

---

\* 그녀가 대학원에 입학한 1969년 당시는 대학원에 들어가는 여성이 많아지기 시작한 시점이었지만, 여전히 여성에 대한 차별이 존재했다. 마더는 자서전에서 이렇게 말했다. "당시 나는 스탠퍼드 대학 생물학과 대학원에 들어가기가 쉽지 않을 것이라고 생각했다. 여성 입학 할당량(정원 12명 중 2명)이 있다고 널리 알려져 있었기 때문이었다.

서 언급한) 입자물리학자로 시작해 저명한 이론 신경과학자가 된 래리 애벗 같은 다양한 분야의 연구자들과도 지속적으로 협력해 연구를 진행하고 있으며, 정교한 실험과 수학적 사고방식을 결합해 이 작은 바닷가재 신경회로의 기능을 물리학적 방법과 컴퓨터 시뮬레이션을 통해 연구하고 있다.

바닷가재 구위 신경절의 커넥톰은 이미 1980년대부터 밝혀지기 시작한 상태였다. 이 신경절의 30개 뉴런은 195개의 연결을 형성하고, 출력을 위 근육으로 보낸다. 마더는 박사학위 과정을 밟으면서 이 뉴런들 간의 소통에 사용되는 화학물질이 무엇인지 알아냈다. 기본적인 신경전달물질 외에도 이 뉴런들의 틈 사이를 가로지르는 신경조절물질neuromodulator이라는 화학물질 집합을 발견한 것이었다.

신경조절물질은 신경회로의 설정을 담당하는 화학물질로 뉴런의 세포막에 있는 수용체에 달라붙어 뉴런 간의 연결 강도를 높이거나 낮추고, 뉴런의 발화 빈도와 패턴에 영향을 미친다. 주목할 만한 부분은 신경조절물질의 출처와 뉴런에 도달하는 방식이다. 신경조절물질은 근처에 있는 뉴런에서 방출되거나 가장 극단적인 경우, 뇌나 신체의 다른 부분에서 방출돼 혈액을 통해 목적지로 이동할 수 있다. 하지만 가까운 위치에서 방출되든 먼 위치에서 방출되든, 신경조절물질은 경로 내 신경회로를 무차별적으로 폭격해 뉴런과 시냅스에 광범위한 영향을 미친다. 규칙적인 신경 전달이 두 뉴런이 주고받는 편지라면 신경조절은 네트워크 전체에 뿌려지는 전단지 같은 것이다.

1990년대에 마더는 펜실베이니아 대학 교수 마이클 너스봄Michael Nusbaum과 함께 구위 신경절 회로에 신경조절물질을 투여하는 실험을 진행했다. 이 회로를 구성하는 뉴런들은 정상적인 상태에서 보통 1초에 한 번 발화하는 규칙적인 리듬을 가진다. 하지만 실험자들이 신경조절물질을 이 회로에 방출하자 회로의 행동이 변화하기 시작했다. 어떤 신경조절물질은 동일한 뉴런들의 리듬을 증가시켜 발화 빈도가 높아졌다. 또 다른 신경조절물질은 리듬을 감소시켰고, 극단적인 경우에는 리듬을 방해하는 동시에 정상적인 상태에서는 반응하지 않는 뉴런을 발화하게 만들기도 했다. 이런 변화를 일으키는 신경조절물질은 모두 이 회로에 일반적으로 입력을 제공하는 뉴런에서 방출된 것이었다. 이는 이런 다양한 출력 패턴이 동물의 일생 동안 자연적으로 생성됨을 뜻한다. 연구자들은 인공적인 설정을 더 강화하면 신경조절물질이 신경회로에 더 규모가 크고 다양한 변화를 일으킬 수 있다는 것도 확인했다.

중요한 사실은 이런 실험 전반에 걸쳐 기본 네트워크가 변경되지 않았다는 것이다. 어떤 뉴런도 추가되거나 제거되지 않았으며, 연결을 자르거나 성장시키지도 않았다. 눈에 띄는 모든 변화는 안정된 구조에 약간의 신경조절물질을 약간 뿌리는 데서 비롯됐다.

커넥톰을 작성하기 위해 쏟은 막대한 노력은 그것을 갖는 데서 오는 어느 정도의 보상을 전제로 하지만, 구조-기능 관계가 생각보다 느슨하다면 그 보상은 적을 것이다. 신경조절물질이 구조의 엄격한 제약 하에서도 신경회로의 뉴런 활동을 일으킨다면 구조의 중요성은 떨어질 수밖에 없기 때문이다. 신경조절물질이 구위 신경절

회로에만 영향을 미친다면 구조는 여전히 중요성을 가지겠지만, 특정한 회로가 아닌 뇌의 모든 영역은 끊임없이 신경조절물질들의 영향을 받는다. 신경조절물질은 모든 종에 걸쳐 수면, 학습, 털갈이, 먹는 행동 등 다양한 행동에 영향을 미친다. 신경조절은 예외가 아니라 규칙이다.

마더는 이 회로를 수학적으로 시뮬레이션함으로써 동일한 구조에서 어떻게 다른 행동이 발생하는지 뿐만 아니라 다른 구조들이 어떻게 동일한 행동을 할 수 있는지 연구해오고 있다. 예를 들어, 바닷가재는 개체마다 장 내 신경회로의 구성이 약간씩 다르다. 한 개체에서의 뉴런 연결 강도가 다른 개체에서의 뉴런 연결 강도와 약간씩 다를 수 있다는 뜻이다. 마더는 2000만 개의 구위 신경절 회로를 시뮬레이션함으로써 이 2000만 개의 회로들 대부분이 필요한 리듬을 생성할 수는 없지만 이 회로들이 특정하게 배열될 때는 가능하다는 것을 알아냈다. 그녀는 바닷가재 개체 각각이 유전자 조합과 발달에 의해 이런 역할을 할 수 있는 방법을 스스로 찾아낸다는 사실을 발견한 것이었다. 이 연구결과는 다양성이 항상 차이를 뜻하는 것은 아니라는 뇌와 관련한 중요한 생각을 가능하게 한다. 구조적 규범에서 벗어난 것처럼 보일 수 있는 것이 실제로는 동일한 결과를 달성하는 완벽하게 유효한 방법일 수 있다. 이런 다양한 구조가 동일한 리듬을 생성한다는 것은 구조-기능 관계에 대한 또 다른 생각을 가능하게 만든다.

마더의 연구는 기능을 이해하기 위해 구조에만 의존할 수 없다는 것을 보여주는 동시에 여전히 구조에 대한 연구가 필요하다는 것도 보여준다. 그녀가 평생 연구한 결과들과 그 결과들이 제공한 통찰은 결국 커넥톰에 기초한 것이기 때문이다. 구조에 대한 구체적인 정보가 없으면 탐색할 구조-기능 관계가 없다. 마더는 2012년에 다음과 같이 썼다. "구체적인 해부학적 데이터는 매우 중요하다. 연결 관계를 보여주는 다이어그램에 기초하지 않고는 회로를 완전하게 이해할 수 없다." 하지만 동시에 그녀는 "연결 다이어그램은 시작일 뿐 그 자체가 답은 아니다."라고 강조한다. 즉, 뇌를 이해하는 데 있어 신경계의 구조를 아는 것은 꼭 필요한 일이지만 그 구조만으로는 충분하지 않다는 뜻이다.

따라서 신경계의 구조에 기초해 신경계의 기능을 직관적으로 이해하려고 했던 카할의 방식을 충족시키는 것은 불가능할 수 있다. 하지만 그 구조를 찾고 형식화하는 작업은 여전히 뇌를 더 깊이 이해하기 위한 중요한 전제조건이다. 현재 우리는 커넥톰 데이터를 수집하기 위한 혁신적인 방법을 활발하게 개발하고 있다. 그래프 이론의 형식도 확실한 자리를 잡고 있다. 이제 우리가 해야 할 일은 데이터를 제대로 소화하는 일일 것이다.

# 10

# 합리적인 의사결정

확률과 베이즈 법칙

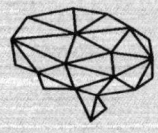

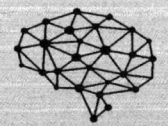

19세기 초 어린아이였던 헤르만 폰 헬름홀츠Hermann von Helmholtz는 엄마와 함께 고향인 프로이센의 포츠담 거리를 걷고 있었다. 작은 인형들이 일렬로 늘어선 진열대 앞을 지나치면서 이 아이는 엄마에게 손을 뻗어 인형 중 하나를 집어달라고 말했다. 하지만 엄마는 그럴 수 없었다. 아이를 훈육하기 위해서도 아이를 무시해서도 아니었다. 어린 헬름홀츠가 본 인형들은 사실 멀리 있는 교회 탑 꼭대기에 있던 사람들이었기 때문이었다. 헬름홀츠는 나중에 이렇게 썼다. "그때가 지금도 선명하게 기억이 난다. 그때 나는 이 실수를 통해 원근법을 처음 깨닫게 됐기 때문이다."

헬름홀츠는 커서 저명한 의사, 생리학자 및 물리학자가 됐다. 그의 가장 큰 업적 중 하나는 오늘날까지도 의사들이 사용하는 검안경의 발명이다. 또한 그는 눈의 세 가지 다른 세포 유형이 각각 다른 파장의 빛에 반응한다는 "삼원색 이론trichromatic theory" 연구를 통해 색각에 대한 이해를 높이기도 했다. 삼색 이론은 눈의 세 가지 다른 세포 유형이 각각 다른 파장의 빛에 반응한다는 생각이다. 이 연구에 기초해 그는 색맹 환자에게는 이러한 세포 유형 중 하나가 부족할 것이라고 추론했다. 눈에 대한 이 연구 외에도 헬름홀츠는 음향에 대한 연구, 즉 음색이 경험되는 방식, 소리가 귀를 통해 전달되는 방식, 소리가 신경을 자극하는 방식 등에 대해서도 연구했다. 헬름홀츠는 특유의 꼼꼼하고 정확한 성격을 감각기관 연구에 적용함으로써 세상의 정보가 마음에 들어오는 물리적 메커니즘을 반복적으로 탐구했다.

그러나 마음이 그 정보를 어떻게 사용하는지에 대한 더 깊은 질문은 항상 그에게 남아 있었다. 아버지로부터 철학에 대한 관심을 물려받은 헬름홀츠의 세계관은 여러 측면에서 독일 철학자 칸트의 영향을 받았다. 칸트 철학에서 "물자체物自體, Ding an sich"라는 개념은 세상에 존재하는 실제 대상을 가리킨다. 칸트에 따르면 이 실제 대상은 직접적으로 경험할 수 없으며 우리는 그 대상이 우리의 감각기관에 주는 인상을 통해서만 그 대상을 경험할 수 있다. 하지만 가까이 있는 인형과 멀리 있는 사람이 같은 빛 패턴으로 눈에 닿을 때 마음은 어떤 것을 지각해야 하는지 어떻게 결정하는가? 헬름홀츠는 모호하거나 불확실한 입력에 의해 지각이 어떻게 형성되는지 의문을 가졌다.

헬름홀츠는 이 의문에 대해 깊게 생각한 뒤, 감각 정보가 들어오는 시점과 그것이 의식적 경험이 되는 순간 사이에 많은 양의 처리가 진행되어야 한다는 결론을 내렸다. 그는 이 처리 과정이 "우리의 감각기관에서 관찰된 행동이 그 행동의 원인이 될 수 있는 것에 대한 생각을 우리가 할 수 있게 만드는 과정이라고 말했다. 헬름홀츠는 이 과정을 "무의식적 추론unconscious inference"이라고 불렀다. 세상에 있는 사물은 감각기관에 그 사물이 미치는 영향에 의해 추론된다는 생각이다. 헬름홀츠는 칸트의 생각에 기초해 이런 무의식적 추론 과정이 세상에 대한 기존 지식을 바탕으로 감각 입력을 해석하는 과정이라고 주장했다. 어린 시절 인형을 집어달라고 조르던 경험을 한 뒤 멀리 있는 물체가 작게 보인다는 것을 알게 됐던 것처럼 과거의 경험이 현재의 지각에 영향을 미친다고 생각했다.*

헬름홀츠는 역사상 가장 수학적으로 뛰어난 생리학자 중 한 명임에도 불구하고 무의식적 추론을 수학적으로 정의한 적이 없다. 주제에 대한 그의 생각은 철저했지만 대부분 추측에 불과했고, 많은 사람들에 의해 거부당했다. 당시 과학자들은 "무의식적 추론"이라는 말 자체가 모순적이라고 생각했는데, 추론이나 의사결정은 기본적으로 의식적인 과정이며 표면 아래에서 일어날 수 없다고 생각했다.

하지만 헬름홀츠가 세상을 떠나고 난 뒤 거의 100년이 지나서야 그가 옳다는 것이 입증됐다. 헬름홀츠가 태어나기 50여 년 전에 처음 개발된 수학적 방법을 심리학자들이 사용한 결과였다. 이 심리학자들은 확률 수식으로 무의식적 추론 개념을 표현함으로써 인간의 지각, 의사결정 그리고 행동의 기본적인 메커니즘을 규명했다.

---

* 이 부분에서 헬름홀츠의 생각은 세상에 대한 지식의 대부분이 학습의 결과로 얻어지는 것이 아니라 타고나는 것이라는 칸트의 생각과 다르다.

❖ ◆ ❖

　(때로는 매우 추상적인) 수많은 수학적 주제들은 실용적인 분야에 기원을 두고 있다. 예를 들어, 기하학은 건물과 토지 측량에서 기원했고, 숫자 0의 개념은 고대 천문학자들에 의해 보편화됐으며, 확률 이론은 도박에서 탄생했다. 16세기 이탈리아의 의사 지롤라모 카르다노Girolamo Cardano는 당시의 교양인들이 그랬듯이 다양한 주제에 관심을 가진 사람이었다. 카르다노는 자신이 『7개 행성에 관해On the Seven Planets』, 『영혼에 관해On the Immortality of the Soul』, 『오줌에 관해On the Urine』를 비롯해 100권이 훨씬 넘는 책을 썼다는 기록을 남겼는데, 시간이 지나면서 그 책들 대부분은 유실된 것으로 보인다. 지금까지 남아있는 그의 책 중 하나인 『우연의 게임On Games of Chance』에서 그는 이렇게 말했다. "주사위 게임을 하면서 동시에 학자이기도 한 내가 도박에 관한 책을 쓰지 않을 이유가 없다." 현재 이 책은 학술 서적이 아닌 실제 경험이 담긴 도박 지침서로 널리 읽히고 있지만, 출판됐을 당시에는 확률 법칙을 가장 철저하게 다룬 책이었다.

　카르다노는 자신의 수학적 지식 대부분을 주사위 던지기에 집중시켰다. 그는 이론상으로는 주사위의 여섯 면 중 하나가 나올 확률은 다른 나머지 5면이 각각 나올 가능성과 같지만, 실제로는 그렇지 않다는 것을 인정하며 이렇게 말했다. "주사위를 여섯 번 던지면 각각의 면이 한 번씩 나와야 한다. 하지만 실제로는 같은 면이 또 나오기도 하고, 어떤 면은 한 번도 나오지 않는다." 주사위 한 개, 두 개 또는 세 개를 굴릴 때 어떤 면이 나오는지 반복적으로 관찰한 뒤 그는 이런 결론을 내렸다. "보편적인 법칙이 하나 존재한다. 주사위를 던졌을 때 원하는 결과가 나올 횟수와 앞으로 주사위를 던지게 될 횟수를 비교하는 것이다." 바꿔 말하면, 특정한 결과가 나올 확률은 그 특정한 결과가 나올 횟수를 앞으로 남은 던지기 횟수로 나눈 값이라는 뜻이다.

예를 들어, 주사위 2개를 굴린다고 생각해보자. 주사위 하나를 굴릴 때의 나올 수 있는 결과의 경우의 수는 6이다. 두 개를 굴릴 때 나올 수 있는 결과의 수는 36(6×6)이다. 주사위 두 개를 굴렸을 때 나오는 숫자의 합이 3이라고 하면, 합이 3이 될 수 있는 경우는 2가지가 있다. (1) 첫 번째 주사위가 1을 나타내고, 두 번째 주사위가 2를 나타내는 경우와 (2) 첫 번째 주사위가 2를 나타내고 두 번째 주사위가 1을 나타내는 두 가지 경우다. 따라서 원하는 결과를 얻을 확률은 2/36 또는 1/18이다.

카르다노는 『우연의 게임』에서 "도박은 속임수, 숫자, 운에 불과하다."라고 말하면서 두 장chapter에 걸쳐 속임수에 대해 논했는데, 대부분 속임수를 알아차리는 방법에 관한 것이었다. "주사위는 모양을 조작할 수 있기 때문에 믿으면 안 된다(눈으로 보면 알 수 있다)." 또한 속임수를 발견했을 때 대처하는 법에 대해서도 다음과 같이 말하고 있다. "속임수가 의심될 때는 판돈을 조금만 걸고 구경꾼들을 모아야 한다." 하지만 카르다노는 자서전에서는 다음과 같은 다소 다른 대응 방법을 제시하기도 했다. "위험, 사고, 지속적인 배신"이라는 제목의 장에서 그는 이렇게 말했다. "상대방이 카드에 표시를 해놓았다는 것을 알게 됐을 때 나는 단호하게 단검으로 그자의 얼굴을 베었다."

여기서 중요한 사실은 카르다노의 확률 이론이 주사위가 조작되지 않았다는 전제 하에서 만들어졌다는 것과 (위에 언급된 사례와 같이) 속임수를 전문적으로 하는 도박꾼들에게는 적용되지 않는다는 점을 카르다노 자신이 분명하게 밝혔다는 것이다. 그는 이런 경우에는 "공정한 게임에서 멀어지는 만큼 확률을 수정해야 한다."고 말했다.

(상대방이 속임수를 쓰는 상황 같은) 다양한 조건 하에서의 다양한 확률은 후에 "조건부 확률"이라는 말로 불리게 된다. 조건부 확률은 간단한 "만약…라면 if-then"이라는 조건문으로 생각할 수 있다. 조건부 확률은 X가 참일 때 Y도 참일 가능성을 나타낸다. 예를 들어, 주사위가 조작되지 않았다고 가정할 때 주사위를 굴려 2가 나올 확률은 1/6이다. 하지만 2를 잘 나오도록 조작된 주사위로 게임을 하고 있다면 확률은 1/3이 될 수도 있다. 따라서 이 경우 사건이 일어날 확률은 그 상황에 적용된 조건에 따라 달라진다.

카르다노 이후 수세기 동안 수학자들을 당혹스럽게 했던 주제 중 하나는 "역확률 inverse probability"의 문제였다. 표준 확률은 주사위가 달라지면 확률도 달라질 수 있다고 말하지만, 역확률은 그 반대의 과정, 즉 결과를 일으키는 원인에 대한 확률 계산을 목표로 한다.* 예

---

* 당시에는 원인과 결과 측면에서 확률에 대해 생각하는 일이 드물지 않았다. 하지만 이는 현명한 생각이 아니다. 길에서 어떤 사람이 우산을 쓰고 있으면 다른 사람도 우산을 쓰고 있을 확률이 높지만, 그 어떤 사람의 우산을 쓰고 있는 행동이 다른 사람이 우산을 쓰고 있는 행동의 원인은 아니다.

를 들어, 카르다노가 상대방이 속임수를 쓰고 있는지 아닌지 알지 못한다면 주사위가 구른 결과를 본 다음에야 그 여부를 알 수 있을 것이다. 만일 2가 너무 많이 나온다면, 그는 뭔가 잘못됐다는 것을 알 수 있을 것이다(단검은 꺼내지 않길 바란다).

프랑스의 수학자 피에르시몽 라플라스Pierre-Simon Laplace는 이 역확률 문제를 40년에 걸쳐 틈틈이 연구한 사람이었다. 라플라스의 역확률 연구는 그가 1812년에 발표한 『확률의 이론적 분석』이라는 책에 집대성돼 있다. 이 책은 수학에서 가장 중요하고 영향력 있는 발견 중 하나가 될 간단한 규칙을 제시했다.

이 규칙에 따르면, 주사위가 조작됐을 확률을 알고 싶다면 서로 다른 두 확률을 결합해야 한다. 첫 번째 확률은 결과가 조작된 주사위에 의해 나왔을 확률, 두 번째 확률은 게임 전에 주사위가 조작됐을 확률이다. 좀 더 수학적으로 표현해보면 다음과 같다. 당신이 가진 증거(주사위를 굴렸을 때 나온 결과)를 고려할 때 당신의 가설("주사위가 조작돼 있을 것이다.")이 맞을 확률은 당신의 가설을 고려할 때 당신의 증거가 확실할 확률(주사위가 조작돼 특정한 결과가 나올 확률)과 당신의 가설이 맞을 확률(주사위가 게임 전에 조작됐을 확률)을 곱한 값에 비례한다(그림 22 참조).

주사위가 세 번 연속으로 2를 나타냈을 때 속고 있는지 알고 싶다고 가정해보자. 주사위가 조작되지 않았다면 연속 세 번 2가 나올 확률은 $1/6 \times 1/6 \times 1/6 = 1/216$이다. 이 확률은 주사위가 조작되지 않았다고 믿을 때의 증거 확률이다. 만약 주사위가 3분의 1의 확률로 2를 나타내도록 조작됐다고 가정하면, 증거 확률은

## 베이즈 법칙

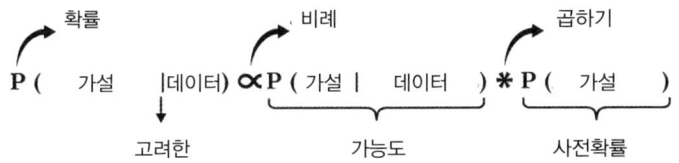

데이터를 고려한 가설의 확률은 가설을 고려한
데이터의 확률과 가설의 확률을 곱한 결과에 비례한다.

**그림 22**

1/3×1/3×1/3=1/27이 된다. 이 수치들을 비교해보면 주사위가 조작됐을 때 세 번 연속 2가 나올 확률은 주사위가 조작되지 않았을 때 세 번 연속 2가 나올 확률보다 훨씬 높다는 것을 알 수 있다. 상대방이 속임수를 쓰고 있을 가능성이 높다는 뜻이다.

하지만 이런 수치들로만은 부족하다. 라플라스의 규칙에 따르면 적절한 결론을 내리기 위해서는 더 많은 정보가 필요하다. 구체적으로 말하면, 우리는 이 숫자에 일반적으로 주사위가 가중될 확률을 곱해야 한다.

당신의 도박 파트너가 오랜 친구이고 그 친구가 조작된 주사위를 사용할 확률은 100분의 1밖에 안 된다고 가정해보자. 조작된 주사위를 사용해 연속 세 번 2가 나올 확률과 주사위가 조작됐을 낮은 확률을 곱하면, 즉 1/27×1/100=1/2700 또는 0.00037이 된다. 이번에는 주사위가 조작되지 않았다는 가정을 해보자. 이 경우는 1/216×99/100=0.0045라는 결과가 나온다. 두 번째 숫자가 첫 번째 숫자보다 크므로 친구가 실제로 사기꾼이 아니라는 결론을 내리는 것이 공정할 것이다.

이 사례가 보여주는 것은 "사전확률$^{prior}$"의 힘이다. 사전확률은 가설의 확률을 뜻하며, 앞선 사례에서는 친구가 주사위를 조작했을 확률이 사전확률이다. 동일한 수식을 이용하지만 친구가 아닌, 속임수를 쓸 확률(50%)이 높은 낯선 사람과 게임을 한다면 계산 결과가 달라질 것이다(속임수를 쓴 확률은 0.019, 아닌 확률은 0.0023). 이런 식으로, 높은 사전확률은 결정적인 요소가 될 수 있다.

가설을 고려했을 때의 주사위의 확률은 "가능도$^{likelihood}$"라고 부른다. 가능도는 세상에 대한 가설이 참일 때 이미 일어난 일과 같은 일이 앞으로 일어날 확률을 뜻한다. 역확률에서 가능도의 역할은 결과를 일으키는 원인을 찾아내려면 각각 원인이 일으킬 수 있는 결과들을 먼저 알아야 한다는 사실에 기초한다.

가능도와 사전확률은 모두 그 자체만으로는 불완전하며, 서로 다른 지식의 원천을 나타낸다. 가능도는 현재 상황에서 확보된 증거, 사전확률은 시간이 지나면서 축적된 지식을 나타낸다. 가능도와 사전확률이 비슷하면 결과를 예측하기 쉽다. 하지만 그렇지 않다면 가능도와 사전확률은 각각의 확실성에 비례해 영향력을 발휘한다. 확실한 사전확률이 존재하지 않으면 가능도가 결정을 지배한다. 사전확률이 강력하면 자신의 눈을 믿기 어려울 수 있다. 사전확률이 강력한 경우 특별한 주장은 특별한 증거가 있어야만 믿을 수 있다.

"발굽소리가 들리면 얼룩말이 아니라 말을 생각하라."라는 말은 의대생들이 자주 듣는 조언이다. 이 조언은 유사한 증상을 가진 두 가지 질병 중에서 더 흔한 것이 첫 번째 추측이어야 함을 상기시키기 위한 것이다. 또한 이 조언은 역확률 법칙이 실제로 적용된 대표적인 사례이기도 하다. 말이든 얼룩말이든 발굽 소리는 비슷하다. 엄밀하게 볼 때 이 두 경우의 가능도는 동일하다. 이런 모호한 증거가 주어지는 경우 결정은 사전확률에 의해 이뤄진다. 이 경우 사전지식에 따르면 얼룩말보다는 말이 주변에 있을 가능성이 높기 때문에 말이 발굽소리를 내고 있다는 추측이 최선이 된다.

라플라스의 『확률의 이론적 분석』이 출간된 후 200년 동안 그가 이 책에서 제시한 역확률 수식은 "베이즈 법칙Bayes' rule"이라는 이름으로 불리고 있다. 이는 18세기에 영국의 장로교 목사였던 토머스 베이즈Thomas Bayes의 이름을 딴 것이다. 목사이면서 아마추어 수학자이기도 했던 베이즈도 평생 역확률 문제를 연구한 사람이었다. 하지만 그가 당시에 연구했던 내용은 현재 우리가 알고 있는 베이즈의 법칙과는 조금 달랐다. 게다가 그는 자신의 연구 내용을 발표하지도 않았다. 하지만 그가 사망하고 나서 2년이 지났을 때인 1763년에 그의 친구인 리처드 프라이스Richard Price라는 목사가 베이즈의 연구 결과가 담긴 〈우연의 법칙에 관한 문제〉라는 에세이를 영국 왕립학회에 제출했다. 프라이스는 베이즈가 산발적으로 노트에 메모해 놓은 내용들을 형식을 갖춘 글로 만들어 제출했는데, 그 과정에서 그는 이 논문의 목적을 밝히는 서론을 작성하고 방대한 양의 각주와 색인을 추가했다(하지만 프라이스의 이런 노력에도 불구하고 이 글은 "통계학 역사상 가장 읽기 어려운 논문 중 하나"라는 평가를 받았다*). 라플라스는 베이즈의 논문이 발표됐을 당시 살아있었지만 자신의 역확률 연구가 상당한 진전을 거두기 전까지는 이 논문에 대해 몰랐던 것 같다.

따라서 베이즈가 현재 "베이즈 법칙"이라고 불리는 법칙을 만들어냈다고 말하기는 어렵다. 베이즈 자신도 원하지 않았을 수도 있다. 베이즈 법칙은 최근까지도 과학자들과 철학자들에게 별로 환영을 받지 못했다. 무의식적 추론에 대한 헬름홀츠의 연구가 그랬듯이 베이즈 법칙과 관련된 수식들은 널리 활용되지도 않았고, 심지어는 오해를 받기도 했다. 그렇게 된 이유는 이 법칙을 적용하기 어렵다는 사실에 있었다. 라플라스는 천문학 연구, 그리고 평균적으로 여자아이보다 남자아이가 약간 더 많이 태어난다는 오래 된 가정을 뒷받침하기 위해 이 법칙을 사용하기도 했다. 하지만 어떤 문제인지에 따라 베이즈 법칙을 사용하려면 때때로 복잡한 미적분 계산이 필요했고, 현대의 강력한 컴퓨터가 없었던 당시에는 이런 과제를 수행하는 것이 힘겨웠다.

하지만 베이즈 법칙의 진정한 고난은 그 후에 더 깊이 찾아왔다. 라플라스 방정식의 타당성은 의문의 여지가 없었지만, 그 방정식을 해석하는 방법은 수십 년 동안 통계학자들을 사로잡기도 하고 분열시키기도 했다. 과학철학자 도널드 길리스Donald Gillies에 따르면 "베

---

\* 이런 평가를 한 사람은 "스티글러의 명명법칙(Stgle's law of eponymy)"으로 널리 알려진 통계학자이자 역사학자인 스티븐 스티글러(Stephen Stigler)다. 과학법칙은 그 법칙을 처음 발견한 사람의 이름을 따서 명명되지 않는다는 내용이 스티글러의 명명법칙의 골자인데, 실제로 이런 법칙을 처음 발견한 사람도 스티글러가 아니라 사회학자 로버트 머튼(Robert Merton)이다.

이즈 법칙의 옹호자들과 반대자들 사이의 논쟁은 20세기의 가장 중요한 지적 논쟁 중 하나였다." 반대자들의 주요 공격 대상은 사전지식의 개념이었다. 반대자들은 사전지식이라는 정보의 출처에 대해 의문을 가졌다. 이론적으로 사전지식은 세계에 대한 지식이지만, 실제로는 누군가의 지식이다. 예를 들어, 20세기 통계학의 거두 로날드 피셔Ronald Fisher는 사전지식 개념 성립에 필요한 가정은 "완전히 임의적이며, 그런 가정을 세울 수 있는 그 어떤 일관성 있는 방법도 제시된 적이 없다."라고 비판했다. 결론에 도달하기 위한 공정하고 반복 가능한 절차를 제공하지 않는 한 베이즈 법칙은 법칙이라고 할 수 없다는 주장이었다. 이런 비판 때문에 베이즈 법칙은 "주관적인" 생각에 불과하다는 낙인이 찍혀 방치되기에 이르렀다.

하지만 일반적으로 개념에 대한 비판은 실제적인 증거가 나타나면 사라진다. 결국 베이즈 법칙은 20세기 후반에 이르러 그 가치가 입증됐다. 예를 들어, 보험계리인은 역확률의 법칙을 사용하여 요율을 더 잘 계산할 수 있다는 사실을 알게 됐고, 전염병학에서는 흡연과 폐암 사이의 연결 관계를 분석할 수 있게 됐다. 제2차 세계대전 기간 동안에는 암호 해독 전문가 앨런 튜링Alan Turing이 베이즈 법칙을 이용해 에니그마Enigma 장치로 작성된 "해독 불가능한" 나치의 암호들을 해독해 냈다. 결국 베이즈 법칙이 불확실성 문제를 해결할 수 있는 수단으로 떠오르게 된 것이었다. 실용적인 측면에서 볼 때 사전지식(사전확률)은 사소한 문제에 불과했다. 사전지식은 정보에 기초한 추측이기 때문에 새로운 증거가 등장하면 업데이트될 수 있기 때문이다(즉, 지식이 전혀 없는 경우 각 가설에 동일한 기회가 주어진다). 이에 반대하는 적극적인 움직임에도 불구하고 계속해서 성공을 거둔 베이즈 법칙은 섀런 맥그레인Sharon McGrayne이 쓴 『불멸의 이론The Theory That Would Not Die』이라는 제목의 책에 의해 현재의 명성을 얻게 됐다.

베이즈 법칙은 초기에는 심리학에 거의 영향을 미치지 못했고 관련 분야에서는 베이즈 법칙을 다룬 논문이 단 한 편도 발표되지 않았다. 하지만 1960년대에 이르자 심리학자들은 의사결정 이론 분야를 시작으로 다양한 심리학 분야에 베이즈 법칙을 적용하기 시작했고, 결국 21세기로 접어들면서 뇌 연구에서 꽃을 피우기 시작했다.

놀랍게도, 베이즈의 법칙에 기초해 처음 뇌 연구를 수행한 사람들 중에는 나사NASA(미국항공우주국) 연구원들이 있었다. 이들은 우주여행 임무를 계획하면서 우주복과 제트엔진 설계 외에도 우주비행사가 계기판을 읽는 방식, 환경을 감지해 장비들을 조정하는 방식 등 "인간과 관계된 요소들"을 해결해야 한다는 사실을 잘 알고 있었다. 이 요소들에 대해 연구하던 항공공학자 렌윅 커리Renwick Curry는 1972년에 인간의 지각을 베이즈 법칙에 기초해 분석한 논문을 썼다. 구체적으로 말하면, 커리는 이 논문에서 인간이 동작을 인식하는 방식의 패턴을 설명하기 위해 베이즈 법칙을 사용했다. 하지만 당시의 심리학자들은 이 논문에 전혀 주목하지 않았다.

베이즈 법칙은 경제학 연구에도 영향을 미쳤다. 인간의 행동을 간결한 수학적 형식으로 포착하고자 했던 경제학자들은 이미 1980년대부터 베이즈 법칙을 이용하기 시작했다. 윌리엄 비스쿠시William Viscusi는 1985년에 발표한 논문 〈사람들은 베이즈 법칙에 기초해 결정을 내리는가?〉에서 일반적으로 노동자들은 자신의 일이 얼마나 위험한지에 대한 사전지식에 의존했기 때문에 특정 직업의 위험을 과대평가하거나 과소평가한다는 결론을 내렸다.

결국 심리학자들도 과거 자료를 통해 베이즈 법칙에서 영감을 얻기 시작했다. 제3장에서 살펴보았듯이, 뇌에 대한 연구는 형식논리의 영향을 받는다. 20세기 말에 이르자 확률은 여러 가지 측면에서 새로운 논리로 떠올랐고, 인간이 생각하는 방식을 연구할 수 있는 좋은 수단으로 평가를 받게 됐다. 불 논리의 가차 없는 참-거짓 이분법 대신 확률은 회색 음영을 제공한다. 따라서 확률은 우리의 생각에 대한 우리 자신의 직관과 더 잘 일치한다. 라플라스는 "확률이론은 상식을 계산으로 바꾼 것에 불과하다."라고 말하기도 했다.

물론, 확률은 수학적 규칙에 기초한 최선의 상식이기 때문에 라플라스의 이런 생각보다 더 낫다. 특히 베이즈 법칙은 최선의 추론 방법을 제공한다고 할 수 있다.

카네기멜런 대학 컴퓨터과학/심리학 교수 존 앤더슨John Anderson이 베이즈 법칙을 심리학 연구에 본격적으로 적용하기 시작한 것은 그가 "합리적 분석"이라고 명명한 방법을 사용하면서부터였다. 이 생각은 그가 1987년에 호주에서 안식년을 보내면서 떠올렸다. 앤더슨에 따르면 합리적 분석은 "마음이 현재의 형태로 존재하는 데에는 이유가 있다."라는 생각에 기초하는데, 특히 그는 마음의 작동 방식에 대한 이해는 마음이 어디에서 왔는지에 대한 이해를 통해 가장 잘 이뤄질 수 있다고 생각했다. 앤더슨은 인간이 혼란스럽고 불확실한 세상에서 살고 있다는 사실에 기초해 추론을 시작했지만 그러면서도 인간이 최대한 합리적으로 행동하는 방향으로 진화했다고 주장한다. 그는 베이즈 법칙이 불확실한 상황에서 합리적으로 추론하는 방법을 설명하기 때문에 인간은 베이즈 법칙을 사용해야 된다는 결론을 내렸다. 간단히 말해서, 진화가 제 역할을 다했다면 우리는 뇌에서 베이즈 법칙을 발견할 수 있어야 한다.

어떤 문제에 어떻게 규칙이 적용되는 세부 사항은 환경의 구체적인 특징에 따라 달라진다. 예를 들어, 앤더슨은 베이즈 법칙에 기초한 기억 인출 이론Bayesian theory of memory recall을 제시한다. 특정한 상황에서 특정 기억이 유용할 확률은 다음의 두 요소를 결합해 얻을 수 있다. (1) 특정 기억이 유용했다면 특정 상황에서 자신을 발견할 가능성 그리고 (2) 더 최근의 기억이 더 유용할 것이라고 가정하는 사전지식이다. 사전지식의 선택은 정보가 유효 기간이 있는 세계에 인간이 살고 있다는 사실을 반영하기 위한 것이다. 따라서 더 최근의 기억이 가치가 있을 가능성이 더 높다.

중요한 것은 합리적 분석 체계에서 "합리적"이란 말이 "완벽한perfect"이라는 뜻과는 거리가 멀다는 사실이다. 실제로 우리의 기억은 완벽하지 않다. 이 관점에 따르면 초등학교 졸업 후 20년이 지나 그때의 사실을 잊어버린다고 해서 비합리적인 것은 아니다. 기억 용량에 제한이 있고 우리가 사는 세상이 끊임없이 변화한다는 사실을 감안하면 거의 사용하지 않는 오래 된 기억은 사라지는 것이 합리적이다. 따라서 베이지언Bayesian(베이즈 법칙을 기초로 한) 모델의 사전지식은 기억으로 가는 지름길들만 저장된 결과, 즉 베이지언 모델의 사전지식은 의사결정을 더 빠르고 쉽게 그리고 대부분의 경우에 더 정확하게 만들 수 있는 세계의 기본적인 사항들을 암호화한 결과라고 할 수 있다. 하지만 만약 우리가 진화하고 발달해 온 세상과 다른 세상에서 우리가 존재하게 된다면 사전지식은 오류를 발생시킬 수 있다. "발굽소리가 들리면 얼룩말이 아니라 말을 생각하라."라는 조언은 말이 얼룩말보다 많은 세상에서만 유용한 조언일 뿐이다.

1993년 초, 매사추세츠 주 채텀의 한 호텔에 과학자들이 모여 학술회의를 열었다. 이 회의에는 심리학자 데이비드 닐David Knill(펜실베이니아 대학 교수. 이 회의의 주최자)와 위트먼 리처즈Whitman Richards(1960년대에 MIT 심리학과에서 최초로 박사학위를 취득한 MIT 교수), 초파리의 시각 시스템에 관한 연구를 수행한 하인리히 뷜트호프Heinrich Bülthoff, 스티브 호킹Steven Hawking의 제자인 앨런 유일Alan Yuille 같은 다양한 분야의 학자들이 참석했다.

이들의 회의 주제는 지각에 대한 새로운 형식 이론, 즉 감각의 복잡성을 설명할 수 있는 검증 가능한 새로운 이론을 제시하는 것이었다. 특히 이들은 눈이나 귀 또는 코에 닿은 것들 외에 감각에 영향을 미칠 수 있는 것이 무엇인지, 즉 몸에 들어오는 감각정보와 다양한 배경지식이 어떻게 결합돼 지각 과정을 완성하는지에 대해 토론했다. 닐에 따르면 당시의 어떤 이론도 "감각 데이터의 해석에 사전지식이 어떻게 적용되는지" 명확하게 설명하지 못하고 있는 상태였다.*

이 학술회의의 결과로 1996년에 『베이지언 추론으로서의 지각』이라는 제목의 책이 출간됐다. 이 책의 제목은 학술회의의 결론을 한 마디로 요약한 것이었다. 이 결론이 나오기까지 여기저기 흩뿌려져 성장하고 있던 수많은 분야의 다양한 연구결과들이 분석되고 종합됐다. 이 책은 주로 시각에 초점을 맞춰 베이지언 지각 연구에 대한 통합적이고 명확한 접근 방식을 제시한다. 이 책이 큰 반향을 일으킨 후 이와 유사한 내용의 수많은 논문이 발표되기 시작했다. 앤더슨의 "합리적 추론" 연구가 베이즈 법칙을 심리학 연구에 포함시켰다면 이 책은 베이즈 법칙을 하나의 완전한 연구 분야로 정착시킨 책이라고 할 수 있다.

베이지언 지각에 대한 기본적인 이해를 위해 예를 하나 들어보자. 빛이 꽃에서 반사돼 눈에 들어온다. 이 빛의 파장은 약 670나노미터$^{nm}$다. 뇌는 자신이 받는 파장을 기초로 "물자체", 즉 실제로 세상에 존재하는 사물이 무엇인지 판단한다. 베이지언 관점에서 본다면, 이는 670nm의 파장이 눈에 닿을 때 특정한 꽃이 존재할 것이라

---

*시각 시스템에 대한 설명을 시도했지만 실패한 당시의 몇몇 이론에 대해서는 제6장에서 다뤘다.

는 가설의 확률에 기초한 판단이 될 것이다.

베이즈 법칙의 역할은 우리에게 무엇을 해야 하는지 알려주는 것이다. 먼저 우리는 다른 조건에서 해당 파장을 볼 가능성이 얼마나 되는지 알아내야 한다. 백색 조명이 비춰진 상태에서 꽃이 파란색이라면 파장이 670nm인 빛을 볼 확률은 매우 낮다(청색광의 파장은 450~480nm 사이다). 백색 조명이 비춰진 상태에서 꽃이 빨간색이라면 파장이 670nm인 빛을 볼 수 있는 가능성은 상당히 높다. 파장이 670nm인 빛은 빨간색을 나타내는 스펙트럼의 중간에 위치하기 때문이다. 하지만 적색 조명이 비춰진 상태에서 꽃이 하얀색인 경우도 파장이 670nm인 빛을 볼 가능성이 상당히 높다. 이 두 시나리오 모두에서 파장이 670nm 빛을 볼 수 있는 가능성이 높기 때문에 여기서 멈추면 어느 것이 더 나은 해석인지 확신이 서지 않을 수 있다.

하지만 우리는 베이즈 법칙을 잘 이용하기 때문에 사전지식이 중요하다는 것을 잘 알고 있다. 세상이 붉은 빛으로 밝혀질 확률은 대부분의 기준으로 볼 때 매우 낮다. 그에 비해 백색광은 매우 흔하게 볼 수 있다. 따라서 백색광을 가정하는 앞의 시나리오가 훨씬 더 가능성이 높다. 서로 다른 시나리오들의 사전확률과 그 각각의 시나리오에서 파장이 670nm인 빛을 볼 수 있는 확률을 곱하면 어떤 시나리오의 확률이 더 높은지 알 수 있다. 따라서 우리는 흔하게 볼 수 있는 백색광이 비춰진 상태에서 빨간색 꽃이 존재한다는 결론을 내린다.

물론 실제로 이런 결론을 내리는 것은 "우리"가 아니다. 이 과정은 헬름홀츠가 예측한 대로 무의식적으로 진행되기 때문이다. 우리는 확률에 대해 의식적으로 생각하지 않으며, 최종 결과만 인식할 뿐이다. 따라서 지각은 이런 과정들이 끊임없이 무의식적으로 이어지면서 발생한다고 할 수 있다. 매 순간 확률이 계산되고 비교되며, 모든 지각 결과는 베이즈 법칙에 따라 계산된다.

지각에 필요한 다양한 작업들 때문에 뇌가 때때로 이상한 결과를 내놓을 수 있다는 것은 놀라운 일이 아니다. 2002년 미국과 이스라엘 공동 연구팀은 사람들이 물체의 이동을 파악할 때 흔하게 겪는 착각들에 대해 연구했다. 이 연구결과에 따르면 어떤 물체가 움직이는 방향에 대한 우리의 생각은 그 물체의 형태에 의해 영향을 받으므로 서로 다른 방향에서 다가오는 두 물체가 하나의 물체로 보이기도 하며, 희미한 물체는 천천히 움직이는 것으로 보이기도 한다.

사람들이 이런 착각을 하는 것은 결함에 의한 것으로 보일 수도 있지만, 이 연구자들은 이런 모든 오류를 간단한 베이지언 모델로 설명할 수 있다는 것을 알아냈다. 예를 들어, 앞선 희미한 물체의 사례처럼 우리는 어떤 물체의 움직임이 실제보다 더 느릴 수 있다는 사전지식을 가지고 있다. 어떤 물체가 잘 보이지 않을 때는 그 물체의 움직임이 우리에게 제공하는 정보가 적고, 그럴 때 베이즈 법칙은 사전지식에 의존한다. 예를 들어, 자동차 운전자가 안개 속에서 속도를 높이는 경향이 있는 것은 이런 사전지식, 즉 물체가 실제보다 천천히 움직일 수 있다는 사전지식이 작용한 결과라고 할 수 있다. 운전자는 자신이 모는 자동차의 속도에 대한 정보가 적기 때문에 자신이 너무 느리게 달리고 있다고 생각하는 것이다. 중요한 것은 이런 베이지언 접근방식이 이런 착각을 합리적인 계산의 결과로 보이게 만든다는 사실에 있다. 어떤 실수들이 불확실한 세상에서는 실제로 합리적인 추측의 결과라고 생각하게 만드는 것이다.

하지만 지각 과정에는 또 다른 부분이 있다. 지금까지 우리는 우리가 경험하는 지각이 가장 높은 확률을 가진 것이라고 가정했다. 이 선택은 합리적이지만 그럼에도 불구하고 다른 선택이 존재할 수도 있다.

네커 정육면체Necker cube를 예로 들어보자. 이 유명한 착시 그림(그림 23 참조)은 두 가지 방식으로 해석될 수 있다. 이 그림을 계속 들여다보면 정육면체가 아래쪽, 또는 위쪽을 향해 비스듬하게 놓여있는 것으로 보일 때가 있다. 따라서 이 정육면체가 실제로 어떤 방향으로 놓여 있는지에 대한 판단은 사전지식의 영향을 강하게 받는다. 이 정육면체가 아래쪽을 향해 비스듬하게 놓였을 가능성이 약간 높다고 가정하고 베이즈 법칙을 적용하면, 아래쪽을 향해 비스듬하게

**네커 정육면체**

이 두 개의 검은색 판은 모두 뒤에 있다고 느껴질 수 있다.

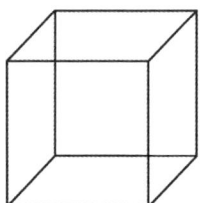
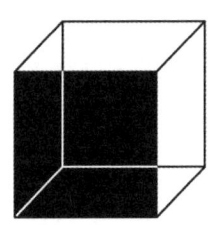
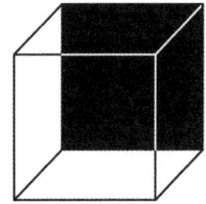

**그림 23**

놓였을 가능성을 0.51, 위쪽을 향해 비스듬하게 놓였을 확률을 0.49라고 할 수 있다. 이 상태에서는 두 경우 중 확률이 높은 방향으로 지각이 이루어질 것으로 생각되며, 그러면 정육면체는 아래쪽을 향해 비스듬하게 놓인 것으로 보이게 된다.

하지만 뇌는 하나의 해석을 선택해 고수하지 않고 두 가지 선택을 번갈아 할 수도 있다. 이 정육면체는 한순간은 아래를 향하다 다음 순간에는 위를 향한다고 느껴질 수 있으며, 이 과정이 계속 반복되기도 한다. 이 경우 확률은 어떤 해석을 고수할지가 아니라 각 해석에 소요되는 시간을 나타낸다.

이런 선택 전환은 2011년 (데이비드 닐이 이끄는) 로체스터 대학 연구팀이 실제로 확인한 것이다. 연구자들은 시각 패턴 두 개를 제공할 때 어느 패턴이 위에 있는지 알아보기 힘들게 중첩했다. 이미지를 두 가지 다른 방식으로 해석할 수 있게 만들기 위해서였다. 연구자들은 각각의 이미지 방식을 보는 데 소요되는 시간을 측정하기 위해 실험대상자들에게 이미지가 다르게 보이기 시작하는 순간을 알려달라고 요청했다. 각각의 패턴이 위에 있는 것으로 보이는 정도가 같다고 가정할 때(즉, 사전확률이 같다고 가정할 때) 베이즈 법칙에 따르면 사람들은 각 패턴을 보는 데 전체 시간의 50%를 각각 사용해야 했고, 그 가정은 사실로 확인됐다. 하지만 베이즈 법칙이 가진 예측 능력을 제대로 확인하기 위해서는 이런 50 대 50 시나리오에서 벗어나야 했고, 따라서 연구자들은 한 패턴이 다른 패턴보다 약간 더 위에 나타나도록 이미지를 조작했다. 가능성, 즉 하나의 패턴이 다른 패턴 위에 실제로 있다고 느껴질 확률을 변화시킨 것이었다. 이런 식으로 이미지를 더 편향되게 변화시킬수록 실험대상자들은 자신이 선호하는 패턴이 위에 있다고 느껴지는 시간이 더 길다고 말했다. 실험대상자들이 정확하게 베이즈 법칙에 따라 행동한 것이었다.

이 연구에서 알 수 있듯이, 지각 과정의 각 단계에 확률을 연결 mapping시키는 것이 가능하다. 과학자들은 이런 연결을 결정 기능 decision function이라고 부른다. 베이즈 법칙 자체는 어떤 결정 기능을 사용해야 하는지 말해주지 않고 확률만을 제공한다. 지각은 확률이 가장 높은 해석으로 축소될 수도 있고, 그렇지 않을 수도 있다. 지각은 확률에 기초해 시간 흐름에 따라 다양하게 이뤄지는 해석의 표본일 수도 있고, 그렇지 않을 수도 있다. 전반적으로 볼 때 지각은 복잡한 확률 조합의 결과일 수도 있다. 따라서 베이즈 법칙이 적용된 결과는 뇌가 가장 합리적으로 보이는 방식으로 사용할 수 있는 풍부한 감각 정보를 제공한다. 이런 식으로 확률은 가능성을 의미한다.

확률에 기초해 마음에 대해 생각하는 방식의 또 다른 장점은 이해하기가 매우 어려울 수 있는 개념인 자신감confidence을 정량화할 수 있는 가능성을 제공한다는 데에 있다. 자신감은 증거와 확실성에 연결된다는 것은 직관적으로 알 수 있다. 시각적 정보가 적은 어두운 방을 돌아다닐 때 우리는 벽이나 테이블에 부딪히지 않는다는 자신감이 없기 때문에 천천히 움직인다. 하지만 조명이 밝은 실내에서는 명확한 시각적 증거의 강력한 영향력이 이런 의심을 제거한다. 이런 직관을 형태화하기 위해 베이즈 법칙에 기초한 자신감 이론은 세계에 대한 자신의 해석에 대한 자신감의 정도가 증거를 고려했을 때 그 해석이 정확할 확률(즉, 베이즈 법칙을 적용한 결과)과 직접적으로 관련이 있다고 본다. 정보를 별로 제공하지 않는 어두운 방에서는 방에 대한 해석이 정확할 확률도 낮아지고, 따라서 자신감도 낮아진다.

2015년에 영국의 한 연구팀은 이 베이지언 가설이 데이터와 얼마나 잘 일치하는지 테스트했다. 이들은 사람들에게 번갈아가며 빠르게 번쩍이는 두 개의 서로 다른 이미지에서 특정 패턴을 찾도록 요청했다. 그런 다음 실험대상자들은 두 이미지 중 특정 패턴이 있는 이미지가 어떤 것인지, 그리고 그런 자신의 판단에 대해 얼마나 자신감이 있는지 말했다. 인간의 판단과 자신감을 베이지언 모델의 예측과, 그리고 두 가지 간단한 수학적 모델의 예측과 비교한 것이었다. 데이터 대부분에서 더 많은 일치를 나타낸 것은 베이지언 모델이었다. 베이즈 법칙에 기초한 자신감이 검증된 것이었다.

2014년의 한 인터뷰에서 도라 앙겔라키Dora Angelaki는 "연구자들은 뇌가 어떻게 작동하는지 이해하는 엄청난 작업을 단순화하려고 한다. 오랫동안 신경과학은 한 번에 하나의 감각 시스템을 연구했다. 하지만 현실 세계에서는 한 번에 하나씩 감각 시스템이 작동하지는 않는다."라고 말했다.

크레타에서 태어난 앙겔라키는 뉴욕 대학 신경과학과 교수다. 그녀는 사물이 어떻게 작동하는지에 대한 기본 원리를 알고 싶어 전기공학을 공부했으며, 현재 감각들이 어떻게 상호작용하는지 연구하면서 단순성을 추구하는 신경과학자들의 편견을 바꾸기 위해 노력하고 있다.

앙겔라키가 결합하고자 하는 감각은 시각과 전정감각이다. 6번째 감각으로 불리는 전정감각을 담당하는 시스템은 귀 깊숙이 자리 잡고 있으며, 아주 작은 돌이 채워진 주머니들과 미세한 관들로 구성돼 있다. 전정 시스템은 이 관들에 차 있는 유체의 찰랑거림과 주머니들에 들어 있는 돌의 움직임을 통해 머리의 기울기와 가속 정도를 측정하며 시각 시스템과 함께 작동하면서 신체의 전반적인 위치, 방향 및 움직임에 대한 감각을 제공한다. 이 두 시스템이 제대로 작동하지 않으면 멀미와 같은 불쾌한 감각이 발생할 수 있다.

앙겔라키는 전정 시스템을 이해하기 위해 조종사 훈련 과정에서 사용되는 방법을 차용해 실험을 진행했다. 이 실험에서 그녀는 피험자들을 비행 시뮬레이션 시스템처럼 다양한 방향으로 짧은 시간 동안 가속시키는 플랫폼에 앉히고 안전벨트를 착용하도록 했다. 플랫폼 앞에 설치된 스크린을 보면서 피험자는 (스타워즈같이) 빛을 내는 점들이 자신의 앞에서 뒤로 지나가는 것 같은 시각적 느낌을 받게 했다. 일반적인 조종사 훈련에서는 물리적인 움직임과 시각적 움직임이 같은 방향으로 진행되도록 설정되지만, 앙겔라키는 이 두 가지 움직임이 같은 방향으로 이뤄지지 않을 때 뇌가 어떤 반응을 보이는지 관찰하기 위해 설정을 변화시켰다.

베이즈 법칙은 이런 상황에서 뇌의 반응을 예측할 수 있게 해준다. 베이즈 법칙에 기초해 동일한 외부 세계에 대한 정보가 담긴 시각 입력과 전정감각 입력을 개별적으로 분리한 다음 각각의 확률을 합치면(곱하면) 시각과 전정감각이 어떻게 결합되는지 쉽게 알 수 있다. 당신이 특정한 왼쪽으로 움직이고 있는지 오른쪽으로 움직이고 있는지 판단하는 상황을 가정해보자. 당신이 전정감각 입력과 시각 입력을 고려해 실제로 오른쪽으로 움직이고 있을 확률을 계산하려면, 당신이 오른쪽으로 움직이고 있을 때 그 시각 입력을 받을 확률과 당신이 오른쪽으로 움직이고 있을 때 그 전정감각 입력을 받을 확률을 곱한 다음, 오른쪽으로의 움직임에 대한 사전 확률과 이 값을 곱하면 된다. 왼쪽으로 움직이고 있을 확률을 계산할 때도 같은 과정을 반복하면 된다. 이렇게 구한 두 값을 비교하면 당신이 왼쪽으로 움직이고 있는지 오른쪽으로 움직이고 있는지 판단할 수 있다.

많은 사람들로부터 소문을 들으면 그 소문이 사실로 변하듯이, 베이즈 법칙에 따르면 같은 정보를 여러 감각으로 접하면 그 정보에 대한 믿음이 강화된다. 플랫폼의 이동 방향과 화면에 나타나는 점들의 움직임 방향이 모두 오른쪽이면 시각 확률과 전정감각 확률이 모두 높아지고, 따라서 그 두 확률을 곱한 값도 커진다. 이는 피험자에게 자신의 몸이 오른쪽으로 움직이고 있다는 확신을 강화하게 된다. 하지만 플랫폼의 이동 방향과 화면에 나타나는 점들의 움직임 방향이 다르면, 예를 들어, 플랫폼은 오른쪽으로 움직이는데 점들은 왼쪽으로 움직인다면, 전정감각 확률은 오른쪽으로의 움직임 확률이 여전히 높다고 말하지만, 시각 확률은 오른쪽으로의 움직임 확률이 낮다고 말할 것이다. 이 확률을 곱하면 중간 정도의 결과가 나오고, 어떤 식으로든 중간 정도의 확신만 얻게 된다.

하지만 여기서 또 하나 고려해야 할 요소가 있다. 출처의 신뢰성이다. 앙겔라키는 피험자가 시각 입력 또는 전정감각 입력에 대해 가진 확신을 줄이는 시도를 했다. 시각 입력에 대한 신뢰도를 떨어뜨리기 위해 앙겔라키는 시각 입력을 혼란스럽게 보이도록 모든 점들이 함께 움직여 피험자에게 방향성이 강하다는 느낌을 주기보다는 일부 점들이 무작위로 움직이게 만들어 방향성에 대한 느낌을 줄였다. 무작위로 움직이는 점이 많을수록 시각 정보의 신뢰도는 떨어진다.

이런 신뢰의 변화와 확률과의 관계를 살펴봄으로써 우리는 베이즈 법칙에 따라 신뢰성에 대한 의존도가 어떻게 자연스럽게 조정되는지 알 수 있다. 점이 완전히 무작위로 움직이는 경우 시각 입력은 이동 방향에 대한 정보를 제공하지 않는다. 이 경우, 시각 입력이 오른쪽으로 움직일 가능성은 왼쪽으로 움직일 확률과 같다. 양쪽의 확률이 동일한 경우 시각 입력은 한 쪽으로의 판단을 일으키지 않는다. 이 상황을 변화시키는 것은 전정감각 입력(그리고 사전지식)이다. 하지만 점들의 90%가 무작위로 이동하고 10%가 오른쪽으로 이동하는 경우 시각 입력이 오른쪽으로의 이동을 지원할 확률이 왼쪽으로 이동을 지원할 확률보다 약간 더 높을 것이다. 이렇게 되면 아주 약간이지만 시각 입력이 어느 한쪽으로의 판단을 일으킬 확률이 높아진다. 시각 입력에 대한 신뢰도가 높아질수록 시각 입력이 판단에서 하는 역할은 커진다. 이런 식으로 베이즈 법칙은 신뢰도에 비례해 자연스럽게 판단에서의 입력의 비중을 강화한다.

피험자들이 이 실험에서 자신의 움직임에 대해 내린 결론을 조사하면서 앙겔라키는 대부분의 경우 인간이 베이즈 법칙에 기초해 행동한다는 것을 다시 한 번 입증했다. 시각적 증거가 약하면 전정 시스템에 대한 의존도가 높아진다. 한 가지 주의할 점은 시각 정보는 신뢰도가 높을수록 많이 사용되지만, 그 사용 빈도가 베이즈 법칙이 예측하는 만큼 높지는 않다는 사실이다. 이는 전정감각 입력이 항상 지나치게 강조된다는 뜻이다. 원숭이를 대상으로 한 실험에서도 같은 결과가 나왔다. 이는 시각 입력이 항상 약간 모호하기 때문일 수 있다. 점들이 자신의 뒤로 움직인다는 느낌을 받는 것은 보는 사람의 움직임의 결과일 수도 있고, 실제로 점들이 그렇게 움직인 결과일 수도 있다. 따라서 전정감각 입력은 일반적으로 더 신뢰할 수 있는 감각 원천이므로 더 많은 가중치를 받을 만하다.

지각을 베이즈 법칙에 기초해 설명할 수 있게 되면서 베이지언 접근방식은 심리학의 모든 영역으로 빠르게 확산되기 시작했다. 어떤 데이터든 매직아이 착시 그림을 보듯이 오래 들여다보면 베이즈 법칙이 드러나기 시작했다. 마음에 대한 연구에서 사전지식과 확률 개념이 광범위하게 사용되기 시작한 것이었다.

우리가 지금까지 살펴보았듯이, 베이즈 법칙은 네커 정육면체, 자신감(확신), 시각과 전정감각의 결합 등에 대한 설명에 적용돼 왔다. 또한 베이즈 법칙은 우리가 복화술사에게 왜 속는지, 그리고 시간 경과에 대한 감각과 특이한 현상을 식별해내는 우리의 능력에 대해서도 설명을 제공한다. 심지어 베이즈 법칙은 운동능력 학습, 언어 이해, 일반화 능력 등을 설명하는 데에도 적용될 수 있을 것으로 보인다. 베이즈 법칙은 마음에서 일어나는 활동들의 대부분을 설명할 수 있는 통합적인 체계로 인식되고 있는 것 같다. 심리철학자 마이클 레스콜라Michael Rescorla는 베이지언 접근법이 "현재로서는 가장 훌륭한 지각 연구 방법"이라고 말하기도 했다. 하지만 모든 심리학자가 베이즈 법칙을 신봉하지는 않는다.

　모든 것을 설명하는 이론이 아무것도 설명하지 못할 위험이 있다. 베이지언 접근방식이 가진 유연성의 이면에는 "자유 매개변수"가 너무 많다는 단점이 존재한다. 모델의 자유 매개변수란 움직일 수 있는 부분을 뜻한다. 자유 매개변수가 많다는 것은 연구자가 개입할 수 있는 소지가 매우 많다는 뜻이기도 하다. 최악의 골퍼도 수도 없이 공을 치다보면 언젠가는 홀아웃을 할 수 있을 것이다. 이와 마찬가지로 충분한 자유 매개변수가 주어지면 모든 모델이 모든 데이터에 적합할 수 있다. 예를 들어, 새로운 실험의 결과가 이전 실험과 충돌하는 경우도 모델에 자유 매개변수들을 많이 설정하는 방법으로 충돌을 없앨 수 있다. 모델을 데이터에 맞추는 것이 은행에서 잔돈 바꾸는 것처럼 쉽다면 그 작업은 의미가 별로 없을 것이다. 모든 것을 설명할 수 있는 모델은 틀릴 일이 없다. 심리학자 제프리 바워스Jeffrey Bowers와 콜린 데이비스Colin Davis는 2012년에 발표한 논문에서 베이지언 모델에 대해 "데이터를 정확하게 설명하기 위해 반증 가능성falsifiability을 포기한 모델"이라고 비판했다.

실제로 지각의 구성요소들을 베이지언 모델에 끼워 넣는 방법은 여러 가지가 있다. 확률 계산을 예로 들어보자. "빨간색 꽃이 있을 때 파장이 670나노미터인 빛을 볼 수 있는 확률" 같은 수치를 계산하려면 빛이 다양한 물질에서 어떻게 반사되고, 눈이 빛을 어떻게 흡수하는지에 대한 지식과 가정이 필요하다. 모델을 만드는 사람이 물리적 세계에 대해 완벽하게 이해하지 못한다면 자신이 만드는 모델에 자신이 세운 가정의 일부를 입력해야 한다. 따라서 모델을 만드는 사람은 모델을 데이터에 맞추기 위해 이 가정의 일부를 수정할 수 있다. 결정 기능을 이용하는 방법도 있다. 앞에서 살펴봤듯이 베이즈 법칙을 적용한 결과는 여러 가지 방법으로 동물의 지각 및 결정 과정에 연결할 수 있다. 이 선택도 이론상 모든 행동이 베이즈 법칙을 따르고 있는 것으로 보이게 만들 수 있다. 물론, 성가신 사전지식도 있다.

20세기에 통계학자들을 곤혹스럽게 만들었던 사전지식 개념은 21세기에는 심리학자들을 힘들게 만들고 있다. 예를 들어, 움직임이 생각보다 느리게 일어날 수도 있다는 특정한 사전지식은 심리학적 현상들에 대한 설명에 도움을 주고 뇌가 실제로 그 사전지식을 사용한다는 것을 보여주는 좋은 증거로 생각할 수도 있다. 하지만 어떤 다른 현상이 다른 사전지식, 이를테면, 움직임이 생각보다 빠르게 일어날 수도 있다는 사전지식에 의해 가장 잘 설명이 된다면 어떻게 생각해야 할까? 우리 마음속에 있는 사전지식들이 시간과 과제에 상관없이 언제나 동일하게 적용된다고 생각해야 할까?

사전지식은 유동적일까? 만약 그렇다고 해도 그렇다는 것을 우리는 어떻게 알 수 있을까?

이런 생각들의 결과로 일부 연구자들은 사전지식의 속성에 대해 연구하기 시작했다. 프랑스의 인지과학자 파스칼 마마시앙Pascal Mamassian은 빛이 위에서 비춘다는 매우 일반적인 생각에 대해 탐구했다. 200년이 넘는 시간 동안 이뤄진 연구와 실험의 결과에 따르면 인간은 그림자를 인지하면서 빛의 출처가 위에 있다고 생각한다. 가장 압도적인 광원인 태양의 위치를 생각하면 이 생각은 매우 합리적인 생각이라고 할 수 있다. 하지만 이 생각에 대한 이론은 최근 들어 다양한 실험을 통해 약간 수정됐다. 이 실험결과들에 따르면 인간은 빛이 위에서, 그리고 약간 왼쪽에서 온다고 가정한다. 마마시앙은 실험실뿐만 아니라 더 창의적인 방법을 추가적으로 사용했다. 그는 파리 루브르 박물관의 659점의 그림을 분석한 결과, 초상화의 84%와 초상화가 아닌 그림의 67%에서 광원이 실제로 왼쪽으로 편향되어 있음을 발견했다. 예술가들은 이런 설정이 우리의 직감과 일치하며, 그림을 더 좋게 보이게 만들고 해석도 쉽게 만든다고 생각했기 때문에 이 설정을 선호하게 되었을 것이다.

사전지식에 대한 또 다른 의문은 사전지식의 기원에 관한 것이다. 사전지식은 세상에 대한 사실들을 우리 마음에 각인시키는 효율적인 수단일 수 있다. 하지만 이 사실들은 유전자를 통해 우리가 물려받은 것일까 아니면 살면서 학습한 것일까? 이 의문에 대한 답을 찾기 위해 1970년대에 실험이 수행된 적이 있다. 모든 빛이 아래에서 오는 환경에서 닭들을 키우는 실험이었다. 빛이 머리 위에서 비춘다는 생각이 살면서 학습되는 것이라면 이 닭들은 그런 생각을 가지지 않아야 했다. 하지만 이 닭들이 시각적 자극과 상호 작용하는 방식을 관찰한 결과 이 닭들도 빛이 위에서 온다고 생각한다는 것이 밝혀졌다. 이 결과는 사전지식이 유전자를 통해 전해진다는 생각을 뒷받침하는 것이다.

물론 인간은 닭과 다르고, 인간의 신경계는 발달에 의해 닭의 신경계보다 유연해질 수 있을 것이다. 2010년에 심리학자 제임스 스톤James Stone은 다양한 연령대의 어린이들이 가진 사전 편견을 조사했다. 그 결과, 4세 정도의 어린이들이 머리 위에서 빛이 비출 것이라는 가정을 하는 편향을 보였지만, 그 편향은 성인의 편향보다 약하다는 사실을 발견했다. 이 편향은 수년에 걸쳐 꾸준히 증가했고 성인이 됐을 때 최고치를 나타냈다. 이 결과는 사전 편향이 부분적으로는 타고나는 것이며 경험에 의해 미세하게 조정될 수 있음을 보여준다. 이런 유연성을 증명하기 위해 2004년에 독일과 영국의 공동연구팀은 빛이 위에서 비출 것이라고 생각하는 우리의 사전 편향이 느슨해질 수 있다는 것을 보여주었다. 실험참가자들은 훈련을 통해 빛의 원천에 대한 생각을 여러 단계에 걸쳐 바꿀 수 있었다.

사전지식의 유연성은 특정한 사전지식을 선택해 진행한 다양한 실험을 통해 증명되고 있다. 이런 실험이 진행될 때마다 베이지언 모델의 자유 매개변수는 줄어든다.

베이지언 뇌 가설 지지자들이 다뤄야 할 또 다른 질문은 "어떻게?"이다.

뇌가 베이즈 법칙을 이용해야만 하고 실제로 베이즈 법칙을 이용한다는 증거가 있긴 하지만, 베이즈 법칙이 실제 뉴런들의 네트워크에서 어떻게 적용되는지에 대해서는 지금도 활발한 연구가 이뤄지고 있다.

현재 과학자들은 구체적으로 뇌의 어떤 영역에 사전지식이 저장되는지, 이 사전지식들이 신경계 안에서 어떻게 결합돼 의사결정 과정을 일으키는지 연구하고 있다. 한 가지 가설은 간단한 숫자 게임 가설이다. 뉴런 집단이 세계에 대한 무언가를 나타내는 것들, 예를 들어, 소리가 어디로부터 오는지에 대한 정보로 가득 차 있다면, 이 집단에 속한 각각의 뉴런은 저마다 소리의 출처에 대한 선호가 다를 것이다. 즉 각각의 뉴런은 특정한 위치에서 소리가 날 때 각각 최대로 반응할 것이다. 뇌가 동일한 위치를 선호하는 모든 뉴런의 활동을 합산해 소리가 나는 위치를 판단한다면, 더 많은 뉴런이 나타내는 위치가 선택될 것이다. 따라서 사전지식이 소리가 주변보다 중앙에서 나올 가능성이 더 높다고 말하면 중앙을 선호하는 뉴런의 수를 늘리면 된다. 신경과학자 브라이언 피셔Brian Fischer와 호세 루이스 페냐Jose Luis Peña가 2011년에 올빼미의 뇌 연구를 통해 밝혀낸 메커니즘이 바로 이것이다. 과학자들은 이런 방식으로 뉴런들에서 사전지식의 역할을 밝혀냄으로써 사전지식이 어디서 형성되고 어떻게 작동하는지 밝혀낼 수 있을 것이다.

베이즈 법칙이 뇌에서 어떻게 작용하는지에 대해 이론가들은 수많은 가설들을 만들어내고, 실험주의자들은 이를 검증하고 있다. 뉴런들이 서로 상호작용해 확률과 사전지식을 결합할 수 있는 방법은 수없이 많다. 이런 다양한 가설들이 서로 경쟁한다고 생각해서는 안 된다. 또한 이런 가설들 중 어느 하나가 궁극적으로 지배적인 가설이 되어서도 안 된다. 베이즈 법칙은 지각의 결과물을 포착하는 데 두루 적용될 수 있는데, 베이즈 법칙의 토대가 다양한 형태와 방식으로 찾아올 수 있기 때문이다.

# 11

# 보상은 어떻게 행동을 유도하는가

### 시간 차이와 강화학습

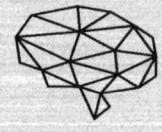

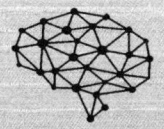

이반 페트로비치 파블로프Ivan Petrovich Pavlov는 과학자로서 살면서 많은 시간을 소화라는 하나의 주제를 연구하면서 보냈다. 파블로프가 본격적으로 연구를 시작한 것은 1870년에 췌장 신경에 대한 논문을 쓰면서부터였다. 그는 상트페테르부르크에서 약리학 교수로 지내던 10년 동안 동물의 위액을 측정하는 방법을 고안해 동물의 다양한 기관이 먹이와 굶주림에 반응해 어떻게 분비물의 양을 변화시키는지 보여줬고, 1904년에는 "소화의 생리학적 속성에 대한 연구를 통해 생명체의 중요한 특성에 대한 지식을 변화시키고 확장한 공로"를 인정받아 노벨 생리학·의학상을 수상했다.

동물의 장에 대한 이런 연구업적을 감안할 때 파블로프가 후에 심리학에서 가장 큰 영향을 미친 인물 중 하나로 역사에 남았다는 것은 놀라운 일이다.

파블로프가 마음에 대한 연구를 하게 된 것은 어떤 면에서 보면 우연에 의한 것이었다. 개가 다양한 먹이에 반응하여 어떻게 침을 흘리는지 측정하기 위한 실험에서 그는 먹이가 도착하기도 전에 개의 입에 침이 고이는 것을 발견했다. 개는 먹이 접시를 가져오는 조교의 발소리만 듣고도 침을 흘렸다. 그때까지 신경계가 소화계에 미치는 영향을 주로 연구하고 있었던 파블로프는 먹이에서 나는 냄새가 위액 분비에 영향을 미치는 것과 같은 분명한 상호작용은 동물이 타고난 특성일 것이라고 추정하고 있었다. 하지만 발소리를 듣고 침을 흘리는 행동은 유전자에 각인된 반응이 아니라 학습에 의한 반응이다.

파블로프는 원칙을 중시하는 엄격한 과학자였다. 러시아 혁명과 관련된 충격 사건으로 조교 한 명이 회의에 지각했을 때 그는 "과학 연구와 혁명이 무슨 관련이 있습니까?"라고 질책하기도 했다. 파블로프는 개가 침을 흘리는 것을 관찰한 뒤 진행한 후속 연구를 진행할 때도 이런 특유의 엄격함을 보였다.

파블로프는 개에게 먹이를 주면서 메트로놈 소리나 버저 소리 같은 중립적인 신호neutral cue를 반복적으로 들려줬다(대부분의 사람들은 파블로프가 종 소리를 개에게 들려줬다고 알고 있지만, 그는 정교하게 조절할 수 있는 자극만을 사용했다). 이렇게 중립적인 신호와 먹이를 연결한 뒤 그는 개가 신호에만 반응해 얼마나 많은 양의 침을 흘리는지 관찰해 다음과 같이 자세하고 구체적으로 기록했다. "메트로놈 소리를 들려준 뒤 9초 후에 타액 분비가 시작됐고, 그 후 45초 동안 타액 11방울이 분비됐다."

그 후 파블로프는 이 과정의 세부사항들을 변화시키면서 이 학습 과정의 다양한 특징들을 연구했다. 그는 다음과 같은 의문들을 제기하고 답을 찾았다. "확실한 학습이 일어나기 위해서는 먹이와 단서를 몇 번이나 같이 제공해야 하는가?"(약 20번), "단서 제공 시점과 먹이 제공 시점 사이의 시간이 중요한가?"(중요하다. 단서 제공은 먹이 제공 전에 이루어져야 하지만 둘 사이의 시간 간격이 너무 길면 안 된다.), "단서는 중립적이어야 하는가?"(아니다. 개는 피부 자극제 같은 약간 부정적인 단서에도 반응해 타액 분비 학습을 할 수 있다).

일반적으로는 이후의 보상reward과 관련이 없는 어떤 것을 보상과 반복적으로 연결시키는 이 과정을 고전적 조건형성classical conditioning 또는 (놀랍지 않게도) "파블로프" 조건형성이라고 부른다. 이는 초기 심리학 연구에서 핵심적인 연구 대상이었다. 1927년에 파블로프가 이 연구의 방법과 결과를 설명한 책을 발표하자 당시 학자들은 "마음과 뇌를 연구하는 모든 사람이 관심을 가져야 하는 책이다. 파블로프가 사용한 방법과 그가 내린 포괄적인 결론은 정확성과 과학적 통찰력 측면에서 모두 주목할 만하다."라는 반응을 보였다.

파블로프의 연구는 20세기 과학계에서 가장 큰 반향을 불러일으켰던 행동주의behaviorism 이론에 지대한 영향을 미쳤다. 행동주의 이론에 따르면 심리학은 마음에 대한 연구가 아니라 행동에 대한 연구로 정의되어야 한다. 따라서 행동주의자들은 생각, 신념 또는 감정과 같은 내부 정신 활동에 대한 이론보다 관찰 가능한 외부 활동에 대한 설명을 선호한다. 그들에게 인간이나 동물의 행동은 반사 작용들로 구성된 정교한 집합이며, 세계로부터의 입력에 의해 동물이 출력을 생성한다고 본다. 파블로프가 수행한 것과 같은 조건형성 실험은 이런 입력과 출력 사이의 관계를 정량화할 수 있는 확실한 방법을 제공함으로써 행동주의 열풍에 일조했다.

파블로프의 책이 출판되자 수많은 과학자들이 그의 실험을 재현하기 시작했다. 예를 들어, 미국의 심리학자 B. F. 스키너B.F.Skinner는 당시 유명했던 SF 소설가 H. G. 웰스H.G.Wells가 쓴 이 책의 서평을 읽은 뒤 심리학에 관심을 갖게 됐고, 그 후에 쥐, 비둘기, 인간 등의 행동을 정교하게 연구해 저명한 행동주의 심리학자가 됐다.*

어떤 과학 분야에서든 충분한 정량적 데이터가 축적되면 결국 그 데이터를 이해하기 위해 수학적 모델을 구축해야 한다. 모델 구축은 숫자 더미들에서 구조를 찾는 과정이다. 모델은 다양한 결과들을 결합해 그 결과들이 어떻게 하나의 공통적인 과정에 의해 도출됐는지 보여준다. 심리학에서도 파블로프 이후 수십 년 동안 진행된 학습에 대한 행동 실험으로 데이터가 축적되자 모델 구축이 시작됐다. 학습을 수학적으로 연구하는 저명한 미국 심리학자 윌리엄 에스테스William Estes는 1950년에 조건형성 관련 데이터에 대해 이렇게 썼다. "이 데이터는 행동에 대한 정확한 정량적 예측을 가능하게 할 정도로 일관성과 재현 가능성이 높다."

하버드 대학 사회적 관계 연구소의 로버트 부시Robert Bush와 프레더릭 모스텔러Frederick Mosteller도 1951년에 발표한 논문 〈간단한 학습을 설명하는 수학적 모델〉에서 "심리학의 다양한 분야 중에서 학습 연구 분야만큼 모델 구축에 필요한 데이터의 양과 다양성을 확

---

* 스키너는 "조작적 조건형성(operant conditioning)" 개념을 제시한 학자로 잘 알려져 있다. 조작적 조건형성이란 어떤 반응에 대해 선택적으로 보상함으로써 그 반응이 일어날 확률을 증가시키거나 감소시키는 방법을 말한다. 조작적 조건형성과 고전적 조건형성의 차이는 분명하다고 볼 수도 있고 그렇지 않다고 볼 수도 있다. 이 책에서는 이 두 가지 관점을 모두 다룰 것이다.

보한 분야는 거의 없다."라고 말했다. 부시는 물리학에서 심리학으로 전환한 학자였고, 모스텔러는 통계학자였다. 에스테스의 연구에 영향을 받은 이들은 단서와 보상 사이의 학습 연관성을 설명하는 공식을 만들어냈고, 이 공식은 그 후에 구축된 정교한 학습 모델들의 초석이 됐다. 이런 모델들이 설명하는 학습이 바로 "강화학습 reinforcement learning"이다. 강화학습은 간단한 보상과 처벌만을 학습 신호로 사용할 때 복잡한 행동이 어떻게 발생하는지 설명한다. 여러 가지 측면에서 강화학습은 구체적인 훈련을 받지 않아도 학습이 가능하다는 것을 보여준다.

부시와 모스텔러는 단서와 보상 사이의 학습 연관성을 보여줄 수 있는 척도 중 하나인 "반응 확률 probability of response"을 집중적으로 연구했다. 파블로프의 개 실험의 경우 반응 확률은 버저에 대한 반응으로 개가 침을 흘릴 확률이다. 부시와 모스텔러는 단서를 제공한 뒤 보상을 줄 때와 주지 않을 때 이 반응 확률이 어떻게 변화하는지 설명하는 간단한 수식을 이용했다.

길거리에 돌아다니는 개 한 마리를 데려와 실험을 한다고 가정해 보자(실제로 파블로프는 길거리에서 훔친 개로 실험을 진행했다는 소문이 있다). 이 개가 버저 소리에 침을 흘릴 확률은 처음에는 0이다. 버저 소리가 들리면 먹이가 주어진다고 생각할 이유가 없기 때문이다. 이제 버저를 누른 다음 개에게 고기 한 조각을 준다. 부시-모스텔러 모델에 따르면, 개가 고기를 먹게 되면 버저 소리에 반응해 침을 흘릴 확률이 증가한다(그림 24 참조). 정확한 확률 증가량은 학습률learning rate이라는 매개변수에 의존한다. 학습률은 학습과정 전체의 속도를 조절한다. 학습률이 매우 높으면 한 번의 연결만으로도 버저와 먹이 사이의 관계가 개의 마음속에서 형성된다. 하지만 학습률이 높지 않으면 침을 흘릴 확률이 첫 번째 연결 이후에도 예를 들어, 10% 정도에 불과하지만 버저를 울린 다음 먹이를 주는 과정을 반복할 때마다 이 확률은 상승한다.

하지만 학습률의 값과 상관없이, 버저를 울린 다음 먹이를 주는 과정이 두 번째로 이뤄지면 침을 흘릴 확률은 첫 번째로 버저를 울린 다음 먹이를 주었을 때보다 적게 상승한다. 따라서 첫 번째 연결 후에 침을 흘릴 확률이 0%에서 10%로 증가했다면, 두 번째 연결 후에는 이 확률이 9%포인트만 늘어나 19%가 된다. 이 확률은 3번째

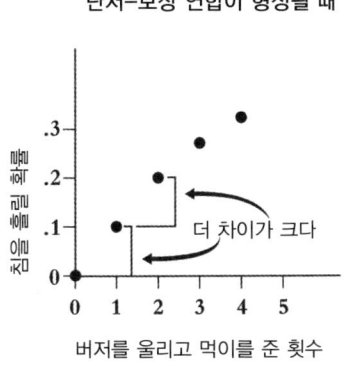
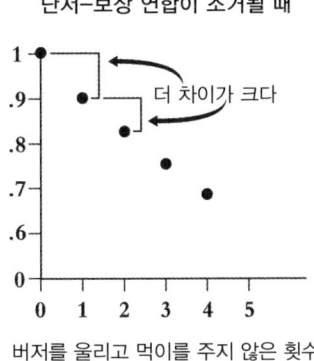

그림 24

제11장 보상은 어떻게 행동을 유도하는가 ❖ 363

이후에는 약 8%포인트 정도밖에 늘어나지 않는다. 이는 부시-모스텔러 모델에서 연결이 이뤄질 때마다 이 확률이 변화하는 양이 이 확률 자체에 의존한다는 뜻이다. 다시 말해, 이는 학습이 이미 학습한 내용에 의존한다는 뜻이다.

이런 현상은 어떻게 생각하면 직관적이라고 할 수 있다. 매일 해가 뜨는 것을 보면서 새로운 것을 배울 수는 없다. 우리가 어떤 일이 일어날 것이라고 믿는 한, 그 일이 실제로 일어나는 것은 우리에게 거의 영향을 미치지 않는다. 예상되는 보상도 달라지지 않는다. 예를 들어, 지난 5년 동안 받은 것과 동일한 휴가 보너스를 받는다면 상사에 대한 내 생각이 달라지지 않을 것이다. 개들도 버저가 울린 뒤 제공되는 먹이가 기대와 다를 경우에만 버저에 대한 반응을 업데이트한다. 기대를 바꿀 수 있는 힘은 기대에 대한 위반violating에서만 나온다.

기대 위반은 긍정적인 영향을 미칠 수도 있고 부정적인 영향을 미칠 수도 있다. 버저 소리를 들은 다음 고기 조각을 먹는 첫 경험은 개를 즐겁게 하고 기대에 큰 영향을 미친다. 하지만 연결이 계속 반복되면 기대치가 바뀌고 버저 소리에 침을 흘리는 행동이 제2의 천성이 된다. 이 시점에서 개에게 가장 큰 영향을 미칠 수 있는 일은 버저 소리를 들려준 다음에 먹이를 주지 않는 것이다. 이런 박탈은 다음에 침을 흘릴 확률을 크게 감소시키기 때문이다. 이 경우 일어나는 확률 감소의 양은 첫 번째 연결 직후 일어나는 확률 증가의 양과 같다. 동물이 보상에서 단서를 분리하는 법을 배우는 보상 기반 학습의 이러한 반대 측면을 소거extinction라고 부른다. 개가 예상한 보상을 주지 않고 단서를 제공할 때마다 이 소거 과정에 의해 연결이 약해지고, 학습된 반응은 결국 사라진다. 부시와 모스텔러는 자신들이 구축한 모델이 이 과정을 완벽하게 설명할 수 있다는 것을 보여줬다.

부시와 모스텔러가 미국 동부에서 개의 타액 분비 확률을 수식으로 만들고 있는 동안 반대편의 서부에서는 어떤 사람이 수학을 복잡한 경영 문제에 적용하기 위해 노력하고 있었다. 이들의 연구의 사이의 깊고 중요한 연결 관계는 그 후로 수십 년이 지나서야 밝혀지게 된다.

랜드연구소RAND Corporation는 1948년에 설립된 미국의 싱크 탱크다. 더글러스 에어크래프트Douglas Aircraft Company 산하의 비영리 연구소인 랜드의 핵심 목표는 제2차 세계대전 동안 필요에 의해 발달하게 된 과학과 군대의 협력을 확장하는 것이었다. 랜드라는 이름은 이 연구소가 추구하는 연구의 범위를 포괄적으로 일컬으며(연구와 개발Research ANd Development의 약자다) 지금도 수년간에 걸쳐 우주탐사, 경제학, 컴퓨터과학, 심지어 외교관계 등 다양한 분야에 상당한 기여를 하고 있다.

수학자 리처드 벨먼Richard Bellman은 1952년부터 1965년까지 랜드연구소에서 일했다. 벨먼은 10대 때부터 수학에 큰 관심을 나타냈지만 제2차 세계대전 때문에 그의 수학 공부는 간헐적으로 중단될 수밖에 없었다. 그는 미국의 전쟁 수행 지원을 위해 존스홉킨스 대학원 과정 도중 위스콘신 대학으로 가 군사 목적 전자공학을 가르쳐야 했고, 그 뒤에는 프린스턴 대학에서 육군 특수 훈련 과정에 참가한 군인들을 대상으로 강의를 해야 했다. 결국 벨먼은 프린스턴 대학에서 박사학위 과정을 마치게 됐지만, 그 전에는 맨해튼 프로젝트에 동원돼 로스앨러모스에서 원자폭탄 개발을 위한 이론물리학 연구를 해야 했다. 하지만 그 와중에도 그는 계속 꿈을 포기하지 않고 공부를 했고, 결국 전쟁이 끝나고 3년 뒤에 28세의 나이로 스탠퍼드 대학 교수가 됐다.

하지만 벨먼은 32세에 다시 학계를 떠나 랜드연구소로 갔다. 그는 후에 당시를 회상하며 "전통적인 지식인이 아닌, 사회의 문제들을 해결하는 데 도움을 주는 현대적인 의미의 연구자가 되고 싶었다."라고 말했다. 벨먼은 랜드연구소에서 자신의 수학적 능력을 환자 진료 일정 조정, 생산라인 조직화, 장기투자 전략 개발, 백화점의 구매 계획 수립 등과 관련된 실제 문제들을 해결하는 데 적용했지만 직접 현장에 가지는 않았다. 수학자인 벨먼의 눈에는 이 모든 문제들을 포함한 다양한 실제 문제들을 하나라도 풀 수 있다는 것은 모든 문제를 하나의 추상적인 수학적 접근방식으로 풀 수 있다는 것을 뜻한다고 보았다.

이런 문제들의 공통점은 모두 "순차적 의사결정 sequential decision-making"과 관계가 있다. 순차적 의사결정 과정에는 극대화해야 하는 대상이 존재한다. 예를 들어, 진료 환자의 수, 생산되는 제품의 수, 수익, 주문량 같은 것들이 그 대상이다. 또한 어떤 대상의 극대화를 위해서 선택할 수 있는 방법들은 매우 다양하다. 극대화의 목표는 이 중에서 특정한 방법을 선택하는 것이다. 산 정상에 올라가는 최선의 방법은 무엇일까?

당시 이 연구 분야에는 참고할 만한 기존 연구가 많지 않았기 때문에 벨먼은 수학에서 확립되고 검증된 전략, 즉 직관의 형식화에 의존했다.* 그가 이 전략을 이용해 내린 수학적 결론은 현재 "벨먼 방정식"이란 이름으로 알려져 있다. 이 방정식은 가장 좋은 행동계획은 그 계획을 구성하는 모든 방법 하나하나가 가장 좋은 방법이라는 직관을 수식으로 표현한 것이다. 너무 당연한 것처럼 보일 수도 있지만, 지극히 평범한 내용도 수식으로 표현되면 힘을 가질 수 있다.

벨먼이 이 직관을 어떻게 활용했는지 이해하려면 그가 문제의 틀을 어떻게 잡았는지 이해해야 한다. 그는 우선 보상(예를 들면, 수익, 생산품의 수, 수송되는 제품의 양 등) 누적량의 측면에서 계획이 효과적인지 정의했다. 5단계로 구성된 계획이 있다고 가정해 보자. 이 계획으로 인한 총 보상은 5단계 각각에 의한 보상들의 합이다. 하지만 첫 번째 단계를 수행해야 나머지 단계들을 수행할 수 있다. 즉, 이 5단계 계획으로 인한 총 보상은 첫 번째 단계 수행으로 인한 보상과 나머지 네 단계 수행으로 인한 보상의 합이다. 또한 이 네 단계 수행으로 인한 총 보상은 이 네 단계 중 첫 번째 단계의 수행으로 인한

---

* 재미있는 사실은 당시 벨먼이 부시와 모스텔러의 연구에 대해 알고 있었지만 이들의 연구를 전혀 참고하지 않았다는 것이다.

보상과 나머지 세 단계의 수행으로 인한 보상의 합이다. 이런 식으로 계속 생각할 수 있다.

하나의 계획으로 인한 보상을 다른 계획으로 인한 보상 측면에서 정의함으로써 벨먼은 보상에 대한 정의를 "재귀적recursive"으로 만들었다. 재귀적이라는 말은 어떤 사건이 자신을 포함하고 다시 자기 자신을 사용하여 정의되는 경우를 가리키는 말이다. 사물들을 알파벳순으로 분류하는 사례를 보자. 사물들의 이름 목록을 알파벳순으로 정렬하려면 첫 글자에 따라 모든 이름을 정렬한 다음, 동일한 문자로 시작하는 모든 이름에 동일한 정렬 과정을 다시 적용해 두 번째 문자에 따라 이름들을 정렬해야 한다. 따라서 알파벳순으로 분류하는 과정은 재귀적이다.

재귀적인 정의는 필요한 만큼 길게 또는 짧게 만들 수 있는 유연성 때문에 수학과 컴퓨터과학에서 흔하게 사용된다. 예를 들어, 계획의 총 보상을 계산하는 수식의 난이도는 5단계 계획이든 500단계 계획이든 비슷하다. 또한 재귀는 어려운 과제를 개념적으로 간단한 과제로 만들 수 있는 방법이기도 하다. 재귀적인 정의의 각 단계들은 나선형계단을 구성하는 각각의 계단들처럼 서로 비슷하지만 완전히 같지는 않다. 따라서 각각의 단계들을 하나씩 밟아 올라가기만 하면 된다.

벨먼은 자신이 세운 전략을 현실 문제에 적용하기 위해 두 가지 생각을 더 해냈다. 첫 번째 생각은 즉각적으로 받는 보상이 나중에 받는 보상보다 더 가치가 있다는 사실을 전략에 포함시킨다는 것이었다. 이를 위해 그는 자신이 내린 재귀적 정의에 "할인 요소

discounting factor"를 추가했다. 따라서 초기 공식에서는 5단계 계획으로 인한 보상은 첫 번째 단계 수행으로 인한 보상과 나머지 4단계 계획으로 인한 보상의 합이었지만, 할인 요소가 추가된 수식에 따르면 5단계 계획으로 인한 보상은 첫 번째 단계 수행으로 인한 보상과 나머지 4단계 계획으로 인한 보상의 약 80%를 합한 값이 됐다. 여기서 할인은 즉각적인 만족과 지연된 만족의 차이를 나타내기 위한 수단으로 사용되었으며 "손 안의 새 한 마리가 덤불 속 두 마리보다 낫다."라는 속담을 수학적으로 표현한 개념이다.

벨먼이 추가적으로 해낸 두 번째 생각은 첫 번째 생각보다 더 개념적이고 급진적이었다. 이 생각은 보상에 대한 집중에서 "가치 value"에 대한 집중으로의 전환에 관한 것이었다.

이 전환에 대해 이해하기 위해 아주 작은 규모의 사업을 예로 들어보자. 앤젤라는 뉴욕의 지하철역들을 돌아다니면서 전자바이올린을 연주해 돈을 버는 거리의 악사다. 그녀는 단속요원들 때문에 하루에 한 지하철역에서 20분 정도밖에는 연주를 할 수가 없다. 또한 지하철역마다 벌 수 있는 돈의 양이 다르다. 관광객들이 많이 다니는 지하철역은 매우 수익성이 좋은 반면 뉴욕 거주자들이 출퇴근을 위해 이용하는 지하철역에서는 벌 수 있는 돈이 매우 적다. 앤젤라는 브루클린 집 근처 그린포인트가 지하철역에서 출발해 블리커가 역 근처의 친구 집으로 가려고 한다. 목적지로 가는 길에 가장 많은 돈을 벌기 위해 그녀는 어떤 경로를 선택해야 할까?

지금까지 살펴본 바에 따르면, 한 위치에서 시작해 계획의 한 단계를 수행한 뒤의 상태는 처음 시작했을 때의 상태와 대체적으로 같다. 다만 시작 위치와 계획이 다를 뿐이다. 순차적 의사결정에서는 이동할 수 있는 다양한 위치를 상태state, 계획의 단계를 행동action이라고 부른다. 앤젤라의 경우에는 연주를 할 수 있는 지하철역이 상태다. 그녀는 행동을 취할 때마다(즉, 지하철 A에서 지하철 B로 이동할 때) 새로운 상태(지하철역 B)로 진입한다. 이 새로운 상태는 새로운 보상(연주를 해서 받는 돈)과 새로운 행동(다른 지하철역으로의 이동)을 제공한다. 이런 식으로 상태는 어떤 행동이 가능한지 정의하고(예를 들어, 그린포인트에서 타임스 스퀘어로 바로 이동할 수는 없다), 행동은 다음 상태를 결정한다.

순차적 의사결정 과정이 복잡한 이유는 미래에 어떤 행동이 가능한지에 행동이 계획의 일부로서 영향을 미치기 때문이다. 벨먼은 상태, 행동, 보상으로 구성되는 이 복잡한 과정을 완전히 다른 관점에서 생각하게 만들었다. 그는 일련의 행동에서 기대되는 보상이 아니라 주어진 상태가 가지는 가치에 초점을 맞췄다. 사람들은 가치라는 말을 흔히 사용하지만, 이 말의 개념은 매우 모호하다. 가치라는 말은 일반적으로 돈을 떠올리게 하지만, 엄밀한 의미에서 가치를 제대로 정의하기란 매우 어려운 일이다. 하지만 벨먼은 수식으로 가치를 정확하게 정의했다. 앞에서 다룬 재귀 구조를 사용해 벨먼은 상태의 가치를 해당 상태로 인해 얻는 보상의 값과 다음 상태로 인해 얻을 수 있는 보상의 할인된 값의 합으로 정의했다. 이 정의에는 계획에 대한 명확한 개념이 포함돼 있지 않다. 가치는 다른 값들로 정의된다.

하지만 이 수식은 다음 상태에 대한 지식에는 의존한다. 어떤 행동을 취해야 하는지 말해주는 계획이 없다면 다음 상태가 어떤 상태일지 어떻게 알 수 있을까? 가장 좋은 계획은 가장 좋은 행동들로 구성된다는 직관이 적용되는 부분이 바로 이곳이다. 다음 상태에서의 가치를 계산하려면 가능한 최선의 행동이 어떤 것이지만 생각하면 된다. 가능한 최선의 행동은 가장 가치가 높은 상태로 이어지는 행동이다. 가치의 측면에서 생각함으로써 계획 자체가 사라지는 것이다.

이런 생각이 앤젤라의 사업에는 어떤 도움을 줄 수 있을까? 지하철역 지도(그림 25 참조)와 그녀가 각 지하철역에서 벌 수 있을 것으로 기대하는 돈의 양을 가지고 "가치함수value function"를 만들 수 있다. 가치함수는 각각의 상태(이 경우에는 각각의 지하철역)에 연결된 값들로 구성되는 함수다. 이 함수로 우리는 결과 값을 가지고 역산을 할 수 있다. 앤젤라는 블리커가 역에 도착하면 친구 집으로 바로 가기 때문에 최종 목적지인 블리커가 역에서의 수입은 0이다. 이 시점에서는 더 이상 상태가 없기 때문에 블리커가 역의 가치 또한 0이 된다. 이 상태에서 역산을 하면, 유니언광장 역과 34번가 역의 가치를 보상 측면에서 계산할 수 있다. 이 과정을 반복하면 모든 지하철역의 가치를 계산할 수 있다.

이제 앤젤라는 이렇게 계산해 낸 모든 지하철의 가치에 기초해 버스킹 경로를 계획할 수 있다. 그린포인트가 역에서 코트광장 역으로 가는 지하철을 타야 할지 메트로폴리탄 역으로 가는 지하철을 타야 할지 결정해야 하는 상황을 가정해보자. 이 두 역에서 받을 수 있는 보상만 생각한다면 메트로폴리탄 역으로 가는 지하철을 타야

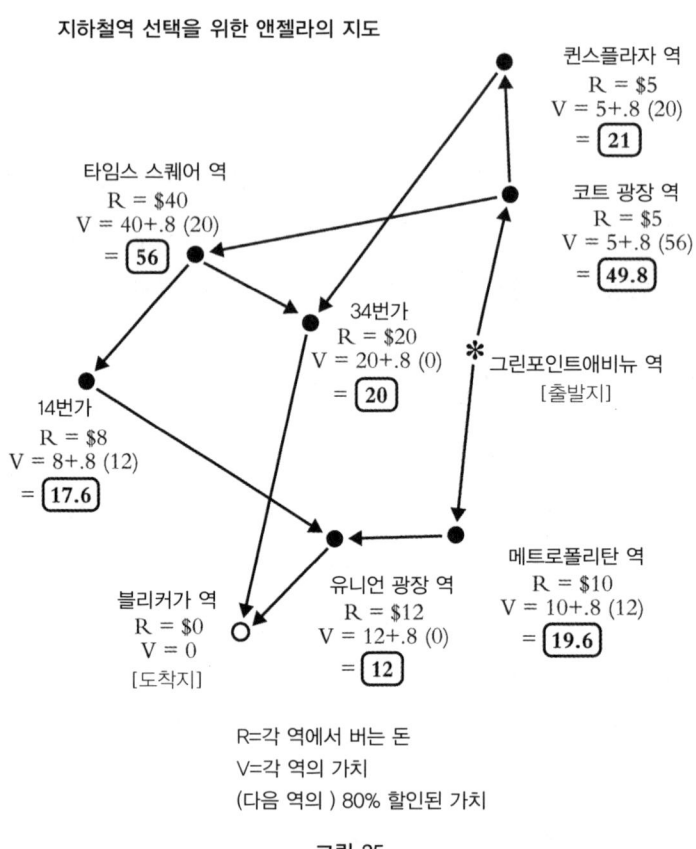

**그림 25**

할 것이다. 코트광장 역에서는 5달러를 벌 수 있지만 메트로폴리탄 역에서는 10달러를 벌 수 있기 때문이다. 하지만 미래에 어떤 상태로 진입하는지를 가장 중요하게 여기는 가치함수에 기초하면 코트광장 역으로 가는 것이 올바른 선택이다. 코트광장 역에서 연주를 한 뒤에는 가장 돈이 많이 벌리는 타임스 스퀘어 역으로 바로 갈 수 있다. 코트광장 역에서 퀸스플라자 역으로 갈 수도 있지만, 앤젤라는 그 경로를 선택하지는 않을 것이다. 가치함수는 앤젤라가 똑똑하다는 것을 전제로 하기 때문에 그녀가 더 나은 선택인 타임스 스퀘어 역으로 갈 것을 가정한다. 가치함수에 기초하면 앤젤라는 코트 광장 역에서 타임스 스퀘어 역으로 간 다음 34번가 역을 거쳐 최종 목적지인 블리커가 역으로 갈 것이며 그녀는 경로 선택을 통해 벌 수 있는 최대치의 돈인 65달러를 벌 수 있다.

가치함수에 초점을 맞춘 벨먼의 생각이 중요한 이유는 문제의 원래 틀이 가진 결함을 수정했다는 데에 있다. 처음에 우리는 주어진 계획에서 얻을 수 있는 총 보상을 계산하는 것으로 시작했다. 하지만 순차적 의사결정 과정에서는 우리의 목적이 계획을 찾는 것인데 계획이 고려되지 않는다. 하지만 가치함수를 만드는 순간 우리가 원하는 계획을 간단하게 만들어낼 수 있다. 숲길에 남겨진 빵 부스러기처럼 가치함수는 우리가 어디로 가야 할지 알려준다. 최선의 보상을 추구하는 이는 최고의 가치를 제공하는 다음 상태를 적극적으로 물색하면 된다. 이 간단한 규칙에 따라 모든 행동을 선택할 수 있다.

가치 정의의 일부인 할인의 결과로 몇 가지 흥미로운 일이 발생한다. 예를 들어, 앤젤라가 타임스 스퀘어에서 할 수 있는 선택들을 살펴보자. 앤젤라는 34번가 역에서 20달러를 번 다음 블리커가 역으로 갈 수도 있고, 14번가 역에서 8달러를 번 다음 유니언광장 역에서 12달러를 벌고 블리커가로 갈 수도 있다. 이 두 경로 모두 20달러를 벌 수 있는 경로다. 하지만 34번가 역의 가치는 20인 반면

14번가 역의 가치는 17.6(8 + 0.8 × 12)이다. 따라서 34번가 역이 더 나은 선택이다. 이는 향후 보상을 할인하는 것이 어떻게 더 적은 단계의 계획으로 이어질 수 있는지 보여준다. 얻을 수 있는 보상이 같은 경우에는 보상을 나중에 받는 것보다 즉시 받는 것이 더 낫다. 또한 할인 개념은 보상이 너무 멀게 떨어져 있으면 매우 큰 보상이라도 가치가 없다는 것을 나타낸다. 예를 들어, 뉴욕 도심에서 멀리 떨어져 있는 뉴저지 주의 지하철역으로 가면 75달러를 벌 수 있다고 해서 앤젤라가 뉴저지 주로 가지는 않을 것이다. 보상이 가치함수에 미치는 영향은 물에 던진 돌이 만들어내는 파장과 비슷하다. 돌이 일으키는 파장은 가까운 곳에서는 크게 느껴지지만 돌이 던져진 곳에서 멀리 떨어져 있을수록 작게 느껴진다.*

상태, 재귀, 할인 요소 등에 기초한 가치의 기술적인 정의는 우리에게 익숙한 개념과는 큰 차이가 있는 것으로 보일 수 있다. 하지만 사실 가치를 표현하는 수식에는 가치에 대한 우리의 일상적인 생각이 상당히 많이 포함돼 있다. 우리는 왜 돈을 소중하게 생각할까? 지폐나 동전 자체가 우리에게 즐거움을 주지는 않는다. 하지만 우리는 지폐나 동전을 가짐으로써 미래에 대해 생각할 수 있다. 돈은 미래에 우리에게 무엇인가를 줄 수 있기 때문에 가치가 있는 것이다. 벨먼의 가치 정의에는 바로 이 미래에 대한 생각이 반영돼 있다.

---

* 할인은 현재에 대한 관심과 미래에 대한 관심 사이의 균형을 조절함으로써 가치에 상당히 큰 영향을 미치며, 따라서 행동의 선택에도 영향을 미친다. 과학자들은 중독이나 ADHD(주의력결핍 과잉행동장애) 같은 질환을 부적절한 보상 할인 측면에서 이해하고 있다. 중독에 대해서는 뒤에서 다시 다룰 것이다.

이런 방식으로 순차적 의사결정 과정을 만들어냄으로써 벨먼은 랜드연구소로 이직할 때 목표로 삼았던 "현재 사회의 문제들을 해결하는 데 도움을 주는 현대적인 의미의 연구자"가 됐다고 할 수 있다. 이 연구의 내용을 담은 그의 책이 발표된 후 수많은 기업과 정부기관이 벨먼의 연구결과를 다양한 분야에 적용하기 시작했다. 1970년대 이르자 벨먼의 아이디어는 하수도 시스템 설계, 항공 일정, 심지어 몬산토Monsanto 같은 대기업의 연구부서 운영 문제에도 적용되기에 이르렀다. 벨먼은 자신이 개발한 이 기법에 "동적 프로그래밍dynamic programming"이라는 다소 평범해 보이는 이름을 붙였는데, 이는 수학을 싫어하는 군대의 고위 의사결정권자들이 자신이 수학 연구가 아닌 실용적인 연구를 하고 있다고 생각하게 만들기 위한 것이었다. 그는 후에 자서전에서 당시를 회상하며 이렇게 썼다. "1950년대는 수학을 연구하기에 좋은 시기가 아니었다. 당시 랜드연구소는 공군의 의뢰를 받아 연구를 진행하고 있었기 때문에 (찰스) 윌슨이 실질적인 보스 역할을 했다. 그래서 나는 윌슨과 공군으로부터 연구소에서 내가 실제로는 수학 연구를 하고 있다는 것을 감춰야 했었다. 그래서 생각해낸 이름이 바로 동적 프로그래밍이라는 이름이다. 나는 이런 이름이라면 국회의원조차도 내 연구에 대해 반대 의견을 내지 않을 것이라고 여겨 내 활동의 우산처럼 사용했다."

벨먼의 이 기법을 적용하면서 공학자들은 가치함수를 계산하는 방법을 찾아내야 했다. 어떤 경우에는 앞에서 다룬 지하철역 경로 선택 문제에서처럼 간단하게 계산되기도 하지만, 대부분의 경우에는 간단한 가치함수를 도출하는 일이 쉽지 않다. 실제 세계에는 잠재적인 상태가 너무 많기 때문이다. 또한 실제 세계의 상태와 행동의 연결은 복잡하거나 불확실한 경우가 많다. 따라서 이런 까다로운 상황에서 가치함수를 도출하기 위한 수많은 노력이 이뤄졌다. 하지만 정교한 기법을 동원해도 당시 컴퓨터 성능의 한계 때문에 동적 프로그래밍의 적용은 한계에 부딪힐 수밖에 없었다. 가치함수가 도출되지 못한 상태에서 벨먼의 연구는 충분히 그 가능성을 펼칠 수 없었다.

파블로프의 연구에는 아이러니한 측면이 있다. 그의 연구에 의해 마음을 무시하고 직접적인 측정이 가능한 행동에만 거의 종교적일 정도로 집착하는 행동주의가 촉발됐지만, 다른 한 편으로는 그의 연구가 촉발한 수학적 모델 구축 방식은 마음에 대한 연구의 진전에 기여했기 때문이다. 즉, 마음과 관련된 숨겨진 요소들을 수식으로 표현해 강화학습이라는 개념을 확립할 수 있었던 것은 파블로프의 접근방식에 기초했기 때문에 가능했다.

부시와 모스텔러의 모델이 발표된 지 20년 만인 1972년 예일 대학의 로버트 레스콜라Robert Rescorla와 앨런 와그너Alan Wagner라는 심리학자들이 확장 모델을 발표했다. 이들은 부시-모스텔러 모델을 일반화해 더 넓은 범위의 실험 설정에 적용함으로써 더 많은 결과를 얻었다. 이들이 부시-모스텔러 모델에 변화를 준 첫 번째 부분은 부시-모스텔러 모델이 설명하려고 했던 척도 그 자체였다.

부시와 모스텔러의 "반응 확률"이 너무 범위가 좁고 제한적이라고 생각한 이 두 학자는 반응 확률 대신에 "연관 강도associative strength"라는 더 추상적인 값을 포착하려고 했다. 이들은 단서와 보상 사이의 연관 강도는 실험대상의 마음에 존재하기 때문에 직접 측정할 수는 없지만, 다른 방식으로 판독을 시도할 수 있다고 생각했다. 그래서 이들은 침 분비 확률과 같은 반응 확률 측정뿐만 아니라 침 분비량 또는 짖거나 움직이는 것과 같은 행동에 대한 측정도 같이 수행했다. 이런 식으로 레스콜라와 와그너는 부시-모스텔러 모델의 틀을 확장했다.

또한 레스콜라-와그너 모델은 "차단blocking"이라는 조건형성 실험의 요소 중 하나를 이 모델에 추가했다. 차단은 최초의 단서가 보상과 연결된 후 두 번째 단서도 보상과 연결돼 최초의 단서와 두 번째 단서가 모두 보상과 연결되는 경우에 발생한다. 버저 소리와 먹이를 연관시키는 것을 이미 학습한 개에게 버저 소리를 내는 동시에 빛을 비추는 상황을 예로 들 수 있다. 부시-모스텔러 모델에서는 단서들이 각각 독립적으로 처리됐다. 따라서 빛과 버저가 먹이와 충분한 시간을 통해 연결된다면 개는 버저와 먹이의 연관성을 학습한 것과 같은 방식으로 빛과 먹이를 연관시킬 것이다. 그렇다면 이 상황에서 우리는 빛만 비추어도 개가 침을 흘릴 것이라고 생각할 수 있다. 하지만 그렇지 않았다. 개는 빛에만 반응해 침을 흘리지 않는다. 버저의 존재가 빛과 먹이를 연관시키는 능력 학습을 차단하기 때문이다.

이는 학습이 오류, 특히 보상 예측 오류에 의해 주도된다는 추가적인 증거를 제공한다. 개는 버저 소리를 들으면 먹이가 제공된다는 것을 알고 있기 때문에 먹이가 주어지는 경우 보상에 대한 예측은 오류가 없다. 앞에서 살펴보았듯이, 이는 개는 버저에 대한 생각을 업데이트하지 않는다는 뜻이다. 하지만 이는 개가 버저에 대한 생각 외에 다른 생각도 업데이트하지 않는다는 뜻이기도 하다. 즉, 실험자가 버저 소리를 냄과 동시에 개에게 빛을 비추는지 여부가 중요하지 않다는 뜻이다. 빛은 개의 보상 예측과 관련이 없으며, 개는 버저 소리를 들었는데도 먹이를 제공받지 못하는 예측 오류가 발생하지 않는 이상 개의 생각은 달라지지 않는다. 이런 식으로 예측 오류는 학습이라는 수레바퀴가 돌아가는 데 필요한 윤활유 역할을 한다.

레스콜라와 와그너는 단서와 보상 사이의 연관 강도 개념을 각각 하나의 단서와 보상이 아닌 존재하는 모든 단서들과 보상과의 연관 강도들의 합으로 확장했다. 이런 연관 강도들 중 하나가 높은 경우(예를 들어, 버저 소리가 나는 경우), 보상은 다른 요소들을 변화시키지 못한다(즉, 빛과의 연관성은 학습할 수 없다). 이렇게 다수의 단서들을 합산하는 과정은 동물 내부에서 이루어져야 하며, 행동주의적 접근방식에 대한 타격이자 마음에 대한 연구로의 방향 선회를 나타낸다.

하지만 강화학습 연구가 본격적으로 이뤄지게 된 분수령은 1980년대 중반 캐나다 컴퓨터과학자 리처드 서튼Richard Sutton과 그의 박사학위 과정 지도교수인 앤드류 바토Andrew Barto의 연구였다. 서튼은 심리학과 컴퓨터과학을 모두 공부했고, 바토 역시 심리학 논문을 읽는 데 많은 시간을 보낸 학자였기 때문에 이 두 사람의 공동 연구는 두 분야 모두에 강력한 영향을 미쳤다.

서튼의 모델은 최종적인 유형 요소인 보상 자체를 제거한 모델이었다. 당시까지 학습에 관한 연구는 보상이 주어지거나 주어지지 않는 시점을 중심으로 이뤄지고 있었다. 예를 들어 보자. 친구들이 준비한 생일케이크의 촛불을 입으로 불어서 끈 다음 연기가 나는 것을 보고 생일케이크 한 조각을 받는다면 연기와 생일케이크 사이의 연관 관계가 강화된다. 하지만 종교의식이 끝날 때 꺼진 촛불을 본 다음에는 생일케이크를 받지 않기 때문에 촛불과 생일케이크 사이의 연관 관계는 약화된다. 하지만 이 두 경우 모두에서 생일케이크는 중요한 변수다. 생일케이크의 존재 또는 부존재가 가장 중요하기 때문이다. 단서는 어떤 것이라도 상관없지만 보상은 먹이, 물, 섹스처럼 원초적인 것이어야 한다. 하지만 연기를 생일케이크와 연관 짓게 되면 다른 규칙성을 발견할 수 있다. 예를 들어, 연기가 나오기 전에는 보통 생일축하 노래가 나오고, 생일축하 노래가 나오기 전에는 사람들이 우스꽝스러운 모자를 쓴다. 이런 것들은 그 자체로는 보상이 아니지만(특히 대부분의 파티에서 노래 부르기), 각각은 기본 보상으로 어느 정도 연결되는 사슬을 형성한다. 이 정보를 아는 것은 유용할 수 있다. 케이크를 원한다면 주변에 우스꽝스러운 모자를 쓴 사람들이 있는지 찾아보면 되기 때문이다.

레스콜라와 와그너는 이런 연관 관계 형성에 대해 설명하지 못했다. 하나의 단서와 하나의 보상이 특정한 상황에서 연관된다고 생각했기 때문이다. 하지만 서튼은 생각이 기대의 위반에 반응해 업데이트되는 "시간차 학습temporal difference learning" 알고리즘을 개발해 이런 연관 관계를 설명해냈다. 예를 들어, 당신이 사무실 복도를 지나 책상으로 걸어가는 중에는 보상에 대한 기대치가 매우 낮을 수 있다. 하지만 회의실에서 동료들이 생일축하 노래의 첫 소절을 부르기 시작하는 것을 듣는 순간 기대의 위반이 일어나 생각이 업데이트되고 임박한 보상을 기대하게 된다. 이런 상황에서 일어나는 것이 바로 시간차 학습이다. 당신은 회의실에 들어가 동료들과 함께 생일축하 노래를 부른 다음 촛불 연기 냄새를 맡고 케이크를 먹을 수 있다. 이 과정에서는 더 이상 기대의 위반이 일어나지 않기 때문에 더 이상 학습할 필요가 없어진다. 따라서 생각의 변화를 일으키는 것은 보상을 받는 일 그 자체가 아니다. 즉, 학습은 보상에서 몇 걸음 떨어진 회의실 옆 복도에서만 일어났다.

그렇다면 이 학습은 정확하게 무엇에 대한 것일까? 복도에서 업데이트된 생각은 구체적으로 무엇일까? 적어도 단서와 보상의 연관 관계에 대한 생각이 직접적으로 업데이트된 것은 아닐 것이다. 대신에 적절한 단계들을 수행하면 보상으로 가는 경로를 찾을 수 있다는 것을 나타내는 신호를 수신함으로 인해 일어나는 학습일 것이다.

시간차 학습이 배우도록 도와주는 것은 가치함수이기 때문에 이런 개념은 익숙하게 느껴질 수도 있다. 시간차 학습 프레임에 따르면 매 순간 우리는 우리가 있는 상태의 가치를 정의하는 기대(보상으로부터 얼마나 멀리 있는지에 대한 감각)를 가지고 있다. 시간이 흐르거나 행동을 하면서 우리는 고유의 연관 가치를 지닌 새로운 상태들로 진입한다. 이런 새로운 상태들의 가치를 올바르게 예상한다면 모든 일이 정상적으로 진행될 것이다. 하지만 현재 상태의 가치가 이전 상태에 있을 때 예측한 것과 다르면 오류가 발생했다고 할 수 있다. 그리고 오류는 학습을 유도한다. 특히, 현재 상태의 가치가 이전 상태에 있을 때 예상했던 것보다 크거나 작으면 우리는 이전 상태의 가치를 변화시킨다. 즉, 우리는 현재 발생하고 있는 놀라운 일을 과거에 대한 믿음을 변경하는 데 사용함으로써 다음에 이전 상태와 같은 상태에 있게 되면 미래를 더 잘 예측할 수 있게 되는 것이다.

놀이공원에 자동차를 몰고간다고 생각해 보자. 이 경우 자동차의 위치가 가진 가치는 목적지(보상)까지의 거리의 관점으로 생각할 수 있다. 집을 나설 때의 놀이공원 도착 예정 시간이 40분 후라고 가정해보자. 5분 동안 직진해 고속도로에 진입하면 도착 예정 시간은 35분 후가 된다. 고속도로에서 15분 동안 달린 뒤 출구로 나간다. 이때의 도착 예정 시간은 20분 후다. 하지만 그 출구에서 빠져나와 보니 차들이 밀려 있다. 거의 움직이지 않는 차에 앉아 있으면서 앞으로 30분이 지나도 놀이공원에 도착하지 못할 것이라는 생각을 한다. 예상 도착 시간이 10분 뒤로 밀린 상황이다. 심각한 오류다.

이 오류에서 배울 수 있는 것은 무엇일까? 상황 판단이 정확했다면 출구로 나가는 순간 30분을 더 운전해야 도착할 수 있을 것이라고 예상했을 것이다. 따라서 시간차 학습이 이뤄진다면 그 출구와 연관된 상태의 가치를 업데이트해야 한다. 즉, 한 상태에서 얻은 정보(그 출구로 나가면 차들이 밀려있다는 정보)를 이용해 그 출구로 나가기 전 상태의 가치에 대한 생각을 업데이트해야 한다는 뜻이다. 이 업데이트는 다음에 같은 놀이공원으로 차를 몰고갈 때 그 출구를 피하고 대신 다른 출구를 선택할 수도 있음을 뜻할 수 있다. 놀이공원에 10분 늦게 도착하고 나서야 오류로부터의 학습이 일어나는 것이 아니라, 차들이 밀려있는 것을 봤을 때의 기대치가 변화되는 것만으로도 충분히 일어날 수 있다.

서튼의 알고리즘이 보여주는 것은 인간이나 동물 또는 심지어 인공지능도 간단한 시행착오를 통해 자신이 탐색하는 상태들의 가치 함수를 정확하게 학습할 수 있다는 것을 보여준다. 기대 가치를 업데이트하기만 되기 때문이다. 서튼은 이 과정을 "추측에 기초해 추측을 학습하는 과정"이라고 불렀다.

벨먼의 동적 프로그래밍 연구의 연장선상에서 이뤄진 서튼의 시간차 학습 연구는 현실의 문제를 해결할 수 있는 잠재력을 가진다. 시간차 학습은 간단하고 즉각적으로 이뤄지기 때문에 컴퓨터과학자들에게도 매력적인 개념이다. 보상으로부터 학습이 일어나기 전에 선행되는 행동들 전체를 프로그램이 저장하기 위해 많은 메모리를 동원해야 할 필요가 없기 때문이다. 실제로도 이 접근방식은 효과가 있었다. 시간차 학습 알고리즘의 힘을 보여준 대표적인 사례는 TD개먼 TD-Gammon으로 백개먼 backgammon이라는 보드게임을 학습한 컴퓨터 프로그램이다. 보드게임은 승패가 확실하며, 게임이 끝날 때만 보상이 주어지기 때문에 강화학습에 특히 유용하다. TD개먼이 첫 수부터 전략을 학습하는 것은 큰 도전이었지만, 결국 시간이 지나면서 원하는 결과를 보이기 시작했다. IBM의 과학자 제럴드 테소로 Gerald Tesauro가 1992년에 만든 TD개먼은 자기자신과 수십만 번의 게임을 했고, 결국 인간의 지시를 받지 않고도 중급 플레이어 수준에 도달했다. 또한 TD개먼은 고립된 상태에서 학습했기 때문에 인간이 시도하지 않은 전략도 개발했다(일반적으로 인간은 서로의 게임 전략에 영향을 받는다). 결국 TD개먼의 특이한 움직임은 실제로 백개먼 게임에 대한 이론과 이해에 지대한 영향을 미쳤다.

2013년에는 시간차 학습 알고리즘이 적용된 다른 사례가 신문의 헤드라인을 장식했다. 이번에는 비디오 게임이었다. 인공지능 연구 기업 딥마인드DeepMind의 과학자들이 1970년대에 유행했던 아타리Atari 아케이드 게임들을 스스로 완벽하게 학습하는 컴퓨터 프로그램을 만들어냈던 것이었다. 이 인공지능 프로그램 구동을 위한 알고리즘에 입력된 것은 화면상의 픽셀pixel(화면의 화상을 구성하는 최소 단위)밖에 없었다. 이 알고리즘에는 픽셀들이 우주선이나 탁구채 또는 잠수함을 나타낼 수 있다는 정보가 입력되지 않았으며 취할 수 있는 행동은 기본 버튼으로 위, 아래, 왼쪽, 오른쪽으로의 움직임과 A 또는 B를 입력하는 것밖에는 없었다. 이 모델에 대한 보상은 게임에서 얻은 점수로 표현됐다. 이 알고리즘이 한 학습은 백개먼 게임 학습보다 더 어려웠는데, 적어도 말들의 역할과 위치에 대한 정보가 주어졌기 때문이다. 딥마인드의 연구자들은 시간차 학습 알고리즘과 (제3장에서 다룬) 심층신경망을 결합했다.* 이 심층신경망 중 한 형태는 약 2만 개의 인공뉴런이 있었고, 몇 주 동안의 학습을 통해 테스트 대상인 49개의 게임 중 29개에서 인간 수준의 능력을 보였

---

\* 구체적으로 말하면 시각 시스템 모델링에 사용된 합성곱 심층신경망이다.

다. 또한 이 알고리즘은 사람들과의 게임을 통해 학습하지 않았기 때문에 결국 벽돌 깨기 같은 게임에서 사람들이 사용하지 않는 신기한 트릭을 구사하기도 했다.

시간차 학습 알고리즘의 적용은 현란하고 재미있는 방식으로 게임 분야에만 적용된 것이 아니었다. 구글은 2014년에 딥마인드를 인수한 후 강화학습 알고리즘을 이용해 대규모 데이터 센터에서 에너지 사용을 최소화했다. 그 결과 센터를 냉각하는 데 사용되는 에너지가 40% 감소했고, 구글은 수년 동안 수억 달러를 절약할 수 있었다. 강화학습 알고리즘은 당면한 목표 달성에 전념해 창의적이고 효율적인 해법을 찾는다. 이런 접근방식은 인간이 생각하지 못한 계획을 고안하는 데 도움이 될 수 있다.

순차적 의사결정과 고전적 조건형성 경로는 수렴적 과학적 진화의 승리를 뜻한다. 벨먼과 파블로프는 둘 다 각자의 실질적인 문제를 해결하기 위해 까다롭고 세밀하게 연구를 시작한 사람들이었다. 벨먼은 정해진 수의 의사들과 간호사들로 정해진 시간에 병원 환자들을 최대한 많이 진료할 수 있는 방법을 찾기 위해, 파블로프는 개가 버저 소리를 들었을 때 침을 흘리게 만드는 원인이 무엇인지 알아내기 위해 연구를 수행했다. 이런 의문들은 겉으로는 전혀 서로 상관이 없어 보이지만, 구체적인 세부사항들을 거둬내면 중심 뼈대인 연관 관계가 명확하게 드러난다. 이런 연관 관계를 드러내는 것이 바로 수학의 역할이다. 수학은 물리적인 연관성이 없어 보이는 문제들을 근본적인 유사성이 빛날 수 있는 동일한 개념적 공간에 배치한다. 따라서 강화학습 연구는 학문 간의 이런 협력과 상호작용을 보여주는 사례라고 할 수 있다. 또한 이런 사례들은 심리학과 공학, 컴퓨터과학이 어려운 문제를 해결하기 위해 협력할 수 있음을 보여주며, 동물과 인간이 주변 환경에서 배우는 능력을 이해하는 데 수학이 어떻게 사용될 수 있는지도 보여준다. 이런 사례들은 하나하나가 놀라운 예이지만, 이야기는 거기에서 끝나지 않는다.

옥토파민octopamine은 다양한 곤충, 연체동물, 벌레에서 발견되는 분자다. 옥토파민이라는 이름은 1948년에 이 분자가 문어Octopus의 침샘에서 처음 발견됐기 때문에 붙은 것이다. 꿀벌이 꿀을 마시면 뇌에서 옥토파민이 분비된다. 1990년대 초, 캘리포니아 주 샌디에이고 소재 소크연구소의 테리 세즈노스키Terry Sejnowski 교수와 그의 동료 리드 몬태규Read Montague와 피터 다얀Peter Dayan은 옥토파민에 대해 연구하면서 옥토파민을 방출하는 꿀벌 뇌의 뉴런과 벌의 행동에 대한 컴퓨터 시뮬레이션 모델을 만들었다. 이들은 어떤 꽃에 앉을지, 어떤 꽃을 피해야 하는지에 대한 꿀벌의 선택은 레스콜라–와그너 학습 모델로 설명될 수 있으며, 옥토파민 뉴런을 포함하는 신경 회로가 이를 구현하는 하드웨어가 될 수 있다고 제안했다. 하지만 이들은 이 연구를 수행하는 과정에서 멀리 독일에서 볼프람 슐츠Wolfram Schultz라는 교수가 옥토파민의 사촌뻘 되는 도파민dopamine에 대해 연구하고 있다는 이야기를 듣게 됐다.

도파민이라는 이름은 대중문화에서 많이 들어봤을 것이다. 수많은 뉴스 기사들이 "뇌의 즐거움 및 보상 관련 화학 물질"로 언급하기도 하고, 컵케이크를 먹는 것과 같은 일상적인 활동에 대해 다루면서 "보상 화학물질인 도파민의 급증이 뇌의 의사결정 영역에 영향을 미치는지" 같은 주제를 다루기도 한다. 도파민은 즐거움을 주는 화학물질로 대중에게 인식되고 있으며, 판매상품이나 가수들의 노래 제목에 해당 단어를 사용하기도 한다. (근거는 없지만) 몸매를 날씬하게 유지하면서 도파민 분비를 증폭시키는 식단을 제공하는 "도파민 다이어트" 같은 것이 등장하기도 했다. IT 스타트업 "도파민 랩스Dopamine Labs"는 사용자의 도파민 분비를 촉진하여 자사의 스마트폰 어플리케이션 이용을 증가시키겠다고 공언하기도 했다. 하지만 도파민은 중독과 부적응 행동을 일으키는 근원이라는 오명을 쓰고 있기도 하다. "도파민 프로젝트" 같은 온라인 커뮤니티는 "도파민에 대한 올바른 인식을 통해 더 나은 삶을 누릴 수 있는 방법"을 제공하는 것을 목표로 하고 있다. 또한 일부 실리콘밸리 거주자들은 끊임없는 과도한 자극으로부터 휴식을 취하기 위해 "도파민 단식"을 시도하기도 했다.

도파민 분비가 보상을 수반할 수 있는 것은 사실이지만, 그것이 이야기의 전부는 아니다. 예를 들어, 슐츠의 연구는 도파민 분비와 관련이 있는 뉴런들이 보상이 주어졌을 때 오히려 침묵하는 경우를 보여주었다.

슐츠는 원숭이가 주스를 받기 위해 팔을 앞으로 내밀도록 훈련시켰다.* 그는 이 훈련 중에 원숭이의 뇌 아래쪽에 끼워져 있는 도파민 방출 뉴런 집단의 활동을 관찰했고, 훈련이 종료되고 원숭이들이 팔을 뻗으면 주스를 얻는다는 사실을 인지하고도 이 뉴런들이 주스라는 보상에 전혀 반응하지 않는다는 사실을 발견했다.

이 결과를 발표했을 당시 왜 도파민 뉴런이 이런 식으로 행동하는지에 대한 명확한 설명은 슐츠가 아닌 세즈노스키 연구팀에 의해 이뤄졌다. 이 연구원들은 도파민 뉴런이 시간차 학습에 필요한 예측 오류를 암호화할 것이라는 가설을 공동으로 테스트하기 위해 슐츠에게 연락을 취했다. 후에 세즈노스키는 이 공동 연구가 "내 인생에서 가장 흥미로운 과학 연구 중 하나"였다고 말했다.

다얀과 몬태규는 학습 알고리즘이라는 렌즈를 통해 슐츠의 데이터를 재분석했다. 이들은 슐츠가 실행한 가장 간단한 실험에 초점을 맞췄는데, 원하는 도달 위치에 빛이 켜지고 원숭이가 팔을 뻗으면 0.5초 후에 주스 한 방울이 전달되는 것으로 구성되는 실험이었다. 이들이 알고자 했던 것은 동물이 이 연관성을 학습하게 되면서 도파민 뉴런의 반응 변화가 어떻게 일어났는지 여부였지만 학습 후 특정 상황, 즉 동물에게 빛을 비춘 뒤 주스를 전달하지 않았을 때 발생하는 상황에도 관심을 가졌다. 원숭이가 빛과 주스의 연관 관계를 학습했다면, 빛을 비췄을 때 주스를 기대했을 것이고, 그 상황에서 주스를 주지 않았다면 예측 오류가 발생한다. 그렇다면 도파민 뉴런은 이 상황을 반영해 반응했을까?

도파민을 방출하는 뉴런들은 일반적으로 1초에 5번 정도 발화한

---

\* 이 실험은 동물이 보상을 받기 위해 팔을 뻗도록 만들었기 때문에 사실상 "조작적" 조건 형성 실험이라고 할 수 있다.

다. 학습 과정 초기에 팔을 뻗은 원숭이들이 주스를 받았을 때 이 뉴런들의 발화 빈도는 1초당 20회로 빠르게 늘어났다. 원숭이가 팔을 뻗기 전에 비춘 빛은 아무런 반응을 유도해내지 못한 상태였다. 하지만 충분한 연결 작업을 통해 원숭이들이 빛, 팔 뻗기, 주스가 모두 연관돼 있다는 것을 이해하게 되자 이 뉴런들의 발화 패턴이 바뀌기 시작했다. 도파민 뉴런들이 주스에 반응하지 않게 된 것이었다. 이는 원숭이들이 주스를 예측할 수 있게 되면 더 이상 오류가 일어나지 않기 때문에 이 뉴런들이 예측 오류를 반영한다는 생각에 완벽하게 들어맞는 변화다. 또한 도파민 뉴런들은 빛에 반응하기 시작했다. 이유가 무엇일까? 빛이 보상과 연관되기 시작했기 때문일까? 하지만 여기서 중요한 사실은 언제 빛이 비춰질지 원숭이들이 전혀 몰랐다는 것이다. 빛이 비춰진 것은 오류, 즉 구체적으로 말하면 원숭이의 상태에 대한 예측 값의 오류다. 실험용 의자에 앉아서 원숭이는 다음 순간이 현재와 어느 정도 비슷할 것이라고 기대할 것이다. 하지만 불이 켜지면 그 기대는 깨진다. 이는 사무실 복도에서 생일축하 노래를 들을 때처럼 즐거운 놀라움이지만, 즐거운 놀라움도 놀라움의 일종이다.

마지막 분석은 팔 뻗기를 한 원숭이들에게 간헐적으로 주스를 전달하지 않았을 때 원숭이들이 어떻게 불쾌한 놀라움이 암호화되는지에 대한 분석이었다. 도파민이 오류를 암호화한다면, 도파민 분비량은 상황이 예상보다 나쁠 때도 변화해야 한다. 그리고 원숭이들에게 주스를 주지 않았더니 바로 관련 뉴런들의 발화 빈도가 떨어졌다. 특히 이 뉴런들은 빛에 반응해 발화 빈도를 1초당 5회에서

20회로 늘렸고, 원숭이들이 팔을 뻗자 다시 발화 빈도를 1초당 5회로 줄였다. 팔을 뻗은 후 약 0.5초가 지나도 주스를 받지 못하면 완전히 발화를 멈췄다. 기대가 위반됐다는 것을 도파민 뉴런들이 알리고 있는 것이었다.

이 연구는 도파민 뉴런의 발화가 학습에 필요한 가치 예측 오류에 관한 긍정적 신호와 부정적 신호를 모두 보낼 수 있음을 보여주었으며, 도파민을 쾌락과 관련된 물질에서 학습과 관련된 물질로 이해하게 만들었다.

하지만 오류 암호화의 핵심이 오류로부터의 학습이라면 그 학습은 어디에서 이뤄지는 것일까? 도파민 분비는 뇌의 다양한 영역에서 이뤄지고, 분비된 도파민은 배관 시스템과 같이 뇌의 모든 영역으로 구석구석 퍼지기 때문에 어떤 영역에서 이런 학습이 일어나는지 정확하게 알기는 힘들다. 그럼에도 불구하고 선조체striatum가 특히 이 학습에 중요한 영역으로 보인다. 선조체는 움직임과 행동의 유도에 관련된 뇌 영역들에 1차적인 입력을 제공하는 뉴런들의 집단이다. 이 뉴런들은 감각 입력과 동작을 연결시키거나 동작과 동작을 연결시켜 행동을 만들어내는 역할을 한다.

제4장에서 살펴보았듯이, 헵 학습은 뉴런들 사이의 연결에 연관 관계를 암호화하는 쉬운 방법이다. 헵 학습 규칙에 따르면, 하나의 뉴런이 지속적으로 다른 뉴런보다 먼저 발화하면 이 두 뉴런 사이의 연결이 강화된다. 하지만 강화학습에서는 이 두 발화 사건 사이의 시간 간격이 짧다는 것 이상의 정보가 필요하다. 즉, 이 두 발화 사건이 보상과 어떤 관련이 있는지 알아야 한다는 뜻이다. 다시 말

하면, 이 두 발화 사건의 연결이 보상과 관련이 있어야 단서와 행동 (예를 들어, 빛을 보는 것과 빛을 향해 팔을 뻗는 것) 사이의 연관 관계를 업데이트할 수 있다.

따라서 선조체 영역의 뉴런들은 기본적인 헵 학습 규칙을 따르지 않는다고 할 수 있다. 이 뉴런들의 경우 도파민이 분비된 상태에서 한 뉴런이 다른 뉴런보다 먼저 발화할 때 그 두 뉴런 사이의 연결이 강해지는 수정된 형태의 규칙을 따른다. 값을 업데이트하는 데 필요한 오류 신호를 암호화하는 도파민은 시냅스에서 일어나는 업데이트에 필요한 물리적 변화를 위해서도 필요하다. 이런 식으로 도파민은 학습을 위한 윤활유 역할을 하게 된다.

뇌의 작동에 대한 연구에 시간차 학습 이론이 적용됨에 따라 중독 같은 의학적 주제에 대한 접근방법도 변화했다. 2004년에 신경과학자 데이비드 레디시David Redish는 암페타민이나 코카인 같은 약물의 중독성을 도파민 분비가 미치는 영향 측면에서 설명하는 이론을 발표했다. 이 이론은 약물이 실제 예측 오류와 무관한 도파민 방출을 유발한다고 가정한다. 이 가정에 따르면 약물은 도파민 뉴런을 과도하게 구동시킴으로써 뇌의 나머지 부분에 약물 경험이 항상 예상보다 좋다는 잘못된 신호를 보낸다. 이 잘못된 오류 신호도 학습을 촉진하는데, 이 경우의 학습은 상태에 대한 가치 예측치를 점점 더 높게 만든다. 이런 식으로 가치함수가 변형되면 약물 중독자들이 보이는 해로운 행동들이 나타나게 되는 것이다.*

❖ ◆ ❖

    데이비드 마아David Marr는 수학을 공부한 영국의 신경과학자였다. 그의 책 『시각: 인간의 시각 정보 표현과 처리에 대한 계산적 연구』는 그가 사망한 지 2년 후인 1982년에 출판됐다. 이 책의 첫 번째 장에서 그는 신경계를 성공적으로 분석하기 필요조건들이 존재하며, 뇌에 대한 이해가 3가지 단계, 즉 계산computational 단계, 알고리즘algorithmic 단계, 구현implementational 단계로 구성되어야 한다고 주장했다. 이 주장에 따르면, 계산 단계는 신경계의 전반적인 목적, 즉 신경계가 무엇을 하는지, 알고리즘 단계는 신경계가 어떻게, 즉 어떤 단계들을 통해 이 목적을 달성하는지, 마지막으로 구현 단계는 신경계의 어떤 부분들(뉴런과 신경전달물질 등)이 단계들을 구현하는지에 대한 의문에 대답해야 한다.

    대다수의 신경과학자들은 마아가 제시한 이 모든 의문들에 대답하기 위해 노력하고 있다. 강화학습을 수행하는 시스템은 이렇게 높은 기준에 도달할 수 있게 해줄 가능성이 높은 드문 시스템이다. 강화학습에 대한 계산 단계의 의문에는 간단한 답이 있다. 보상을 극대화하는 것이다. 벨먼이 순차적 의사결정 과정의 목표로 인식한 보상의 극대화는 가치함수 도출을 통해 가능하다. 하지만 가

---

\* 이 이론은 중독의 다양한 측면들을 설명하지만, 결정적으로 한 부분에서 결함을 보였다. 이런 약물들이 지속적으로 예측 오류를 유도한다면 이 약물들이 보상으로 사용될 때 앞에서 언급한 차단 현상이 발생해서는 안 된다. 하지만 쥐를 대상으로 한 실험에서 이런 차단 현상이 계속 나타난다는 것이 밝혀졌다.

치함수는 어떻게 학습해야 할까? 답은 시간차 학습에 있다. 부시, 모스텔러, 레스콜라, 와그너, 서튼의 연구는 조건형성 실험으로 얻은 데이터들을 강화학습의 학습 부분을 수행하는 데 필요한 알고리즘을 기술할 수 있는 기호들로 변환시켰다. 구현 단계에서 도파민 뉴런은 예측 오류를 계산하는 작업을 수행하며, 도파민 뉴런이 다른 뇌 영역들로 보내는 신호들은 그 영역들에서 학습되는 연관 관계들을 조절한다. 근본적인 능력, 즉 보상으로부터 학습하는 능력에 대한 만족스러운 이해는 이 주제에 대해 다양한 각도에서 탐구를 진행한 결과다.

12

# 뇌에 대한 대통일이론

자유 에너지 법칙, 천 개의 뇌 이론 및 통합정보이론

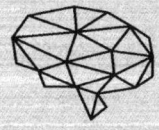

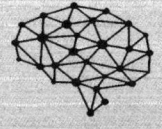

19세기 중반, 과학의 역사에서 가장 큰 충격파 중 하나가 물리학계를 강타했다. 이 충격파는 스코틀랜드의 수학자 제임스 클러크 맥스웰James Clerk Maxwell이 1865년에 발표한 논문〈전자기장에 관한 역학 이론〉이 일으킨 것이었다. 통찰력 있는 수식과 비유들로 가득 찬 이 논문을 통해 맥스웰은 물리적 상호작용의 두 가지 형태인 전기와 자기 사이에 밀접하고 중요한 관계가 있음을 증명했다. 그는 전자기장 정의를 통해 전기와 자기의 방정식을 동전의 양면으로 보는 데 필요한 수학적 기반을 구축했다. 이 과정에서 맥스웰은 전자기장에 전기와 자기 외에 빛이라는 또 다른 중요한 실체가 파동 형태로 존재한다는 결론을 내렸다.

물론 맥스웰 이전에도 수세기 동안 과학자들은 전기, 자기, 빛의 상호작용과 활용방법에 대한 연구를 계속 해왔다. 하지만 맥스웰의 통합 이론은 물리적 세계를 해석하는 완전히 새로운 방법을 제시했으며, 이후 이어지는 핵심적인 물리학 발견들의 기초이자 현대 기술 상당 부분의 초석이 됐다. 아인슈타인의 이론도 맥스웰의 전자기장 이론에 기초한 것이다. 아인슈타인은 자신의 연구가 성공한 것은 자신이 "맥스웰의 어깨 위에 서있었기 때문에 가능했다."라고 말하기도 했다.

하지만 맥스웰의 이론은 물리학자들의 연구에 직접적인 영향을 넘어 물리적인 힘들 사이에 더 근본적인 연관 관계가 있을 것이라는 생각을 물리학자들에게 심어주었고, 이런 연관 관계를 파헤치는 것이 이론물리학의 주요 목표가 되게 만들었다. 20세기에 이르러 등장한 대통일이론GUT, Grand Unified Theory이 바로 이런 연관 관계를 탐색하기 위한 직접적인 노력을 보여준다. 대통일이론의 첫 번째 목표는 전자기력과 다른 두 가지의 물리적 힘인 약력weak force(방사성 붕괴를 일으키는 힘)과 강력strong force(원자핵 구조를 유지하는 힘)의 통합이었다. 대통일이론은 1970년대 초에 약력과 전자기력이 매우 높은 온도에서 통합된다는 발견이 이뤄지면서 탄력을 받기 시작했다. 하지만 강력과 약력은 지금도 통합이 되지 않고 있으며, 또 하나의 강력한 힘인 중력이 여전히 별도의 힘으로 남아있기 때문에 물리학자들은 지금도 완전한 대통일이론을 구축하기 위해 노력하고 있다.

대통일이론은 단순함, 우아함, 완전함 등 다양한 측면에서 물리학자들의 미학적인 취향에 부합한다. 대통일이론은 어떻게 전체가 그 전체를 구성하는 부분들의 합보다 커질 수 있는지도 보여준다. 대통일이론 이전의 과학자들은 고전우화에 등장하는 코끼리를 만지는 시각장애인과 비슷했다. 그들은 각각 코끼리의 몸통, 다리 또는 꼬리를 만지면서 얻는 정보에만 의존해 이 각각의 부분들이 어떤 역할을 하는지에 대한 불완전한 이론을 제시하는 데 그쳤다고 할 수 있다. 하지만 코끼리의 전체 모습을 보게 되면 코끼리를 구성하는 부분들에 대한 이해가 명확해지고, 각각의 부분을 다른 부분들과의 관계를 통해 이해할 수 있게 된다. 만약 완전한 형태의 대통일이론을 구축할 수 있다면 부분들을 연구해 얻을 수 있는 지식들과는 비교도 안 되는 양의 지식을 얻을 수 있을 것이다. 어려움에도 불구하고 물리학자들이 이 이론 구축을 위한 노력이 가치가 있다고 생각하는 이유가 바로 여기에 있다. 물리학자 디미트리 나노풀로스Dimitri Nanopoulos는 1979년에 발표한 논문에서 "대통일이론은 처음에 볼 때는 관련이 없어 보이는 수많은 현상에 대한 매우 훌륭하고 적절한 설명을 제공하며, 확실한 장점이 있으며 진지한 관심을 받을 만한 이론이다."라고 말했다.

그렇다면 뇌에 대한 대통일이론도 진지하게 받아들여야 할까? 소수의 간단한 원리나 수식이 뇌의 형태와 기능에 관한 모든 것을 설명할 수 있을 것이라는 생각은 신경과학자들에게도 매우 매력적인 생각이다. 하지만 뇌를 연구하는 대부분의 과학자들은 그런 대통일이론이 존재할 수 없을 것이라고 본다. 심리학자 마이클 앤더슨Michael Anderson과 토니 케메로Tony Chemero는 이렇게 썼다. "뇌의 기능에 관한 대통일이론이 존재할 수 없는 이유는 매우 많다. 뇌처럼 복잡한 기관은 매우 다양한 법칙들에 의해 기능한다고 생각할 수밖에 없기 때문이다." 연구자들 대부분은 뇌에 대한 대통일이론이 환상에 불과하다는 생각을 가지고 있다.

하지만 물리학의 도구 중 많은 부분, 예를 들어, 모델, 방정식, 접근방식 등이 신경과학 연구 발전에 영향을 미치고 있다. 따라서 현대 물리학의 핵심인 대통일이론을 무시하기는 어렵다. 뇌를 연구하는 사람들은 대체적으로 뇌에 대한 대통일이론이 구축될 가능성이 희박하다고 보고 있지만, 일부 연구자들은 뇌에 대한 대통일이론 구축 가능성이 완전히 무시하기에는 너무 매력적이라는 생각을 가지고 있기도 하다.

뇌에 대한 대통일이론을 구축하기 위한 연구는 위험도가 높은 동시에 보상이 클 수 있다. 따라서 유명한 과학자가 전면에 나서지 않으면 수행하기 힘들다. 대부분의 뇌 대통일이론은 처음에 그 이론을 제시한 과학자가 그 연구에 대해 대중에게 알리는 역할을 한다. 뇌 대통일이론을 구축하기 위해서는 상당한 수준의 헌신도 필요하다. 수년에서 수십 년에 걸쳐 이론을 발달시키고 다듬어야 하기 때문이다. 또한 부분적으로 구축된 이론을 뇌 연구에 적용할 수 있는 새로운 방법을 항상 찾아내야 한다. 홍보도 필요하다. 아무리 위대한 대통일이론이라도 아무도 주의를 기울이지 않는다면 발전 가능성이 매우 낮을 것이다. 따라서 뇌 대통일이론 연구자들은 수많은 논문, 책, 기사 등을 통해 관련 과학자들과 일반인들에게 연구 성과를 알리기 위해 지금도 노력하고 있다. 또한 관련 학자들은 얼굴이 두꺼워야 한다. 더 안정된 형태의 연구를 하는 대부분의 뇌 과학자들에게 경멸의 대상이 될 수도 있기 때문이다.

사회학자 머리 S. 데이비스$^{Murray\,S.\,Davis}$는 1971년에 이론에 관한 논문 〈흥미 유발의 중요성〉에 이렇게 썼다. "이론가가 위대하다고 평가받는 이유는 그의 이론이 옳기 때문이라고 사람들은 생각하지만 이는 틀린 생각이다. 이론이 위대하다고 평가되는 이유는 옳기 때문이 아니라 흥미롭기 때문이다. 실제로, 이론이 옳다는 사실과 이론의 영향력은 거의 관련이 없다. 이론은 논쟁 대상이 되거나 심지어 틀렸다는 것이 증명이 되어도 계속 흥미롭다고 생각될 수 있다." 뇌에 대한 대통일이론은 구축 가능성을 떠나서 일단 확실하게 흥미로운 이론이다.

쾌활하면서도 부드러운 영국의 신경과학자 칼 프리스턴<sup>Karl Friston</sup>은 거창하고 논쟁적인 과학연구를 주도하는 리더로서는 거리가 먼 성향의 학자다. 하지만 프리스턴에게는 열정적으로 그를 추종하는 과학자들이 있다. 신경과학 분야의 교수들과 학생들뿐만 아니라 신경과학과는 별로 연관이 없는 과학자들이 마치 무슨 종교의식을 치르듯이 매주 월요일에 모여 프리스턴의 통찰을 경청하고 있다. 이들은 한 가지 주제에 대한 프리스턴의 독특한 지식을 듣기 위해 이 모임에 참가한다. 이 지식은 프리스턴이 15년 이상 동안 구축해온 뇌와 행동, 그리고 그 너머에 관한 생각들을 아우르는 하나의 법칙, 즉 "자유 에너지 법칙<sup>free energy principle</sup>"에 관한 것이다.

"자유 에너지"는 확률 분포의 차이로 정의되는 수학적 개념이다. 하지만 프리스턴의 자유 에너지 개념은 세계에 대한 뇌의 예측과 뇌가 받는 실제 정보 간의 차이로 어느 정도 단순하게 요약하여 정의할 수 있다. 자유 에너지 법칙은 뇌가 하는 모든 일이 자유 에너지를 최소화, 즉 현실에 맞춰 최대한 조정하려는 시도로 이해될 수 있다고 말한다.

이런 이해 방식에 영감을 받아 많은 연구자들은 뇌의 어디에서 예측이 이루어질 수 있는지, 그리고 예측이 어떻게 현실과 비교되는지를 연구했다. 감각 처리 시스템에서 이런 예측이 어떻게 이뤄지는지 알아내기 위한 연구를 "예측 암호화predictive coding" 연구라고 부른다.* 대부분의 예측 암호화 모델에서 정보는 감각 처리 시스템을 통해 전송된다. 예를 들어, 청각정보는 귀로 들어온 뒤 뇌간과 중뇌를 통해 피질의 여러 영역으로 순차적으로 전달된다. 이 "정방향forward" 경로는 예측 암호화 이론에 별 관심을 갖고 있지 않은 연구자에 의해서도 감각 정보가 지각으로 전환되는 과정에서 중요한 역할을 한다고 인식되고 있다.

예측 암호화의 특징은 "역방향backward" 경로, 즉 정상 경로 상 뒤쪽 영역에서 앞쪽 영역으로의 연결(예를 들어, 피질의 두 번째 청각 영역으로부터 첫 번째 영역으로의 연결)에 대한 주장이다. 그동안 과학자들은 이런 역방향 경로의 역할이 무엇일지에 대해 수많은 추측을 해왔다. 예측 암호화 가설에 따르면 이런 역방향 연결의 역할은 예측 수행이다. 예를 들어, 좋아하는 노래를 들을 때 청각 시스템은 다음에 나올 음과 가사에 대해 매우 정확한 지식을 가지고 있을 수 있다. 예측 암호화 모델에서 이런 예측은 역방향으로 전송돼 실제로 세계에서 일어나고 있는 일에 대한 향후 정보와 결합된다. 이 두 흐름을 비

---

* 예측 암호화 개념은 프리스턴의 자유 에너지 개념의 영향을 받아 구축된 것은 아니고, 예측 암호화 개념은 1999년에 라제시 라오(Rajesh Rao)와 데이너 밸러드(Dana Ballard)가 발표한 논문에서 처음 도입됐다. 하지만 이 개념에 대한 본격적인 탐구는 자유 에너지 개념의 추종자들에 의해 이뤄지고 있다고 할 수 있다.

교함으로써 뇌는 예측과 현실 사이의 오류를 계산할 수 있다. 실제로 대부분의 예측 암호화 모델에서 특정한 "오류" 뉴런들은 이 계산만 담당한다. 따라서 이 뉴런들의 활동은 뇌가 얼마나 잘못되었는지를 나타내는 지표로, 많이 발화하면 예측 오류가 많았고, 조용하면 예측 오류가 적었다. 이런 방식으로 이 뉴런들의 활동은 자유 에너지의 예시화로 표현되며, 자유 에너지 법칙에 따르면 뇌는 이 뉴런들이 최대한 적게 발화하도록 만들어야 한다.

이런 오류 뉴런들이 실제로 뇌의 감각경로에 존재할까? 뇌는 세계에 대한 예측을 더 잘 해 냄으로써 이런 오류 뉴런들을 조용하게 만드는 것일까? 과학자들은 수년 동안 이런 질문에 대한 답을 찾고 있다. 예를 들어, 프랑크푸르트 소재 괴테 대학의 연구원들이 수행한 연구에 따르면 청각 시스템의 일부 뉴런은 예상되는 소리가 들릴 때 발화를 감소시키는 것으로 나타났다. 구체적으로, 이들은 소음 발생 레버를 누르도록 쥐를 훈련시켰다. 쥐가 레버를 누른 후 예상되는 소리를 들었을 때는 동일한 소리가 무작위로 재생되거나 레버가 예상치 못한 소리를 냈을 때보다 뉴런의 반응이 적었다. 이는 쥐가 마음속으로 예측을 하고 있고, 그 예측이 위반되었을 때 청각 시스템의 뉴런이 더 많이 발화했음을 뜻한다. 하지만 전반적으로 예측 암호화에 대한 증거는 엇갈린다. 오류 뉴런을 찾는 모든 연구가 성공적인 것은 아니며, 오류 뉴런이 예측 암호화 가설이 예측하는 대로 항상 정확하게 작동하는 것도 아니기 때문이다.

두뇌를 더 나은 예측 기계로 만드는 것이 자유 에너지를 최소화하는 가장 확실한 방법처럼 보일 수 있지만 그것이 유일한 방법은 아니다. 자유 에너지는 뇌의 예측과 실제 경험의 차이이기 때문에 경험을 제어함으로써 최소화할 수도 있기 때문이다. 특정 숲 주위를 날아다니는 데 익숙해진 새를 상상해 보자. 이 새는 어떤 나무가 둥지를 짓기에 좋을지, 가장 좋은 먹이가 어디에서 발견되는지 등을 예측할 수 있다. 어느 날 이 새가 정상 범위를 약간 벗어나 날아가 도시로 갔다고 생각해 보자. 이 새는 고층 건물과 교통체증을 처음 경험하기 때문에 주변 세계에 대한 거의 모든 것을 예측하는 능력이 낮을 것이다. 예측과 경험 사이의 이런 큰 불일치는 자유 에너지가 높다는 것을 뜻한다. 자유 에너지를 하향시키기 위해 새는 도시에 머물면서 감각 시스템을 적응시킴으로써 도시 생활의 특징을 예측할 수 있기를 바랄 수도 있고, 원래 있던 숲으로 다시 날아갈 수도 있을 것이다. 자유 에너지 법칙을 유력한 뇌 대통일이론의 후보로 만드는 것이 바로 이 두 번째 선택, 즉 예측 가능한 감각 경험의 선택의 존재다. 자유 에너지 법칙은 감각 처리 과정의 특징을 설명하는 차원을 넘어서 행동에 관한 결정에 대해서도 설명할 수 있다.

  자유 에너지 법칙은 지각, 행동 및 그 사이의 모든 것(학습, 수면 및 주의 집중 같은 과정과 정신분열증이나 중독 같은 장애)을 설명하기 위해 사용되고 있으며* 또한 뉴런과 뇌 영역의 해부학적 구조와 이들이 소통하는 방식에 대한 세부 사항도 설명할 수 있다고 여겨진다. 사

---

\* 자유 에너지 법칙을 확장하면 이 책에서 그동안 다룬 많은 개념들을 다음과 같이 연계할 제10장에서 다룬 베이지언 뇌 개념의 기초가 되며, 제7장에서 다룬 정보이론과 상호작용하고, 제4장과 제5장에서 다룬 통계역학 수식들을 사용하며, 제6장에서 다룬 시각처리 시스템의 설명이 가능하다.

실 프리스턴은 자유 에너지 법칙을 뇌에 국한하지 않았다. 그는 자유 에너지 법칙이 모든 생물학적 현상과 진화의 법칙이며, 심지어는 물리학의 기초를 이해하는 수단이 될 수 있다고도 주장해 왔다.

프리스턴은 평생 동안 복잡한 주제들을 간단한 형태로 만들기 위해 노력한 사람이다. 2018년 〈와이어드Wired〉에 실린 인터뷰 기사에서 그는 자신이 10대 때 가졌던 생각에 대해 이렇게 말했다. "당시 아무것도 없는 상태에서 모든 것을 이해할 수 있는 방법이 분명히 있을 것이라고 생각했다. 우주 전체에서 단 한 개 존재하는 점에서 시작해 그 점에서 파생되는 모든 것을 설명할 수 있을까?" 현재 프리스턴의 관점에서 자유 에너지 법칙은 거의 아무것도 없는 상태에서 거의 모든 것을 설명할 수 있는 법칙이다.

하지만 프리스턴의 세계 밖에서는 자유 에너지 법칙이 항상 확실하게 적용되지는 않는다. 수많은 과학자들이 원대한 장래성을 지닌 프리스턴의 법칙을 완벽히 이해하기 위해 다양한 시도를 했지만, 자신의 시도가 전적으로 성공했다고 생각하는 사람은 거의 없다. 자유 에너지 법칙 관련 수식이 너무 복잡했기 때문만은 아니었다. 많은 과학자들이 수학적인 접근방식으로 마음을 이해하기 위해 평생을 바쳤는데도 말이다. 오히려 수식이 문제가 아니라는 뜻이다. 뇌 기능의 모든 구석구석에 자유 에너지 법칙을 적용하기 위해서는 프리스턴이 가장 크게 의존하는 방법인 직관적 방법에 의존해야 한다는 점이 문제다. 어떤 특정한 경우에 자유 에너지를 해석하는 명확하고 객관적인 수단이 없는 상태에서 프리스턴은 자유 에너지 법칙의 전도사가 돼 무수한 논문, 강연 및 월요일 모임에서 그의 견해에서 본 자유 에너지의 의미를 설명하고 있다.

　자유 에너지 법칙을 둘러싼 혼란의 원인에 대해서는 프리스턴 자신도 다른 사람들과 같은 생각을 가지고 있다. 그 원인은 자유 에너지 법칙이 반증이 불가능하다는 사실에 있다. 뇌의 기능에 관한 가설들의 대부분은 실험을 통한 반증이 가능한 가설들이다. 하지만 자유 에너지 법칙은 뇌가 어떻게 작동하는지에 대한 강력하거나 구체적인 주장이라기보다는 뇌를 보는 방식에 더 가깝다. 이와 관련해 프리스턴은 이렇게 말했다. "자유 에너지 법칙은 말 그대로 법칙이다. 측정 시스템이 이 법칙에 들어맞는지 확인하는 것 외에는 이 법칙을 가지고 할 수 있는 것이 거의 없다." 이 말은 과학자들이 자유 에너지 법칙에 기초해 뇌에 대한 예측을 하는 것이 아니라 자유 에너지 법칙이 뇌에 대해 새로운 관점으로 바라볼 수 있게 돕는지 물어야 한다는 뜻이다. 예를 들어, 뇌의 어떤 부분이 어떻게 작동하는 알고 싶다면 뇌가 자유 에너지를 어떻게 최소화하는지 생각해 볼 수 있다. 이 접근방법이 효과적이라면 매우 좋은 일일 것이고, 아니라도 괜찮을 것이다. 자유 에너지 법칙은 이런 식으로 뇌에 관한 사실을 알아내기 위한 생각의 틀을 제공한다는 의미를 가질 뿐이다. 자유 에너지 법칙은 수많은 사실들을 연결할 수 있다는 점에서 매우 규모가 크고 통합적인 법칙이지만 반증이 불가능하기 때문에 이론으로의 위치는 불분명하다고 할 수 있다.

❖ ◆ ❖

누멘타Numenta는 캘리포니아 주 레드우드 시티에 위치한 IT 기업이다. 이 회사의 창립자 제프 호킨스Jeff Hawkins는 현재의 스마트폰의 전신을 생산하던 두 기업의 창립자이기도 하며, 현재의 누멘타는 소프트웨어를 만들고 있다. 누멘타는 주식중개인, 에너지 유통업체, IT 기업 등이 입력 데이터 흐름에서 패턴을 식별하고 추적하는 데 도움이 되는 데이터 처리 알고리즘을 설계하는 등의 다양한 일을 하지만, 주요 목표는 뇌에 대한 역공학적 접근 방식을 개발하는 것이다.

호킨스는 IT 분야에서 눈부신 성공을 거두면서도 항상 뇌에 대한 관심을 품고 있었다. 그는 뇌 연구 분야의 학위가 없음에도 불구하고 지난 2002년에 레드우드 신경과학연구소Redwood Neuroscience Institute를 세웠다. 후에 이 연구소는 캘리포니아 주립대학 버클리 캠퍼스 산하의 연구소가 됐고, 2005년에 호킨스는 누멘타를 창립했다. 누멘타가 수행하는 연구는 2004년에 호킨스가 샌드라 블레이크슬리Sandra Blakeslee와 공동집필한 『생각하는 뇌, 생각하는 기계On Intelligence』에 잘 설명돼 있다. 이 책은 신피질, 즉 포유류의 뇌 표면을 덮고 있는 조직들로 구성된 얇은 층이 감각, 인지, 학습, 움직임 등을 어떻게 생성하는지에 대한 생각을 담고 있는 책으로, 현재 "지능에 관한 천 개의 뇌 이론"이라는 이름으로 불리는 이론을 다루고 있다.

천 개의 뇌 이론의 핵심은 피질기둥cortical column이라는 이름의 신경구조에 있다. 피질기둥은 지름이 연필심보다 작고 길이는 지름의 4배 정도인 작은 세포 조각으로 마치 스파게티 면 다발처럼 신피질의 맨 위에서 맨 밑까지 병렬로 늘어서 있다. 피질기둥을 세로 방향으로 보면 뉴런들이 6개의 서로 다른 층으로 분리돼 분포하고 있는 것을 관찰할 수 있다. 각 층의 뉴런들은 위층 또는 아래층의 뉴런들과 연결돼 상호작용을 한다. 같은 피질기둥 안에 있는 뉴런들은 특정한 감각 입력에 비슷한 방식으로 반응하는 등 일반적으로 비슷한 기능을 수행한다. 하지만 서로 다른 층에 있는 뉴런들은 서로 다른 기능을 수행하는 것으로 보인다. 예를 들어, 어떤 층들은 다른 뇌 영역들로부터 입력을 수신하고, 어떤 층들은 다른 뇌 영역들로 출력을 보낸다.

20세기 중반에 피질기둥을 처음으로 찾아낸 감각 신경과학자 버논 마운트캐슬은 피질기둥이 뇌의 기본적인 해부학적 단위라고 생각했다. 이 생각은 당시의 지배적인 이론과는 달랐지만, 마운트캐슬은 반복되는 하나의 단위들이 모여 신피질 전체를 구성하고 이 단위들이 신피질이 수신하는 모든 정보를 처리할 수 있을 가능성에 주목했다. 호킨스의 생각도 같았다. 호킨스는 그의 책에서 마운트캐슬의 연구에 대해 "인간의 마음이 가진 다양하고 놀라운 능력들을 모두 설명할 수 있는 신경과학의 로제타석"이라고 설명하기도 했다.

호킨스가 생각하는 이런 미세 처리 단위에 대해 이해하려면 시간과 공간에 대해 모두 생각해야 한다. 호킨스는 2014년 인터뷰에서 "지능의 메커니즘이 신피질의 원리에 의존한다는 사실을 받아들인다면 시간에 대해서만 생각하면 된다."라고 말했다. 뇌로 들어오는 입력은 끊임없이 변화하고 있다. 뇌의 기능에 대한 정적 모델이 불완전할 수밖에 없는 이유가 바로 여기에 있다. 게다가 뇌 활동의 산물, 즉 몸에 의해 생성되는 행동은 시간과 공간을 통해 확장된다. 호킨스에 따르면 뇌는 공간을 통해 활발하게 몸을 움직이도록 만들면서 동적인 감각 데이터를 수신함으로써 세계에 대해 깊이 이해하게 된다.

신경과학자들은 동물이 세계 안에서 움직이는 방식에 대해 어느 정도 알고 있다. 이 방식은 "격자세포grid cell"라는 이름의 뉴런과 밀접한 관련이 있다.(그림 26 참조)* 격자세포는 동물이 특정한 위치에 있을 때 활성화되는 뉴런이다. 운동장에서 쥐 한 마리가 돌아다닌다고 상상해보자. 이 쥐가 운동장 한가운데 있을 때 이 쥐의 격자세포 중 하나가 활성화된다. 이 격자세포는 쥐가 운동장 한가운데에서 몇 센티미터 북쪽으로 이동했을 때도 활성화되고, 그 위치에서 다시 북쪽으로 몇 센티미터 이동했을 때도 활성화된다. 또한 이 격자세포는 쥐가 운동장 한가운데에서 북쪽이 아닌 서쪽으로 60도 각도만큼 몇 센티미터 이동했을 때에도 활성화된다. 이 격자세포가 활성을 나타낸 모든 위치를 지도에 표시하면 운동장 전체에 물방울무늬처럼 나타나 각각의 삼각형 격자 꼭짓점에 균일한 간격으로 배치될 것이다(격자세포라는 이름의 유래는 여기에 있다). 격자세포

---

\* 이 격자세포와 "장소세포(place cell, 격자세포와 밀접한 관련이 있는 신경세포)"를 발견한 에드버드 모저(Edvard Moser), 메이브릿 모저(May-Britt Moser), 존 오키프(John O'Keefe)는 2014년 노벨상을 수상했다.

는 방향과 크기가 다양하지만, 모든 격자세포에는 이런 공통적인 특징이 있다.

공간을 나타내는 격자세포의 능력에 깊은 인상을 받은 호킨스는 신피질이 세상에 대해 학습하는 방식에 대한 그의 이론의 중심에 격자세포를 배치했다. 하지만 여기서 문제가 하나 발생한다. 격자세포는 신피질에서 발견되지 않는다. 격자세포는 내후각피질 entorhinal cortex이라는, 오래전에 진화된 뇌 영역에 존재한다. 격자세포가 이 영역 외의 다른 영역에 존재한다는 증거가 거의 없음에도 불구하고 호킨스는 격자세포가 모든 피질기둥의 여섯 번째 층에 숨어 있다고 가정한다.

격자세포들은 그 여섯 번째 층에서 정확하게 어떤 일을 하고 있다는 것일까? 호킨스는 커피 잔을 손으로 훑는 행동을 하면서 이를 설명하는 것을 좋아한다(그는 실제로 이 이론이 커피 잔을 응시하다가 순간적으로 떠오른 생각에 기초한 것이라고 말했다). 이 설명에 따르면, 신피질

쥐가 주변환경을 탐색한다.

샘플 격자세포 두 개가 이 환경에 반응해 발화하는 위치

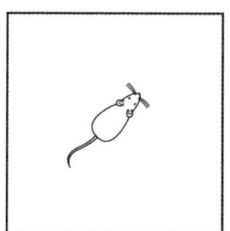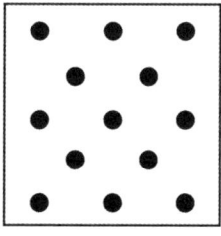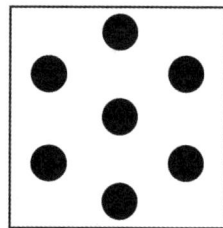

그림 26

의 감각 처리 영역에 있는 피질기둥들은 손가락 끝부분으로부터 입력을 받으며, 이 피질기둥의 맨 아래쪽에 있는 격자세포들도 손가락 끝부분의 위치를 추적한다. 호킨스는 이때 이 피질기둥이 손가락의 위치에 대한 정보와 커피 잔에 대한 손가락의 느낌을 결합해 물체의 모양을 학습하며, 추후 동일한 물체를 접촉할 때도 이렇게 저장된 지식을 활용한다고 설명한다.

이런 피질기둥들은 신피질 전체에 걸쳐 존재하기 때문에 이 과정은 모든 영역에서 병렬적으로 일어날 수 있다. 예를 들어, 손의 각각 다른 부분들을 나타내는 피질기둥들은 자신만의 고유한 커피 잔 모델을 만들 것이다. 그리고 시각 시스템의 영역들 또한 시각 정보를 눈의 위치와 결합해 커피 잔에 대한 고유한 이해를 구축할 것이다. 전체적으로 볼 때, 세계에 대한 일관된 이해는 분산돼 분포하는 수천 개의 작은 뇌들의 이해의 합으로 구성된다는 것이 호킨스의 천 개의 뇌 이론의 핵심이다.

호킨스의 이론은 끊임없이 진화하고 있다. 많은 세부 사항이 아직 해결되지 않았지만 이 이론에 대한 호킨스의 기대치는 매우 높다. 그는 피질기둥들이 물체의 모양뿐만 아니라 추상적인 개념도 학습할 수 있다고 생각한다. 사고 공간이나 언어 공간에 대한 탐색이 물리적인 실제 공간에 대한 탐색과 같은 메커니즘에 의해 이뤄질 수 있다는 호킨스의 생각이 맞는다면 신피질의 반복 패턴으로 시각에서 청각, 움직임, 수학적 사고에 이르는 수많은 과정들을 설명할 수 있을 것이다.

하지만 이런 피질기둥들의 형태가 어느 정도 동일한지는 논쟁의 대상이다. 신피질은 언뜻 보기에 똑같이 생긴 피질기둥들이 모자이크 식으로 구성된 구조로 보이지만, 자세히 보면 이 피질기둥들의 모양은 서로 다 다르다는 것을 알 수 있다. 피질기둥이 신피질에서 차지하는 위치에 따라 크기, 포함된 뉴런의 수와 유형, 이 뉴런들의 상호작용이 다르다는 연구결과들도 존재한다. 피질기둥들이 해부학적으로 동일한 모양이 아니라면 기능도 다를 수 있다. 이는 뇌 영역들이 천 개의 뇌 이론이 가정하는 것보다 수행해야 하는 작업 종류에 대해 더 구체적으로 특화돼 있을 수도 있다는 뜻이다. 만약 그렇다면 보편적 지능 알고리즘 규명이라는 꿈은 좌절될 수 있다.

이 책에서 계속 살펴보았듯이, 일반적으로 뇌의 수학적 모델 구축은 이용 가능한 수많은 데이터 중에서 중요해 보이는 사실들을 선택하는 작업으로 시작된다. 그 후 이 사실들은 이론적으로 뇌의 일부가 어떻게 작동하는지 나타낼 수 있도록 단순화되고 조합된다. 이 간단한 형태의 생물학적 메커니즘을 나타낼 수 있는 모델을 정확하게 수선해내는 과정에서 몇 가지 새롭고 놀라운 예측이 이뤄질 수 있다. 이런 일반적인 모델과 비교할 때 천 개의 뇌 모델은 다른 신경과학 모델과 다르지 않다. 실제로, 천 개의 뇌 모델의 구성 요소인 피질기둥, 격자세포, 물체 인식 같은 개념들은 이미 실험과 컴퓨터 시뮬레이션에 의해 광범위하게 연구되고 있다. 이렇게 생각할 때 천 개의 뇌 이론은 독특하다고 할 수 없다. 다른 이론들처럼 틀릴 수도 있고 맞을 수도 있으며, 한 부분에서는 틀리지만 다른 부분에서는 맞을 수도 있다.

누멘타와 호킨스의 연구가 돋보이는 점은 자신의 연구는 다를 것이라고 끊임없이 생각하는 호킨스의 낙관주의에 있을 것이다. 그는 자신의 이론이 신피질의 모든 비밀을 밝힐 수 있는 있는 날이 실제로 곧 올 것이라고 믿고 있다. 2019년 인터뷰에서 호킨스는 신피질에 대한 완전한 이해가 언제쯤 가능할지에 대한 질문에 이렇게 대답했다. "결정적인 단계는 이미 통과한 것 같다. 앞으로 5년 안에 이 이론을 다른 기계학습 연구자들이 받아들일 수 있을 정도로 발전시킨다면 20년 안에 확실하게 신피질에 대한 완벽한 규명이 이뤄질 수 있을 것이다." 이런 자신감은 일반적인 과학자들은 가지기 힘들다. 이런 자신감에는 호킨스에게 자신의 연구를 진행할 수 있는 재력이 충분하다는 사실도 영향을 미치고 있을 것이다.

이렇게 호킨스는 뇌에 대한 자신의 이론에 대한 자신감이 넘치는 사람이지만 획기적인 뇌 기반 알고리즘을 개발하겠다는 그의 약속이 그동안 실제로 지켜졌다고 보긴 힘들다. 인공지능 연구의 선구자인 제프리 힌튼은 인공지능 분야에 대한 호킨스의 기여에 대해 "실망스러운 수준"이라고 말했다. 심리학 교수 게리 마커스$^{Gary\ Marcus}$도 2015년에 호킨스의 연구를 다른 인공지능 연구와 비교하면서 이렇게 말했다. "호킨스는 인공지능 분야의 어려운 문제들을 해결하는 데 결정적으로 기여할 수 있는 이론을 전혀 내놓지 못하고 있다." 천 개의 뇌 이론이 지능의 보편적인 메커니즘을 밝혀낼 수 있는 가능성은 얼마나 될까? 답은 호킨스 이론의 핵심적인 개념인 시간이 지나야 알 수 있을 것이다.

❖ ◆ ❖

일각에서는 뇌와 관련한 가장 큰 미스터리인 의식에 대한 설명이 이뤄지지 않는 한 뇌 이론을 완벽하게 구축할 수 없다고 생각한다. 수세기 동안 철학 연구의 대상이 되고 있는 의식은 과학자들이 다루기가 매우 어려운 주제다. 하지만 일부 과학자들은 의식에 대한 구체적인 과학적 정의를 내리는 방법으로 의식의 정체를 규명하고 정량화하는 것을 필생의 목표로 삼고 있다. "통합정보이론integrated information theory, IIT"이 바로 이런 시도의 결과다.

통합정보이론은 의식을 수식으로 정의하기 위한 시도다. 2004년에 이탈리아의 신경과학자 줄리오 토노니Giulio Tononi에 의해 처음 제시된 이래, 이를 기반으로 계속 언급되고 있다. 통합정보이론은 컴퓨터든 돌이든 외계인이든 모든 것에서 뇌에서처럼 의식을 측정하기 위해 설계되었으며, 의식에 대한 보편적인 주장을 한다는 점에서 일부 신경과학자들이 설계한 생물학 기반 이론과 다르다.

통합정보이론은 자기 성찰introspection을 기반으로 하고 있기 때문에 뇌의 물리적 특성들로부터 자유롭다. 토노니는 1인칭 의식 경험을 바탕으로 통합정보이론 "공리axiom"의 토대가 되는 의식의 근본적인 5가지 특성을 생각해 냈다. 첫 번째 공리는 의식이 존재한다는 기본적인 사실이다. 나머지 공리는 의식 경험이 서로 다른 여러 가지 감각들로 구성된다는 공리, 의식 경험은 구체적이라는 공리, 의식 경험은 하나로 통합된 전체로 우리에게 나타난다는 공리, 그리고 의식 경험은 의식 경험 그 자체일 뿐이며 그 이상도 그 이하도 아니라는 공리다.

토노니는 어떤 종류의 정보처리 시스템이 이런 의식 경험 공리들을 나타낼 수 있는지 생각했다. 그는 이 과정에서 이 공리들을 수학적인 용어들로 표현하는 작업을 수행하여 최종적인 결과로 도출된 것이 바로 "통합정보"를 측정할 수 있는 척도였고, 토노니는 이 척도로 측정한 값을 그리스 문자 "파이($\phi$)"로 표현했다. 파이는 특정 시스템에서 정보가 어느 정도로 혼합돼 있는지를 나타낸다. 정보가 적절하게 혼합될수록 경험은 풍부하고 완전해진다. 통합정보이론에 따르면 시스템의 파이 값이 높아질수록 그 시스템은 더 의식적이 된다.

관련 연구들에 따르면, 시스템이 복잡해지면 파이 값을 계산하는 일은 거의 불가능하다. 인간의 뇌의 경우 뇌의 다양한 하위 구조들이 어떻게 상호 작용하는지 알아내기 위해서는 무한대에 가까운 수의 실험을 진행해야 한다. 그렇게 할 수 있다고 해도 그 후에는 길고 대단히 힘든 일련의 계산을 수행해야 한다. 이런 어려움을 극복하기 위해 파이의 근사치를 추측할 수 있는 여러 가지 방법들이 개발됐다. 이런 방법들을 이용하여 측정된 값들은 특정한 뇌 상태가 다른 뇌 상태보다 더 의식적인 경험으로 이어지는 이유를 설명하는 데 사용됐다. 예를 들어, 수면 중에는 뉴런 간의 소통이 줄어든다. 이는 뇌가 정보를 통합하는 능력을 떨어뜨리고 결과적으로 파이 값을 낮춘다. 토노니의 이론에 따르면 이와 비슷한 추론으로 발작에 수반되는 의식 상실도 설명할 수 있다.

통합정보이론은 매우 놀라운 예측을 하기도 한다. 예를 들어, 일반적인 실내 온도조절장치의 파이 값은 매우 작지만 0은 아니다. 이는 온도조절장치가 어느 정도 의식 경험을 한다는 뜻이다. 또한, 이 이론에 따르면 아주 간단한 장치도 제대로만 만든다면 인간 뇌의 파이 추정치보다 높은 파이 값을 가질 수 있다. 직관에 반하는 이런 결론들 때문에 일부 과학자들과 철학자들은 이 이론에 매우 회의적인 태도를 보이고 있다.

통합정보이론에 대한 또 다른 비판은 그 이론의 토대를 이루는 공리들의 근거를 겨냥한다. 이 비판에 따르면 토노니가 선택한 공리들만 의식 이론의 기반이 될 수는 없으며, 그 공리들을 수학에 연결하는 토노니의 방식은 유일한 방식도 아니고 최선의 방식도 아니다. 통합정보이론의 공리들이 이렇게 자의적이라면 그 공리들에 기초한 놀라운 결론들을 어떻게 신뢰할 수 있을까?

2018년에 의식을 연구하는 과학자들을 대상으로 실시된 비공식 설문조사에서 통합정보이론은 전문가들 사이에서 선호되는 이론이 아닌 것으로 나타났다(통합정보이론은 선호도 면에서 4위를 차지했다). 하지만 비전문가들의 평가는 그보다 높았다. 설문조사 응답에 필요한 지식을 가지고 있다고 스스로 생각하는 비전문가들은 통합정보이론을 가장 선호하는 이론으로 꼽았다. 이 설문조사 문항을 작성한 사람들 중 일부는 이런 설문조사 결과가 발생하는 이유가 홍보에 있다고 생각한다. 통합정보이론은 겉으로 보기에는 복잡하고 권위 있는 수학 이론을 근거로 하는 것으로 보이기 때문이다. 실제로 통합정보이론은 의식에 관한 대부분의 과학적 이론들에 비해 대중매체에서 많이 다뤄지고 있다. 예를 들어, 토노니와 공동으로 연구를 진행하고 있는 저명한 신경과학자 크리스토프 코흐 Christof Koch도 대중매체에 통합정보 이론에 대한 글을 쓰면서 이 이론을 널리 알리고 있다. 또한 코흐는 『의식: 낭만적인 환원주의자의 고백』이라는 책에서 노벨상 수상자 프랜시스 크릭 Francis Crick과 함께 수행한 연구와 의식에 대한 자신의 연구 과정을 설명하면서 통합정보이론에 대한 생각을 설명하기도 했다.* 이런 시도는 통합정보이론을 대중에게 널리 알리는 데에는 효과적일 수 있다. 하지만 과학자들은 이런 글이나 책에 의해 쉽게 설득당하지 않는다.

하지만 통합정보이론에 대해 회의적인 과학자들도 토노니의 시도 자체에는 박수를 보낸다. 의식은 다루기가 매우 힘든 개념이고, 토노니의 이런 시도는 어떤 방식으로든 의식에 대한 과학적 연구를 진전시켰기 때문이다. 통합정보이론을 공개적으로 비판하고 있는 물리학자 스콧 아론슨 Scott Aaronson도 자신의 블로그에 이렇게 썼다. "통합정보이론은 근본적으로 확실하게 잘못된 이론이지만, 의식에 관해 현재까지 제시된 모든 수학적 이론 중에서는 가장 뛰어난 이론 중 하나다. 내가 보기에 의식에 관한 다른 이론들 대부분은 너무 모호하고 유동적이기 때문에 잘못된 방향으로 갈 수밖에 없다."

---

* 토노니도 대중에게 통합정보이론을 설명하기 위해 『파이: 뇌에서 영혼까지의 여정(Phi: A Voyage from the brain to the Soul)』이라는 책을 썼다. 이 책에서 토노니는 17세기 과학자 갈릴레오 갈릴레이가 찰스 다윈, 앨런 튜링, 프랜시스 크릭과 의식에 대한 대화를 나누는 상황을 가상해 의식의 개념에 대해 설명했다.

❖ ◆ ❖

　대통일이론은 엄청나게 복잡한 물체에 대해 단순한 주장을 해야 하기 때문에 다루기 힘들다. "뇌"에 대한 모든 연구에는 언제나 예외라는 복병이 숨어있다. 따라서 대통일이론의 규모를 너무 크게 설정하면 구체적인 데이터의 많은 부분을 설명할 수 없게 된다. 하지만 구체적인 데이터에 너무 집착하면 더 이상 대통일이론을 구축할 수 없다. 뇌에 대한 대통일이론은 검증이 불가능하든, 검증이 되지 않았든, 또는 검증이 실패하든, 너무 많은 것을 설명하려고 하면 결국 아무것도 설명하지 못할 위험이 있다.

　뇌에 대한 대통일이론을 추구하는 신경과학자들이 물리학자들보다 힘겨운 싸움을 해야 하는 이유는 진화에 있다. 신경계는 특정한 위치에서 특정한 문제에 직면한 특정한 동물의 요구에 맞추기 위해 엄청나게 긴 시간 동안 진화했다. 이런 자연선택의 결과를 연구하는 과학자들은 단순한 이론을 만들어내기 힘들다. 생물학적 진화는 유기체의 기능을 만들어내기 위해 필요한 어떤 경로라도 선택했으며, 그 선택은 과학자들의 이해와 전혀 상관이 없다. 따라서 뇌가 다양한 구성요소와 메커니즘이 복잡하게 뒤섞인 잡탕과 같은 실체라는 사실을 발견한 것은 전혀 놀랍지 않다. 뇌는 기능을 하기 위해 이렇게 복잡하게 진화한 것에 불과하다. 따라서 뇌를 간단한 법칙들로 설명할 수 있을 것이라고 생각할 합리적인 이유도 전혀 없다고 할 수 있다.

　일부 과학자들은 이 복잡한 상황을 있는 그대로 받아들인다. 이들은 뇌를 가장 기본적인 요소들로 축소하는 대신 모든 부분을 하나로 묶는 "대통일 모델grand unified model"을 구축하려고 노력하고 있다. 기존의 대통일이론은 소금을 약간 뿌린 스테이크와 같은 단순함을 가지고 있지만, 이 모델은 여러 가지 식재료가 들어간 수프에 가깝다. 이 모델은 대통일이론만큼 매끄럽고 우아하지는 않지만 대통일 작업을 완료하는 데 더 적합할 수 있다.

제2장에서 다룬 "블루 브레인 프로젝트"로 구축한 매우 정교한 시뮬레이션은 이런 포괄적인 접근 방식의 사례다. 이 프로젝트 연구자들은 일련의 힘든 실험을 통해 뉴런과 시냅스에 대한 수많은 세부 정보를 추출했다. 그런 다음 이들은 추출된 모든 데이터를 다시 결합해 뇌의 작은 조각에 대한 정교한 계산 모델을 만들었다. 이런 접근방식은 각각의 세부사항들이 가치가 있으며, 그 세부사항들을 거둬내면 뇌에 대한 이해가 불가능할 것이라는 생각에 기초한다. 이 접근방식은 뇌의 구체적인 생물학적 특성들을 그대로 받아들인 후 그 특성들을 조합하면 뇌의 작동 방식을 완전히 이해할 수 있을 것이라는 생각에 기초한다. 하지만 이 접근방식에도 규모라는 문제가 있다. 상향식으로 뇌를 재구성하는 이 방식으로는 한 번에 하나의 뉴런만 연구할 수 있기 때문에 연구가 완료되려면 엄청난 시간이 필요하다.

이 접근방식과 전혀 다른 관점을 가진 SPAUN Semantic Pointer Architecture Unified Network이라는 네트워크가 있다. 캐나다 온타리오 주 소재 워털루 대학의 크리스 엘리아스미스Chris Eliasmith 교수 연구팀이 개발한 SPAUN은 신경생물학적 세부사항들을 모두 잡아내지 않으면서 뇌의 작동 방식에 대한 모델을 구축하기 위한 네트워크다. 이는 이 네트워크가 동일한 감각입력을 받아 동일한 운동 출력을 낸다는 뜻이다. 구체적으로 설명하면, SPAUN은 이미지를 입력으로 받아들인 후 시뮬레이션된 팔을 제어해 출력을 쓰게 만든다. 이 입력과 출력 사이에는 전체 뇌의 구조를 광범위하게 모방하도록 배열된 250만 개의 단순 모델 뉴런들로 구성된 복잡한 그물 구조가 있다. 이런 뉴런 연결을 통해 SPAUN은 숫자 그리기, 개체 목록 불러오기, 간단한 패턴 완성 같은 7가지 인지 및 운동 작업을 수행할 수 있다. 이런 방식으로 SPAUN은 우아함 대신 기능을 선택한다. 물론, 인간의 뇌는 이 네트워크보다 수만 배 많은 뉴런을 포함하고 있으며, 7가지 이상의 작업을 수행할 수 있다. 현재의 SPAUN을 가능하게 한 유용성과 규모의 원칙이 전체 두뇌 모델로까지 이어질 수 있을까? 뉴런의 수를 더 추가해야 할까? 아직 답은 확실하지 않다.

대통일이론의 진짜 목표는 응축이다. 대통일이론은 다양한 정보를 압축해 이해 가능한 형태로 만들 수 있어야 한다. 대통일이론이 만족할 만한 수준으로 보이는 것은 이 이론이 뇌의 작동을 간단한 방식으로 완전하게 이해할 수 있게 만들 수 있는 가능성을 가지기 때문이다. 하지만 SPAUN 모델이나 블루 브레인 프로젝트 모델은 범위가 너무 넓다. 수많은 데이터를 이용해 정교한 구조를 구축하기 때문이다. 이런 식으로 이 모델들은 정확성을 얻는 대신 해석 가능성을 포기한다. 이 모델들은 모든 것을 이용해 모든 것을 설명하려는 모델들이다.

다른 모든 모델과 마찬가지로 이 모델들도 뇌의 작동방식을 정확하게 재현해내지 못한다. 이 모델들을 만든 사람들도 여전히 포함할 항목과 포함하지 않을 항목, 설명하려는 항목 및 무시할 수 있는 항목을 선택해야 한다. 대통일이론 같은 이론을 구축하려면 가장 많은 사실들을 설명할 수 있는 가장 간단한 법칙들을 찾아내야 한다. 뇌처럼 정교하고 복잡한 대상을 연구할 때 이런 간단한 법칙들을 찾아내는 일은 그 자체가 매우 복잡한 일이 될 수 있다. 뇌의 중요한 특징들을 설명하기 위해 어떤 수준의 세밀함과 규모가 필요할지는 미리 알 수 없다. 실제로 관련 모델을 구축하고 테스트하는 방법만으로 이 문제에 대한 진전을 만들어 낼 뿐이다.

전반적으로 볼 때 신경과학은 물리학, 수학, 공학 같은 "더 어렵고" 정량적인 학문들로부터 도움을 받으면서 그 학문들과 유익한 관계를 유지해왔다고 할 수 있다. 이런 학문들의 유추 방법과 도구를 이용해 신경과학은 뉴런에 대한 연구에서 행동에 대한 연구로 방향을 전환했다. 그리고 뇌에 대한 연구는 인공지능 연구에 영감을 제공하고 수학적 기법을 시험할 수 있는 장을 마련함으로써 이 학문들에게 보답했다.

하지만 신경과학은 물리학이 아니다. 신경과학은 물리학이라는 오래된 과학의 발자취를 그대로 따라서는 안 된다. 물리학의 법칙들과 물리학을 성공으로 이끈 전략들이 신경과학 연구에서 언제나 효과를 내지는 않기 때문이다. 따라서 물리학에서 영감을 받을 때는 신중해야 한다. 마음의 모델을 구축할 때 수학이 가진 아름다움만이 유일한 안내자가 되어서도 안 된다. 수학적 접근방식은 항상 뇌 특유의 특성들을 반영해 적용되어야 한다. 이런 균형이 제대로 이뤄져야만 생물학은 수학을 비롯한 다른 학문들의 영향을 지나치게 받지 않으면서 뇌에 대한 통찰을 해낼 수 있다. 이런 방식으로 뇌에 대한 연구는 수학적 접근방식을 이용해 자연 세계에 대한 이해를 높여 나가고 있다.

# 수식 설명

## 제2장 뉴런은 어떻게 스파이크를 생성하는가

라피크는 세포막 전압이 시간이 지남에 따라 어떻게 변하는지 설명하는 수식을 만들어냈다. 이 수식은 전기회로를 설명하는 데 사용되는 수식에 기초한다. 구체적으로, 전압 V(t)는 저항(R)과 축전기(C)가 병렬로 이어진 회로의 수식에 의해 정의된다.

$$\tau \frac{dV}{dt} = -(V(t) - V_{rest}) + RI(t)$$

여기서 t = RC다. 셀에 대한 외부 입력(실험자 또는 다른 뉴런의 영향)은 I(t)로 표시된다. 세포막은 (어느 정도 누출이 발생하지만) 이 외부 입력 전류를 통합한다.

라피크의 수식은 활동전위가 발생하는 동안의 세포막 전압의 변화는 나타내지 않는다. 하지만 이 수식에는 세포막이 역치에 도달해 스파이크를 일으키는 시점을 나타내는 간단한 메커니즘이 추가될 수 있다. 구체적으로 이 수식을 발화하는 뉴런의 모델로 바꾸기 위해서는 전압이 발화를 위한 역치($V_{thresh}$)에 도달한 후에 다시 도달하는 휴지 상태($V_{rest}$)로 재설정되어야 한다.

$$V(t) = V_{rest}, \text{ if } V(t) = V_{thresh}$$

이 수식은 활동전위의 복잡한 메커니즘을 나타내지는 않지만(그러려면 호지킨-헉슬리 모델이 필요하다) 스파이크 시간을 계산하는 간단한 방법을 제공한다.

## 제3장 계산 방법의 학습

퍼셉트론은 간단한 분류 작업을 수행하는 방법을 학습할 수 있는 단층 인공 신경이다. 학습은 입력 및 출력의 특정 사례를 기반으로 계산된 입력 뉴런과 출력 뉴런 사이의 가중치 업데이트를 통해 발생한다.

학습 알고리즘은 N개의 이진 입력 $X_n$에 대한 무작위 가중치 $W_n$ 적용으로 시작된다. 퍼셉트론의 출력 분류 값 y는 다음과 같은 수식으로 계산된다.

$$y(\boldsymbol{x}) = \begin{cases} 1, & \text{if } \sum_{n=1}^{N} w_n x_n + b \geq 0 \\ 0, & \text{otherwise} \end{cases}$$

여기서 b는 역치를 변화시키는 편향bias이다. 학습을 통해 w의 각 항목은 학습 규칙에 따라 업데이트된다.

$$w_n \leftarrow w_n + \lambda(y^* - y(\boldsymbol{x}))x_n$$

여기서 y*는 올바른 분류 값이고 λ는 학습률이다. $X_n$이 1이면 올바른 분류와 퍼셉트론의 출력 간 차이의 부호에 따라 $W_n$ 업데이트 방법이 결정된다. $X_n$ 또는 차이가 0이면 업데이트가 발생하지 않는다.

## 제4장 기억의 생성과 유지

홉필드 네트워크는 기억을 신경 활동의 패턴으로 나타낸다. 뉴런 사이의 연결을 통해 네트워크는 연상기억을 구현할 수 있다. 즉, 전체 기억은 그 전체 기억을 구성하는 부분집합 중 하나를 활성화함으로써 인출될 수 있다.
네트워크는 N개의 셀로 구성되며, 이들 사이의 상호 작용은 대칭 가중치 행렬(W)에 따라 정의된다. 이 행렬의 각 항목($W_{nm}$)은 셀 n과 셀 m 사이의 연결 강도를 정의한다. 각 시점에서 각 셀의 활동 상태(n=1...N에 대한 $c_n$ 값)는 다음의 수식에 따라 업데이트된다.

$$c_n \leftarrow \begin{cases} 1, & \text{if } \sum_{m=1}^{N} w_{nm}c_m \geq \theta_n \\ -1, & \text{otherwise} \end{cases}$$

여기서 $\theta$는 역치를 나타낸다.

각각의 기억 $\varepsilon^i$은 각각의 뉴런의 활동 상태를 정의하는 길이가 N인 벡터다. 네트워크 활동이 처음부터 기억에 잡음이 있는 버전으로 설정되면 해당 기억의 끝개 상태($\varepsilon^i$에 의해 정의됨)로 진화하며, 이때 네트워크 활동 c는 변화가 중지된다.

가중치 행렬은 네트워크에 저장된 기억에 의해 정의된다. K개의 기억을 저장하기 위해 W의 각 항목은 다음과 같이 정의된다.

$$w_{nm} = \frac{1}{K} \sum_{i=1}^{K} \epsilon_n^i \epsilon_m^i$$

따라서 많은 기억에서 유사한 활동을 하는 뉴런 쌍은 서로 강한 양성 연결을 갖게 된다. 반대의 활동 패턴을 가진 뉴런 쌍들은 서로 강한 음의 연결을 갖게 된다.

## 제5장 흥분과 억제

흥분과 억제 사이에 적절한 균형을 갖춘 네트워크는 안정적이고 잡음이 많은 신경 활동을 생성할 수 있다. 이런 네트워크는 전체 네트워크의 수학적 메커니즘을 몇 개의 수식으로 단순화하는 평균장 접근방식mean-field approach을 사용해 분석할 수 있다.

균형 네트워크에 대한 평균장 수식은 N개의 뉴런(흥분성 뉴런과 억제성 뉴런이 모두 포함된다)으로 구성된 네트워크로 시작하며, 여기서 뉴런은 반복 입력뿐만 아니라 외부 입력도 받는다. 반복 입력의 경우 각 뉴런은 K개의 흥분성 입력과 K개의 억제성 입력을 받는다. 이 경우 K는 N보다 훨씬 작은 것으로 가정한다.

$$1 << K << N$$

큰 K와 네트워크에 대한 일정한 외부 입력의 경우를 살펴보면 j 유형(흥분 또는 억제)의 세포에 대한 평균 입력은 다음과 같이 제공된다는 것을 알 수 있다.

$$\mu_j = \sqrt{K}(X_j m_X + m_E - W_{jI} m_I) - \theta_j$$

그리고 이 입력의 분산은 다음과 같다.

$$\sigma_j^2 = m_E + W_{jI}^2 m_I$$

이 수식에서 $X_j$와 x는 각각 집단 j에 대한 외부 입력의 연결 강도와 발화 속도를 나타낸다. $\theta_j$는 발화 역치를 나타낸다. $W_{jI}$는 억제성 집단에서 집단 j까지의 총 강도를 나타낸다. (흥분성 집단의 해당 값은 1로 정의됨). $W_{jI}$는 단일 연결의 강도와 $\sqrt{K}$를 곱한 값이다.
mj는 0에서 1까지의 범위로 정의된 집단 j의 평균 활동이다. 이 값은 다음의 수식에 따라 입력 분산의 평균 및 제곱근에 의해 결정된다.

$$m_j = H\left(\frac{-\mu_j}{\sqrt{\sigma_j^2}}\right)$$

여기서 H는 보상 오차 함수다.

세포에 대한 흥분성 입력이나 억제성 입력이 출력을 압도하지 않도록 하기 위해 $\mu_j$ 수식의 첫 번째 항은 역치와 동일한 차수여야 한다. 이를 만족시키려면 개별 연결의 강도가 1/√K여야 한다.

## 제6장 시각의 단계

합성곱 신경망은 뇌의 시각 시스템의 기본적인 특징 중 일부를 복제하는 방식으로 이미지를 처리하며 몇 가지 기본 작업을 수행한다. 이미지 I부터 시작할 때 첫 번째 단계는 이 이미지를 필터 F로 합성곱하는 것이다. 이 합성곱의 결과는 비선형성 요소($\phi$)를 통과하여 단순한 세포와 유사한 층의 활동을 위해 전달된다.

$$A_s = \phi(I * F)$$

가장 일반적인 비선형성은 양성 정류positive rectification다.

$$\phi(x) = \max(x, 0)$$

이미지와 필터가 모두 2차원 행렬이면 AS도 2차원 행렬이다. 복잡한 세포 반응을 복제하기 위해 2D 최대 통합 작업이 단순한 세포와 유사한 활동에 적용된다. 복잡한 세포와 유사한 활동($A^c$) 매트릭스의 각 요소는 다음과 같이 정의된다.

$$a_{ij}^c = \max_{pq \in Pij} a_{pq}^s$$

여기서 $P_{ij}$는 위치 ij를 중심으로 하는 AS의 2D 이웃이다. 이 작업의 효과는 복잡한 세포 활동이 입력을 수신하는 단순한 세포 조각들의 최대 활동이 되게 만드는 것이다.

## 제7장 신경 암호의 해독

섀넌은 기호의 역확률의 밑수가 2인 로그로 계산되는 비트로 정보를 정의했다. 이는 확률의 밑수가 2인 로그의 음수로 쓸 수도 있다.

$$\log_2 P(\frac{1}{x_i}) = -\log_2 P(x_i)$$

엔트로피(H)로 알려진 값인 코드의 총 정보는 각 기호에 있는 정보의 함수다. 구체적으로, 엔트로피는 코드 X의 각 기호(xi)에 포함된 정보에 확률 P(xi)로 가중된 정보의 합이다.

$$H(X) = -\sum_i P(x_i) \log_2 P(x_i)$$

## 제8장 낮은 차원에서의 움직임

낮은 차원에서의 움직임 주성분 분석(PCA)을 사용하면 뉴런 집단 활동의 차원성을 축소할 수 있다. 신경 데이터에 PCA를 적용하는 것은 데이터의 행렬(X)에서 시작한다. 여기서 각 행은 개별 뉴런(총 N개의 뉴런 중)을 나타내고 각 열은 시간(길이 L) 경과에 따른 해당 뉴런의 평균에서 차감한 활동을 나타낸다.

$$X \in \mathbb{R}^{N \times L}$$

이 데이터의 공분산covariance 행렬은 다음과 같이 정의된다.

$$K = XX^T$$

여기서 고유값분해에 따르면 다음과 같은 수식을 얻을 수 있다.

$$K = Q\Lambda Q^{-1}$$

여기서 Q의 각 열은 K의 고유 벡터이며, $\Lambda$는 대각의 항목이 해당 고유 벡터의 고유값인 대각선 행렬이다. 데이터의 주성분은 K의 고유 벡터로 정의된다.

전체 차원 데이터를 D 차원으로 축소하기 위해 (고유 값으로 순위를 매긴) 상위 D개의 고유 벡터가 새 축으로 사용된다. 이 새 축에 전체 차원 데이터를 투영하면 새 데이터 행렬을 얻을 수 있다.

$$X_{reduced} \in \mathbb{R}^{D \times L}$$

D가 3 이하이면 이 축소된 데이터 행렬을 시각화할 수 있다.

## 제9장 구조에서 기능으로

와츠와 스트로개츠는 다수의 실제 그래프가 소규모 네트워크로 설명될 수 있다고 주장했다. "좁은 세상" 네트워크는 평균 경로 길이(두 노드 사이를 가로지르는 에지 수)가 짧고 클러스터링 계수가 높다. N개의 노드로 구성된 그래프를 가정할 때, 주어진 노드 n이 $k_n$개의 다른 노드(이웃)들에 연결된 경우 해당 노드의 클러스터링 계수는 다음과 같다.

$$c_n = \frac{E_n}{k_n(k_n - 1)/2}$$

여기서 $E_n$은 n의 이웃들 사이에 존재하는 에지의 수이고, 분모는 이런 노드 사이에 존재할 수 있는 총 에지 수를 나타낸다. 따라서 클러스터링 계수는 노드 그룹이 상호 연결되거나 "패거리를 이룬cliquey" 정도를 나타낸다.

전체 네트워크의 클러스터링 계수는 각각의 노드의 클러스터링 계수들의 평균으로 계산할 수 있다.

$$C = \frac{1}{N} \sum_{n=1}^{N} c_n$$

### 제10장 합리적인 의사결정

베이즈 법칙을 나타내는 수식은 다음과 같다.

$$P(h \mid d) = \frac{P(d \mid h)P(h)}{P(d)}$$

여기서 h는 가설을 나타내고 d는 관찰된 데이터를 나타낸다. 이 방정식의 왼쪽에 있는 항을 사후 분포라고 한다. 베이지언 결정 이론 BDT은 사후 분포가 특정 인식, 선택 또는 행동에 어떻게 연결되어야 하는지를 나타냄으로써 베이즈 법칙이 어떻게 결정을 유도할 수 있는지 설명한다.

BDT에서 손실 함수는 다양한 유형의 잘못된 결정을 내릴 때 발생하는 페널티를 나타낸다. (예를 들어, 빨간색 꽃을 흰색으로 잘못 보는 것과 흰색 꽃을 빨간색으로 잘못 보는 것은 서로 다른 부정적인 결과를 초래할 수 있다). 가장 기본적인 손실 함수에서는 잘못 선택한 가설은 동일한 페널티를 받는 반면 올바른 선택(h*)에는 페널티가 수반되지 않는다.

$$l(\hat{h}, h^*) = \begin{cases} 1, \text{if } \hat{h} \neq h^* \\ 0, \text{otherwise} \end{cases}$$

특정 가설(h)을 선택할 때 전체 예상 손실은 각 가설의 확률로 이 손실을 가중해 계산된다.

$$L(\hat{h}) = \sum_{h} l(\hat{h}, h) P(h \mid d)$$

위 수식의 결과는 다음과 같다.

$$L(\hat{h}) = 1 - P(h = \hat{h} \mid d)$$

따라서 이 손실을 최소화하기 위해서는 사후 분포를 최대화하는 옵션을 선택해야 한다. 즉, 가장 좋은 가설은 사후 확률이 가장 높은 가설이다.

## 제11장 보상은 어떻게 행동을 유도하는가

강화학습은 동물이나 인공적인 행위주체가 단순히 보상을 받음으로써 행동 방식을 배울 수 있는 방법을 설명한다. 강화학습의 핵심 개념은 현재 받는 보상의 양과 미래에 올 것으로 예상되는 보상의 양을 결합한 척도인 가치다.

벨먼 방정식은 행위 a를 실행한 경우 받는 보상(R)과 다음 상태의 할인된 값으로 현재 상태(s)의 가치(V)를 정의한다.

$$V(s) = \max_{a} [R(s,a) + \beta V(T(s,a))]$$

여기서 $\beta$는 할인 계수이고 T는 행위주체가 상태 s에서 행위 a를 실행한 후 행위주체가 어떤 상태에 있게 될지 결정하는 전이 함수다. max 연산은 가장 높은 값을 생성하는 작업이 항상 수행되도록 기능한다. 가치 함수 자체가 방정식의 오른쪽에 나타나므로 값의 정의가 재귀적임을 알 수 있다.

## 제12장 뇌에 대한 대통일 이론

자유 에너지 법칙은 신경 활동과 행동을 설명할 수 있는 뇌의 통합 이론으로 제시됐다. 자유 에너지는 다음과 같이 정의된다.

$$F(s,\mu) = -\log p(s) + D_{KL}\left[q(x\mid\mu) \parallel p(x\mid s)\right]$$

여기서 s는 감각 입력, μ은 뇌의 내부 상태, x는 세계의 상태를 나타낸다. 이 수식의 오른쪽 첫 번째 항(s의 음의 로그 확률)은 "놀라움 surprise"으로 간주되기도 한다. s의 값은 감각 입력의 확률이 낮을 때 높아지기 때문이다.

$D_{KL}$은 두 확률 분포 사이의 쿨백-라이블러 Kullback-Leibler 발산이며 다음과 같은 수식으로 정의된다.

$$D_{KL}\left[q \parallel p\right] = \sum_{y \in Y} q(y) \log \frac{q(y)}{p(y)}$$

따라서 자유 에너지 법칙의 두 번째 항은 뇌의 내부 상태를 전제로 주어진 세계 상태의 확률과 감각 입력이 주어진 세계 상태의 확률 간의 차이를 나타낸다. 뇌는 자체 내부 상태(q(x|μ))를 사용해 p(x|s)를 근사화한다고 생각할 수 있으며, 근사치가 정확할수록 자유 에너지가 낮아진다.

자유 에너지 법칙에 따르면 뇌는 자유 에너지를 최소화하는 것을 목표로 하기 때문에 다음과 같이 내부 상태를 업데이트해야 한다.

$$\mu = \min_{\mu} F(s,\mu)$$

또한 동물이 취하는 행동(a)의 선택은 받는 감각 입력에 영향을 미친다.

$$s' = f(a)$$

따라서 행동은 자유 에너지를 최소화할 수 있는 능력에 기초해 이뤄져야 한다.

$$a = \min_{a} F(s', \mu')$$

# 감사의 말

이 글을 쓰는 지금 나는 첫 아이를 임신하고 있습니다. 한 아이를 키우는 데 온 마을이 필요하다고 합니다. 나는 그 말이 사실이라고 믿지만, 지금까지 임신은 비교적 고독한 경험이었습니다. 하지만 책을 쓰는 과정에서는 확실히 많은 사람들의 도움을 받았습니다.

먼저, 남편 조시에게 감사의 마음을 전합니다. 우리는 컬럼비아 대학 이론 신경과학연구소에서 박사 학위 과정을 밟는 동안 만났습니다. 당시 남편은 나의 사기를 진작시키는 동시에 이 책을 쓰는 과정에서 팩트 체크를 담당했습니다. 또한 남편은 내가 적어도 가끔 적절한 식사를 하고 친구들을 만날 수 있도록 해주었습니다. 항상 나를 응원하면서 즐겁게 해준 그의 가족 새론, 로저, 로리에게도 감사를 표하고 싶습니다.

뉴라이트NeuWrite 커뮤니티에도 굉장한 마음의 빚이 있습니다. 나는 뉴욕에서 대학원을 다닐 때 이 과학자 및 작가 그룹에 처음 합류했고, 영국으로 이주한 뒤에는 이 커뮤니티의 런던 지부에서 활동했습니다. 뉴라이트 커뮤니티의 회원들은 나를 시그마Sigma 회원들과 연결해 주었으며, 책 쓰기에 대한 조언과 위로를 내게 제공했습니다. 나는 이들과 정기적으로 만나 이 책의 내용들을 검토하면서 책 쓰기에 대한 불안감을 진정시킬 수 있었습니다. 리엄 드류, 헬런 스케일스, 로마 애그러월, 에마 브라이스에게 특히 감사의 마음을 전합니다.

이 책을 쓰면서 나는 수많은 친구들의 도움을 받았습니다. 이 친구들 중에는 신경과학자도 있고, 신경과학과 관계없는 친구들도 있었지만, 이들은 모두 내 책을 꼼꼼하게 읽으면서 내게 의견을 말해 줌으로써 이 책의 메시지를 더 분명하게 만드는 데 도움을 주었습니다. 특히 낸시 퍼딜라, 율 강, 비샬 소니, 제시카 오베이세카레, 빅터 포프, 새라제인 티어니, 제이너 퀸, 제시카 그레이브스, 알렉스 케이코가지치, 얀 스위니 그리고 내 여동생 앤 린지에게 감사의 마음을 전합니다.

또한 나는 "신경과학 트위터"라고 불리는 온라인 커뮤니티에서 활동한 다양한 사람들에게도 많은 신세를 졌습니다. 이 커뮤니티에서 만난 친구들과 내가 잘 모르는 사람들에게도 감사드립니다.

여러 장을 살펴보는 과정에서 나는 전문지식을 가진 다양한 연구자들에게도 연락을 취해 도움을 받았습니다. 아타나시아 파푸치, 리처드 골든, 스테파노 후시, 헤닝 스프레클러, 코리 메일리, 마크 험프리스, 얀 드루고위치, 블레이크 리처즈에게 특히 감사드립니다. 이 책에 오류가 있다면 이들의 책임이 아니라 전적으로 내 책임입니다.

블룸스베리 시그마 팀은 내가 머릿속으로만 생각하고 있던 것들을 실제로 책으로 써내는 데 결정적인 도움을 주었습니다. 특히 짐

마틴, 앤절리크 노이만, 애나 맥다이어미드는 이 책을 쓰는 모든 과정에서 내게 길잡이 역할을 했습니다.

긴 시간 동안 이 책에 대한 이야기를 참고 들어준 친구들과 가족들(특히 여동생 새라와 앤)에게도 감사의 마음을 전합니다. 마지막으로 계산신경과학계 전체에 감사를 표하고 싶습니다. 계산신경과학 분야에서 거의 10년 동안 머물면서 흡수한 다양한 지식이 없었다면 이 책을 쓰지 못했을 것입니다.

# 참고문헌

## 1장 공 모양의 소

Abbott, L. F. 2008. Theoretical neuroscience rising. Neuron 60(3):489–95 doi:10.1016/j.neuron.2008.10.019.

Cajal, S. R. y. 2004. Advice for a Young Investigator. MIT Press, Massachusetts, USA.

Lazebnik, Y. 2002. Can a biologist fix a radio Or, what I learned while studying apoptosis. Cancer Cell 2(3):179–82 doi:10.1016/s1535-6108(02)00133-2.

Nakata, K. 2013. Spatial learning affects thread tension control in orb-web spiders. Biology Letters 9(4) doi:10.1098/rsbl.2013.0052.

Russell, B. 2009. The Philosophy of Logical Atomism. Routledge, London.

## 2장 뉴런은 어떻게 스파이크를 생성하는가

Branco, T., et al. 2010. Dendritic discrimination of temporal input sequences in cortical neurons. Science 329(5999):1671–75 doi:10.1126/science.1189664.

Bresadola, M. 1998. Medicine and science in the life of Luigi Galvani (1737–98). Brain Research Bulletin 46(5):367–80 doi:10.1016/s0361-9230(98)00023-9.

Brunel, N. & van Rossum, M. C. W. 2007. Lapicque's 1907 paper: From frogs to integrate-and-fire. Biological Cybernetics, 9(5):337–39 doi:10.1007/s00422-007-0190-0.

Burke, R. E. 2006. John Eccles' pioneering role in understanding central synaptic transmission. Progress in Neurobiology 78(3):173–88 doi:10.1016/j.

pneurobio.2006.02.002.

Cajori, F. 1962. History of Physics. Dover Publications, New York, USA.

Finkelstein, G. 2013. Emil Du Bois-Reymond: Neuroscience, Self, and Society in Nineteenth-Century Germany. MIT Press, Massachusetts, USA.

Finkelstein, G. 2003. M. Du Bois-Reymond goes to Paris. The British Journal for the History of Science 36(3):261–300 www.jstor.org/stable/4028156. JSTOR.

Volta, A. & Banks, J. 1800. On the electricity excited by the mere contact of conducting substances of different kinds. The Philosophical Magazine 7(28):289–311 doi:10.1080/14786440008562590.

Huxley, A. F. 1964. Excitation and conduction in nerve: quantitative analysis. Science 145(3637):1154–59 doi:10.1126/science.145.3637.1154.

Bynum, W. F. & Porter, R. 2006. Johannes Peter Müller. Oxford Dictionary of Scientific Quotations. OUP, Oxford.

Kumar, A., et al. 2011. The role of inhibition in generating and controlling parkinson's disease oscillations in the basal ganglia. Frontiers in Systems Neuroscience 5 doi:10.3389/fnsys.2011.00086.

Tyndall, J. 1876. Lessons in electricity IV. Popular Science Monthly 9. Wikisource.

Markram, H., et al. 2015. Reconstruction and simulation of neocortical microcircuitry. Cell 163(2):456–92 doi:10.1016/j.cell.2015.09.029.

McComas, A. 2001. Galvani's Spark: The Story of the Nerve Impulse. Oxford University Press, USA.

Piccolino, M. 1998. Animal electricity and the birth of electrophysiology: the legacy of Luigi Galvani. Brain Research Bulletin 46(5):381–407 doi:10.1016/s0361-9230(98)00026-4.

Schuetze, S. M. 1983. The discovery of the action potential. Trends in Neurosciences 6:164–68 doi:10.1016/0166-2236(83)90078-4.

Squire, L. R., editor. 1998. The History of Neuroscience in Autobiography, Volume 1. Academic Press, Cambridge, Massachusetts, USA.

Squire, L. R., editor. 2003. The History of Neuroscience in Autobiography, Volume 4. Academic Press, Cambridge, Massachusetts, USA.

Squire, L. R., editor. 2006. The History of Neuroscience in Autobiography, Volume 5. Academic Press, Cambridge, Massachusetts, USA.

## 3장 계산 방법의 학습

Le, Q. V. & Schuster, M. 2016. A neural network for machine translation, at production scale. Google AI Blog. ai.googleblog. com/2016/09/a-neural-network-for-machine.html. Accessed 13 April 2020.

Albus, J. S. 1971. A theory of cerebellar function. Mathematical Biosciences 10(1):25–61 doi:10.1016/0025-5564(71)90051-4.

Anderson, J. A. & Rosenfeld, Edward. 2000. Talking Nets: An Oral History of Neural Networks. MIT Press, Massachusetts, USA.

Arbib, M. A. 2000. Warren McCulloch's search for the logic of the nervous system. Perspectives in Biology and Medicine 43(2):193–216 doi:10.1353/pbm.2000.0001.

Bishop, G. H. 1946. Nerve and synaptic conduction. Annual Review of Physiology 8:355–74 doi:10.1146/annurev.ph.08.030146.002035.

Garcia, K. S., et al. 1999. Cerebellar cortex lesions prevent acquisition of conditioned eyelid responses. Journal of Neuroscience 19(24):10940–47 doi:10.1523/JNEUROSCI.19-24-10940.1999.

Gefter, A. 2015. The man who tried to redeem the world with logic. Nautilus http://nautil.us/issue/21/information/the-man-who-tried-to-redeem-the-world-with-logic.

Hartell, N. A. 2002. Parallel fiber plasticity. Cerebellum 1(1):3–18 doi:10.1080/147342202753203041.

Linsky, B. & Irvine, A. D. 2019. Principia Mathematica. The Stanford Encyclopedia of Philosophy, edited by Zalta, E. N., Metaphysics Research Lab, Stanford University https://plato.stanford.edu/archives/fall2019/entries/principia-mathematica/.

McCulloch, W. S. 2016. Embodiments of Mind. MIT Press, Massachusetts, USA.

Papert, S. 1988. One AI or many? Daedalus 117(1):1–14 www.jstor.org/stable/20025136. JSTOR.

Piccinini, G. 2004. The first computational theory of mind and brain: a close look at McCulloch and Pitts's logical calculus of ideas immanent in nervous activity. Synthese 141(2):175–215 doi:10.1023/B:SYNT.0000043018.52445.3e.

Rosenblatt, F. 1957. The Perceptron, a Perceiving and Recognizing Automaton Project Para. Cornell Aeronautical Laboratory, New York, USA.

Russell, B. 2014. The Autobiography of Bertrand Russell. Routledge, London.

Schmidhuber, J. 2015. Who invented backpropagation? http://people.idsia.ch/~juergen/who-invented-backpropagation.html. Accessed 13 April 2020.

## 4장 기억의 생성과 유지

Bogacz, R., et al. 2001. A familiarity discrimination algorithm inspired by computations of the perirhinal cortex. Emergent Neural Computational Architectures Based on Neuroscience: Towards Neuroscience-Inspired Computing. Springer-Verlag, Switzerland 428–441.

Brown, R. E. & Milner, P. M. 2003. The legacy of Donald O. Hebb: more than the Hebb synapse. Nature Reviews Neuroscience 4(12):1013–19 doi:10.1038/nrn1257.

Chumbley, J. R., et al. 2008. Attractor models of working memory and their modulation by reward. Biological Cybernetics 98(1):11–18 doi:10.1007/s00422-007-0202-0.

Cooper, S. J. 2005. Donald O. Hebb's synapse and learning rule: a history and commentary. Neuroscience and Biobehavioral Reviews 28(8):851–74 doi:10.1016/j.neubiorev.2004.09.009.

Fukuda, K., et al. 2010. Discrete capacity limits in visual working memory. Current Opinion in Neurobiology 20(2):177–82 doi:10.1016/j.conb.2010.03.005.

Fuster, J. M. & Alexander, G. E. 1971. Neuron activity related to short-term memory. Science (New York, USA) 173(3997):652–54 doi:10.1126/science.173.3997.652.

Hopfield, J. J. 2014. Whatever happened to solid state physics? Annual Review of Condensed Matter Physics 5(1):1–13 doi:10.1146/annurev-conmatphys-031113-133924.

Hopfield, J. J. 2018. Now what? Princeton Neuroscience Institute https://pni.princeton.edu/john-hopfield/john-j.-hopfield-nowwhat. Accessed 13 April 2020.

Kim, Sung Soo, et al. 2017. Ring attractor dynamics in the Drosophila central brain. Science (New York, USA) 356(6340):849–53 doi:10.1126/science.aal4835.

Lechner, H. A., et al. 1999. 100 years of consolidation – remembering Müller and

Pilzecker. Learning & Memory 6,(2):77–87 doi:10.1101/lm.6.2.77.

MacKay, D. J. C. 2003. Information Theory, Inference and Learning Algorithms. Cambridge University Press, UK.

Martin, S. J. & Morris, R. G. M. 2002. New life in an old idea: the synaptic plasticity and memory hypothesis revisited. Hippocampus 12(5):609–36 doi:10.1002/hipo.10107.

Pasternak, T. & Greenlee, M. W. 2005. Working memory in primate sensory systems. Nature Reviews Neuroscience 6(2):97–107 doi:10.1038/nrn1603.

Zhang, K. 1996. Representation of spatial orientation by the intrinsic dynamics of the head-direction cell ensemble: a theory. Journal of Neuroscience. www.jneurosci.org/content/16/6/2112. Accessed 13 April 2020.

Roberts, A. C. & Glanzman, D. L. 2003. Learning in aplysia: looking at synaptic plasticity from both sides. Trends in Neurosciences 26(12):662–70 doi:10.1016/j.tins.2003.09.014.

Sawaguchi, T. & Goldman-Rakic, P. S. 1991. 'D1 dopamine receptors in prefrontal cortex: involvement in working memory. Science 251(4996):947–50 doi:10.1126/science.1825731.

Schacter, D. L., et al. 1978. Richard Semon's theory of memory. Journal of Verbal Learning and Verbal Behavior 17(6):721–43 doi:10.1016/S0022-5371(78)90443-7.

Skaggs, W. E., et al. 1995. A model of the neural basis of the rat's sense of direction. Advances in Neural Information Processing Systems 7, edited by G. Tesauro et al. MIT Press, Massachusetts, USA 173–180. http://papers.nips.cc/paper/890-a-model-of-the-neural-basis-of-the-rats-sense-of-direction.pdf.

Tang, Y. P., et al. 1999. Genetic enhancement of learning and memory in mice. Nature 401(6748):63–69 doi:10.1038/43432.

Wills, T. J., et al. 2005. Attractor dynamics in the hippocampal representation of the local environment. Science (New York, USA) 308(5723):873–76 doi:10.1126/science.1108905.

## 5장 흥분과 억제

Albright, T. & Squire, L., editors. 2016. The History of Neuroscience in

Autobiography, Volume 9. Academic Press, Massachusetts, USA.

Blair, E. A. & Erlanger, J. 1933. 'A comparison of the characteristics of axons through their individual electrical responses. American Journal of Physiology 106(3):524–64 doi:10.1152/ajplegacy.1933.106.3.524.

Börgers, C., et al. 2005. Background gamma rhythmicity and attention in cortical local circuits: a computational study. Proceedings of the National Academy of Sciences of the United States of America 102(19):7002–07 doi:10.1073/pnas.0502366102.

Brunel, N. 2000. Dynamics of sparsely connected networks of excitatory and inhibitory spiking neurons. Journal of Computational Neuroscience 8(3):183–208 doi:10.1023/A:1008925309027.

Fields, R. D. 2018. Do brain waves conduct neural activity like a symphony? Scientific American https://www.scientificamerican. com/article/do-brain-waves-conduct-neural-activity-like-asymphony. Accessed 14 April 2020.

Florey, E. 1991. GABA: history and perspectives. Canadian Journal of Physiology and Pharmacology 69(7):1049–56 doi:10.1139/y91-156.

Fye, W. Bruce, Ernst, Wilhelm, and Eduard Weber. Clinical Cardiology 23(9):709–10 doi:10.1002/clc.4960230915.

Mainen, Z. F. & Sejnowski, T. J. 1995. Reliability of spike timing in neocortical neurons. Science 268(5216):1503–06, doi:10.1126/science.7770778.

Brown University. 2019. Neuroscientists discover neuron type that acts as brain's metronome: by keeping the brain in sync, these long-hypothesized but never-found neurons help rodents to detect subtle sensations. ScienceDaily https://www.sciencedaily. com/releases/2019/07/190718112415.htm. Accessed 14 April 2020.

Poggio, G. F. & Viernstein, L. J. 1964. Time series analysis of impulse sequences of thalamic somatic sensory neurons. Journal of Neurophysiology 27(4):517–45 doi:10.1152/jn.1964.27.4.517.

Shadlen, M. N. & Newsome, W. T. 1994. Noise, neural codes and cortical organization. Current Opinion in Neurobiology 4(4):569–79 doi:10.1016/0959-4388(94)90059-0.

Softky, W. R. & Koch, C. 1993. The highly irregular firing of cortical cells is inconsistent with temporal integration of random EPSPs. The Journal of

Neuroscience 13(1):334–50 doi:10.1523/JNEUROSCI.13-01-00334.1993.

Stevens, C. F. & Zador, A. M. 1998. Input synchrony and the irregular firing of cortical neurons. Nature Neuroscience 1(3):210–17 doi:10.1038/659.

Strawson, G. 1994. The impossibility of moral responsibility. Philosophical Studies: An International Journal for Philosophy in the Analytic Tradition 75(1/2):5–24 https://www.jstor.org/stable/4320507. JSTOR.

Tolhurst, D. J., et al. 1983. The statistical reliability of signals in single neurons in cat and monkey visual cortex. Vision Research 23(8):775–85 doi:10.1016/0042-6989(83)90200-6.

Wehr, M. & Zador, A. M. 2003. Balanced inhibition underlies tuning and sharpens spike timing in auditory cortex. Nature 426(6965):442–46 doi:10.1038/nature02116.

## 6장 시각의 단계

Boden, M. A. 2006. Mind as Machine: A History of Cognitive Science. Clarendon Press, Oxford, UK.

Buckland, M. K. 2006. Emanuel Goldberg and His Knowledge Machine. Greenwood Publishing Group, Connecticut, USA.

Cadieu, C. F., et al. 2014. Deep neural networks rival the representation of primate IT cortex for core visual object recognition.' PLoS Computational Biology 10(12) doi:10.1371/journal.pcbi.1003963.

Fukushima, K. 1970. A Feature extractor for curvilinear patterns: a design suggested by the mammalian visual system.' Kybernetik 7(4):153–60 doi:10.1007/BF00571695.

Fukushima, K. 1980. Neocognitron: a self-organizing neural network model for a mechanism of pattern recognition unaffected by shift in position. Biological Cybernetics 36(4):193–202 doi:10.1007/BF00344251.

He, K., et al. 2015. Delving deep into rectifiers: surpassing human-level performance on ImageNet classification. ArXiv:1502.01852 [Cs] http://arxiv.org/abs/1502.01852.

Hubel, D. H. & Wiesel, T. N. 1962. Receptive fields, binocular interaction and functional architecture in the cat's visual cortex. The Journal of Physiology

160(1):106–154.2 www.ncbi.nlm.nih.gov/pmc/articles/PMC1359523/.

Hull, J. J. 1994. A database for handwritten text recognition research. IEEE Computer Society https://doi.org/10.1109/34.291440.

Husbands, P., et al. An Interview with Oliver Selfridge. The MIT Press, Massachusetts, USA. https://mitpress.universitypressscholarship.com/view/10.7551/mitpress/9780262083775.001.0001/upso-9780262083775-chapter-17. Accessed 14 April 2020.

Interview with Kunihiko Fukushima. 2015. CIS Oral History Project. IEEE.Tv https://ieeetv.ieee.org/video/interview-with-fukushima-2015. Accessed 14 Apr. 2020.

Khaligh-Razavi, S. M. & Kriegeskorte, N. 2014. Deep supervised, but not unsupervised, models may explain IT cortical representation.' PLOS Computational Biology 10(11):e1003915 doi:10.1371/journal.pcbi.1003915.

Krizhevsky, A., et al. 2017. ImageNet classification with deep convolutional neural networks. Association for Computing Machinery https://doi.org/10.1145/3065386.

LeCun, Y., et al. 1989. Backpropagation applied to handwritten zip code recognition. Neural Computation 1(4):541–51 doi:10.1162/neco.1989.1.4.541.

National Physical Laboratory. 1959. Mechanisation of thought processes; proceedings of a symposium held at the National Physical Laboratory on 24th, 25th, 26th and 27th November 1958. H. M. Stationery Office, London, UK.

Papert, S. A. 1966. The summer vision project. https://dspace.mit.edu/handle/1721.1/6125.

Squire, L. R., editor. 1998. The History of Neuroscience in Autobiography, Volume 1. Academic Press, Massachusetts, USA.

Uhr, L. 1963. Pattern recognition computers as models for form perception. Psychological Bulletin 60:40–73 doi:10.1037/h0048029.

## 7장 신경 암호의 해독

Barlow, H. 2001. Redundancy reduction revisited. Network (Bristol, England) 12(3):241–53.

Barlow, H. B. 2012. Possible principles underlying the transformations of sensory messages. Sensory Communication, edited by Walter A. Rosenblith, The MIT Press, Massachusetts, USA. 216–34 doi:10.7551/mitpress/9780262518420.003.0013.

Barlow, H. B. 1972. Single units and sensation: a neuron doctrine for perceptual psychology? Perception 1(4):371–94 doi:10.1068/p010371.

Engl, E. & Attwell, D. 2015. Non-signalling energy use in the brain. The Journal of Physiology 593(16):3417–29 doi:10.1113/jphysiol.2014.282517.

Fairhall, A. L., et al. 2001. Efficiency and ambiguity in an adaptive neural code. Nature 412(6849):787–92 doi:10.1038/35090500.

Foster, M. 1870. The velocity of thought. Nature doi:10.1038/002002a0. Accessed 14 April 2020.

Gerovitch, S. 2004. From Newspeak to Cyberspeak: A History of Soviet Cybernetics. MIT Press, Massachusetts, USA.

Gross, C. G. 2002. Genealogy of the 'grandmother cell'. The Neuroscientist: A Review Journal Bringing Neurobiology, Neurology and Psychiatry 8(5):512–18 doi:10.1177/107385802237175.

Hodgkin, A. 1979. Edgar Douglas Adrian, Baron Adrian of Cambridge, 30 November 1889–4 August 1977. Biographical Memoirs of Fellows of the Royal Society. Royal Society, Great Britain. 25:1–73 doi:10.1098/rsbm.1979.0002.

Horgan, J. 2017. Profile of Claude Shannon, inventor of information theory. Scientific American Blog Network https://blogs.scientificamerican.com/cross-check/profile-of-claude-shannon-inventor-of-information-theory. Accessed 14 April 2020.

Husbands, P., et al. 2008. An interview with Horace Barlow. The MIT Press https://mitpress.universitypressscholarship.com/view/10.7551/mitpress/9780262083775.001.0001/upso-9780262083775-chapter-18. Accessed 14 April 2020.

Joris, P. X., et al. 1998. Coincidence detection in the auditory system: 50 years after Jeffress. Neuron 21(6):1235–38 doi:10.1016/s0896-6273(00)80643-1.

Lewicki, M. S. 2002. Efficient coding of natural sounds. Nature Neuroscience 5(4):356–63 doi:10.1038/nn831.

Perkel, D. H. 1968. Neural coding: a report based on an NRP work session organized by Theodore Holmes bullock and held on January 21–23, 1968. Neurosciences

Research Program.

Smeds, L., et al. 2019. Paradoxical rules of spike train decoding revealed at the sensitivity limit of vision. Neuron 104(3):576–587.e11 doi:10.1016/j.neuron.2019.08.005.

Stein, R. B. 1967. The information capacity of nerve cells using a frequency code. Biophysical Journal 7(6):797–826 https://www.ncbi.nlm.nih.gov/pmc/articles/PMC1368193.

The Hospital Nursing Supplement. 1892. The Hospital 12(309):153–60 https://www.ncbi.nlm.nih.gov/pmc/articles/PMC5281805.

Von Foerster, H. 2013. The Beginning of Heaven and Earth Has No Name: Seven Days with Second-Order Cybernetics. Fordham University Press, New York, USA.

## 8장 낮은 차원에서의 움직임

Ashe, J. 2005. What is Coded in the Primary Motor Cortex ? Motor Cortex in Voluntary Movements: A Distributed System for Distributed Functions. CRC Press, Massachusetts, USA doi:10.1201/9780203503584.ch5.

Carr, L. 2012. The neural rhythms that move your body. The Atlantic www.theatlantic.com/health/archive/2012/06/the-neural-rhythms-that-move-your-body/258094.

Churchland, M. M., et al. 2010. Cortical preparatory activity: representation of movement or first cog in a dynamical machine? 68(3):387–400 doi:10.1016/j.neuron.2010.09.015.

Clar, S. A & Cianca, J. C. 1998. Intracranial tumour masquerading as cervical radiculopathy: a case study. Archives of Physical Medicine and Rehabilitation 79(10):1301–02 doi:10.1016/S0003-9993(98)90279-9.

Evarts, E. V. 1968. Relation of pyramidal tract activity to force exerted during voluntary movement. Journal of Neurophysiology 31(1):14–27 doi:10.1152/jn.1968.31.1.14.

Ferrier, D. 1876. The Functions of the Brain. Smith, Elder & Co, London. archive.org/details/functionsofbrain1876ferr.

Fetz, E. E. 1992. Are movement parameters recognizably coded in the activity of single neurons? Behavioral and Brain Sciences 15(4):679–90.

Finger, S., et al. 2009. History of Neurology. Elsevier, Amsterdam, Netherlands.

Georgopoulos, A. P. 1998. Interview with Apostolos P. Georgopoulos. Journal of Cognitive Neuroscience 10(5):657–61 doi:10.1162/089892998562951.

Kalaska, J. F. 2009. From intention to action: motor cortex and the control of reaching movements. Advances in Experimental Medicine and Biology 629:139–78 doi:10.1007/978-0-387-77064-2_8.

Kaufman, M. T., et al. 2014. Cortical activity in the null space: permitting preparation without movement. Nature Neuroscience 17(3):440–48 doi:10.1038/nn.3643.

Rioch, D. M. 1938. Certain aspects of the behavior of decorticate cats. Psychiatry 1(3):339–45 doi:10.1080/00332747.1938.11022202.

Shenoy, K. V., et al. 2013. Cortical control of arm movements: a dynamical systems perspective. Annual Review of Neuroscience 36:337–59 doi:10.1146/annurev-neuro-062111-150509.

Squire, L. R., editor. 2009. The History of Neuroscience in Autobiography. Volume 6. Oxford University Press, USA.

Taylor, C. S. R., & Gross, C. G. 2003. Twitches versus movements: a story of motor cortex. The Neuroscientist: A Review Journal Bringing Neurobiology, Neurology and Psychiatry 9(5):332–42 doi:10.1177/1073858403257037.

Venkataramanan, M. 2015. A chip in your brain can control a robotic arm. Welcome to BrainGate. Wired UK www.wired.co.uk/article/braingate.

Whishaw, I. Q. & Kolb, Bryan. 1983. Can male decorticate rats copulate? Behavioral Neuroscience 97(2):270–79 doi:10.1037/0735-7044.97.2.270.

Wickens, A. P. 2014. A History of the Brain: From Stone Age Surgery to Modern Neuroscience. Psychology Press, East Sussex, UK.

## 9장 구조에서 기능으로

Fornito, A., et al., editors. 2016. Chapter 8 – Motifs, Small Worlds, and Network Economy. Fundamentals of Brain Network Analysis. Academic Press, London, UK. 257–301 doi:10.1016/B978-0-12-407908-3.00008-X.

Garcia-Lopez, P., et al. 2010. The histological slides and drawings of Cajal. Frontiers in Neuroanatomy 4 doi:10.3389/neuro.05.009.2010.

Griffa, A., et al. 2013. Structural connectomics in brain diseases. NeuroImage 80: 515–26 doi:10.1016/j.neuroimage.2013.04.056.

Hagmann, P., et al. 2007. Mapping human whole-brain structural networks with diffusion MRI. PLOS ONE 2(7):e597 doi:10.1371/journal.pone.0000597.

Heuvel, M. P. van den, & Sporns, Olaf. 2013. Network hubs in the human brain. Trends in Cognitive Sciences 17(12):683–96 doi:10.1016/j.tics.2013.09.012.

Humphries, M. D., et al. 2006. The brainstem reticular formation is a small-world, not scale-free, network. Biological Sciences 273(1585):503–11 doi:10.1098/rspb.2005.3354.

Marder, E. & Taylor, A. L. 2011. Multiple models to capture the variability in biological neurons and networks. Nature Neuroscience 14(2):133–38 doi:10.1038/nn.2735.

Milgram, Stanley. 1967. The small world problem. Psychology Today 2:60–67.

Mohajerani, M. H. & Cherubini, E. 2006. Role of giant depolarizing potentials in shaping synaptic currents in the developing hippocampus. Critical Reviews in Neurobiology 18(1–2):13–23 doi:10.1615/critrevneurobiol.v18.i1-2.30.

Morrison, K. & Curto, C. 2019. Chapter 8 – Predicting Neural Network Dynamics via Graphical Analysis. Algebraic and Combinatorial Computational Biology, edited by Robeva, Raina & Macauley, M, Academic Press, London, UK. 241–77 doi:10.1016/B978-0-12-814066-6.00008-8.

Muldoon, S. F., et al. 2016. Stimulation-based control of dynamic brain networks. PLOS Computational Biology 12(9):e1005076 doi:10.1371/journal.pcbi.1005076.

Navlakha, S., et al. 2018. Network design and the brain. Trends in Cognitive Sciences, 22:64–78 doi:10.1016/j.tics.2017.09.012.

Servick, K. 2019. This physicist is trying to make sense of the brain's tangled networks. Science | AAAS, www.sciencemag.org/news/2019/04/physicist-trying-make-sense-brain-s-tanglednetworks.

Sporns, Olaf, Chialvo, Dante R., et al. 2004. Organization, development and function of complex brain networks. Trends in Cognitive Sciences 8(9):418–25 doi:10.1016/j.tics.2004.07.008.

Sporns, Olaf, Tononi, Giulio, et al. 2005. The human connectome: a structural description of the human brain. PLOS Computational Biology 1(4):e42 doi:10.1371/journal.pcbi.0010042.

Squire, L. R. & Albright, T. D. editors. 2008. The History of Neuroscience in Autobiography Volume 9. Oxford University Press, New York, USA.

Squire, L. R. & Albright, T. D. editors. 2008. The History of Neuroscience in Autobiography Volume 10. Oxford University Press, New York, USA.

Tau, G. Z. & Peterson, B. S. 2010. Normal development of brain circuits. Neuropsychopharmacology 35(1):147–68 doi:10.1038/npp.2009.115.

Towlson, E. K., et al. 2013. The rich club of the C. Elegans neuronal connectome. The Journal of Neuroscience 33(15):6380–87 doi:10.1523/JNEUROSCI.3784-12.2013.

Watts, D. J. & Strogatz, S. H. 1998. Collective dynamics of 'smallworld' networks. Nature 393(6684):440–42 doi:10.1038/30918.

## 10장 합리적인 의사결정

Stix, G. 2014. A conversation with Dora Angelaki. Cold Spring Harbor Symposia on Quantitative Biology 79:255–57 doi:10.1101/sqb.2014.79.02.

Adams, W. J., et al. 2004. Experience can change the 'light-fromabove' prior. Nature Neuroscience 7(10):1057–58 doi:10.1038/nn1312.

Aitchison, L., et al. 2015. Doubly Bayesian analysis of confidence in perceptual decision-making. PLoS Computational Biology 11(10) doi:10.1371/journal.pcbi.1004519.

Anderson, J. R. 1991. Is human cognition adaptive? Behavioral and Brain Sciences 14(3):471–85 doi:10.1017/S0140525X00070801.

Bowers, J. S. & Davis, C. J. 2012. Bayesian Just-so Stories in psychology and neuroscience. Psychological Bulletin 138(3):389–414 doi:10.1037/a0026450.

Cardano, G. 2002. The Book of My Life. New York Review Books, USA.

Curry, R. E. 1972. A Bayesian model for visual space perception. NASSP 281:187 https://ui.adsabs.harvard.edu/abs/1972NA SSP.281..187C/abstract.

Fetsch, C. R., et al. 2009. Dynamic reweighting of visual and vestibular cues during self-motion perception. Journal of Neuroscience 29(49):15601–12 doi:10.1523/JNEUROSCI.2574-09.2009.

Fisher, R. A. & Russell, E. J. 1922. On the mathematical foundations of theoretical statistics. Philosophical Transactions of the Royal Society of London. Series A, Containing Papers of a Mathematical or Physical Character 222(594–604):309–68 doi:10.1098/rsta.1922.0009.

Gillies, D. A. 1987. Was Bayes a Bayesian? Historia Mathematica 14(4):325–46 doi:10.1016/0315-0860(87)90065-6.

Gorroochurn, P. 2016. Classic Topics on the History of Modern Mathematical Statistics: From Laplace to More Recent Times. John Wiley & Sons, New Jersey, USA.

Helmholtz, H. von & Southall, J. P. C. 2005. Treatise on Physiological Optics. Dover Publications, New York, USA.

Jaynes, E. T. 2003. Probability Theory: The Logic of Science: Principles and Elementary Applications Vol 1. Edited by G. Larry Bretthorst, Cambridge University Press, New York, USA.

Koenigsberger, L. 1906. Hermann von Helmholtz. Clarendon Press, Oxford, UK.

Mamassian, P. 2008. Ambiguities and conventions in the perception of visual art. Vision Research 48(20):2143–53 doi:10.1016/j.visres.2008.06.010.

Moreno-Bote, R., et al. 2011. Bayesian sampling in visual perception. Proceedings of the National Academy of Sciences 108(30):12491–96 doi:10.1073/pnas.1101430108.

Seriès, P. & Seitz, A. R. 2013. Learning what to expect (in visual perception). Frontiers in Human Neuroscience 7:668 doi:10.3389/fnhum.2013.00668.

Stigler, S. M. 1982. Thomas Bayes's Bayesian inference. Journal of the Royal Statistical Society. Series A (General) 145(2):250–58 doi:10.2307/2981538. JSTOR.

Vilares, I. & Kording, K. 2011. Bayesian Models: the structure of the world, uncertainty, behavior, and the brain. Annals of the New York Academy of Sciences 1224(1):22–39 doi:10.1111/j.1749-6632.2011.05965.x.

Weiss, Y., et al. 2002. Motion illusions as optimal percepts. Nature Neuroscience 5(6):598–604 doi:10.1038/nn0602-858.

## 11장 보상은 어떻게 행동을 유도하는가

Bellman, R. 1984. Eye of the Hurricane. World Scientific, Singapore.

Bellman, R. E. 1954. The theory of dynamic programming www.rand.org/pubs/papers/P550.html.

Bergen, M. 2016. Google has found a business model for its most advanced artificial intelligence. Vox www.vox.com/2016/7/19/12231776/google-energy-deepmind-ai-datacenters.

Mnih, V., et al. 2013. Playing Atari with deep reinforcement learning. ArXiv:1312.5602 [Cs], http://arxiv.org/abs/1312.5602.

Redish, A. D. 2004. Addiction as a computational process gone awry. Science (New York) 306(5703):1944–47 doi:10.1126/science.1102384.

Rescorla, R. A. & Wagner, A. 1972. A theory of Pavlovian Conditioning: variations in the effectiveness of reinforcement and nonreinforcement. Classical Conditioning II: Current Research and Theory 2

Schultz, W., Dayan, P., et al. 1997. A neural substrate of prediction and reward. Science (New York) 275(5306):1593–99 doi:10.1126/science.275.5306.1593.

Schultz, W., Apicella, P., et al. 1993. Responses of monkey dopamine neurons to reward and conditioned stimuli during successive steps of learning a delayed response task. The Journal of Neuroscience: The Official Journal of the Society for Neuroscience 13(3):900–13.

Sejnowski, T. J. 2018. The Deep Learning Revolution. MIT Press, Massachusetts, USA.

Specter, Michael. 2014. Drool. The New Yorker www.newyorker.com/magazine/2014/11/24/drool. Accessed 14 April 2020.

Story, G. W., et al. 2014. Does temporal discounting explain unhealthy behavior? a systematic review and reinforcement learning perspective. Frontiers in Behavioral Neuroscience 8 doi:10.3389/fnbeh.2014.00076.

Sutton, R. S. 1988. Learning to predict by the methods of temporal differences. Machine Learning 3(1):9–44 doi:10.1007/BF00115009.

## 12장 뇌에 대한 대통일이론

Anderson, M. L. & Chemero, T. 2013. The Problem with brain GUTs: conflation of different senses of 'prediction' threatens metaphysical disaster. The Behavioral and Brain Sciences 36(3):204–05 doi:10.1017/S0140525X1200221X.

Buxhoeveden, D. P. & Casanova, Manuel F. 2002. The minicolumn hypothesis in neuroscience. Brain 125(5):935–51 doi:10.1093/brain/awf110.

Clark, J. 2014. Meet the man building an AI that mimics our neocortex – and could kill off neural networks. www.theregister.co.uk/2014/03/29/hawkins_ai_feature.

Eliasmith, C., et al. 2012. A large-scale model of the functioning brain. Science 338(6111):1202–05 doi:10.1126/science.1225266.

Fridman, L. 2019. Jeff Hawkins: Thousand Brains Theory of intelligence. https://lexfridman.com/jeff-hawkins. Accessed 14 Apr. 2020.

Friston, K. 2019. A free energy principle for a particular physics. ArXiv:1906.10184 [q-Bio] http://arxiv.org/abs/1906.10184.

Friston, K. 2010. The free-energy principle: a unified brain theory? Nature Reviews Neuroscience 11(2):127–38 doi:10.1038/nrn2787.

Friston, K., Fortier, M. & Friedman, D. A. 2018. Of woodlice and men: a Bayesian account of cognition, life and consciousness. An interview with Karl Friston. ALIUS Bulletin, 2:17–43.

Hawkins, J., et al. 2019. A framework for intelligence and cortical function based on grid cells in the neocortex. Frontiers in Neural Circuits 12 doi:10.3389/fncir.2018.00121.

Heilbron, M. & Chait, M. 2018. Great expectations: is there evidence for predictive coding in auditory cortex? Neuroscience 389:54–73 doi:10.1016/j.neuroscience.2017.07.061.

Metz, C. 2018. Jeff Hawkins is finally ready to explain his brain research. The New York Times www.nytimes.com/2018/10/14/technology/jeff-hawkins-brain-research.html.

Michel, M., et al. 2018. An informal internet survey on the current state of consciousness science. Frontiers in Psychology 9 doi:10.3389/fpsyg.2018.02134.

Nanopoulos, D. V. 1979. Protons are not forever. High-Energy Physics in the Einstein Centennial Year, edited by Arnold Perlmutter et al. Springer US. 91–114 doi:10.1007/978-1-4613-3024-0_4.

Raviv, S. The Genius Neuroscientist Who Might Hold the Key to True AI. Wired, https://www.wired.com/story/karl-friston-freeenergy-principle-artificial-intelligence/. Accessed 14 Apr. 2020.

Rummell, B. P., et al. 2016. Attenuation of responses to self-generated sounds in auditory cortical neurons. Journal of Neuroscience 36(47):12010–26 doi:10.1523/JNEUROSCI.1564-16.2016.

Simonite, T. 2015. IBM tests mobile computing pioneer's controversial brain algorithms. MIT Technology Review www.technologyreview.com/2015/04/08/11480/ibm-tests-mobile-computing-pioneerscontroversial-brain-algorithms.

Tononi, G., et al. 2016. Integrated information theory: from consciousness to its physical substrate. Nature Reviews Neuroscience 17(7):450–61 doi:10.1038/nrn.2016.44..

# 찾아보기

감마-아미노뷰티르 산 γ-aminobutyric acid, GABA 149
개릿 알렉산더 Garret Alexander 126
게리 마커스 Gary Marcus 410
게오르크 옴 Georg Ohm 35~37
게일런 스트로슨 Galen Strawson 143
구스타프 프리치 Gustav Fritsch 257~262
끌개 유역 basin of attraction 115
낸시 코펠 Nancy Kopell 172~173
노버트 위너 Norbert Wiener 73
누출 통합·발화 뉴런 leaky integrate-and-fire(LIF) neuron 모델 43, 146
니콜라 브루넬 Nicolas Brunel 167, 169~170
니콜라우스 크리게스코르테 Nikolaus Kriegeskorte 213
단절 증후군 disconnection syndrome 312~313
대니엘 바셋 Danielle Bassett 311~314
덩컨 와츠 Duncan Watts 301, 302~304, 307, 428
데이비드 닐 David Knill 339
데이비드 러멜하트 David Rumelhart 91
데이비드 레디시 David Redish 390
데이비드 마 David Marr 391
데이비드 반 에센 David Van Essen 307
데이비드 페리어 David Ferrier 260, 262
데이비드 휴벨 David Hubel 196~200
데일의 법칙 Dale's Law 150
도널드 길리스 Donald Gillies 334
도널드 맥케이 Donald MacKay 233~234
도널드 퍼컬 Donald Perkel 218~219
도널드 헵 Donald Hebb 105~108, 116~118
도라 앙겔라키 Dora Angelaki 346~347, 349~350
등가회로 equivalent circuit 38~41, 50
디미트리 나노풀로스 Dimitri Nanopoulos 396
라이덴병 25~28
래리 애벗 Larry Abbot 17~18
레너드 어 Lenard Uhr 193
레온하르트 오일러 Leonhard Euler 294~297
렌윅 커리 Renwick Curry 336
로널드 피셔 Ronald Fisher 335, 355
로널드 윌리엄스 Ronald Williams 91

로버트 레스콜라 Robert Rescorla 376~379
로버트 부시 Robert Bush 361~362
로이드 제프리스 Lloyd Jeffress 236
로트카-볼테라 모델 Lotka-Volterra model 16
루돌프 카르나프 Rudolf Carnap 65~66
루디마르 헤르만 Ludimar Hermann 41
루이 라피크 Louis Lapicque 36~50
루이지 갈바니 Luigi Galvani 27~30, 41
리드 몬태규 Read Montague 385
리처드 벨먼 Richard Bellman 365~370, 373~376, 382, 384, 391, 431
리처드 서튼 Richard Sutton 378
리처드 스타인 Richard Stein 233~235
리처드 프라이스 Richard Price 333
리하르트 제몬 Richard Semon 102~104, 108, 120
마르셀 드 에레디아 Marcelle de Heredia 37
마빈 민스키 Marvin Minsky 86~91, 181, 189
마이클 그라치아노 Michael Graziano 287
마이클 너스봄 Michael Nusbaum 320
마이클 레스콜라 Michael Rescorla 351, 376~379, 385, 392
마이클 르위키 Michael Lewiki 247~248
마이클 섀들런 Michael Shadlen 153
마이클 아비브 Michael Arbib 72
마이클 앤더슨 Michael Anderson 396
마이클 웨어 Michael Wehr 158
마조리 바이스 Marjory Weiss 55
망상체 reticular formation 307
맨해튼 프로젝트 Manhattan Project 54

머리 S. 데이비스 Murray S. Davis 397
메리 셸리 Mary Shelley 29
발터 네른스트 Walther Nernst 41
버논 마운트캐슬 Vernon Mountcastle 264, 268~269, 405
버트런드 러셀 Bertrand Russell 12, 62~5, 80
볼프람 슐츠 Wolfram Schultz 385
브라이언 피셔 Brian Fischer 355
브루스 맥노턴 Bruce McNaughton 133
블랙아웃 재앙 blackout catastrophe 119
블루 브레인 프로젝트 Blue Brain Project 58~59
비벡 자야라만 Vivek Jayaraman 135
산티아고 라몬 이 카할 Santiago Ramón y Cajal 14
새뮤얼 로저스 Samuel Rogers 115~116
샌드라 블레이크슬리 Sandra Blakeslee 404
섀런 맥그레이 Sharon McGrayne 336
수학 원리 62~64, 67, 72, 80
스콧 아론슨 Scott Aaronson 414
스탠리 밀그램 Stanley Milgram 299~301
스티븐 스트로개츠 Steven Strogatz 301, 302~304, 307, 428
시모어 패퍼트 Seymour Papert 86~91
시어도어 불럭 Theodore Bullock 218
신경절세포 ganglion cell 194~195
심층신경망 deep neural network 95~96
아포스 톨로스 게오르고풀로스 Apostolos Georgopoulos 268~270, 278
알레산드로 볼타 Alessandro Volta 30
알렉스 레예스 Alex Reyes 159

알렉스 크리제프스키 Alex Krizhevsky 209
알츠하이머병 Alzheimer's disease 313~314
알프레드 화이트헤드 Alfred Whitehead 12, 62~64, 80
앤드류 바토 Andrew Barto 378
앤드류 헉슬리 Andrew Huxley 46~53, 55, 137
앤서니 자도르 Anthony Zador 158
앨런 와그너 Alan Wagner 376~379
앨런 유일 Alan Yuille 339
앨런 튜링 Alan Turing 224, 335, 414
앨런 호지킨 Alan Hodgkin 45~53, 55, 59, 137
얀 르쿤 Yann LeCun 206~208
언더슈트 undershoot 49~52
에두아르트 베버 Eduard Weber 148
에두아르트 히치히 Eduard Hitzig 257~262
에드거 에이드리언 Edgar Adrian 42, 219~222, 234~236, 239, 242~243
에드워드 로렌츠 Edward Lorenz 161~163
에드워드 불모어 Edward Bullmore 312
에드워드 에바츠 Edward Evarts 264~267, 269~270
에른스트 베버 Enst Weber 148
에른스트 플로레이 Ernst Florey 148~149, 151
에마누엘 골드베르크 Emanuel Goldberg 184~186
에밀 뒤 부아레몽 Emil du Bois-Reymond 31
에버하드 페츠 Eberhard Fetz 274
에이드리엔 페어홀 Adriennne Fairhall 244

에크포리 ecphory 103
엔그램 engram 102~108, 116
엔트로피 entropy 228~231, 240, 245, 249, 426
오버슈트 overshoot 47~52
올라프 스폰스 Olaf Sporns 306
올리버 셀프리지 Oliver Selfridge 188, 190, 192~193, 195, 200
왕샤오징 Xiao-Jing Wang 292
요하네스 뮐러 Johannes Müller 24~25, 30~31, 60
워런 맥컬럭 Warren McCulloch 65~79, 80, 87, 94~95, 98, 189
월터 피츠 Walter Pitts 64~80, 87, 94~95, 111
위트먼 리처즈 Whitman Richards 339
윌리엄 뉴섬 William Newsome 153
윌리엄 비스쿠시 William Viscusi 337
윌리엄 소프트키 William Softkey 146~147, 153
윌리엄 스캐그스 William Skaggs 136
윌리엄 스코빌 William Scoville 121
윌리엄 에스테스 William Estes 361~362
윌프리드 롤 Wilfrid Rall 54
유리 라제브니크 Yuri Lazebnik 13, 16
율리우스 베른슈타인 Julius Bernstein 32~33, 47
이단 세게프 Idan Segev 59
이반 페트로비치 파블로프 Ivan Petrovich Pavlov 358~362, 384
이브 마더 Eve Marder 318
이븐 루시드 Ibn Rushd 29

인 실리코 in silico 60
일리야 수츠케베르 Ilya Sutskever 209
장밥티스트 라마르크 Jean-Baptiste Lamarck 102
제럴드 테소로 Gerald Tesauro 382
제레미 바랄 Jérémie Barral 159
제롬 레트빈 Jerome Lettvin 66
제임스 글릭 James Gleick 164
제임스 디칼로 James DiCarlo 213
제임스 맥클러랜드 James McClelland 95
제임스 스톤 James Stone 354
제임스 앨버스 James Albus 82~85, 89
제임스 조셉 실베스터 James Joseph Sylvester 297
제임스 클러크 맥스웰 James Clerk Maxwell 394~395
제프 호킨스 Jeff Hawkins 404~410
제프리 바워스 Jeffrey Bowers 351
제프리 힌튼 Jeffrey Hinton 91, 209, 280
조르주 바이스 Georges Weiss 40, 55~56
조지 A. 밀러 George A. Miller 125
조지 박스 George Box 19
조지프 얼랭어 Joseph Erlanger 141
존 J. 홉필드 John J. Hopfield 101, 108~124, 128, 130, 138
존 앤더슨 John Anderson 337~338, 340
존 에클스 John Eccles 53~56
존 칼라스카 John Kalaska 275
존 폰 노이만 John von Neumann 73
존 휼링스 잭슨 John Hughlings Jackson 259
줄리오 토노니 Giulio Tononi 411~414
지롤라모 카르다노 Girolamo Cardano 327~329
카리나 커토 Carina Curto 298
칼 래슐리 Karl Lashley 104~107, 122
칼 베르니케 Carl Wernicke 313
칼 판 프레위스베이크 Carl van Vreeswijk 156~159
칼 프리스턴 Karl Friston 398
캐서린 모리슨 Katherine Morrison 298
캐시 허친슨 Cathy Hutchinson 276~277
커넥톰 Connectome 304~307, 314~315, 318~320, 322
케이블 이론 cable theory 55~56
케첸 장 Kechen Zhang 133
콜린 데이비스 Colin Davis 351
쿠르트 괴델 Kurt Gödel 80
크리슈나 셰노이 Krishna Shenoy 285
크리스 무어 Chris Moore 176
크리스토프 코흐 Christof Koch 146~147, 153, 414
클로드 섀넌 Claude Shannon 222~229, 230~234, 239~241, 249~250
테리 세즈노스키 Terry Sejnowski 385
토니 케메로 Tony Chemero 396
토르스텐 비셀 Torsten Wiesel 196~200
토머스 베이즈 Thomas Bayes 333
파스칼 마마시앙 Pascal Mamassian 353
퍼셉트론 Perceptron 73~79, 81~82, 86~92, 96~97, 112
퍼트리샤 골드먼-러키시 Patricia Goldman-Rakic 137
페이페이 리 Fei-Fei Li 210
프랭크 로젠블랫 Frank Rosenblatt 73, 77,

86~87, 89~90, 96
프레더릭 모스텔러 Frederick Mosteller 361~362
피에르시몽 라플라스 Pierre-Simon Laplace 330~331, 333~334, 337
피터 게팅 Peter Getting 292
피터 다얀 Peter Dayan 385
필립 워런 앤더슨 Philip Warren Anderson 101
하인리히 뷜트호프 Heinrich Bülthoff 339
하임 솜폴린스키 Haim Sompolonsky 156~159
한스 버거 Hans Berger 172
합성곱 신경망 convolutional neural network 207~215, 425
헤르만 폰 헬름홀츠 Hermann von Helmholtz 324~326, 334, 341
헨리 몰레이슨 Henry Molaison 121~122

헨리 케네디 Henry Kennedy 292
헨리 콰슬러 Henry Quastler 232
헵 학습 Hebbian learning 105~106, 120, 122
호러스 발로 Horace Barlow 238~240, 243, 246~247, 249~250, 261
호세 루이스 페냐 Jose Luis Peña 355
호아킨 퍼스터 Joaquin Fuster 126~127
홉필드 네트워크 Hopfield Network 110~113, 116~121, 124, 130
활동전위 action potential 33~34, 36~37, 41~53
후쿠시마 쿠니히코 福島 邦彦, Fukushima, Kunihiko 200~202, 204~207, 211, 213
B. F. 스키너 B. F. Skinner 361
E. A. 블레어 E. A. Blair 141
H. G. 웰스 H. G. Wells 361

**인간의 뇌**는 850억 개의 뉴런으로 구성돼 있으며, 이 뉴런들은 100조 개 이상의 시냅스로 연결돼 있다. 한 세기가 넘는 기간 동안 다양한 연구자들은 이런 뉴런들이 하는 일과 이 뉴런들이 소통하는 방식, 그리고 이런 소통이 어떻게 생각, 지각, 행동을 만들어내는지 그 본질을 포착하는 데 사용할 수 있는 언어를 발견해왔다. 그들이 찾던 언어는 수학이었고, 수학이 없었다면 현재 수준으로 인간의 뇌를 이해할 수는 없었을 것이다.

**계산 신경과학자**의 입장에서 저자는 그동안 과학자들이 수학적 모델을 통해 의사 결정, 감각 처리, 기억의 정량화 등 뇌의 많은 부분을 이해하고 설명할 수 있게 된 과정을 설명한다. 저자는 독자들에게 현대 신경과학에서 가장 중요한 개념을 소개하고, 수학적 모델링의 추상적인 세계와 생물학의 복잡한 세부 사항이 충돌할 때 발생하는 긴장에 대해 설명한다.

**이 책**의 각 장은 뇌의 가장 단순한 구성요소인 개별 뉴런부터 상호작용하는 뉴런들의 회로, 전체 뇌 영역, 뇌가 행동 명령 과정에 이르기까지 신경과학의 특정 연구 영역에 적용된 수학적 도구에 초점을 맞추고 있다. 또한 저자는 18세기 후반 개구리 다리를 이용한 실험에서 현대 인공지능의 기초를 이루는 대규모 인공 신경망 모델에 이르기까지 이 분야의 역사를 살펴본다. 저자는 이를 통해 신경과학 메커니즘을 설명하는 데 사용되는 수학이라는 우아한 언어의 가치를 드러낸다.